U0229811

焦循著作集

雕菰樓算學六種

孫德彩　校點
陳居淵　審定

鳳凰出版社

圖書在版編目（CIP）數據

雕菰樓算學六種 / (清) 焦循著 ; 陳居淵主編 ; 孫德彩校點. -- 南京 : 鳳凰出版社, 2019.4
（焦循著作集）
ISBN 978-7-5506-2934-9

Ⅰ. ①雕… Ⅱ. ①焦… ②陳… ③孫… Ⅲ. ①古典數學－中國－清代 Ⅳ. ①O112

中國版本圖書館CIP數據核字(2019)第051317號

書　　名　雕菰樓算學六種
著　　者　(清)焦循 著　陳居淵 主编　孫德彩 校點
責任編輯　張永堃
裝幀設計　姜　嵩
出版發行　鳳凰出版社(原江蘇古籍出版社)
　　　　　發行部電話025-83223462
出版社地址　南京市中央路165號,郵編:210009
出版社網址　http://www.fhcbs.com
照　　排　南京凱建圖文製作有限公司
印　　刷　江蘇鳳凰通達印刷有限公司
　　　　　南京市六合區冶山鎮,郵編:211523
開　　本　880×1230毫米　1/32
印　　張　19.375
字　　數　358千字
版　　次　2019年4月第1版　2019年4月第1次印刷
標準書號　ISBN 978-7-5506-2934-9
定　　價　98.00圓
(本書凡印裝錯誤可向承印廠調換,電話:025-57572508)

前言

焦循字理堂，一字里堂，乳名橋慶，晚號里堂老人，江蘇甘泉（今揚州邗江黄珏）人。生於清乾隆二十八年（一七六三），卒於清嘉慶二十五年（一八二〇）。清代乾嘉之際的著名經學家與易學家，揚州學派的重要代表人物。

焦循出生在一個三世傳《易》的書香門第之家，曾祖父焦源、祖父焦鏡、父親焦蔥皆『有隱德，傳易學』。焦循幼年聰慧，三歲時，就能識别『栽』、『裁』兩字。八歲時已初露才華，他運用閱讀屈原《楚辭》時所獲取的知識，準確識辨了『馮夷』兩字的讀音，得到了鄉賢的讚賞。乾隆四十四年（一七七九），焦循趕赴揚州，參加入學資格的童子試。由於能夠辨析字的讀音和解釋字義，得到了主考官劉墉（一七一九—一八〇四）的鼓勵和推薦，進入當時揚州著名的安定書院學習。

乾隆五十年（一七八五），焦循準備參加三年一次的鄉試，不幸父親病逝，按照清代科舉考試的定制，凡是在服喪期間的學生都不能參加科舉考試。此後，焦循又多次參加鄉試，結果都以種種原因而未能如願。直至嘉慶六年（一八〇一），焦循終於考中了舉人，這離他參加第一次的鄉試已相隔十四年之久了。嘉慶七年，焦循已近『不惑』之年，已經没有當年那種意氣奮發的進取精神，但是他未能徹底擺脱讀書做官的誘惑，毅然踏上北去之路，參加在京師舉行的禮部會試。然而，清代科場本是混濁之地，賄賂、舞弊現象時常發生，正所謂『三場辛苦磨成鬼，兩字功名誤煞人』。榜發，焦循落選。當時在朝尚書英和、彭元瑞、朱珪等考官都爲之嘆息，不明其中的緣故。焦循會試受挫後，失望地回到揚州，决意從此放棄科舉。

嘉慶十一年，焦循應揚州知府伊秉綬的邀請，參與編纂《揚州圖經》、《揚州文粹》兩稿，從而將其所得到的酬金，購置了位於半九書塾左邊被稱爲『雕菰淘』的五畝地，建築新樓。新樓四面置窗，面對柳樹堤，背面靠近竹園，距離黄珏橋東北約半里地路，橋的外面就是白茆湖，行人往來趨市，帆檣出没，遠近魚燈牧唱，春秋耕獲，盡納於牖。樓下置書櫃，收藏生平所寫的著述草稿，以爲殁後神智所栖托。壙以藏骨，栖以息魂，名樓爲『雕菰樓』。從那時開始，他深居簡出，足不入城，婉拒友朋之間的一切應酬活動，居家著述，潛心學術研究。

嘉慶二十二年，焦循在完成了《易學三書》的寫作後，開始着手編撰《孟子正義》。這時他的身體健康狀况也出現了明顯的變化，常年患有的足疾之病，從一年一發到『連月必發，每發痛徹骨』。同時，不間斷地從事寫作，也使他的左臂痙攣不止，直接影響到他的右手不能執筆。焦循深感時間的緊迫，於是對自己四十餘年來的學術思想及所作詩文進行了一次回顧與結集，取名《雕菰集》。

嘉慶二十五年（一八二〇）六月，也就是在編定《雕菰集》的第三年，焦循足疾再次復發，并且迅速轉化爲瘧疾，持續高燒不退，完全病倒。在病床上綿延至七月，雖然家人延請名醫積極用藥醫治，但是效果并不明顯。焦循自知『吾之病不能起矣』，便於這年的七月二十四日，對兒子焦廷琥交待了後事。二十六日，拒絶服藥。二十七日辰時，這位乾嘉之際最負盛名的學者，帶著最終未能親手録完《孟子正義》手稿的遺憾，溘然長逝，年五十有八。

焦循治學嚴謹，著述宏富，識見精卓，『於學無所不通，著書數百卷，尤邃於經』，在中國經學、易學、哲學、史學、文學、語言文字學、自然科學等諸多領域均有深入的研究和重要的建樹：

一、易學的新象數範式

綜觀焦循一生的學術研究，他用力最勤、功力最深、成就最鉅、影響最大的是對易學的研究。他著有《雕菰樓易學》（《易學三書》）、《易話》、《易廣記》等多種，不囿於象數與義理而獨樹一幟，發明『旁通、相錯、時行，破舊説之非』，從而論證《周易》六十四卦的三百八十四爻之間的運動規律，拓展了漢代的象數易學，在當時被譽爲易學史上『非漢，非晉唐，非宋，發千古未發藴』的奇葩。

焦循認爲，『旁通』是《周易》六十四卦中的卦爻一陰一陽的互相置换，以每卦中的陰陽互易而轉换或得到另一卦爲其主要目的。根據他的歸納，其主要内涵如下：一、旁通卦爻必須陰陽兩兩相對。二、旁通卦爻的陰陽轉换，必須依次序進行。三、旁通的目的是使各爻各正其位。所謂陰陽兩兩相對，是指旁通卦爻必須符合一陰一陽相對而成立的卦組。如《乾》卦六爻全係陽爻組成，那麽與《乾》卦相旁通的卦一定是《坤》卦，因爲《坤》卦六爻全係陰爻組成，由六爻全陽的《乾》卦與六爻全陰的《坤》卦相對，《乾》、《坤》兩卦的旁通方能成立。據此，《周易》六十四卦依上述原則類推，分别成《乾》《坤》、《震》《巽》、《坎》《離》等三十二組旁通卦。所謂有次序地進行爻位運動轉换，是針對每卦的初、二、三爻分别與四、五、六爻相互置换而言。其次序首先由每卦的第二爻與第五爻之間進行，再初爻與第四爻、第三爻與上爻之間進行。爻位之間的轉换，一般先從本卦中尋求，如本卦不具備轉换條件，則推及它的旁通卦。如《歸妹》六爻中符合爻位置换條件的僅第二爻和第五爻，初爻與第四爻、三爻與上爻因屬性相同而無法爻位置换。《歸妹》的旁通卦是《漸》卦，按旁通原則爻位置换，即成《既濟》卦。《既濟》是《周易》六十四卦中爻位皆正之卦，因此通過旁通使卦爻各正其位。

基於對『旁通』的認識，焦循又運用『相錯』，即以六十四卦中的三十二組旁通卦爲依據，進行卦與卦之間的轉换。現據他的歸納，其主要内涵如下：一、凡旁通卦的下卦相互置换而成相錯。如《同人》與《師》兩卦相錯成《訟》、《明夷》兩卦，反之亦然。二、凡旁通卦二五爻位置换，而組合成新卦的相錯。如《乾》、《坤》兩卦二五爻位置换得《同人》與《比》兩卦。《同人》與《比》相錯爲《否》與《既濟》兩卦，反之《否》、《既濟》相錯亦爲《同人》與《比》兩卦。三、凡旁通卦初四爻位或三上爻位置换而組合成新卦的相錯。如《乾》、《坤》兩卦初四或三上爻位置换而成《小畜》、《復》、《夬》、《謙》四卦。《小畜》與《復》相錯爲《益》、《泰》兩卦，《夬》與《謙》相錯爲《泰》、《咸》兩卦，反之亦然。四、凡旁通卦先二五後三上或初四爻位置换而組合成新卦的相錯。六十四卦中只有《家人》、《屯》、《革》、《蹇》、《需》、《明夷》等六卦。《家人》與《屯》相錯爲《益》、《既濟》兩卦，《革》與《蹇》相錯爲《咸》、《既濟》兩卦，《需》與《明夷》相錯爲《泰》、《既濟》兩卦，反之亦然。

『時行』，是焦循通過『旁通』和『相錯』的卦爻位置换運動後，將《周易》六十四卦作爲一個必然聯繫的整體加以考察。如焦循曾將六十四卦中言『元』者集攏爲二十四卦，以『時行』法則進行各卦之間的爻位置换，全面闡述了『元』字在諸卦中『或明言之，或互言之』的意義所在。《易通釋》『元』條云：『《易》之言「元」者二十四卦。《乾》、《坤》、《屯》、《訟》、《比》、《履》、《泰》、《大有》、《隨》、《蠱》、《臨》、《復》、《无妄》、《大畜》、《離》、《頤》、《損》、《益》、

《萃》、《升》、《井》、《革》、《鼎》、《涣》。……八卦始於《乾》、《坤》，六十四卦生於八卦。其行也，以元、亨、利、貞，而括其要，不過元而已。反復探求，覺易道如此，易之元如此。蓋合全《易》而條貫之，而後知《易》之稱元者如此也。』以『時行』來揭示卦爻間的聯繫，體現了他對《周易》變通理論的改造。

同時，焦循爲了對《周易》作更爲細緻入微的『實測』研究，又將傳統數學和傳統訓詁學引入《易》學研究。如他根據中國傳統數學的『乘方』法則，發現了六十四卦排列組合的秘密，即以求得開六次幂（開五乘方）的計算方法，類推出六十四的排列組合。我們知道，二進位是以『〇』與『一』兩種符號分別代表陰『— —』陽『——』兩爻的，焦循則改以『甲』、『乙』表示每卦的陰陽爻畫。他説：『論數之理取於相通，不偏舉數，而以甲、乙明之。』如《乾》卦由六根陽爻組成，則以六個『甲』來表示。又如《觀》卦，則以二個『甲』四個『乙』來表示二根陽爻和四根陰爻。依照這樣甲乙相間排列組合，焦循用傳統數學中的『五乘方』予以計算。所謂『五乘方』，係數學中的初等代數部分，用現代數學符號可表示爲$(a+b)^6$，如果把其式展開，便得到『$a^6+6a^5b+15a^4b^2+20a^3b^3+15a^2b^4+6ab^5+b^6$』的結果。若把『A』、『B』代表『甲』和『乙』，由『甲』和『乙』代表陰陽兩爻，那麽六十四卦的『五乘方』計算後的排列組合便可呈現出七種不同形式。又如《周易》的《漸》卦的『初六』、『六二』、『九三』、『六四』、『九五』、『上九』六爻辭皆取象於『鴻』，歷來論《易》者都釋

『鴻』爲鳥名（或大雁之名，虞翻説；或水鳥之名，王弼説）。根據《漸》卦的整個内容考察，解釋『鴻』爲鳥名較爲合理。然而焦循依據《爾雅》、《康誥》等字書與文獻，以同音假借爲原則，認爲『洪』、『鴻』古音相通，因此解釋『鴻』爲『代』。他的理由是《周易》的卦爻辭本出於周公之手，而《釋詁》等篇又是周公的著作，以周公之書解釋周公之辭，『此鴻、代之訓，以爲即疏解《漸》卦之鴻可也』。據此，鴻、代兩字互相假借，一以貫之，經文由此互相鈎貫。焦循認爲『非明九數之齊同、比例，不足以知卦畫之行』，『以六書假借，達九數之雜糅。事有萬端，道原一貫，義在變通而辭爲比例，以此求《易》，庶幾近焉』。這無疑爲焦循建構新象數學範式提供了一條新的途徑。焦循承三世家傳易學之統，熔融象數、義理、數理於一爐，鼎薪炮藥，歷經三十餘年的易學研究，引起了當時學界的震動，被贊許爲『石破天驚』、『精鋭之兵』。焦循也因此以『江南名士』享盛名於大江南北，被清代乾嘉學者推崇爲一代通儒。

二、古經意義的新探索

焦循一生没有擔任過任何官職，始終與學術相伴，以著書爲事，學術著作既是他的人生傳記，也是他思想演變的心路歷程。他以樸學爲起點，對《毛詩》、《尚書》、《禮記》、《左傳》、《論語》等儒家經典進行了系統的梳理與研究，呈現出對古經意義新探索的特徵。

一、三釋《毛詩》。焦循著有《毛詩鳥獸草木蟲魚釋》、《毛詩地理釋》、《詩毛鄭異同釋》三種，前二種就《詩經》中有關草、木、鳥、獸、蟲、魚之名和有關國、郡、城市的疆域，山脉河流的走向，某一地名的地理位置以及沿革等考證。後者則是比較漢代毛亨與鄭玄詮釋《詩經》的異同。最後又將上述三書結集爲《毛詩補疏》五卷，列有一百七十六條考證。其特點是圍繞『揚毛抑鄭』、『力糾毛詩正義之失』、『辨析毛鄭異同』三個方面的論述。如《詩・邶・柏舟》：『我心匪鑒，不可以茹。』《毛傳》謂：『鑒，所以察形也。茹，度也。』鄭《箋》：『鑒之察形，但知方圓，白黑。不能度其真僞，我心非如是鑒，我於衆人之善惡外内，心度知之。』焦循認爲這是曲解了《毛傳》的原意，認爲『茹即謂察形，鑒可茹我，心非鑒故不可茹；如可察形，則知兄弟不可據，而不致逢彼之怒矣』，所以『《箋》迂曲，非《傳》義』。又如『招招舟子，人涉卬否』。《毛傳》謂：『招招，號召之貌；舟子，舟人，主濟渡者。』《鄭箋》：『舟人之子，號召當渡者，人皆從之而渡，我獨否。』焦循指出，此詩的『涉』字，與《毛傳》首章『由膝以上爲涉』一句的『涉』字，意義相同，《鄭箋》與毛義異。又如他認爲『宋明之人，不知詩教，士大夫以理自持，以幸直抵觸，其群相習成風，性情全失，而疑《小序》者，遂相率而起，余謂《小序》之有裨於詩，至切至要』。這顯然是回應宋明理學家衝破《毛詩序》另立新説，對傳統詩教的新的挑戰，具有批評宋明理學家以心性詮釋《詩經》，重新確立《毛詩》權威，確認《詩序》美刺功能的意蘊。

二、重評《孔傳》。焦循所著《尚書孔氏傳補疏》，一名《尚書補疏》，二卷。所列六十二條考證，討論的主題有二：一是《尚書孔傳》雖是僞書，但是它的解釋較漢代馬融、鄭玄等經師更爲精詳，具有思想史上的價值。二是《堯典》未亡，《大禹謨》、《皋陶謨》原爲一篇。他認爲：『東晉晚出《尚書孔傳》，至今日稍能讀書者皆知其僞。雖然其增多二十五篇，僞也。其《堯典》以下，至《秦誓》二十八篇，固不僞也。則試置其僞作之二十五篇，而專論其不僞之二十八篇，且置其爲假託之孔安國，而論其爲魏晉間人之傳，則未嘗不與何晏、杜預、郭璞、范寧等先後同時，晏、預、璞、寧之傳注，可存而論，則此傳亦何不可存而論？』同時，焦循又指出僞《孔傳》的解經較馬融、鄭玄、王肅等漢魏各家的訓注更爲精詳，并列舉僞《孔傳》的七大優點，認爲經典辨僞不同於經典注釋，它不是長於思辨的領域而應是一種相互印證的、實證的活動，而這種活動，在本質上應該主要落實到對經典原始材料的具體分析，因此是一種經驗性的思考。另一方面，經典辨僞又不同於經典研究，經典研究不以創造符合意識形態的權威形象爲己任，而是對經典中已塑造出來的權威形象加以觀照，闡明其內在的精確含義和價值。這種闡明，實際上包括了經典的古代意義與傳注的現代詮釋的統一。因此，儘管已被證明爲僞書，但仍具有思想史上的價值。

三、崇尚《禮記》。焦循又著《禮記補疏》三卷，一名《禮記鄭氏注補疏》，是焦循所作群經補疏之一，也是焦循在早年所作《禮記索隱》五卷的基礎上删定而成，全書列有一百一十五條考證。其特點主要有三：一是以補充孔穎達《禮記正義》的疏漏，二是糾正鄭玄注釋《禮記》的失誤，三是闡發禮學思想。如卷三《中庸》『費而隱』條，注：『費，猶佹也，道不費則仕。』焦循説：『《釋文》：「費，本又作拂。」《詩·皇矣》：「四方以無拂。」《箋》云：「拂，猶佹也。言無復佹戾文王者。」佹通詭，訓戾，亦訓譎。上文「素隱行怪」，注云：「言方鄉辟害隱身，而行佹譎。」佹，異也。既以「佹」明「怪」，又以「譎」明「佹」；既以「佹譎」明「行怪」，又以「佹」明「費」。蓋謂隱不可佹，仕亦不可佹也。心鄉於隱，則無論可隱不可隱，而一以隱爲鄉，則其隱爲佹，此不可一於隱者也。若可隱而一以不隱爲事，則必佹道。佹而仕，所謂佹遇也。君子之道，若必佹而乃得仕，則君子不仕矣，故云「費而隱」，此不可一於仕者也。道不費則仕，言不佹遇則仕，不論世之治否。孔、孟固栖栖於春秋戰國矣，不肯佹遇，故不仕也。《正義》云：「君子之人遭值亂世，道德違費，則隱而不仕。」以「費」指世，非注義。「素隱」至「費而隱」，當爲一章。』此既認爲《正義》將世道誤以爲人道，又指鄭玄不當以『素隱行怪』至『費而隱』之間斷章。類似的辨析注疏異同，可以説是焦循《禮記補疏》的最大特徵。他又提出以禮學取代理學，他説：『後世不言禮而言理。……唯先王恐刑罰之不中，務於罪辟之中求其輕重，析及毫芒，無有差謬，故謂之「理」。其官即謂之理官。而所以治天下則以禮，不以理也。』從而提出與程朱理學相反的另一種判斷是非的標準，即一種新的價值觀念。

四、體悟《論語》。焦循又著《論語補疏》三卷，所列七十四條考證，涵蓋了除《季氏》之外的《論語》十九篇，對孔子的『忠恕』、『一以貫之』、『異端』等思想作了更爲精緻的論證和發揮。如《論語》的《爲政》篇：『子曰：「攻乎異端，斯害已矣。」』然而關於『異端』的解釋，歷代衆説紛紜。何晏認爲『小道爲異端』，皇侃認爲是有别於『五經正典』的『雜書』，宋代邢昺則提出是『諸子百家之書』，朱熹指出爲楊墨佛老之流。由於孟子曾經批評過楊、墨的『爲我』、『兼愛』等思想，所以朱熹不過是引申了孟子的觀點而已。焦循則認爲『異端』是指事物的兩端，無論是執哪一端，都可視爲異端。儒家也僅是兩端中的一端，與楊朱、墨子、子莫無異，關鍵是將兩端貫通，即所謂的『聖人之道，貫乎爲我、兼愛、執中者也』。特别是焦循認爲伏羲、文王、周公的思想，本來是由《周易》以符號的形式來表達的，所以難爲常人所理解，而《論語》則彌補了這一缺憾，《論語》事實上就是《周易》的注脚，這也是焦循研究《論語》的一大亮點。

五、質疑《左傳》。在焦循的諸經補疏中，引人注目的還有《春秋左傳補疏》，一稱《左氏春秋傳杜氏集解補疏》，共五卷。《春秋左氏傳》是一部記載春秋時代魯國歷史及春秋歷史的編年史書。作爲古代解釋《春秋》的『三傳』（其他二傳爲《春秋公羊傳》、《春秋穀梁傳》）之一，在漢代并没有立爲官學，雖然劉向、劉歆父子都袒護《左傳》，如劉向作

《新序》、《説苑》、《列女傳》等書，直接采用了《左傳》的内容；而劉歆則竭力爲《左傳》争取官學地位，但是當時學者的普遍意見，都認爲它是『不傳』《春秋》。特别是經過杜預的解釋，稱其爲『書』、『不書』、『先書』、『故書』、『不言』、『不稱』、『書曰』等稱『變例』爲孔子新例，而且對歷史上所謂的『弑逆之臣』都著力維護，引起了後世的譏諷。焦循同樣力斥《左傳》之非，轉而論證杜預之奸，認爲杜預是『司馬氏之私人，杜恕之不肖子，而我孔子作《春秋》之蟊賊』，杜預的失誤在於違背了聖人的遺訓，淆亂了君臣大義，導致他作出了錯誤的判斷，給後世造成了惡劣的影響，誠如他在序言中所説的『杜預者，且揚其辭而暢衍之，與孟子之説大悖，《春秋》之義遂不明』。在封建社會，孔孟之道既是讀書人的信仰，也是讀書人的行事準則，一旦被認爲違背了孔孟之道，那你也就成爲公衆批評的對象，成爲歷史的罪人，即使你在學術研究方面曾經作出過炫世的成就，也難以消除人們對你的偏見，而這種偏見也始終影響著對你的正確評價。這種嚴厲的批評，除了焦循確信春秋筆法之外，其背後正深藏著他所持有的歷史正統觀念。可以説，焦循的《左氏春秋傳杜氏集解補疏》從正反兩面提供了此類的例證。

三、多元化的經學理念

乾嘉學林，碩儒輩出，一生致力於傳統經學研究的焦循，淡泊明志，甘自清貧，以弘揚儒家文化爲己任而筆耕不輟，尤其是他所提出的經學不是考據，實彙而通之，自得其性靈等經學理念，頗具時代特色。

乾嘉之際，雖然考據學如日中天，但是其自身的種種弊端也日益顯露出來。如森嚴的門户，煩瑣的治學方法，狹隘的研究範圍，復古的癖好等，受到了來自社會各方面的批評，也引起了思想敏鋭的焦循的思考。當時學界有所謂『著述』與『考據』的争論。袁枚認爲古文與考據的差别，前者屬形而上之學，不需要讀很多書，後者屬形而下之學，其特點是讀書非博不能詳。古文是『道』，考據是『器』。如果以價值來衡量，那麽古文是『作』，考據是『述』，古文的價值高於考據。孫星衍則認爲著作與考據并没有本質上的差異，古人的著作，也就是古人的考據，因此今人所作考據必然超越古人所作的著作。他認爲歷史上的任何一家之學，都來自於同一淵源，之所以成爲淵源，是因爲不斷地對它進行再解釋的工作，而這種再解釋的工作實際上就是考據工作。在焦循看來，『考據』不能等同於『經學』，更不能將『著作』混同於『考據』，他批評純粹的『考據』（求古不求是）爲『拾骨之學』和『本子之學』，認爲經學就是儒學。至於如何研究經學，焦循提出了匯而通之的經學理念。

『通』，是焦循論學中施用最爲頻繁的一個詞。如『旁通』、『類通』、『變通』、『情通』、『通核』、『貫通』等等，它們各自都代表特定的意義。這裏所説的『貫通』，是焦循在强調經學研究『實測而知』的基礎上，進一步溶融各家而鍛鑄新説。他在《辨學》一文中，曾列舉了乾嘉經學研究的五種代表性特徵：一是『通核』，二是『據守』，三是『校讎』，四是『摭拾』，五是『叢綴』。在這五類特徵中，校讎亦即校勘，它是經學研究中的專門之學。焦循認爲它的弊端是『不求其端，任情删易，往往改者之誤，失其本真』。摭拾和叢綴，是在經學研究中歸屬資料、彙集、輯佚，也包括自己的心得體會。焦循則認爲它的弊端是『功力至繁，取資甚便，不知鑒别，以贋爲真』和『不顧全文，信此屈彼，故集義所生，非由義襲，道聽塗説』，因此它稱不上真正的學問。至於據守，焦循又認爲它的特點是『信古太深，謂傳注之方堅確不易，不求於心，固守其説，一字句不敢議，絶浮游之空論，衛古學之遺傳』。它的弊端是『跼蹐狹隘，曲爲之原，守古人之言，而失古人之心』。顯然這是針對當時唯漢是尊的考據派而發，因爲他曾批評考據家『唯漢是求，而不求其是。於是拘於傳注，往往扡格經文』。所以『據守』也不爲焦循所取，理想的經學研究方式便是『通核』。他指出：『通核者，主以全經，貫以百氏，協其文辭，揆以道理。人之所蔽，獨得其間，可以别其是非、化拘滯，相授以意，各慊其衷。其弊也，自師成見，亡其所宗，故遲鈍苦其不及，高明苦其太過焉。』經學研究著眼於全經前後是否貫通，通過對局部與某些細節上文字名物的考證，參考各種現有成果，得出己見，這是通核的優點。然而『自師成見』、『高明太過』，容易再蹈宋儒空論性心的覆轍，這是通核的弊端。爲了揚長避短，還應『彙而通之』，『析而辨之』，『融會經之全文，以求經之義，不爲傳注所拘牽，此誠經學大要也』，唯有如此，才能領悟聖賢經典的精義所在。

經學研究重在疏通證明，這本來是從事考證學者的治學傳統。如清初著名考據學家閻若璩就認爲『事之真者，無往不多其貫通，事之贋者，無往不多其抵牾』，根據經書前後是否貫通，確定其内容和觀點的真僞。乾嘉之際，戴震提出『溯流知源』、『循根達杪』、『尋求端緒』、『俾歸條貫』，經過精密的分析與綜合、演繹與歸納的過程以達到『思之貫通』，從而明辨是非。而焦循的貫通，則側重於彙通百家，對不同的學術流派兼容并蓄，并以自己對經書的感悟來體驗聖人之道。也正因此，焦循又提出了『自得其性靈』的經學理念。他説：『經學者，以經文爲主，以百家子史、天文術算、陰陽五行、六書七音等爲輔，匯而通之，析而辨之，求其訓詁，核其制度，明其道義，得聖賢立言之旨，以正立身經世之法。以己之性靈，合諸古聖之性靈，并貫通於千百家著書立言者之性靈。』焦循提出『無性靈不可以言經學』的這一經學思想是深刻的。嘉慶時代，清王朝衰象已現，時勢在變，學風亦隨之而變，熱衷於『譏切時政』的今文經學異軍突起，會通漢、宋學術的呼聲漸高，漢學考據已成明日黄花。既有他企圖重塑儒學傳統的努力，也有他總結乾嘉漢學的宏願。焦循經學理念多元化的品格，一方面繼承和發展了清初至乾嘉經學研究的求實精神，一方面又體現了乾嘉學術自身發展的歷史要求，而這種精神和要求，在他的史學研究中將得到更爲充分的體現。

四、方志學的精卓史識

焦循在史學的研究，主要體現在編纂地方志學的精卓史識。嘉慶十一年，伊秉綬任揚州知府，主持編纂《揚州圖經》，邀請焦循、江藩等人先輯《揚州圖經》與《揚州文粹》二書，在兩書的基礎上編撰《揚州府志》。焦循在接到編撰《揚州府志》的邀請後，即於嘉慶十二年上書伊秉綬説：『承委分辦《圖經》一事，所分十門，已彙萃成帙；所采文章可備徵實者，亦得十五册，約二千餘篇。惟所頌體例，僅用纂録，不易一字，而標以出處，此誠取信於古，恐有鑿空誣僞之病也。然鄙意揆之，有未盡然者。』并親自擬定體例：紀二，圖五，表三，略十，傳一，考二。即：『南巡紀』（爲天子之事，必當尊之爲紀）、『恩澤紀』、『總圖』、『四境保甲圖』、『水道圖』、『江洲圖』、『廨宇圖』、『氏族表』、『選舉表』（無功業文章，而但有科第者，雖宰相、狀元僅列一名於此表中，不必别爲列傳）、『職官表』、『地理略』（宜分保甲，而統之以巡司，又統之以縣。如史書中地理志體例。而寺廟、橋梁、村鎮，皆按里按方，詳而書之）、『河渠略』、『鹽筴略』、『漕運略』、『政略』（職官之姓名履歷，既編爲表，有美政可書者，入此略中）、『軍事略』（歷代大事，無過於軍，統纂於此，則事志不必毁）、『金石略』、『藝文略』（用《新唐書》之例，凡人之不必列傳者，但收其爵里於書名之下，則列傳中，省無限閑文）、『户口略』、『田賦略』、『列傳』（不必多列子目）、『沿革考』、『古迹考』。阮元爲了使《揚州圖經》内容更加完備，又搜羅了揚州府所屬各大族家譜輯成《氏族表》一門，同時又立《圖説》一門，分遣各鄉保繪製所斟方圓三四里之圖，包括山川、道路、橋梁、建築物等，這樣一邑之形的來龍去脉、古今沿革便可盡收眼底。

嘉慶十七年（一八一二），當時已出任河南學政的姚文田在《揚州圖經》的基礎上，又編撰了《廣陵事略》六卷，刊行於河南開封。嘉慶二十年，伊秉綬赴北京補官，道經揚州，與焦循在北湖南塘阮公樓會面，談及《揚州圖經》時，又詢問了《揚州文粹》的編撰情况。由於該書稿都分存在各位編撰者手中，尚未最後結集定稿。不久，伊秉綬病逝於揚州。焦循即以手中文章三百零一篇編爲《揚州足徵録》二十七卷，專記揚州之事，其原則爲『事有關乎揚者，不必揚人之文』，這與《揚州文粹》的『存揚人之文，非揚州者不取』的原則已爲異趣。嘉慶十一年，焦循有感於『北湖自明嘉、隆以來，偉人奇士相繼而起，惜乎故家子弟淪在耕漁，先正遺篇消亡八九，傳説不齊，有同影響，深有憾於載筆之無人也』，於是董理舊文，徵諸文獻，次爲一篇。凡叙六、記十、傳二十一、書事八、述二，共四十七篇，其中包括水系、古迹、忠孝、節義、文學、武事，總取名爲《北湖小志》。阮元稱其爲『足覘史才』。

正是在參與編撰《揚州圖經》、《揚州文粹》、《北湖小志》的過程中，焦循對怎樣編撰方志，有了新的認識，從而提出了編撰《揚州府志》的個人意見：一，朱彝尊《日下舊聞考》與黄叔璥的《南臺舊聞》重古略今，所以采用了纂録體。然而方志是反映古今一郡的歷史風貌，因重在説明今天，若半爲纂録，别出心裁，體例不一，容易引起誤解。二，方志中所援引行狀、行述，一般都來自子孫編撰，不當繁複稱用『先府君』，或『先王父』等名。三，方志中所據典籍，因考察其真僞，謹慎下筆，不至於以假亂真。四，凡對古代文獻有所改移，則應加以説明。五，對於史傳之文，互爲詳略，不當取其所需而有所遺漏。六，如果僅以纂録，不兼收并采，不僅給編撰者造成困難，也會給讀者帶來不便。

上述六點修志意見，頗能發現焦循對純用纂録的形式編撰方志非常不滿。其實，與焦循同時代的章學誠在《文史通義·外篇》一文中，認爲史家有『著述之史』、『纂輯之史』的區别，認爲『著作之史，宋人以還，絶不多見。而纂輯之史，則以博雅爲事，以一字必的按據爲歸，錯綜排比，整煉而有翦裁，斯爲美也』。同時，章學誠對宋元明以來視方志爲地理專書或應酬文墨予以駁斥：『方志而爲纂類，初非所忌。正忌纂類而以地理專門自畫，不如方志之爲史裁，又不知纂類所以備著述之資，而自以爲極天下之能事。』章學誠對方志的理解，顯然是針對戴震而發。戴震曾編撰過《汾州府志》和《汾州縣志》，其特色詳於地理沿革，而章學誠則强調文獻而輕視沿革。焦循對於兩家的各執一端，則采取了調和折衷的態度。認爲方志通古今，應依《史記》之例，而《史記》一直被章學誠贊爲具有『圓而神』的佳作，但焦循又强調方志爲釋地之作，這與戴震所謂『地以考地理』相近。所不同的是焦循假借公羊家『所見異辭』、『所聞異辭』、『所傳聞異辭』歷史觀念，重在證實當時的地理事迹，如所擬《揚州圖經》目録中就列有《沿革考》與《古迹考》二類，從而爲後人編寫地方志書提供了重要的借鑒。

五、傳統算學的再創造

焦循對中國傳統數學發生濃厚的興趣，是在他的早年。那時年僅十二三歲的焦循，在熟讀『三蘇』文的同時，也閲讀了史地、天文、算術一類的書籍。他曾明確表示：『吾嘗見爲人作傳志者，九九未嫻，便稱善算；人僅學究，輒擬程朱；許以通經，而莫徵所得；但調平側，乃曰詩人。真贋不辨，是非混淆。』於是立下研究史地、天算之志。乾隆五十二年（一七八七），焦循在揚州壽氏鶴立堂擔任家庭教師，因得摯友顧超宗相贈《梅氏叢書》，於是致力於算學研究，與當時算學名家汪萊、李鋭時時會面，商討有關數學問題，被譽爲『談天三友』。這一時期，焦循先後完成了《釋輪》二卷、《釋橢》一卷、《釋弧》三卷、《加減乘除釋》八卷、《天元一釋》二卷，以上五種合刻爲《里堂學算記》。乾隆六十年，焦循先後閲讀了梅文鼎《弧三角舉要》、《環中黍尺》以及戴震的《勾股割圜記》，深感梅書『繁復無次序』，戴書又『務爲簡奥』，於是『取二書參之』而撰《釋弧》。『上篇釋正弧弦切之用，中篇釋内外垂弧之義，下篇釋次形及矢較之術』。三年後，焦循又覺所論『立表之理不明，則裁弧爲弦之法不備，宜補之』。因此重新修改，將原來所論的六弧八線補爲上卷，原來的上、中兩卷合爲一卷，下卷未改，重成三卷。《釋弧》主要討論了三角八線的産生和球面三角形的解法。此書被錢大昕讚爲『於正弧斜弧次形矢較之用，理無不包，法無不備』。

嘉慶元年（一七九六），焦循在研究球面三角的基礎上，認爲弧線的産生，緣於諸輪，輪徑相交，才能形成各種球面三角形。所謂『輪之弗名，法無從附』，於是又撰《釋輪》二卷，『以明立法之意，由於實測』。上卷闡明諸輪異同。下卷解釋弧線的變化，論述丹麥天文學家第谷（Tyco Brahe，一五四六——一六〇一）天文學理論中的本輪、次輪的幾何原理。

同年，焦循因康熙的《甲子曆》用諸輪法，而雍正的《癸卯曆》則用橢圓法，橢圓法較諸輪法更爲先進，但『義藴深密，未易尋究』，爲了便於初學者，於是『擇其精要，析而明之』，作《釋橢》一卷，論述了意大利天文學家凱西尼（Giovanni Domenico Cassini，一六二五——一七一二）天文學理論中的橢圓的幾何原理。上述三種基本是總結當時天文學中的數學基礎知識。然而焦循在數學研究方面所作出突出貢獻的，則是他撰寫的《加減乘除釋》。

《加減乘除釋》，焦循草創於乾隆五十九年（一七九四年），後應阮元之邀作『齊魯游』而一度中斷，歷經五年，於清嘉慶三年完成。該書的宗旨，即以『加減乘除爲綱，以九章分注而辨明之』。全書共八卷，第一、五兩卷主要論述數的加減運算規則；第二卷主要論述二項式的乘方運算；第三卷主要論述數的乘除運算規則；第四、六卷主要論述分數的性質及其運算規則；第七卷主要論述各類比例問題；第八卷主要論述加減乘除四則運算規則。全書共列出九十三條運算規則，每一條即相當於現代數學中的一條定理或公式。探討與總結了中國古代數學的運算規律與理論，開創了借用甲、乙、丙、丁等天干文字來表達運算定律符號（相當於我們今天使用的a、b、c、d等拉丁字母）的先例，并且對傳統的運演算法則作了詳細的闡明，其中包括『加法交換法則』、『加法結合法則』、『乘法交換法則』、『乘法結合法則』、『加法對乘法的分配法則』等，這在當時數學研究領域是一項創舉。焦循説：『以甲加乙，或乙加甲，其和數等。』據此，用現在的運算符號來表示即：$a+b=b+a$。焦循説：『先以甲乙相加，後加以丙；或先以乙丙相加，後加以甲；或先以甲丙相加，後加以乙，其得數皆相等。』據此，用現在的運算符號來表示即：$(a+b)+c=(b+c)+a=(a+c)+b$。焦循説：『以甲乘乙，尤之以乙乘甲也。』據此，用現在的運算符號表示即：$a\times b=b\times a$。焦循説：『三數相乘爲連乘，或先以甲乘乙，連以丙乘之；或先以丙乘乙，連以甲乘之；或先以甲乘丙，連以乙乘之，其得數皆等。』據此，用現在的運算符號表示即：$(ab)c=(bc)a=(ca)b$。焦循説：『以甲中分之，各乘以乙，合之如甲乙相乘；甲盈朒分之，各乘以乙，合之其數等。』據此，用現在的運算符號表示即：$(a+b)c=ac+bc$。焦循説：『減乙於甲而加丙，則甲少一丙乙之差。減丙於甲而加乙，則甲多一丙乙之差。』據此，用現在的運算符號表示即：$(a-b)+c=a-(b-c)$，$(a-c)+b=a+(b-c)$。焦循説：『若乙丙之差如甲乙之差，則以乙加乙，以丙加甲。或以乙減甲，以丙減乙，其差皆平。』據此，用現在的運算符號表示即：$(b+b)-(a+c)=0$，$(a-b)-(b-c)=0$。焦循説：『甲自乘，乙自乘，又甲乙互乘而倍之，其數等。』據此，用現在的運算符號表示即：$(a+b)(a+b)=aa+ab+ba+bb=a^2+2ab+b^2$。焦循説：『以甲自乘再乘，以乙自乘再乘，又以乙乘甲冪，以甲乘乙冪，各三之，其數等。』據此，用現在的運算符號來表示即：$(a+b)^3=a^3+3a^2b+3ab^2+b^3$。焦循説：『以甲除乙，以丙乘之得丁，丁之于丙，尤乙之於甲。』據此，用現在運算符號來表示即：$(b\div a)\times c=d$，$d\div c=b\div a$。上述十例，可以説焦循的《加減乘除釋》是在研究吸收了前人數學成果的基礎上所作出的開創性研究成果。與此同時，焦循又提出了『理本自然』、『名後法先』、『數先形後』等數學思想，試圖從邏輯與哲學的理論上來彌補中國傳統數學少有理論的缺陷，在中國數學思想史上也有重大建樹。

六、審美情趣的個性化

十八世紀的學術界，樸學獨盛。吴派、皖派和以揚州學者爲主體的揚州學派以純漢學形式的古文經學研究，籠罩學壇，考據著述如林，人材輩出。他們不僅經學研究有相當的造詣，而且對文學理論和詩文創作也有獨到的見解。他們的學術修養、審美情趣，無不打上樸學的印記。然而豐碩的樸學成果，反將他們的藝術個性掩沒不彰，其中最具代表的莫過於焦循所提出的『揚花抑雅』的戲劇論和『形意相合』的時文論的文學思想。

乾隆五十七年（一七九二），焦循曾在揚州城書肆購得舊書一部，書中所載均爲前人討論戲曲之語，而且詳證博引，内容十分豐富，缺點是雜亂無章。嘉慶十年（一八〇五）焦循養病家居，一時無法聚精會神地研究經史之學。於是將該部舊書作了一番整理，取名《劇説》。現存《劇説》六卷，搜集唐宋以來有關論述戲曲的文獻資料，其中包括戲曲的遺聞軼事與一些戲曲故事的來源演變等，引用書籍達一百六十餘種，尤以考證見長。由於《劇説》多爲輯録前人『論曲論劇之語』，所以焦循的個人見解并不多。唯有《花部農譚》專論地方戲曲劇目，較爲集中地體現了焦循的戲曲理論。

《花部農譚》僅一卷，是焦循病逝前一年（一八一九）所作，對當時揚州地區盛行的地方戲曲如《桃花女》、《劈山救母》、《義兒恩》、《藥茶計》、《五雷轟陣》、《釣金龜》、《鐵邱墳》（一名《打金冠》）、《龍鳳閣》、《兩狼山》、《雙珠記》、《清風亭》、《賽琵琶》、《紅逼宫》等戲劇進行了考證與評論。

首先，焦循認爲花部應當與雅部并重。所謂『花部』，指清代乾隆年間昆腔以外的各地方戲劇曲種，又稱『亂彈』，以寓貶低之意。所謂『雅部』，即指北京、揚州等都市爲士大夫所崇尚的昆腔戲劇曲種，以示其『高雅』之意。當時昆腔已日趨衰落，代之而起的弋陽腔、梆子腔、二簧調等地方戲劇曲種卻廣泛流行。由於它們的表現風格較昆腔粗獷，語言也較通俗，所以爲人喜聞樂見。在焦循看來，昆曲雖然極諧於律，但是過於繁瑣，缺乏激情；而花部則音調慷慨，往往能激發人心。焦循曾將花部的《清風亭》，與昆腔的《雙珠天打》、《西樓記》三劇中都有虛構的『雷殛』情節作了一番比較，認爲花部所塑造的藝術形象遠在雅部之上。

其次，花部提供了通俗易懂、爲人喜聞樂見的風格。焦循在《花部農譚》中曾論《逼宮》中司馬師勾畫的紅臉，認爲如果按照正史《晉書》中『饒有風采，沈毅多大略』的描述來塑造司馬師個人形象的話，那豈不是成了『幅巾鶴氅，白面疏髭』的孔明形象！後來戲劇中的司馬師往往被勾畫成紅花臉，并誇張地表現他『目有瘤疾』的形貌特徵，同時又在黑髯上加入一縷紅髯，以示由眼瘤血污染所致，從而頭戴紫金冠，插雉雞翎，身穿紅蟒，佩帶寶劍，呈現出一個獨特的藝術形象，即如焦循所謂的『優之爲技也，善肖人之形容，動人歡笑，與今無異耳』。焦循曾贊花部『其詞直質，雖婦孺亦能解。其音慷慨，血氣爲之動蕩』，而且一再表示『余獨好之』、『余獨喜之』，上述這段引文正説明花部具有通俗明瞭、容易爲百姓喜聞樂見的這一特徵。并從藝術真實不同於生活表面真實的角度，充分肯定了司馬師的人物造形，這也正是花部藝術創造的魅力所在。

再次，花部是百姓審美情趣的表現形式。如焦循認爲《賽琵琶・女審》與王實甫的

《西厢記·拷紅》、高則誠的《琵琶記》相比，其高明之處，就在於『不難摹其傳情，全在摹其追悔』，『摹』即『摹仿』，『情』則指現實生活中人的感情。换言之，富有藝術感染力的戲曲，不但是使觀者得到愉悦，即所謂『此劇自三官堂以上，不啻坐淒風苦雨中，咀茶齧檗，鬱抑而氣不得申。忽聆此快，真久病頓甦，奇癢得搔，心融意暢，莫可名言，《琵琶記》無此也』。而且是通過演員模仿人物形象來反映現實，亦即所謂『適妻帥兒女以功歸，上以獄事若干件令決之，陳世美在焉。妻乃據臯比，高坐堂上。陳囚服縲紲至，匍匐堂上，見是其故妻，慚怍無所容。妻乃數其罪責讓之，洋洋千餘言。説者謂《西厢·拷紅》一劇，紅（娘）責老夫人爲大快，然未有快於《寒琵琶·女審》一劇者也』。因爲《琵琶記》中的蔡伯喈在騙得功名、孝名、二妻，御旨加封後，雖然背親棄妻，被人所不齒，但受盡磨難、辱凌的趙五娘僅得到一『貞女』的空名而安之若素。此種結局的處理，也只是一種給受害者的道義上的某種補償，談不上對肇事者有所懲罰。而《賽琵琶·女審》不僅使陳世美受到應有的懲罰，而且秦香蓮揚眉吐氣，最後以勝利告終。這樣的結局，既能滿足廣大普通百姓的審美情趣，也表達了他們的共同審美理想，所以説『大快人心』。

焦循從文學進化的觀念出發，認爲每一個時代的文學，都有其自身的特點，如果純粹地在原有文學樣式上打轉，一味貴古賤今，都不是推動文學前進的正路。他將宋金以來出現的『曲』（包括戲曲與散曲）放在中國文學發展的演變中來考察，把元曲和詩經、楚辭、漢賦、魏晉六朝隋的五言詩、唐代的律詩、宋人的詞相提并論，并把戲曲家關漢卿等人與屈原、李白、杜甫并列，充分肯定了戲曲在中國文學發展史上的重要地位，這是難能可貴的。焦循的這一觀點也直接影響到後來的王國維。也正因此，焦循的《花部農譚》雖然僅有一卷，而且尚不滿三千五百字，但是在當時敢於公開從理論上給予花部的肯定和支持的專書也只有此卷，它所顯示的文學思想價值已遠遠超出了其文學理論的價值，不僅成爲人們研究古代戲曲理論必讀的經典之作，而且爲近代文學的發展與研究拓展了新的領域。

七、傳統堪輿學的反思

嘉慶十七年(一八一二)，焦循在撰寫《雕菰樓易學三書》之餘，應友人汪廷掌(即汪光烜)的請求，撰寫了《八五偶譚》一書，以主客設問的形式，列出二十六個專題，對當時廣泛流行的氣、五陽、五行、八卦及羅盤指南針等堪輿學的理論依據和操作工具作了深入的辨析，并就堪輿學的起源、堪輿與《周易》的關係作了詳細深入的闡明，尤其對當時社會上盛行的《葬書》、《青囊奧語》、《天玉經》等相宅之書作了有力的批判。

首先，焦循辨析堪輿學中的『三合』理論。他説：『術士之書，叢雜不一，獨三合、十二長生最爲可徵。三合之名，見於《春秋穀梁傳》，云：「獨陰不生，獨陽不生，獨天不生，三合而後生。」穀梁赤乃子夏之門人，其説必有所授，是三合者，孔氏之遺言也。葬棄生氣，三合而後生，捨此求生，難乎其爲生矣。』所謂『三合』，也稱『三元』，即以一百八十年爲一周天，第一甲子六十年爲上元，第二甲子六十年爲中元，第三甲子六十年爲下元，合稱三元。它以水、木、金、火、土五行推論作爲依據，分别由申、子、辰相合爲水局，寅、午、戌相合爲火局，巳、酉、丑相合爲金局，亥、卯、未相合爲木局，是一種較爲古老的相宅方法，即所謂的『獨陰不生，獨陽不生，獨天不生，三合而後生』。根據三國魏人徐邈的解釋：古人稱萬物負陰而抱陽，冲氣以爲和。這種以陰陽之『氣』相宅的方法是有其中國哲學的依據，那就是《周易》中的陰陽變化觀念。然而將《周易》的陰陽觀念與『氣』聯繫在一起的則是先秦哲學家老子，他在《道德經》中早就説過『萬物負陰而抱陽，冲氣以爲和』。宋代張載對此更有進一步的發揮，他在《正蒙·太和》篇中説：『太虚無形，氣之本體，其聚其散，變化之客形爾。』氣是萬物之源，處於千變萬化的狀態之中，而且是不生不滅，『氣之爲物，散入無形，適得吾體；聚爲有象，不失吾常……聚亦吾體，散亦吾體，知死之不亡者，可與言性矣』，這種可聚可散，不生不滅的『氣』的理論，體現在堪輿中便有所謂的生氣、死氣、陽氣、陰氣、土氣、地氣、乘氣、聚氣、納氣等説法。焦循對『三合』説的論證，正表明他試圖以『氣』的理論對古代『三合』相宅觀念進行一次哲學的解釋。既然『三合』之説出自孔子遺言，那麽它也就是名符其實的孔子真傳。這樣，焦循也就爲『三合』之説的合理性找到了儒家元典的依據。至於所謂的『十二長生』，即指《周易》的十二辟卦，一稱十二月卦，即除坎、震、離、兑四正卦外的六十卦，按照君、公、侯、卿、大夫五種等級，分成五組，每組十二卦，復、臨、泰、大壯、夬、乾、姤、遯、否、觀、剥、坤等十二卦爲一組，故稱十二辟卦。漢代易學家孟喜以此十二卦代表一年十二月，又具體代表一年中的二十四節氣中的十二個中氣（月首爲節，月中爲中），十二卦共七十二爻，又代表七十二候（每一節氣分爲初、次、末三候）。之所以將這十二卦來代表十二月，是因爲這十二卦中剛柔二爻的變化正可體現陰陽二氣的消長過程。因此，無論是『三合』，還是『十二長生』，實際上都是焦循以《周易》的理論來探討堪輿之學的。

其次，焦循論證堪輿學中的『形法』之説。所謂『形法』，顧名思義，即以考察山川地形選擇有利環境的建築理論。在堪輿家看來，選擇有利的建築環境，無非要考慮到『龍』、『穴』、『砂』、『水』、『向』五大要點。『龍』指山脉，根據山形，即可判斷其爲飛龍、卧龍、降龍等，如三國時的諸葛亮的住所被稱爲『卧龍崗』就是一例。『砂』即丘陵或高坡，它作爲建築宅基的屏護，實含有紗帳帷幕的内涵。水對於人的生活起居至爲重要，而形法理論也每每將山與水相聯繫在一起，即人們常説的『水隨山而行，山界水而止』。『穴』和『向』都是決定建築的實際位置和方位。這五大要點共同組成了堪輿相宅理論的支點，一直爲古代堪輿家所遵循不移。然而焦循却提出疑議，認爲形法源自古代音樂。他根據北斗運行的規律與一年二十四節氣的關係來説明氣象與物象，并且又在古代音律的特徵與相應的氣候特徵相通的原則上，將十二律與一年二十四個節氣相配，從而認定古代堪輿學與古代音律相通，這不僅給堪輿學披上了神秘的外衣，而且也給古代音律塗上了神秘的色彩。

再次，對堪輿學的批判。堪輿學的起源雖然較早，但是它的正式流行，那是在中國歷史上的晋代之後，其標誌便是這時期堪輿學大師的輩出和堪輿學圖書的正式出版。如被譽爲堪輿學鼻祖的郭璞的《葬書》，唐代的楊筠松的《疑龍經》、《撼龍經》、《青囊奥語》等。焦循也與歷史上的批評家一樣，從學理上力糾《葬書》之非，以還堪輿學的本來面目。如他雖然贊同郭璞《葬書》中關於『地有四勢，氣從八方』的堪輿學理論，但是他認爲《葬書》在描述預選墓址時，却違背了堪輿學的基本理論，錯誤地使用地支概念，從而出現了擇時與方位之間的矛盾，批評其爲『愚極』。又對楊筠松、曾文迪所著《青囊奥語》所言九星是否就是北斗時，焦循明確指出這是欺人之談。這種對《葬書》、《青囊奥語》的質疑，實際上否定了當時堪輿家將郭璞《葬書》視爲堪輿學的權威經典。

堪輿之學，在明清兩代廣泛流行，成爲封建社會知識階層中的一個重要行當，社會影響很大，在所謂的三教九流之中，堪輿位列第四（俗稱『一流舉子二流醫，三流丹青四地理，五星六爻，七僧八道九行棋』），僅次於讀書人、醫生和畫師，足見其地位和公衆重視的程度之高。然而堪輿學所帶有迷信色彩的内容繁複駁雜，玄之又玄，它所能起到的實際作用應該説主要是心理的。就信奉者而言，它不外乎填補人的特殊心理，尋求一種精神慰藉而已。就中國儒家文化及其古代輝煌的建築文化遺産而言，它的影響也是極其有限的。然而，焦循對堪輿學的闡明與批判，這在清代乾嘉之際的學術界，可謂空谷足音。

八、晚年的學術追求

從嘉慶二十一年（一八一六）年起，步入晚年的焦循，在完成《雕菰樓易學三書》和結集自己詩文雜著的《雕菰集》後，他的最大願望，就是兑現他在二十歲時曾許下的諾言，重新詮釋《孟子》一書。爲了實現三十年前的夙願，嘉慶二十三年的十二月初七日，鑒於《孟子長編》已脱稿，焦循又以『古之精通《易》理，深得伏羲、文王、周公、孔子之旨者，莫如孟子。生孟子後，而能深知其學者，莫如趙氏。惜僞疏舛駁乖謬，文義鄙俚，未能發明其萬一，思作《孟子》一書』而開始編撰三十卷本的《孟子正義》。

《孟子正義》以疏解趙岐『章句』爲主，既『於趙氏之説或有所疑，不惜駁破以相規正』，又不墨守唐人强調『疏不破注』的注經原則，博采經史傳注，參考了從清初顧炎武、毛奇齡到友人王引之等有關於《孟子》者六十餘家，首先編撰《孟子長編》十四帙，然後逐日稽考，殫精竭慮，從嘉慶二十三年十二月起稿，至次年七月，撰成《孟子正義》三十卷。其子焦廷琥後來追述其父在編撰該書嘔心瀝血的過程時説：『戊寅十二月初七日，開筆撰《正義》。自恐懈弛，立簿逐日稽省，仍如前此注《易》。簡擇《長編》之可采與否者，有不達則思，每夜三鼓後不寐，擁被尋思，一一檢而考之。語不孝曰：「著書各有體，非一例也。有以己見貫串取精，前人所已言不復言，余撰《易學三書》及《六經補疏》是也。有全録人所言，而不參以己見，余輯《書義叢鈔》是也。有采擇前人所已言，而以己意裁成，損益於其間，余撰《孟子正義》是也。」』焦循摯友黄承吉説：『此書一出，實可謂義疏、正義之準則，後之作者因其例以發明《禮》、《傳》諸經，當如百川趨海，匯爲千古巨觀。』可見，這部看似以訓釋訓詁名物爲主的皇皇巨著，其價值正在於它通過對《孟子章句》的實證分析，從而對《孟子》進行新的詮釋。首先，他基於『古之精通《易》理，深得伏羲、文王、周公、孔子之旨者，莫如孟子』這一理念，認爲給《孟子》一書作疏，其難有十，其中第一難就是『孟子道性善，稱堯舜，實發明羲、文、周、孔之學，其言通於《易》，而與《論語》、《中庸》、《大學》相表裏，未可以空悟之言臆之』。這在中國易學史或孟子學史上可謂石破天驚之論。他認爲《孟子》一書闡發的易學的『通變神化之道』，即『孟子深於《易》，悉於聖人通變神化之道，故篇首言先王之道，而要之以道揆，蓋不獨平天下宜如是也。人倫日用，均宜如是。既明援天下以道，道何在？通變神化也』。其次，《孟子》一書還闡發了易學『感而遂通之性』。否定了孟子『我固有之』的性善論，進一步批評宋明理學家把人性分爲氣質之性與義理之性，混淆了善惡界限，『性爲人生而静，其與人通者，則情也，欲也』。『人生而静，天之性也；感於物而動，性之欲也』。既然欲出於性，欲是性之欲，那麽『故格物不外乎欲己與人同此性，即同此欲。舍欲則不可以感通乎人，惟本乎欲以爲感通之具，而欲乃可窒』。從而與他的《易》學感通理論聯繫在一起。再次，如果説上述『通神變化之道』、『感而遂通之性』是焦循《孟子正義》所顯現的易學意義的話，那麽他同樣以易學的道德學説來論證《孟子》有關理想人格的思想。我們知道，在《孟子》一書中凡稱『聖人』或『大人』的一般特指那些曾經達到過最高精神境界的理想人格。如所謂『聖人，人倫之至也』，又如『居仁由義，大人之事備矣』，『大人者，言不必信，行不必果，惟義所在』等等，綜觀這些稱呼的内涵或主要標準，不外是完全地踐履了人倫道德規範和創造了不朽的社會功利兩個方面。不過，從普遍意義上來説，孟子曾將人的品格分爲四等。

顯然，《易傳》所説的『大人』或『聖人』，正是基於這種淵源於宇宙自然因而又是高出人的社會生活的精神品質，這種理想人格具有人倫的典範和智慧的化身二重特徵。也正因此，不難理解焦循爲什麽説『聖人在位，謂之大人。此解《易》之言大人是也。而孟子之言大人，蓋即謂此。孟子深於《易》，唯黄帝、堯舜通變神化，乃足以當之，故又進於天民一等也』。

由於儒家學説中的理想人格，主要體現人們在現世社會生活的背景下，以道德實踐爲根本内容來構建的。如孔子在回答子貢『如有博施於民，而能濟衆，可謂仁乎』的發問時説：『何事於仁，必也聖乎？』然而焦循所理想中的大人，也是活動於民間，其德澤施於民衆的大才大德之人。因此從根本上説，焦循在詮釋《孟子》有關理想人格的思想時，雖然未能翻出孔孟學説本身，但他企圖以易學理論來具體論證，無疑是一種可貴的嘗試，從而也透視出焦循之所以向慕『大人』，實是他終生追求的理想人格。可以説，焦循以抱病之軀所完成的《孟子正義》，正是他思想與學術的最後呈現。梁啓超説：焦循『注《易》既成，才著手做此書，已經垂老，書才成便死了。……這書雖以訓釋名物爲主，然於書中義理也解得極爲簡當。里堂於身心之學，固有本原，所以能談言微中也。總之，此書實在後此新疏家模範作品，價值是永永不朽的』。

焦循病逝後，阮元久久不能釋懷，以極其哀惋贊嘆的心情特意爲他撰寫了《通儒揚州焦君傳》，以爲該書『多下己意，合孔孟相傳之正指』，又在文末評曰：『焦君與元年相若，且元族姐夫也。弱冠與阮齊名。自阮服官後，君學乃精深博大，遠邁於阮矣。今君雖殂，而學不朽。阮哀之切，知之深。綜其學大指而爲之傳，且名之爲通儒，諗之史館之傳儒林者，曰：斯一大家，曷可遺也。』焦循在清學史上無疑屬於通人之一。與同時代的學術通人相形，他的學問之淵博，勝過惠棟；他的思想之深度，可與戴震比肩。他所留存的思想與學術，不僅僅是他那個時代的歷史迴響，而且也是今天我們發展中國特色社會主義文化，建設社會主義文化强國而值得共同審視的一份彌足珍貴的文化遺産。

值此焦循誕生二百五十年之際，我們特編纂《焦循著作集》，以誌紀念。根據上述焦循學術思想的特點，將擬定由『雕菰樓易學』、『雕菰樓經學』、『雕菰樓史學』、『雕菰樓文學』、『雕菰樓算學』、『雕菰樓未刊稿本』六部分組成。全書體例説明如下：

一、底本，大部分取自焦循自定的《焦氏叢書》本。

二、校勘，以阮元所刻《皇清經解》本、《焦氏遺書》本、《文選樓叢書》本和《續修四庫全書》本等爲主，其他各種刊本則擇善而從，以正排校舛誤。注意本校，亦重他校。

三、分段，基本依照原書，個别段落予以重分，以清眉目。

四、標點，原刊無標點，現皆按照古籍整理通行體例施以新式標點。

五、注釋，凡原刊遺漏、筆誤、文字訛誤者，予以改正并在注釋中加以説明。凡本書引用他書删改者，均於注中并録原文，以資比照。中文譯名及譯文，依原刊不加新譯保持原樣。

六、版式，遵原刊爲繁體竪排。舊字形改爲新字形，部分異體字、俗字保留。改夾注雙行小字爲單行小字。

由於時間久遠，焦循有些著作已經散失無存，全書雖名『著作集』，然恐難以符實了。另，全書編纂中錯誤難免，敬祈讀者批評指正。

陳居淵

二〇一一年十月於復旦大學

校點説明

《雕菰樓算學六種》，由《加減乘除釋》、《天元一釋》、《開方通釋》、《釋弧》、《釋輪》、《釋橢》等六書組成，共十七卷。現將上述六書的基本情況簡述如下：《加減乘除釋》八卷、《天元一釋》二卷、《釋弧》三卷、《釋輪》二卷、《釋橢》一卷，現有的主要版本，一是《里堂學算記》本（《續修四庫全書》影印收録），二是《焦氏叢書》本，三是《焦氏遺書》本，四是《中西算學叢書初編》本。《開方通釋》一卷，現有的主要版本是《木犀軒叢書》本（《續修四庫全書》影印收録）。

此次整理，《加減乘除釋》、《天元一釋》、《釋弧》、《釋輪》、《釋橢》底本皆取《焦氏叢書》本，《開方通釋》底本取《木犀軒叢書》本。六書的校點過程中，也參考了近年來所出版的各種整理本。

需要説明的是，有關焦循算學的著作，還有《大衍求一釋》一卷、《乘方釋例》五卷、《焦理堂天文曆法算稿》一卷等三種，共七卷，因皆係稿本，這次均未收録校點，俟整理

『雕菰樓未刊稿』時一併補入。上述六書由孫德彩校點，我對六書所錄原文作了復校和審訂，如果校點有不當或失誤之處，敬請讀者熱情指正。

陳居淵

二〇一六年冬

目録

前言 …… 一
校點説明 …… 一
總叙 …… 一
加減乘除釋 …… 一
序 …… 三
加減乘除釋卷一 …… 五
加減乘除釋卷二 …… 四一
加減乘除釋卷三 …… 八〇
加減乘除釋卷四 …… 一一八
加減乘除釋卷五 …… 一四六

加減乘除釋卷六 …… 一七二
加減乘除釋卷七 …… 一九三
加減乘除釋卷八 …… 二二九
天元一釋 …… 二五三
序一 …… 二五五
序二 …… 二五七
天元一釋上 …… 二五九
天元一釋下 …… 二八九
開方通釋 …… 三二一
開方通釋叙 …… 三二三
開方通釋 …… 三二五
釋弧 …… 三八九
序一 …… 三九一
序二 …… 三九三
釋弧卷上 …… 三九五
釋弧卷中 …… 四二七

釋弧卷下……四五三
釋輪……四八七
釋輪卷上……四八九
釋輪卷下……五一二
釋橢……五三五
釋橢序……五三七
釋橢……五三九

總敘

數為六藝之一。而廣其用，則天地之綱紀，群倫之統系也。天與星辰之高遠，非數無以效其靈；地域之廣輪，非數無以步其極；世事之糾紛繁賾，非數無以提其要。通天、地、人之道曰儒。孰謂儒者而可以不知數乎？自漢以來，如許商、劉歆、鄭康成、賈逵、何休、韋昭、杜預、虞喜、劉焯、劉炫之徒，或步天路而有驗於時，或箸算術而傳之於後，凡在儒林類能為算。後之學者，喜空談而不務實學，薄埶事而不為，其學始衰。降及明代，寖以益微，閒有一二士大夫留心此事，而言測圓者不知天元，習回回法者不知最高。謬誤相仍，莫能是正，步算之道，或幾乎息矣。欽惟我國家稽古右文，昌明數學，聖祖仁皇帝御製《數理精蘊》，高宗純皇帝欽定《儀象考成》，諸編研極理數，綜貫天人，鴻文寶典，日月昭垂，固度越乎軒轅、隸首而上之。以故海内為學之士，甄明度數，洞曉幾何者，後先輩出。專門名家，則有若吳江王曉庵錫闡、淄川薛儀甫鳳祚、宣城梅徵君文鼎。儒者兼長，則有若吳縣惠學士士奇、婺源江慎修永、休寧戴庶常震，莫不各有撰述，流布人間。蓋我朝算學之盛，實往古所未有也。江都焦君里堂，與元同居北湖之濱，少同遊，長同學。里堂湛深經學，長於三禮，而於推步數術尤獨有心得。比輯其所箸《加減乘除釋》八卷、《天元一釋》二卷、《釋弧》三卷、《釋輪》二卷、《釋橢》一卷，總而錄之，名曰《里堂學算記》。書成而囑元序之。

元思天文算法，至今日而大備，而談西學者輒詆古法為粗疏不足道，于是中西兩家遂多異同之論。然元嘗稽攷算氏之遺文，泛覽歐邏之述作，而知夫中之與西，枝條雖分，而本幹則一也。如西法三率比例即古之今有術，重測即古之重今有，借衰即衰分之列衰，疊借即盈不足之假令，今之三角即句股，借根方即立天元一，至於地為圓體，則《曾子》十八篇已言之。七政各有本天，與郄萌『日月不附天體』之說相合。月食入於地景，與張衡『蔽於地』之說不別。熊三拔《簡平儀說》寓渾於平，而崔靈恩已立義『以渾蓋為一』矣。的谷四方行測創蒙氣反光之差，而安岌已云『地有遊氣，濛濛四合』矣。其它若『天周三百六十度』，則邵康節亦嘗言之。『日周九十六刻』，則梁天監中嘗行之。以此證彼，若符節之合。然則中之與西，不同者其名，而同者其實。乃彊生畛域，安所習而毀所不見，何其陋歟！里堂會通兩家之長，不主一偏之見，於古法穿穴十經，研求三數，而折中乎劉氏徽之注《九章》。西法隨事立說，闡其隱秘，而日月五星之果有小輪與？夫日月五星本天之果為橢圓與？不則存而不論。昔蔡中郎撰《十意》未竟，上言欲思惟精意，扶以文義，潤以道術，著成篇章。今里堂之説算，不屑屑舉夫數而數之，精意無不包，簡而不遺，典而有則，所謂扶以文義，潤以道術者非邪？然則里堂是記，固將以為儒流之典要，備六藝之篇籍者矣。元少略涉斯學，心鈍不能入深，且以供職中外，斯事遂廢。今見里堂成此書，敬且樂焉。吾鄉通天文算學者，國朝以來惟泰州陳編修厚耀最精。今里堂之學，似有過之而無不及也。

嘉慶四年冬，經筵講官户部左侍郎兼管國子監算學事務阮元譔序。

加減乘除釋

序

算之為術，可隨事以立名，而皆不外於乘除加減。加減者，乘除之所自出，然非乘除不足以盡加減之用，故有四者，而算法備矣。古今算家多列其目：句股旁要，量測既同，開方少廣，層累則一。差分之外，申之以均輸；方程之後，繼之以盈朒。因其小别，遂為區分，揆厥指歸，豈有岐義。夫不明其旨，則易地致惑。深究其理，則後起可推。竊以此義求之古先，蓋論法者居多，言理者絶少，即間有之，亦與法相淆，而於舉綱挈領之要未盡合也。今之為是學者，吴縣李尚之鋭，歙縣汪孝嬰萊，吾邑焦里堂循。三子者，善相資疑相析。孝嬰之學，主於約，在發古人之所未發而正其誤，其得也精。尚之之學，主於博，在窮諸法之所由立而求其故，其得也貫。理堂則以精貫之旨，推之於平易，以為理本自然，取劉徽注《九章算術》之意，著《加減乘除釋》八卷，凡弧矢之相求，正負之相得，方員凸凹之異形，齊同比例之殊制，靡不先列其綱，次疏其目，俾學者可窮源以知流，揣本而齊末。其於二子之學，蓋相輔而實相成矣。夫由疏之密，今古非有殊途。因難而易，中西本無二轍。雖稱名舉類，僾絀互形。正其權輿，一言可解。古人好學深思，必曰心知其意。里堂之書，殆《周髀》以來諸書之統紀，不獨劉氏之功臣也已。三年夏五月，江都黄承吉序。

加減乘除釋卷一

劉氏徽之注《九章算術》，猶許氏慎之撰《説文解字》。士生千百年後，欲知古人仰觀俯察之旨，舍許氏之書不可。欲知古人參天兩地之原，舍劉氏之書亦不可。嘉定錢溉亭先生塘，謂《説文》一部之中，聲無統紀，因取許氏書，離析合併，重立部首，系之以聲。其書雖未成，迄今講《説文》者，頗宗其意以著書。循謂古人之學，期於實用，以乂百工，察萬品而作書契，分别其事物之所在，俾學者案形而得聲。若夫聲音之間，義藴精微，未可人人使悟其旨趣，此所以主形而不主聲也。惟算亦然。既有少廣、句股，又必指而别之，曰方田，曰商功。既有衰分、盈不足、方程，又必明以示之，曰粟米，曰均輸。亦指其事物之所在，而使學者人人可以案名以知術也。然名起於立法之後，理存於立法之先。理者何？加減乘除四者之錯綜變化也。而四者之雜於《九章》，則不啻六書之聲，雜於各部。故同一今有之術，用於衰分，復用於粟米。同一齊同之術，用於方田，復用於均輸。同一弦矢之術，用於句股，復用於少廣。而立方之上，不詳三乘以上之方。四表之測，未盡三率相求之例。踵其後者，又截粟米為貴賤衰分，移均輸為疊借互徵，名目既繁，本原益晦。蓋《九章》不能盡加減乘除之用，而加減乘除，可以通《九章》之窮。《孫子》、《張邱建》〔一〕兩書似得此意，乃説之不詳，亦無由得其會通。不揆淺陋，本劉氏之書，以加減乘除為綱，以《九章》分注而辨明之。草創於乾隆甲寅之秋。明年為齊魯遊，遂中輟。嘉慶二年丁巳，授徒村中，無酬應之煩，取舊稿細為增損，得八卷。竊比於溉亭之於《説文》，庶幾與劉氏相表裏焉。倘有缺誤，願識者補而正之。幸甚！時十二月大寒日。

以甲當甲為適足，以甲當乙為盈，以乙當甲為朒。

數之多少無定。少至於一，而絲忽之下，尚有塵沙。多至於萬，而兆秭之上，尚有溝洫。惟是兩數相比，而後為盈、為朒、為適足乃定。故算法起於相比也。論數之理，取於相通，不偏舉數。而以甲乙明之，古之次弟，皆乙下於甲，用其意，以甲當盈，以乙當朒。

〔一〕指《孫子算經》（成書於四、五世紀，作者不詳）、《張邱建算經》（北魏）。

以甲加甲，為倍之以乙加乙，以丙加丙，以丁加丁，并同。

兩相當，未相入也。加減則相入矣。兩甲數為適足，故相加為倍也。

以甲減甲，為減盡。

減盡之法，為除法、開方法之止境。用之於方程者尤精。蓋除法者，除其所乘。開方者，除其所自乘。故必減盡而除乃止。除法、開方法之有減盡，正也。方程馭錯糅正負，數色相錯，不可以囫圇得之。其兩色者，必先去其一色。故互乘之後，列首位者對減必盡。對減盡，則一色去矣。數既錯糅，則一色減盡。一色減之必不盡。惟三色者，兩行互有空位，互相減，而其下位者適盡，則為兩色之較適足與首位之減盡者，又異矣。如馬一，騾一，共載四石二斗。騾二，驢一，共載四石二斗。馬一，驢三，共載四石二斗。馬首位減盡，此去其一色也。右中之騾一，左下之驢三，所對皆空，而末列之載數，左右均四石二斗，減盡。此為騾一，較驢三，其載適足，與兩馬之減盡，不同也。蓋適足者，相當之名。減盡者，相入之名。相入，則兩數皆去，故曰盡。相當，則兩數尚存，故曰適。盈不足術有適足，而非出於相減。盈不足之所與適足者，隱伏不見，而所見之兩盈、兩朒，以上兩率互乘之，斷無適足之理。故方程有減盡、有適足。盈不足有適足、無減盡也。

以甲中分為半之。

半之，亦曰折半。於除法為二而一。

遞相倍為自倍，遞相半為自半。

《九章算術·衰分》云：『今有女子善織，日自倍。』術云：『置一、二、四、八、十六，為列衰。』蓋倍一為二，倍二為四，倍四為八，倍八為十六，所謂自倍也。又《盈不足》題云：『蒲生一日長三尺，莞生一日長一尺，蒲生日自半，莞生日自倍，問幾何日而長等？』又題云：『垣厚五尺，兩鼠對穿，大鼠日一尺，小鼠亦日一尺，大鼠日自倍，小鼠日自半，問幾何日相逢？』

三分甲，以二為太半，以一為少半。

太半即大半，少半即小半。《衰分》術云『田一畝，收粟六升太半升』，《商功》術云『圓囷高一丈三尺三寸少半寸』，是也『少半寸』猶言『少於半寸』，非謂缺少半寸也。

有甲乙，欲得其中平，則相加而半之。欲仍得甲乙，則倍之而相減。

《方田》章邪田術云『并兩邪而半之』。邪田，為一句股一縱方相連形。并而半之，則成一縱方形也。箕田術云『并踵舌而半之』。箕田，為兩句股夾一縱方形。并而半之，亦成一縱方形也。推此而《商功》章城垣隄溝壍渠術云『并上下廣而半之』，

《緝古算經》造仰觀臺羨道術云『半上下廣差』，又云『以上下廣差，并上下袤差，半之』。蓋無論為冪、為體、為差，有上下廣之不齊，必用是法以齊之。其《方田》章環田術云：『并中外周而半之。』《商功》章曲池術云：『并上中外周而半之，以為上袤，亦并下中外周而半之，以為下袤。』此內周小於外周，猶上廣小於下廣，故并而半之，以齊其不齊也。以不齊之邊，求積如是。若以積求不齊之邊，必倍中平廣數，減上得下，減下得上，無可疑矣。《商功》穿地為垣術云：『置垣，積尺，以深袤相乘為法，所得除得中平廣數，倍之，減上廣餘即下廣。』是也。《句股》章句弦并與股求句弦術云：『令七自乘，亦令三自乘，并而半之，以為甲邪行率。』蓋七為句弦并，三為股。凡句弦并，自乘為句乘句股并者二，句弦差乘句弦并者一。句弦差乘句弦并，同於股自乘之數。故以股自乘，并句弦并自乘而半之，適得中平。所以用為邪行率者，雖別見通率之巧句乘句弦并，加句弦差，乘句弦并，是弦乘句弦并也。於句弦并，自乘數中減去弦乘句弦并，是餘句乘句弦并也。以句乘句弦并為句率，以弦乘句弦并為弦率，因以股乘句弦并為股率。故為率之巧，而并而半之之意，則無殊也。

得數，視所求為倍者，則豫半之；視所求為半者，則豫倍之。

乘必正方而後得數。其方不正，亦必正之。則積數必浮於本數。故豫半其邊，以求其合。《方田》圭田術云『半廣以乘正從』。圭田，即兩要相等之三角形。正從，即中垂綫。以中綫為界，以左補右，成正方形，而底綫適相半也。《均輸》術云：『今有客，馬日行三百里，客去忘持衣，日已三分之一，主人乃覺，持衣追及，與之而還，至家，視日四分之三，問主人馬不休，日行幾何？』術曰：『置四分日之三，除三分日之一，半其餘以為法，副置法增三分日之一，以三百里乘之為實。』此因四分日之三，為客馬之行與主人往還之行相加之數，三分日之一，為客馬單行之數，既減去此數，餘為主人往還之數。今止用主人追及之數為率，故半之也。又《句股》葭池術云『半池方自乘』。題云：『池方一丈，葭生中央，引葭赴岸，適與岸齊，自中央至岸，適得池之半。』故亦於正而求其偏也。又：『邑方二百步，各中開門，出東門十五步有木，問出南門幾何步見之？』術曰：『出東門步數為法，半邑方自乘為實。』半邑方者，自中開門。用自門至城隅為股，適當城之半。猶葭生池之中而至岸也。《孫子算經》云：『有獸，六首四足；禽，四首二足。上有七十六首，下有四十六足，問禽獸各幾何？』術曰：『倍足以減首，餘半之，即獸。以四乘獸，減足，餘半之，即禽。』蓋每首之數十，每足之數六以一獸一禽言，倍足減首，每獸尚餘二首，故半之得獸數。以四足乘之，是為獸足共數，於禽獸共足中，減獸之共足，餘每禽二足，故半之得禽數。

又：『雉兔同籠，上有三十五頭，下有四十九足〔一〕，問雉兔各幾何？』術曰：『上置頭，下置足，半其足，以頭減足，以足減頭，即得。』蓋雉兩足兔四足，半之，是雉一足，兔兩足矣。一足與一頭相若，故減去頭數，所餘即兔足，有一足即一兔矣。約分之術云『可半則半之』，相其題，施其術，諸用半之之義，不外是言也。

倍與半為向背。圭田求積，半廣以乘正從，若求廣，則倍積以開方之矣。知半之理，即知倍之理也。《孫子算經》云：『今有方田，桑生中央，從角至桑，一百四十七步，問田幾何？』術云：『置角至桑，倍之，以五乘之，以七除之，自相乘，以二百四十步除之，即得。』蓋中央至角，僅得邪行之半，故倍之，而弦數乃全。凡弦自乘，倍於方田自乘，既倍為弦，則自乘而半之，可矣。今以五乘七除，七當作十，五乘不啻二除，即半之爾。又：『三雞共啄粟一千一粒，雛啄一，母啄二，翁啄四。主責本粟，三雞主各償幾何？』術云：『置粟一千一粒為實，并三雞所啄七粒為法，除之，為雛雞主所償之數。遞倍之，即得母翁主所償。』此為衰分之常法，而遞倍之者，因一、二、四為遞倍，亦相其題，施其術焉爾。

〔一〕『四十九足』，《孫子算經》（《算經十書》本）作『九十四足』。

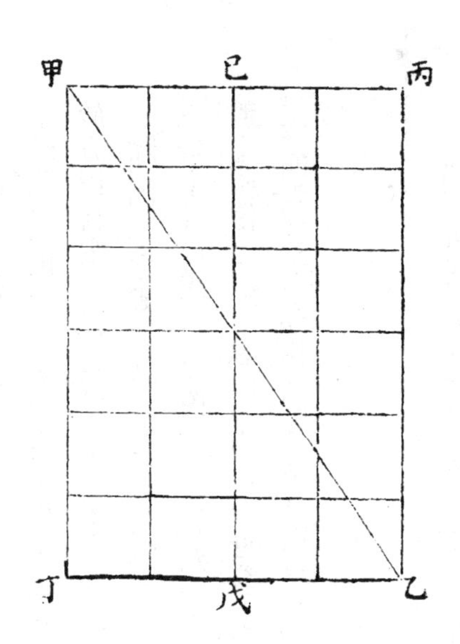

甲丙乘甲丁為甲丙乙丁縱方積一十四，半之得甲乙丁句股形。若先半甲丙為甲巳，以乘甲丁得甲巳戊丁十二，亦即甲乙丁積數也。

以乙加甲則差隱，以乙減甲則差見。

甲乙，其有差者也。既相加，乙即化於甲中。惟以乙減甲，則甲中去一乙，主客兩乙俱減盡。然甲本盈於乙，減去兩乙，乙盡矣。甲尚有所留，則差也。加者，容納之謂，故長短偏雜之皆渾。減者，鑒別之謂，故纖豪蕈末之盡露。二者相為用，而數可定矣。《緝古算經》謂差為多數少數。

以甲加乙，或以乙加甲，其和數等。於和數減甲得乙，減乙得甲，其較數必不等。

和，即古所謂并。較，即古所謂差。加減者，用法之名。和、較者，得數之名。甲乙本有差，相加則無差，故無論甲加乙、乙加甲，其得數必等。若復以甲乙互減之，則仍有差矣。既有差，則數自不相等也。惟和數等，故用加者，可以相通。惟較數不等，故用減者必不容相借。

以甲加乙，以乙加甲，則差平。以甲加甲，以乙加乙，則差倍。以甲加甲，以甲加乙，或以乙加甲，以乙加乙，則差如初。以丙減甲，以丙減乙，或以丁減甲，以丁減乙，則差亦如初。

甲本盈，以乙消之。乙本朒，以甲補之。故有差而無差。此互加互乘之法所由用也詳見後。甲盈，又益以甲。乙朒，止益以乙。有兩甲乙，即有兩甲乙之差，故倍之也。同加以甲，同加以乙，原數雖增，而原差不增。同減以丙，同減以丁，原數雖損，而原差不損。論數之理，甲乙不足以括之，又假丙以次乙，假丁以次丙云爾後用戊己庚辛壬癸亦然。

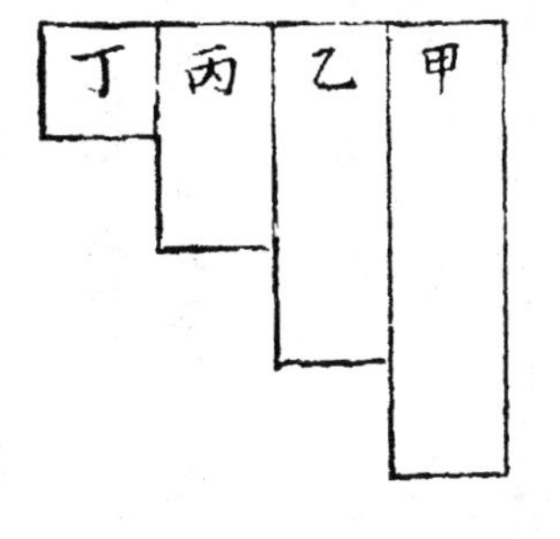

手差 加甲 乙 差乙甲 甲 加乙

倍差 乙 加乙 差乙甲 甲 加甲

初差如 甲 加甲 甲 加甲 乙 甲

初差如 乙 加乙 乙 加乙 乙 甲

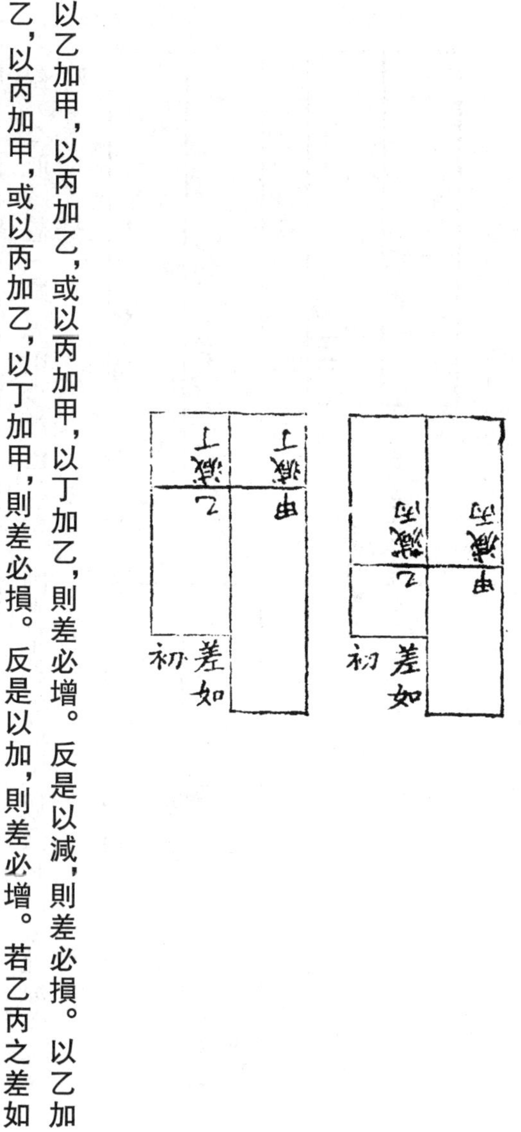

以乙加甲，以丙加乙，或以丙加甲，以丁加乙，則差必增。反是以減，則差必損。以乙加乙，以丙加甲，或以丙加乙，以丁加甲，則差必損。反是以加，則差必增。若乙丙之差如甲乙之差，則以乙加乙，以丙加甲，或以乙減甲，以丙減乙，其差皆平。以乙加甲，以丙減乙，差之增，如乙丙之和加甲乙之差。以乙加乙，以丙減甲，差之變，如乙丙之和減甲乙之差。

甲盈乙朒，故有差。乙盈兩朒，亦有差。今以盈加盈，以朒加朒，是於甲乙差，又增一乙丙之差矣。若以朒加盈，以盈加朒，是甲乙差，損去一乙丙之差矣。所以不能平者，以乙丙之差殊於甲乙之差也。其差亦有同者，如二四之差二，四六之差亦二。以二加六，以四加四，皆得八。於四減二，於六減四，皆得二。固不必以四加二，以二加四，而後皆為六也。甲盈又加乙，是盈益其盈。乙朒又減丙，是朒益其朒。合此盈朒，為所增之差矣。甲盈而減丙，是盈變為朒。乙朒而加乙，是朒變為盈。合此一盈一朒，為甲少於乙之差。因本是乙少於甲，故又必減去此原差也。

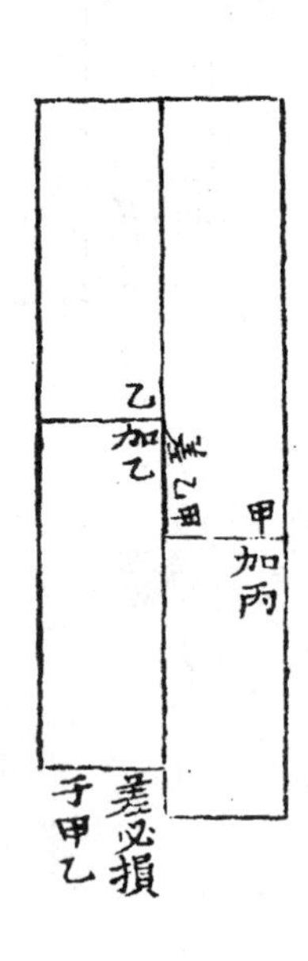

甲
加丙
差乙甲
乙
加丁
差必加于甲乙

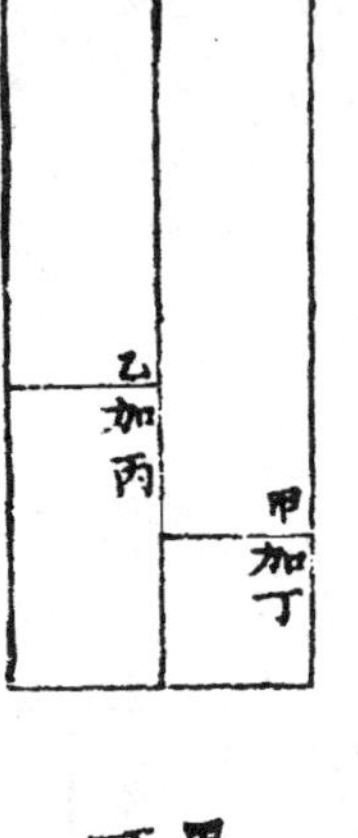

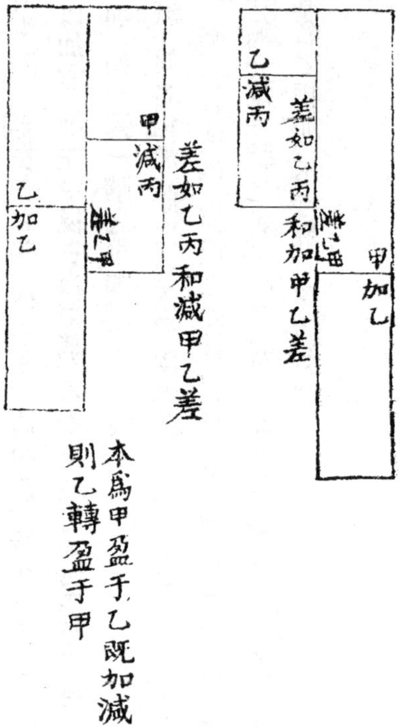

甲加乙
差如乙丙和加甲乙差
乙減丙

甲減丙
乙加乙
差如乙丙和減甲乙差
本爲甲盈于乙既加減則乙轉盈于甲

減乙於甲而加丙，則甲少一丙乙之差。減丙於甲而加乙，則甲多一丙乙之差。

乙盈於丙，丙朒於乙，取盈而償朒，則所償自不及於所取；取朒而償盈，則所償自過於所取。

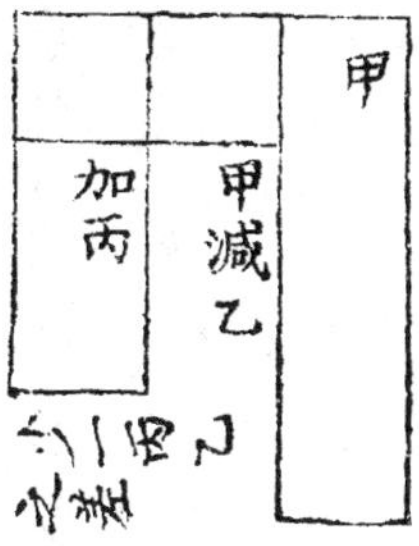

甲
甲減乙
加丙
乙丙之差

甲
甲減丙
加乙
乙丙之差

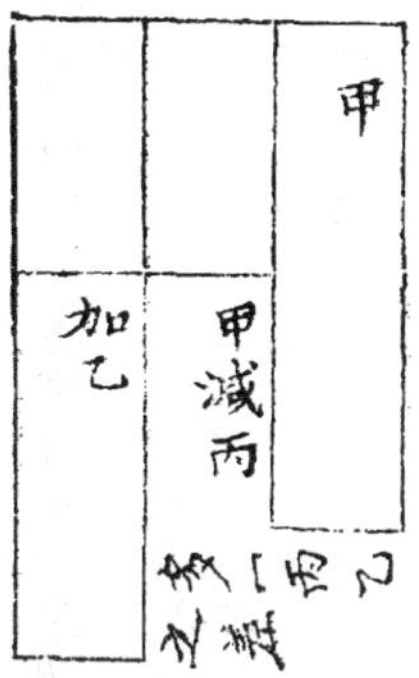

有二甲，減此以加彼，其差必倍於所減之數。半其差，以加於朒，則等。有三甲，減左以加右，其差必倍於中差。半左右之差，得中差。倍中差，得左右之差。減此以加彼，則此朒而彼盈。減左以加右，則左中視右為兩朒，右中視左為兩盈，左右視中為一盈一朒，以兩盈兩朒之差相加，如一盈一朒之相加。

同名相減，異名相加，所以為兩盈兩朒及一盈一朒者，為之法也。云兩盈，云兩朒，云一盈一朒，必有三色，而後有此較。若二色，則此之盈必彼之朒，不獨無兩盈、無兩朒，亦并無一盈一朒之名。故《九章·盈不足》術起於三色。知起於三色，則同名之相減、異名之相加，不待解而釋然矣。

甲本盈於乙，又減乙以加甲，為一盈一朒。甲本盈於乙，今減甲以加乙，為兩盈。乙本朒於甲，今減甲以加乙，為兩朒。

丙	乙	甲
丙	乙	甲
	乙	甲
		丙

甲乙丙皆三減丙之一以加于甲則甲四丙二甲盈于丙二乙盈于丙一爲兩盈相減得甲乙之差乙朒于甲一丙朒于甲二爲兩朒相減得乙丙之差甲盈于乙丙朒于乙一爲一盈一朒相加爲甲丙之差

此兩色，亦有兩盈，亦有兩朒，及一盈一朒。蓋本有盈朒在先，雖二色，猶之三色也。甲盈於乙，是甲盈。減乙，是乙朒。乙之朒，仍甲之盈。甲本盈，是乙本朒。盈皆在甲，朒皆在乙，故為一朒一盈。盈而又盈，非加法乎？甲本盈，是甲盈，減甲加乙，是乙亦盈，故為兩盈。或甲盈多，加乙者少，則盈仍在甲。或加乙之數，過於本盈之數，則盈轉在乙，故必減也。兩朒之理亦然。

乙	甲
乙	甲
	甲
	甲
	乙

甲盈于乙本一又減乙之一以加于甲當差二則相加爲差三

左	右
乙	甲
乙	甲
乙	
甲	
甲	

甲盈于乙本一今減甲之二以加乙當差四相減
爲差三

兩數相等，減此以加彼，復減彼以加此。所加同，則兩數仍相等。所加不同，則兩數之差，倍於所加之差。

此所謂交易。此減多，彼減少，已有差數。此加少，彼加多，又有差數。而所加即原於所減。故其差為倍也。《張邱建算經》題云：『金方七，銀方九，秤之適相當，交易其一，則金輕七兩，問金銀各重幾何？』法以相差七兩，半之，為一之較。蓋惟差倍於所加，今惟計所加者之較，故半其差也。《九章算術·方程》題云：『五雀六燕，集稱之衡，雀俱重，燕俱輕，一雀一燕交而處，衡適平，并燕雀重一斤。』術云：『如方程，交易質之，各重八兩。』此本有差，而交易得平。雖有總數，可分得其平數。而燕雀相雜，故必以方程得之也。

左	右
乙	甲
乙	甲
乙	甲
甲	甲
甲	乙
	乙
	乙

甲乙各六以甲之二加乙以乙
之三加甲二與三之差止一兩
五與七之差已二二于一爲倍
于所加之差

減甲則數與乙等者，倍甲乙以相減，其差必倍於減甲之數。加乙則數與甲等者，倍甲乙以相減，其差必等於加乙之數。減甲以加乙，則數與乙等者，倍甲乙以相減，其差必四倍於減甲加乙之數。

減甲而後等，是甲盈於乙。均倍之，其差之亦倍，不待智者知之也。加乙而後等，是乙朒於甲，均倍之，其差之亦倍，又不待智者知之也。若減甲以加乙而後等，是甲之盈於乙，本倍於所減乙之朒於甲，本倍於所加。今均倍之，故甲之所盈，必四倍於所減之數也。四倍之理，無異倍差之理耳。

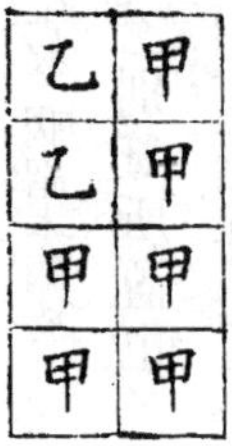

甲	乙
甲	乙
甲	甲
甲	甲

甲六乙二減甲之二以加乙則均四

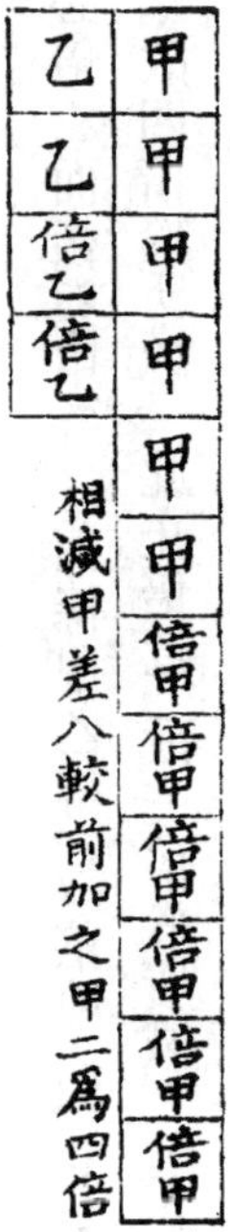

甲	乙
甲	乙
甲	倍乙
甲	倍乙
甲	
甲	
倍甲	
倍甲	
倍甲	
倍甲	
倍甲	
倍甲	

相減甲差八較前加之甲二爲四倍

減乙之數而甲倍者，倍乙以減甲，其差必倍於減乙之數。加甲之數而甲倍於乙者，倍乙以減甲，其差必倍於加甲之數。減乙以加甲，而甲倍於乙者，倍乙以減甲，其差必三倍於加甲之數。

甲倍乙，必倍乙而後與甲等。前條甲乙等，故倍甲乙。此甲倍乙，故止倍乙。前條甲乙并倍，故四倍於所減。此止倍乙，故三倍於所減。蓋止減乙，是乙雖本盈謂本盈於既減之後，非必盈於甲也，而甲不朒，故倍乙，而乙之盈倍，甲之不朒自若也。或止加甲，是甲雖本朒謂本朒於既加之後，非必朒於乙也，而乙不盈，故倍乙而所以當甲之朒者，亦倍，此外乙別無所盈也。減乙加甲，是乙之盈，本倍於所減，為加減之常例。又倍乙而不倍甲，是甲止朒一，而乙已盈兩，故不為四倍而為三倍也。由此推之，乙雖三倍、四倍以至十倍，而乙之盈，隨倍而增，甲之朒，長為一而自若也。

甲	乙
甲	乙
甲	乙
甲	乙
甲	減
甲	減
甲	
甲	

甲八乙六減乙之二則甲倍于乙

甲	乙
甲	乙
甲	乙
甲	乙
甲	乙
甲	乙
甲	倍
甲	倍
	倍
	倍
	倍
	倍

倍乙六爲十二與甲八相減差四爲倍于前圖所減之二

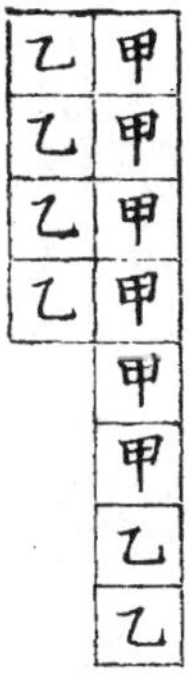

甲甲甲甲甲甲乙乙
乙乙乙乙

甲六乙六減乙之二以加于甲則甲八
乙四爲甲倍于乙

甲甲甲甲甲甲
乙乙乙乙乙乙倍倍倍倍倍倍

倍乙六爲十二與甲六相減差六
爲三倍于前圖所減之二

有甲乙之全數，則較其全以得其差。有甲乙之差數，則舍其差以得其平。

《張邱建算經》云：『今有率，户出絹三匹，依貧富欲以九等出之，令户各差除二丈。今有上上三十九户，上中二十四户，上下五十七户，中上三十一户，中中七十八户，中下四十三户，下上二十五户，下中七十六户，下下一十三户。問九等户，户各應出絹幾何？』術曰：『置上八等户各求積差，上上户十六，上中户十四，上下户十二，中上户十，中中户八，中下户六，下上户四，下中户二，各以其户數乘而并之，以出絹匹丈數乘凡户所得，以并數減之，餘以凡户數而一，所得即下下户，遞加差，各得上八等户所出絹疋數。』《孫子算經》云：『今有五等諸侯，共分橘子六十顆，人別加三顆，問五人各得幾何？』術曰：『先置人數，別加三顆於下，次六顆，次九顆，次十二顆，上十五顆，副并之，得四十五，以減六十顆，餘人數除之，人得三顆，各加不并者，上得一十八為公分，次得一十五為侯分，次得十二為伯分，次得九為子分，下得六為男分。』二者之術一也。

差之相去等者，謂之錐行。甲無差，乙之差一，丙之差二，丁之差三，戊之差四，己之差五，庚之差六，辛之差七，壬之差八，癸之差九。

《九章算術·均輸》術云『置錢錐行衰』。注云『謂如立錐』。又『金箠五尺，舉首尾以問其中』。術云『以四間乘之』。蓋數有五，則間有四。推之十，則間九。二則間一。皆退一之率也。

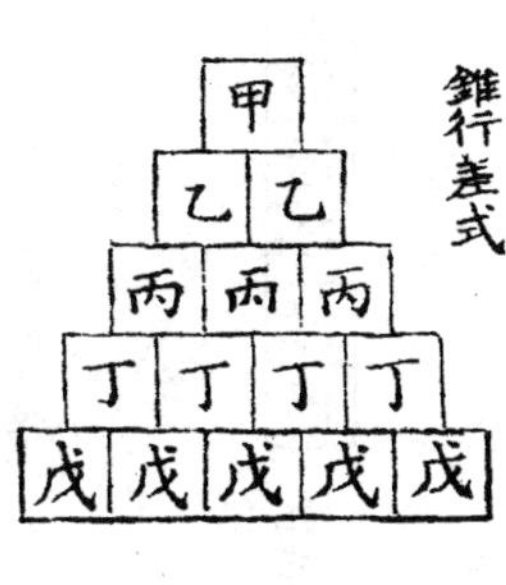

以甲減癸，其差必九倍於甲乙。以甲減壬，其差必八倍於甲乙。以甲減辛，其差必七倍於甲乙。以甲減庚，其差必六倍於甲乙。以甲減己，其差必五倍於甲乙。以甲減戊，其差必四倍於甲乙。以甲減丁，其差必三倍於甲乙。以甲減丙，其差必二倍於甲乙。

其差遞增，其兩兩相比之差必等，故其首尾之差，必視其間數為倍數也。蓋依其倍數而乘之，則自壬癸可以得甲癸。依其倍數而除之，則自甲癸可以得壬癸。劉氏於金箠之術謂『以四約之，即得每尺之差者』，其理如是也。

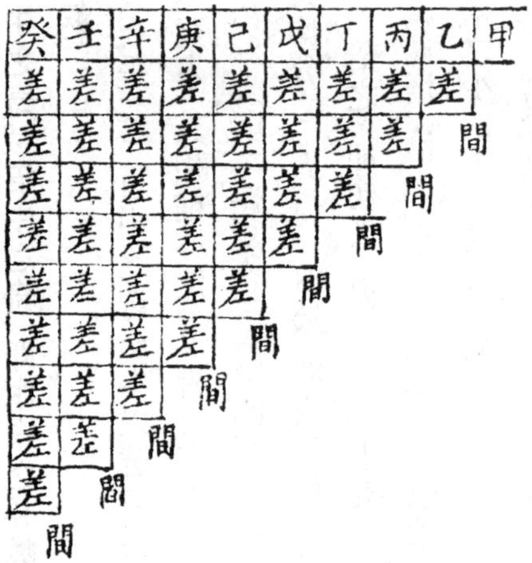

甲									
乙	差	間							
丙	差	差	間						
丁	差	差	差	間					
戊	差	差	差	差	間				
己	差	差	差	差	差	間			
庚	差	差	差	差	差	差	間		
辛	差	差	差	差	差	差	差	間	
壬	差	差	差	差	差	差	差	差	間
癸	差	差	差	差	差	差	差	差	差 間

凡奇數，并本末而半之，即中之奇。倍中之奇，即本末之并數。凡偶數，并本末即中之偶，并中之偶，即本末之并數。

奇皆視乎三，偶皆視乎二。自中之奇至本以遞減，至末以遞增。減與增，適相補也。自中之偶至本、至末，其相補亦然，惟視奇多半差之增減耳。《張邱建算經》題云：『今有與人錢，初一人與三錢，次一人與四錢，次一人與五錢，以次與之，轉多一錢，與訖，還斂聚，與均分之，人得一百錢，問人幾何？』草曰：『置人得錢一百，減初人錢三文，得九十七，倍之，加初人，得一百九十五。』此一百即中之奇。自此至初，人為遞減，至與訖為遞增，恰為一人一錢，故倍錢即得人數也。減初人者，自三文起，是一百少二人，倍之少四人。初人無對，又少一人。此三文止得一人，與一文得一人不類，故先減得數而又加也。是數在加減之理為盈不足。易加減為乘除，則為衰分之比例，何也？三數相次，中之盈於上，猶下之盈於中上、中、下，或四、五、六，或三、五、七，或二、五、八，皆是。故倍中，即上下之合數。半上下之合數，即中數。倍中數，加一倍也。中數自乘，則加數倍也。於是亦以上乘下，為互加數倍，則為三率比例。自一至十，乃天地自然之數，而盈不足之至精至妙，不離乎是。西人用為對數表，以加減代乘除，其理固如是爾。

五—四—三—二—一
五—六—七—八—九

五—四—三—二—一
六—七—八—九—十

四—三—二—一
四—五—六—七

六—五—四—三
六—七—八—九

四—三—二—一　　六—五—四—三
五—六—七—八　　七—八—九—十

三—二—一　　七—六—五
三—四—五　　七—八—九

三—二—一　　七—六—五
四—五—六　　八—九—十

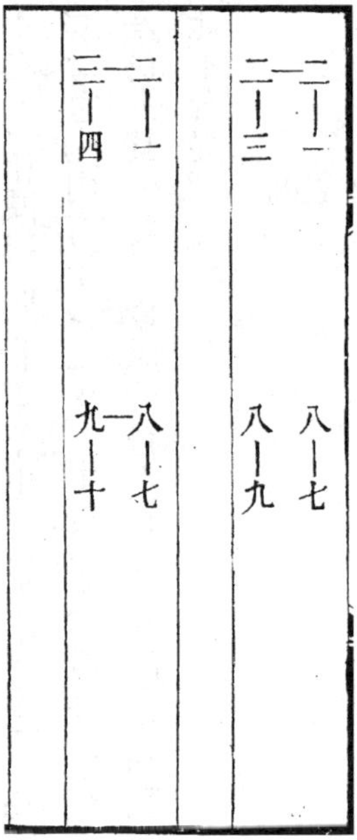

二一二　八一七
二一三　八一九

二一二　八一七
三一四　九一十

并甲乙而半之，減半差得甲，加半差得乙。并甲丙而半之即乙。減差得甲，加差得乙。
并甲丁而半之得乙丙。并而半之之數減半差得乙，加半差得丙。減差得甲，加差得丁。

差倍於所減，則欲補其所減，必半差矣。甲丙之差既倍於甲乙，故自乙加損之也。於此可悟衰分、盈朒相表裏詳見卷七。

甲	乙
乙	乙

半差

甲	乙	丙
丙	乙	丙

甲	乙	丙	丁
丁	乙	丙	丁
丁	丙	丙	丁

半差

并甲乙而半之，并壬癸而半之，相減即壬甲之差。并甲乙而半之，并辛壬而半之，相減即辛甲之差。并甲乙而半之，并庚辛而半之，相減即庚甲之差。并甲乙而半之，并己庚而半之，相減即己甲之差。并甲乙而半之，并戊己而半之，相減即戊甲之差。并甲乙而半之，并丁戊而半之，相減即丁甲之差。并甲乙而半之，并丙丁而半之，相減即丙甲之差。

差依數而遞增，故得其差。而以間數除之，得相去之率。若以甲乙并，又以壬癸并，則差數已和，減得之差非真差矣。欲於和之中得其真差，故用并而半之之法。甲乙相較，其差一，并而半之，各得半差。壬癸相較，其差一，并而半之，亦各得半差，合兩半差為一整差。自癸至甲，其差本九，今合去其一，則化九為八，是不為癸至甲，而為壬至甲也。凡舉本末之偶數共差者，視乎此。如丁之於甲，其差三，今并甲乙為三，并丙丁為七，相減得四，非丁差也，必半甲乙之三為一五，半丙丁之七為三五。是甲有乙差之半，丙有丁差之半。甲於正數，既多半差，丁又嫁半差於丙，兩相減，是丁較原差為去其一矣。較原差雖去其一，乃已化和數而為單數，直變三間為二間，以除之無不合矣。

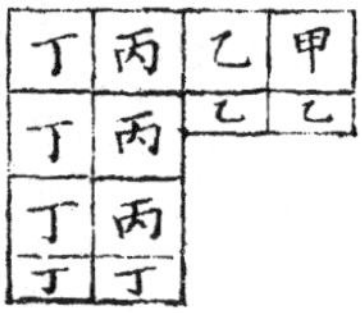

丁	丙	乙	甲
丁	丙	乙	乙
丁	丙		
丁	丁		

并甲丙而半之，并辛癸而半之，相減即辛甲之差。并甲丙而半之，并庚壬而半之，相減即庚甲之差。并甲丙而半之，并己辛而半之，相減即己甲之差。并甲丙而半之，并戊庚而半之，相減即戊甲之差。并甲丙而半之，并丁己而半之，相減即丁甲之差。

偶數并而半之，甲多半差，癸少半差。奇數并首尾而半之，甲多一差，癸少一差。多半差、少半差，合之為一差。癸之九差減一差為八差，如壬甲。多一差、少一差，合之為二差。癸之九差減二差為七差，如辛甲。故凡并本末兩數之和，則用偶數并半之法。凡并本末三數之和，則用奇數并半之法。若甲丙〔一〕乙丙和數六，丁戊己和數十五，己甲之原差五，今以六減十五差九，視五殊矣。故兩相并半，以加減

〔一〕「丙」，疑衍。

之，知甲借丙差之一，己分一差於丁，為損去原差之二也。

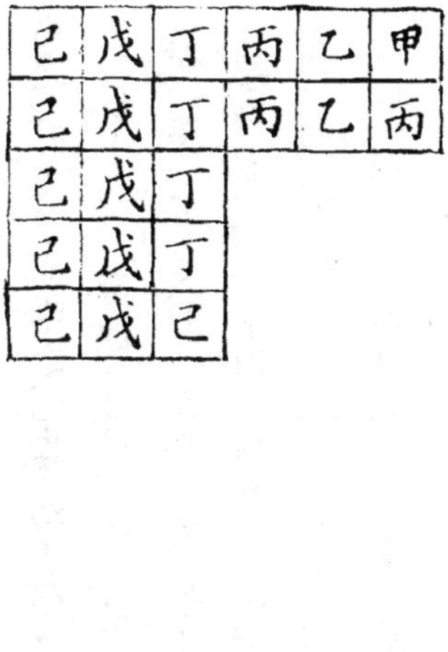

己	戊	丁	丙	乙	甲
己	戊	丁	丙	乙	丙
己	戊	丁			
己	戊	丁			
己	戊	己			

并甲丁而半之，并庚癸而半之，相減即庚甲之差。并甲丁而半之，并己壬而半之，相減即己甲之差。并甲丁而半之，并戊辛而半之，相減即戊甲之差。

甲分丁之一差有半，辛以一差有半與戊，合之較原差為少三，故癸如庚，壬如己，辛如戊也。

辛	庚	己	戊	丁	丙	乙	甲
辛	庚	己	戊	丁	丙	乙	丁
辛	庚	己	戊	丁	丙	丙	丁
辛	庚	己	戊				
辛	庚	己	戊				
辛	庚	己	辛				
辛	庚	庚	辛				

并甲乙而半之，并辛癸而半之，相減，如辛甲之差，盈半差。并甲乙而半之，并庚壬而半之，相減，如庚甲之差，盈半差。并甲乙而半之，并己辛而半之，相減，如己甲之差，盈半差。并甲乙而半之，并戊庚而半之，相減，如戊甲之差，盈半差。并甲乙而半之，并丁己而半之，相減，如丁甲之差，盈半差。并甲乙而半之，并丙戊而半之，相減，如丙甲之差，盈半差。

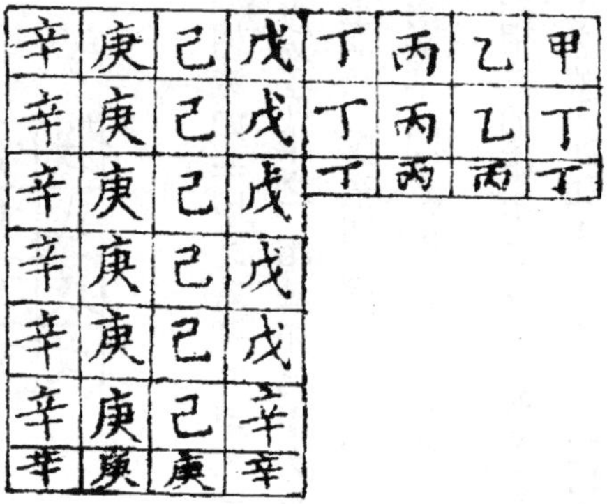

甲分乙之半差，戊以一差與丙，合之，較原差為少一差半，是較丙甲盈半差也。

此奇偶雜舉之例。

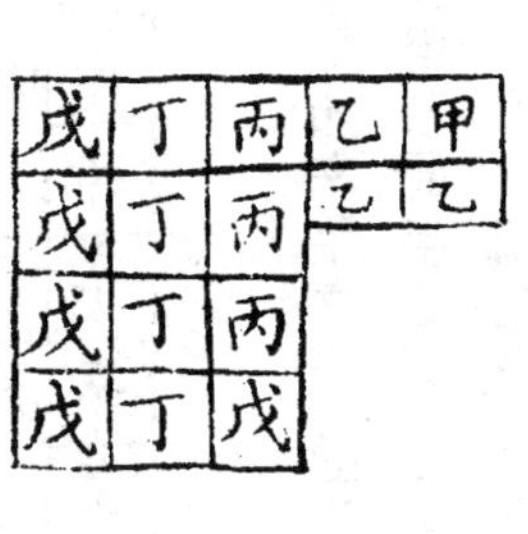

并甲乙而半之，并庚癸而半之，相減如辛甲之差。并甲乙而半之，并己壬而半之，相減如庚甲之差。并甲乙而半之，并戊辛而半之，相減如己甲之差。

甲乙兩數并半，甲多半差。戊辛間兩數并半，辛少一差半。合為二差，故退二差也。此首尾雖皆偶，而多寡不同之例。首二尾六、首四尾八之類可類推。

并甲丙而半之，并己癸而半之，相減如庚甲之差，亦如辛乙之差、壬丙之差。并甲丙而半之，并戊壬而半之，相減如己甲之差，亦如庚乙之差、辛丙之差。并甲丙而半之，并丁辛而半之，相減如戊甲之差，亦如己乙之差、庚丙之差。

甲丙并半，甲多一差。丁辛間三數并半，辛少二差。合之少三差。辛甲退三差，如戊甲矣。此首尾皆奇，而多寡不同之例。三之與七、五之與九，可類推。總之，不離乎三奇兩偶之義而已矣。

并乙丙之差，并丁戊之差，相減，為甲之平率，則甲乙丙之共數必等於丁戊之共數。并乙丙丁之差，并戊己之差，相減，為甲之倍平率，則甲乙丙丁之共數，必等於戊己之共數。并乙丙丁戊之差，并己庚之差，相減，為甲之三倍平率，則甲乙丙丁戊之共數，必等於己庚之共數。并乙丙丁戊己之差，并庚辛之差，相減，為甲之四倍平率，則甲乙丙丁戊己之共數必等於庚辛之共數。并乙丙丁戊己庚之差，并辛壬之差，相減，為甲之五倍平率，則甲乙丙丁戊己庚之共數必等於辛壬之共數。并乙丙丁戊庚辛之差，并壬癸之差，相減，為甲之六倍平率，則甲乙丙丁戊己庚辛之共數必等於壬癸之共數。

《九章算術·均輸》有題云：『今有五人，分五錢，令上二人所得與下三人等，問各得幾何？』術曰：『置錢錐行衰，并上二人為九，并下三人為六，六少於九三，以三均加焉，副并為法，以所分錢乘未并者，各自為實，實如法得一錢。』按此理不易了。蓋以全數言之。且因二、三減得一，可少一除，未嘗明其倍數也。若舍其平率而用其差，甲無差，乙差一，丙差二，合三。丁差三，戊差四，合七。以七減三，是丁戊之差，多於乙丙者四也。丁戊之差多於乙丙，而甲乙丙較丁戊之數多一甲。故以差之減餘，為甲之平率，以當丁戊差之盈。其餘兩兩亦相當矣。此甲乙丙與丁戊，止多一甲也。設甲乙丙丁與戊己，則多甲乙，又必以戊己差之盈，當甲乙兩數。當甲乙兩數，則差之盈，當兩平率矣。推此而當三平率以上，無不皆然。以數之盈除差之盈，自得平率也。或用全數，或用差數，皆合者，全數於差帶平率一，故每數加三，連甲而較之也。差數於全數去平率一，故以減餘為甲數，離甲而較之也。劉氏謂假令七人分七錢，欲令上二人與下五人等，則上下部差三人，并上部為十三，下部為十五，下多上少，下不足減上，當以上下部列差而後均減，乃合所問耳。列差而後均減者，不用全數而用差數也。全數上少下多，差數上合得十一，下合得十，是亦上多下少也。杜知耕《數學鑰》用自乘，令五十五減八十五，亦為上多下少。蓋上之數少，下之數多，平率各當數之一。連平率則下之附者多，故化少為多。去平率則上之舍者少，故多不移為少也。

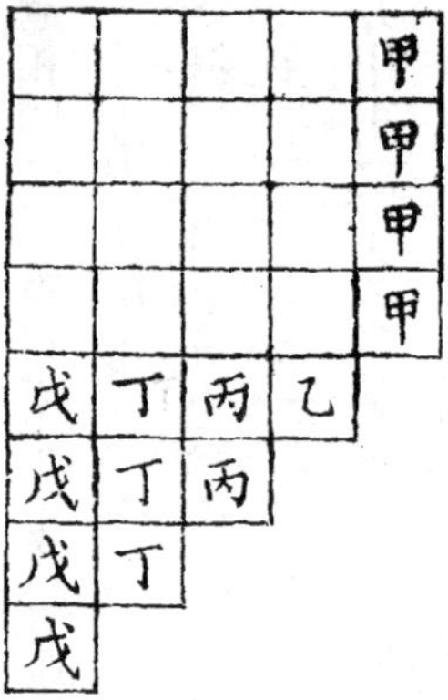

				甲
				甲
				甲
				甲
戊	丁	丙	乙	
戊	丁	丙		
戊	丁			
戊				

并甲乙兩單數半之，并壬癸兩單數半之，以減自甲至癸之數，即壬甲之差，與兩偶數并半，相減等。并甲乙丙三單數半之，并辛壬癸三單數半之，以減自甲至癸之數，即辛甲之差，與兩奇數并半，相減等。并甲乙丙三單數半之，半〔一〕庚辛壬癸四單數半之，以減自甲至癸之數，即辛甲之差盈半差，與奇偶雜舉并半，相減等。

并全數者，并一、二為三，并九、十為十九是也。并差數者，并一、二、三之差為三，并八、九、十之差為二十四甲辛、甲壬、甲癸之差是也。并單數者，即去差之列數，并一、二、三為三，并八、九、十亦為三，并一、二、三、四為四，并五、六、七、八亦為四，渾

〔一〕『半』，應作『并』。

舉其目之名也。用其全與用其差，既屬相通，用其去差之率與用其去率之差，亦何為其不通耶？《九章算術·均輸》題云：『有竹九節，下三節容四升，上四節容三升，問中間二節欲均容各多少？』術曰：『以下三節分四升為下率，以上四節分三升為上率，上下率以少減多，餘為實。置四節三節各半之，以減九節，餘為法。實如法，得一升，即衰相去也。』上四分三，即并甲丙而半之也。下三分四，即并己壬而半之也。上下節以少減多，即以兩并而半者，相減也。知甲丙，知己癸，而後可用并而半之法。此渾舉三節四節，故用除以得平數，法少殊而義正合也。四節、三節各半之，即并甲、乙、丙三單數半之，并己、庚、辛、壬四單數半之也。以減九節者，即以并而半者，與自甲至壬之九數減也。并甲一丙三半之為二，并己六壬九半之為七五，相減得五五。并甲乙丙半之為一五，并己庚辛壬半之為二，合三五。與九相減亦得五五。故一為實，一為法，適相印合。蓋自甲至壬之九數，即壬之全數。壬之全數，比己多三，半之為一五。甲之全數，比丙少二，半之為一，合為二五。此去平率而言差，故於壬甲之差八數中，減二五為五五也。甲之一為差上之平率，因合乙丙而半之，為一五，是於正數一外多半數。壬之一亦差上之平率，因合己庚辛而半之為二，是於正數一外多一數。并甲壬之正數多數為三五，而化而歸之於壬，是壬之正數一外多二五。此連正數平率以言差，故於自甲至壬九數中，減三五為五五也。戴東原

《訂譌》云：『以四節三節為分母，三升四升為分子，子母互乘，子得上率九，下率十六，母相乘得十二，十六減九餘七，以十二通五節半得六十六，為一升之率。』循謂此題本可用齊同法，以三互三升為九，以四互四升為十六，復以三互四之，共差二十六，為七十八。四互三之，共差三，為十二，以九減十六為七，以十二減七十八，為六十六，是為六十六分之七，與數合。蓋六十六者，五五之十二倍也。七者，五八三三三不盡之十二倍也。然依經之術，以三除四，得一三三三不盡。以四除三，得七五，相減，餘五八三三不盡，因除之不盡，乃不用除得之數，而用命分。以三人四升，命為三分之四。以四人三升，命為四分之三。以四分之三與三分之四相減，得十二分之七減分術，用兩母相乘，母子互乘，以互乘數相減，此十二分之七，以五五除之，得差之相去。又因十二分之七不便於除，故去其分母之十二，而用分子之七，為整數，則此七為分子之十二倍矣五八三三不盡，以十二乘之為七，此為十二倍之實，亦必以十二倍之法，除之，故以十二乘五五，為六十六，而以六十六分之七，為相去之差，非經文上下率分減之術，即互乘齊同之術也。戴氏尚言之未詳耳。

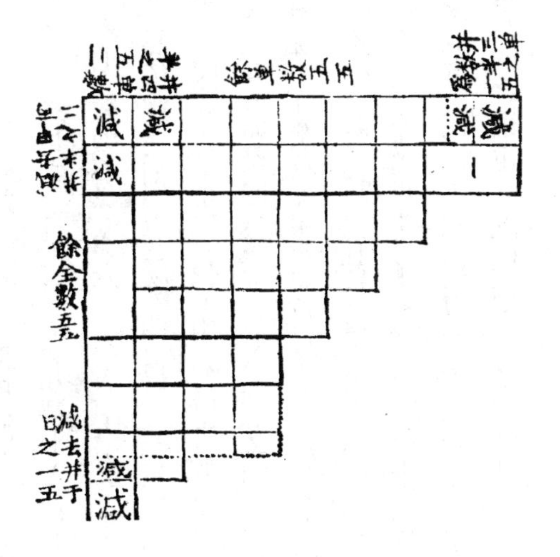
餘全數五五

加減乘除釋卷二

乘以馭加之繁，除以馭減之繁，乘除為加減之簡法，而不足以盡加減之用。

加減至數倍，一一加減之，不免於繁，故通之以乘除。若所加之數不一，則必一一加之，而不可以乘代也。如有九人，人三錢，一一加之，必始加為六，次加為九、為十二、為十五、為十八、為二十一、為二十四、為二十七。若以三九相乘為二十七，是以一代八矣。要之三九二十七之呼，始亦緣於加而得之。加之省為乘，亦猶測量之有八綫諸表也。設此九人者，或出三，或出四，或出一二，重叠縣異，則必一一加之，非乘法所能代矣。加之反則減，有積二十七。以等給九人，以三減之，至於九次，恰盡。而後信其為人三錢，設二十六，必以三減之，至於九次，不盡，又遞減九次，尤繁於加，故用除。除者視積數與乘法所呼者合否，盡則已，不盡，更視所餘與乘法所呼者合否，而遞盡之。減者減去一倍，除者，除去欲減之數倍也。然則，除法不離於乘，而乘法不外於加，故明乎加減之理，即明乎乘除之理。

甲乘甲，為自乘。以甲除之，復得甲。

甲加甲，弟兩面齊耳。甲乘甲，則四面齊矣。蓋如其數以加一倍，則左右數同。如其數以加若干倍，則不獨左右數同，上下數亦同矣。左右上下皆同，故用以為方田、少廣之術。甲乘甲，方田也；甲除甲之所自乘，則少廣也，合之為開平方除名見夏侯陽《算經五除》內。開方，即自乘之還原也。知自乘，即知開方矣。開方本即除法，以其專用自乘，故別標一術，久之遂獨立於加減乘除之外。向令開方在除之外，詎自乘在乘之外乎，且自乘而除名見《九章算經·少廣》章注，所用至廣，凡兩數相當者，均可以此用之。如云：『有錢若干買物，物價與物數等，是以物乘價，即自乘之數。』又如云：『有衆船不知數，共載總粟若干，分一船之粟於各船，而本船餘其一。』題見屈曾發《九數通考》此亦船數與粟數等，故亦以自乘開方法得之。然學者知除法，往往昧於開方者，亦有故。除法有實有法，開方法有實無法。若以圍棋三百六十一之積，明告以每行十九為法，彼固遊刃有餘也。不知告之以開方，不啻告之以法。數有九，每數相乘亦九，每數中必有一自乘如二二如一〔一〕，至二九一十八，是數之二，遍乘九數也。內二二如四，為自乘，合九數之自乘，亦止於九。今告之實且告之法，使除實，固必以法

〔一〕『一』，應作『二』。

遍試九數，以求合於實。如有實五十四，有法六，必以六遞商至九而得之也。今告之實，且告之開方，使得方，亦弟於九數之自乘，求合於實。如有實三十六，可於自乘中六乘六之數得之也。同商於九數之中，其理同，其術同，又何疑於開方之異於除也。

一一如一　實一則法一
二二如四　實四則法二
三三如九　實九則法三
四四一十六　實一十六則法四
五五二十五　實二十五則法五
六六三十六　實三十六則法六
七七四十九　實四十九則法七
八八六十四　實六十四則法八
九九八十一　實八十一則法九

甲乙自乘，為平方廉隅積，以甲乙除之，復得甲乙。甲自乘，乙自乘，又甲乙互乘，而倍之，其數等。

單數自乘為方，兩數自乘亦為方，惟乘有兩數，則商有兩次三數則三次，四數則四次。開方法以積為實，先商得數，自乘，與實相減減盡則無次商，減餘為次商實。倍初商為廉法，商得數，與倍法相乘為兩廉，又自乘之為隅，與實減盡則止，不盡，又倍隅法，合前為三商之廉法。自《九章算術》，及今之籌算筆算皆同，循謂此省法也。以廉隅之形作圖，其理亦明。然廉隅亦屬後設之名，而究之即兩數相乘之數也。今設兩數於此，命貨殖者計以珠盤，皆必四次乘之，推之，設三數於此，則必九次乘之，設四數於此，則必十六次乘之惟籌算則省。以邊求積如此，則以積求邊，何獨不如此？若棋局積三百六十一，方一十九。以一十九自乘，必呼曰一一如一，即初商方數也。一九如九，一九如九即次商兩廉也。九九八十一，即隅數也。凡兩數自乘，其中兩乘數必等，其位必平列無論珠盤、筆算、籌算，皆然，其首尾必皆自乘一一如一，九九八十一。倍初商為廉，以尾數為隅。倍初商者，省兩次乘為一次乘也。不明廉隅，求之乘法可矣。

兩數自乘算法　兩數自乘列位

一一如一　○一

一九如九（中兩數必等列位必平）　○九（兩次乘）

一九如九　○九

九九八十一　八一

開方廉隅算法　開方廉隅列位

一一如一　○一

二九一十八（倍初商為法）　一八（一次乘）

九九八十一　八一

以甲乘甲。又以甲乘之，為再乘。以甲再除之，仍得甲。又以甲乘之，為三乘。以甲三次除之，仍得甲。

再乘即立方也。甲乘甲為平方，修廣皆等矣。又以甲乘之，則高與修廣皆等矣。又以甲乘之，則立方相累之數，與立方之高修廣皆等矣。是為三乘方。由三乘方而乘以甲，則三乘方之累數，亦如立方之高，是為四乘方矣。由五乘方以上雖至十乘方、百乘方，均可類推。三乘方之狀，似於帶縱立方，但帶縱立方，出於異數相乘。三乘方以上，出於一數自乘。異數相乘，則縱成於較。一數自乘，則累如其根。

若帶縱立方，更以一數乘之，即為帶縱三乘方，可知三乘方與帶縱立方之異矣。

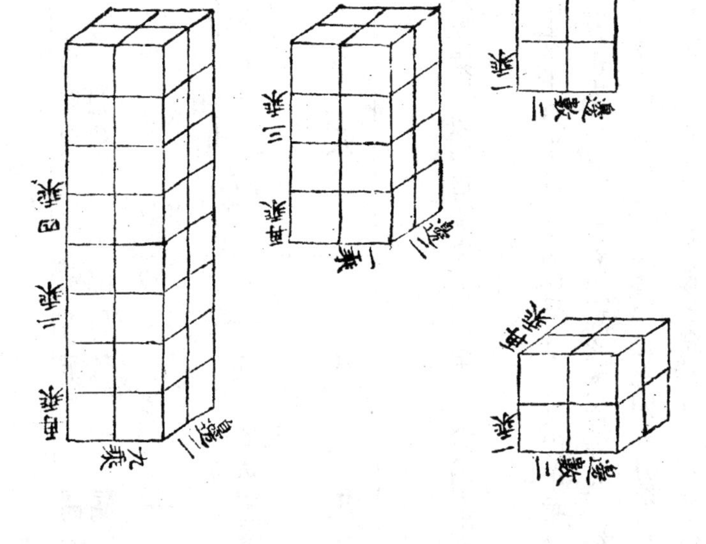

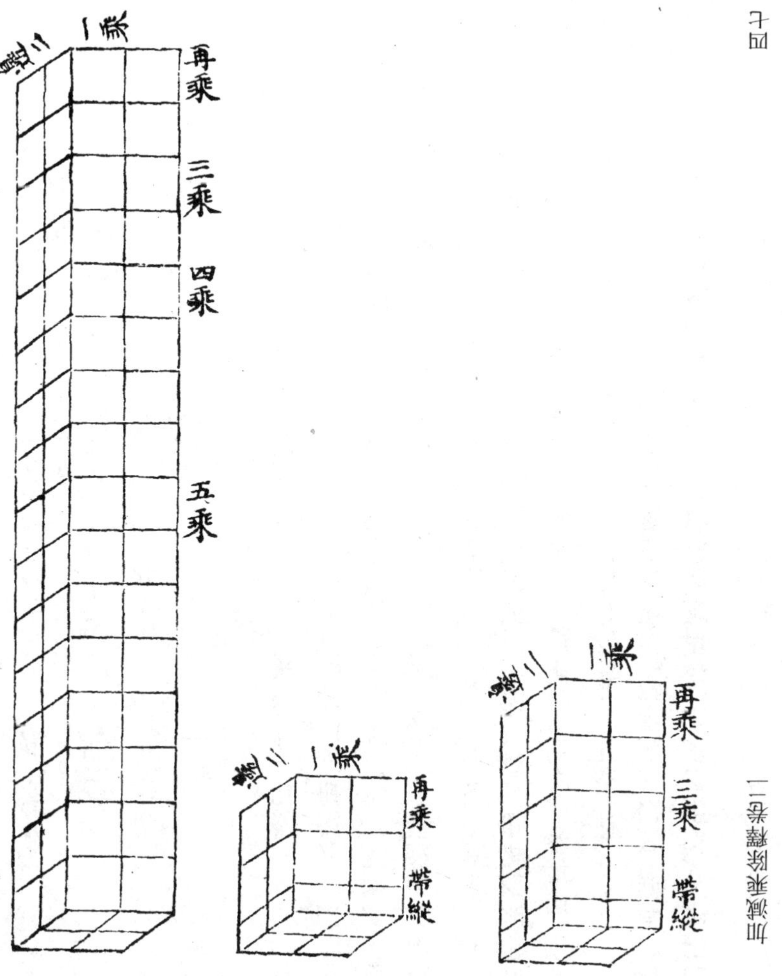
一乘
二乘
再乘
三乘
四乘
五乘
一乘
二乘
再乘
帶縱
一乘
二乘
再乘
三乘
帶縱

以甲乙自乘，又以甲乙乘之，為再乘廉隅積。以甲乙再除之，復得甲乙。以甲自乘再乘，以乙自乘再乘，又以乙乘甲冪，以甲乘乙冪，各三之，其數等。

甲乙自乘，是甲自乘，乙自乘，甲乘乙，乙乘甲也。又以甲乙乘之，是甲再乘，乙再乘，甲再乘乙，乙再乘甲也。甲再乘乙，即乙乘甲冪也同是乙甲甲累乘。乙再乘甲，即甲乘乙冪也。乘法先後相通，故可合甲乙自乘，而後累乘，亦可分甲乙自乘，而後互乘。自邊求積，與自積求邊，各從其便，數則一也。甲乙自乘得數，必有三位，又以甲乙各三乘之，是有六矣。甲乙各自乘再乘，其相交之處，亦共有六乙三面、甲三面。是甲乙與冪互乘，亦有六矣。以甲乙各乘平方之積，與甲乙互乘平方之積，其義一也。以一九為根，明之於左。

先以一九自乘

一乘一　〇一
一乘九　〇九
一乘九　〇九
九乘九　八一

次以一九乘三百六十一

一乘三　〇三
一乘六　〇六
一乘一　〇一
九乘三　二七
九乘六　五四
九乘一　〇九

右以一九自乘，又以一九乘之，共得六千八百五十九。

先以一九自乘再乘

一十自乘得冪一百　　再乘得一千為初商方

九自乘得冪八十一　　再乘得七百二十九為隅

次以一十乘九冪九乘一冪

一十乘八十一得八百一十　　又三之得二千四百三十為三長廉

九乘一百得九百　　又三之得二千七百為三平廉

右以九一自乘再乘，又以一乘九冪，九乘一冪，各三之，亦共得六千八百五十九。

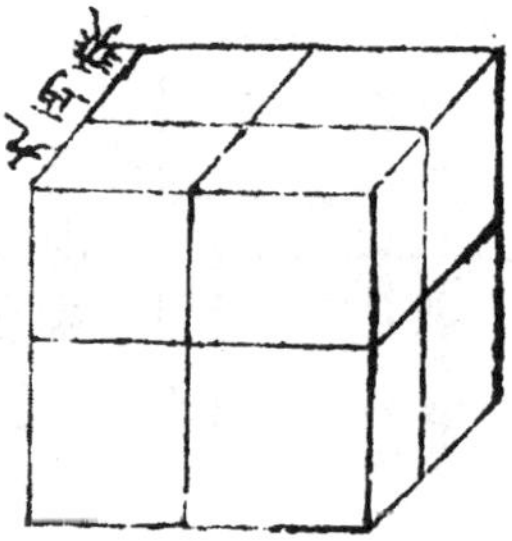

九自乘	一乘九
一乘九	一自乘

總數一十九

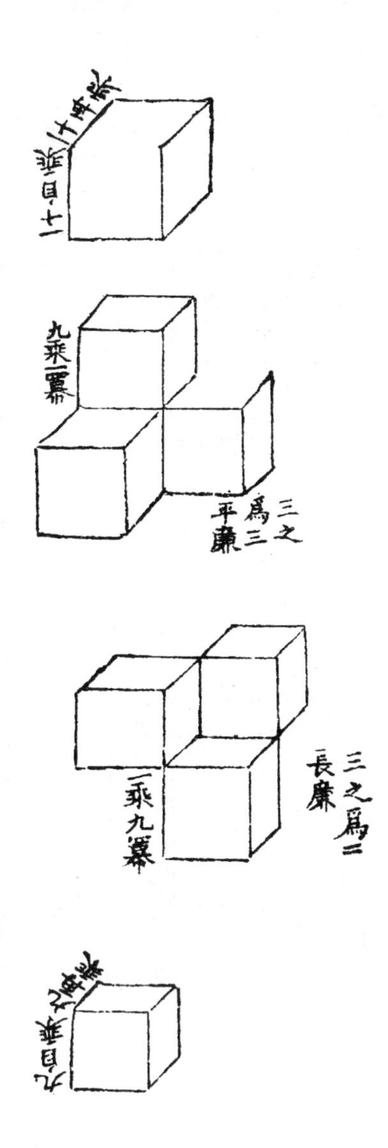

以甲乙自乘再乘，又以甲乙乘之，為三乘廉隅積。以甲乙三次除之，復得甲乙。以甲乙自乘，又以自乘所得之數自乘，其數等。以甲自乘再乘三乘，又以乙乘之。以乙自乘再乘三乘，又以甲乘之。以乙乘甲冪而三之，又以甲乙分乘之，以甲乘乙冪而三之，又以甲乙分乘之，其數等。以甲三乘，以乙三乘，以乙乘甲之再乘而四之，以甲乘乙之再乘而五之，以甲自乘乘乙之自乘而六之，其數等。

三乘方以上，廉法極繁，梅勿庵作《少廣拾遺》，言不可以繪圖，循嘗述為《乘方釋例》五卷，專詳其法，又擬為《乘方廉隅》諸圖，附之卷末，然要而言之，不外自乘之例而已。平方以甲自乘為方，以乙自乘為隅，以甲乙互乘為二廉。蓋兩數自乘，必有互乘者二也。立方以甲再乘為方，以乙再乘為隅，以甲乙互再乘為六廉。蓋兩數再乘，必有互乘者六也。三乘方以甲三乘為方，以乙三乘為隅。然甲亦有隅，乙亦有方，故以甲乙互乘之，而後方與隅，乃各如其根數也。乙乘甲冪而三，甲乘乙冪而三，此一立方之六廉，各以甲乙乘之，則所累之立方，各有三平廉三長廉矣。蓋多一乘，則多一互。平方根與根互，仍一乘也。立方根與冪互，仍再乘也。三乘方根與體互，仍三乘也。惟根與體互，故不獨與平廉長廉之體互，并與初商三乘之方，次商三乘之隅互，何也？合方廉隅乃成立方體也。若四乘方，則根與三乘方體互。五乘方，則根與四乘方體互。體之所分愈繁，而算亦繁。其實一言以蔽之，曰互也。先一乘得平方，再乘平方積得立方，三乘立方積得三乘方，術之常也。先自乘得方體隅體，次互乘得諸平廉長廉，術之變也。以乙之方，合甲之三平廉，為弟一廉之四率。以乙之三平廉，合甲之三長廉，為弟二廉之六率。以乙之三長廉，合甲之諸隅，為弟三廉之四率。以數之同者相配，術之巧也。以根三乘，即以冪自乘。先以積求得平方之邊，次以平方之邊為積，又求得平方之邊，術之便也。

右一乘廉隅

甲 乙

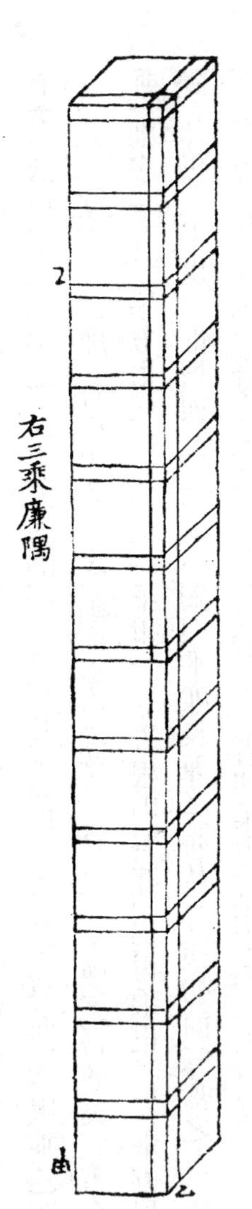

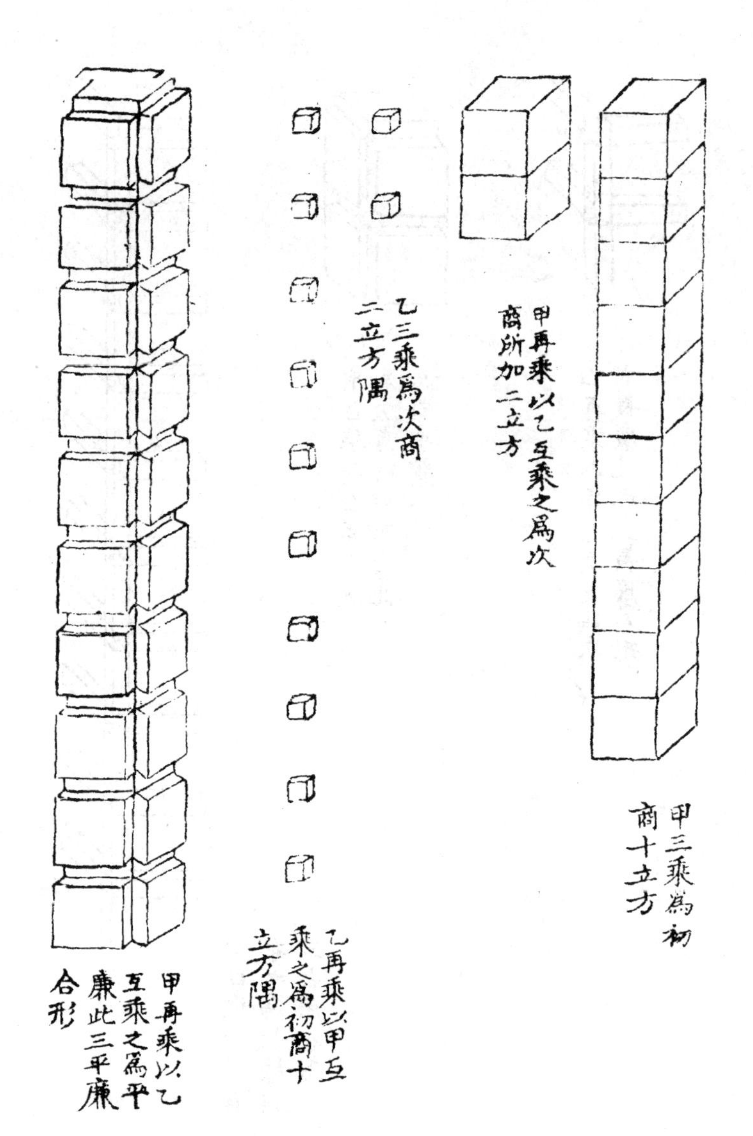

甲三乘爲初商十立方
甲再乘以乙互乘之爲次商所加二立方
乙三乘爲次商二立方隅
乙再乘以甲互乘之爲初商十立方隅
甲再乘以乙互乘之爲平廉此三平廉合形

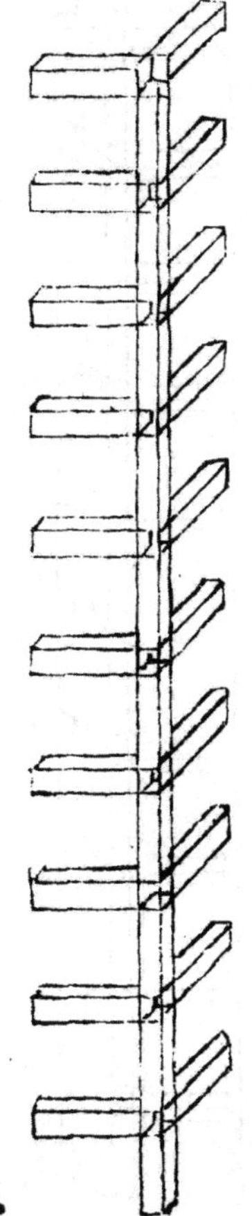

乙自乘四日再乘之爲長廉此三長廉合形

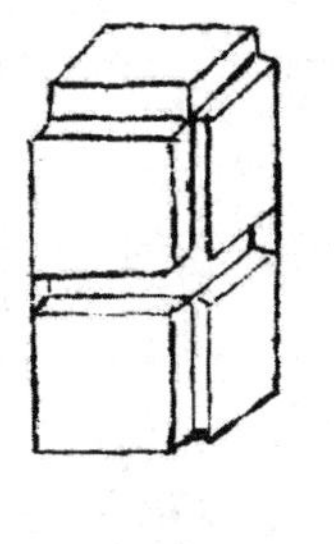

甲自乘以乙再乘之爲次商所加平廉此亦三平廉合形

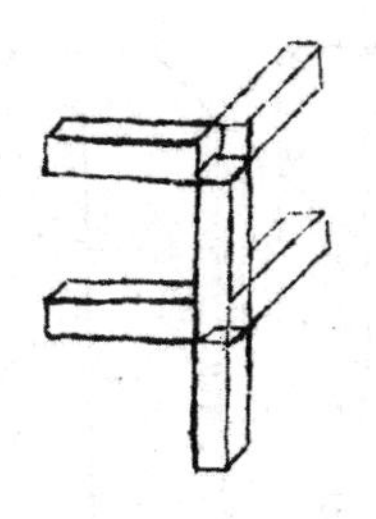

乙再乘以甲互乘之爲次商長廉此亦三長廉合形

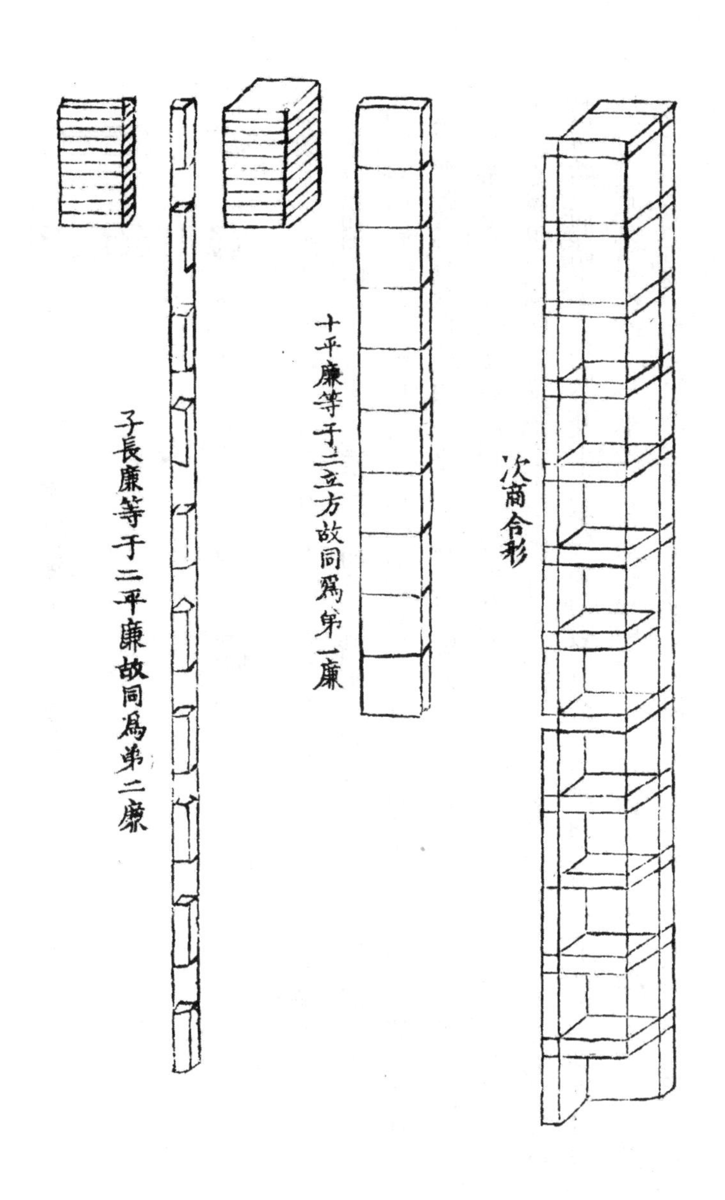
次商合形
十平廉等于三立方故同爲第一廉
子長廉等于二平廉故同爲第二廉

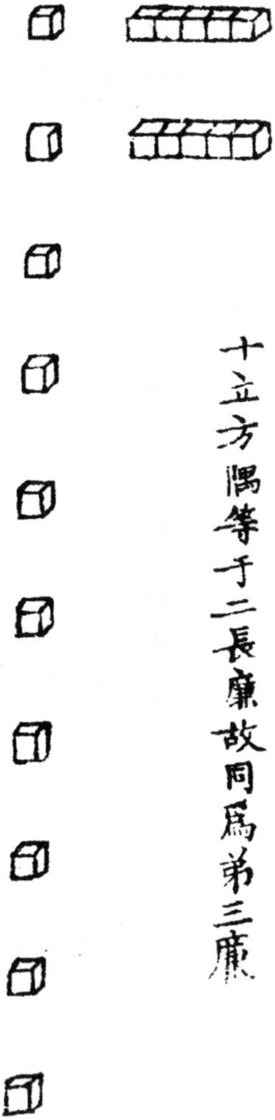

十立方隅等于二長廉故同爲弟三廉

梅勿庵《少廣拾遺》云：『三乘方以上，知之者蓋已尠。』又云：『《西鏡錄》演其圖，爲十乘方，而舉數僅詳平立三乘一式而已。』循謂乘方之法，自三乘而定，四乘以上，皆如三乘而已。其一數自乘者，止以本數叠叠乘之，無庸解説，惟根有兩數。斯有互法，蓋兩數，每數自乘爲方，又必互乘爲兩縱方，以補其左右，此一乘方也。兩數，每數再乘爲立方，立方必三面相補，故各互乘者三。以二乘方視一乘方之法有異，宜更詳之者也。兩數，每數三乘爲三乘方，其廉即立方之廉，而無所更，惟方隅各如兩數所乘，而諸平廉長廉，亦不得不各如兩數所乘。故無論爲甲再乘之方，爲乙再乘之方即隅，爲甲乙互乘再乘之三長廉三平廉，皆一一以甲乙乘之。此三乘方視再乘方之法，又有異，亦宜更詳之者也。若四乘方以上，則仍此三乘方，以甲乙遞加乘之耳。

乘方表

一乘方	再乘方	三乘方	四乘方
甲自乘爲	又以甲乘	又以甲乘	又以甲乘
方	之	之以乙互	之以乙互
		乘之	乘之
乙自乘爲	又以乙乘	又以乙乘	又以乙乘
方算書皆謂之爲	之	之以甲互	之以甲互
隅其實根有兩數自		乘之	乘之
然有兩自乘之方			

甲乘乙爲	又以甲乘	又以甲乘	又以甲乘
縱方	之而三之	之以乙互	之以乙互
	爲平廉	乘之	乘之
乙乘甲爲	又以乙乘	又以乙乘	又以乙乘
縱方	之而三之	之以甲互	之以甲互
	爲長廉乘一	乘之立方三平	乘之自四乘以
	之廉已屬互乘此直	廉三長廉已定三乘	上雖至百乘不過多
	以甲乙再乘之以爲	方但累立方以爲形	一乘一互故表四乘
	廉耳但方隅各有三	故止多一乘一互耳	而止可例其餘也
	廉相錯故必三之也		

問者曰：『子以三乘方為原於自乘之相互，而古有廉率本原圖，則每乘之廉，皆出自然，子以為巧術相配，何也？』余曰：『所謂術之常者，以方名三乘。自由一乘而二乘，由二乘而三乘，此乘法之自然者也。然此由平方而增至三乘方，若先以甲乙各自乘再乘，為大小兩立方，互補以成一立方，又由大小各幾立方互補，各為一立方，因相累而成三乘方，此法雖變，而亦自然者也。然此由立方而增至三乘方，若竟以甲乙各三乘，為大小兩三乘方，互補以成一三乘方，則竟以甲之平廉，從乎乙之甲方，以乙之長廉，從乎甲之乙方，以甲之長廉，從乎乙之平廉圖見前。於是廉之等有三，而廉之率有十四，立法精巧，而亦自然者也。要之其數，皆加一倍，其廉數，即是乘數，其由平方積數而遞乘也。以兩數自乘為四數兩數如九九。四數如九九乘九九，為九八□一。又如一一為兩數，一一乘一一得□一二一，為四數。兩數以兩位言，四數以四位言，下放此，以兩數乘四數得六數，合兩數為八數如九九兩數，乘九八□一，得九七□二□九。又如一一兩數，乘□一二一，得□□一三三一，皆六位。凡空處以□記之，無數而有位。以兩數乘六數得八數如九九兩數，乘九七□二□九，得九六□五□六九一，為八位，合兩兩數及四數為十六數兩兩數，一為根，一為立方，所合四數為平方。以兩數乘八數得十數如九九兩數，乘九六□五□六九一，得九五□九□一八四□九，為十位，合兩兩數、四數三乘方所合及兩數立方所合、四數一乘方、八數再乘方，得三十二數為四乘方。以兩數乘十數，得十二數如九九兩數，乘九五□九□一八四，得九四一三九二八二一六，為十二位，合兩兩數、四數，兩數、四數、八數四乘方所合，又合兩兩數、四數三乘方所合及兩數再乘方所合、四數一乘方、八數再乘方、十六數三乘方，為六十四數為五乘方。所以必合之而後倍者，積因累乘而漸得，故仍必積累而合之，而後得其廉數也，其由平方之冪而遞增也。兩數遍乘兩數為四率兩平方、兩縱方，兩數遍乘四率為八大小兩立方，三平廉，三長廉，兩數遍乘八率為十六初商大小兩三乘方，三平廉，三長廉。次商大小兩三乘方，三平廉，三長廉。共得十六率，兩數遍乘十六率為三十二初商大小兩四乘方，三平廉，三長廉。次商大小兩四乘方，三平廉，三長廉。初商所加大小兩三乘方，三平廉，三長廉。次商所加大小兩三乘方，三平廉，三長廉。共得三十二率，兩數遍乘三十二率為六十四初商大小兩五乘方，三平廉，三長廉。次商大小兩五乘方，三平廉，三長廉。初商所加大小兩四乘方，三平廉，三長廉。次商所加大小兩四乘方，三平廉，三長廉。初商所加大小兩三乘方，三平廉，三長廉。次商所加大小兩三乘方，三平廉，三長廉。初商所加四乘方加大小兩三乘方，三平廉，三長廉。次商所加四乘方加大小兩三乘方，三平廉，三長廉。共六十四。求得之率，即加一倍，不必復合前數者，率隨乘而化也，其方與廉相配而遞乘也。一乘之甲方與兩廉之乙互乘，其數等，用為三平廉。乙方與兩廉之甲互乘，其數等，用為三長廉。合甲乙各再乘方，其數亦八。再乘之甲方與三平廉之乙互乘，其數等，用為弟一廉之四率。乙方與三長廉之甲互乘，其數等，用為弟三廉之四率。三平廉之甲，與三長廉之乙互乘，其數等，用為弟二廉之六率。合甲乙各三乘方，其數亦一十六。三乘方之甲方與弟一廉之乙互乘，其數等，用為四乘方弟一廉之五率。乙方與弟三廉之甲互乘，其數等，用為弟四廉之五率。弟一廉之乙，與弟二廉之甲互乘，其數等，用為四乘方弟二廉之十率。弟三廉之甲，與弟二廉之乙互乘，其數等，用為四乘方弟三廉之十率。合甲乙各四乘方，其數亦三十二。四乘方之甲方與弟一廉之乙互乘，其數等，用為五乘方弟一廉之六率。乙方與弟四廉之甲互乘，其數等，用為五乘方弟五廉之六率。弟一廉之乙，與弟二廉之甲互乘，其數等，用為五乘方弟二廉之一十五率。弟四廉之甲，與弟三廉之乙互乘，其數等，用為五乘方弟四廉之一十五率。弟二廉之甲，與弟三廉之乙互乘，其數等，用為五乘方弟三廉之二十率。合甲乙各五乘方，其數亦六十四。法有不同，而為加倍之數無異，本原之圖實包諸法也。』

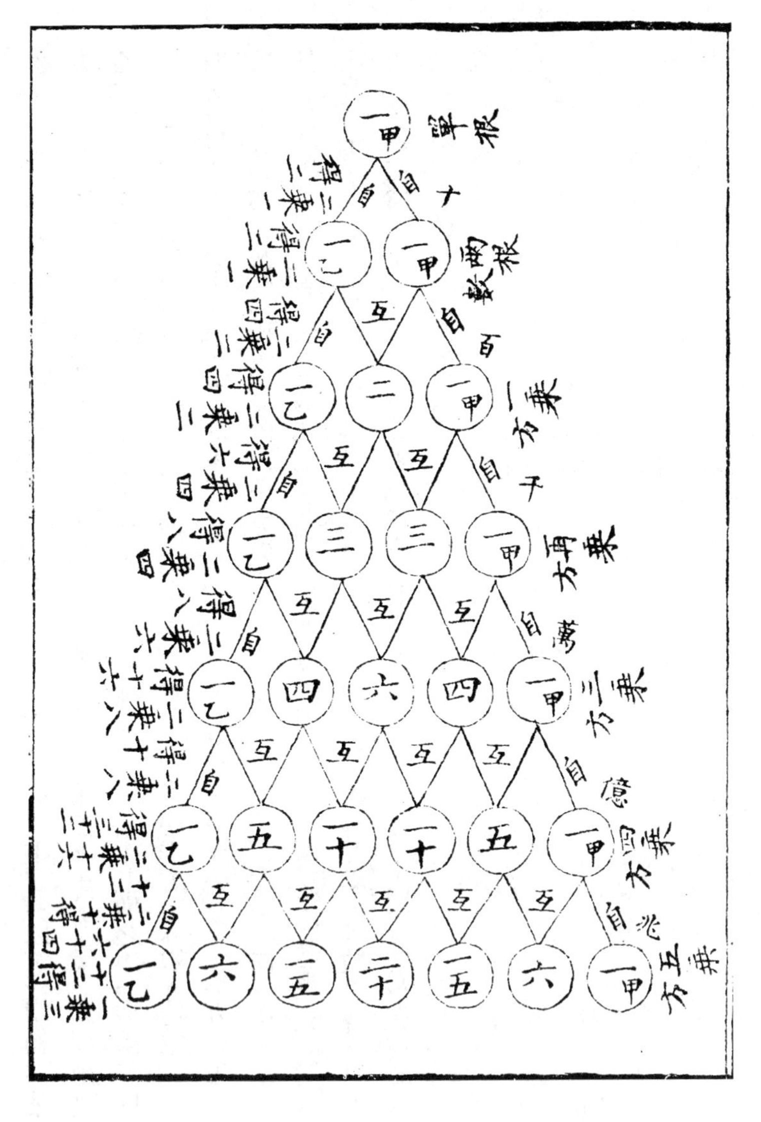
單根
兩數根
一乘方
再乘方
三乘方
四乘方
五乘方
十
百
千
萬
億
兆

右古開方本原圖也，梅勿庵謂其僅及五乘，廣至八乘方，又去兩畔之單數，為廉率立成。循謂此圖義藴精深，非《算法統宗》等書所能擬，解者有所未盡也。正視之，自根而方而體，為諸乘方遞增之等。斜視之，自單數以至兆數，為諸乘方列位之等。橫視之，自甲方以至乙方，為諸乘方廉隅之數。平視其圍内之數，合一、二、一，為四。合一、三、三、一，為八。合一、四、六、四、一，為十六。合一、五、十、十、五、一，為三十二。合一、六、十五、二十、十五、六、一，為六十四。即甲乙遍乘之率，余所謂術之變也。分察其數外之圍，或二共一圍，或三共一圍，或四共一圍，或五共一圍，或六、或十、或十五、或二十，各共一圍，即互乘相配之數，余所謂術之巧也。縷計其相繫之綫，由二而四，而六，而八，而十，而十二，即由平方遞乘之等，余所謂數之常也。以兩數遞乘，自得倍數，緣互乘數等。因相配，而四配為三，八配為四，十六配為五，三十二配為六，六十四配為七。於是二自乘位為四者，適絡於二三之間。二乘四位為六者，適絡於三四之間。二乘六位為八者，適絡於四五之間。二乘八位為十者，適絡於五六之間。二乘十為十二者，適絡於六七之間。由此觀之，余所舉諸法之不同，皆不出此圖之範圍，終於五乘者，取卦終於六十四之義解者，以左為積數已非，以一為本積亦非，知解者非能為圖者也，更析以明之。

㊀

此單數自一至九。凡舉一數者，其乘皆無廉隅。如黄鍾之律，以三自乘，至十乘，得十七萬七千一百四十七，皆單數，皆乘得一方。舊説以為本數，梅勿庵解本數為大方。不知此單數之根，尚未乘，何得有方？

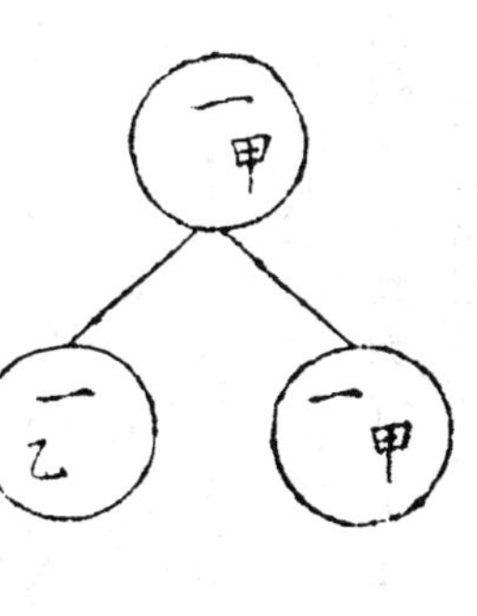

單數無互乘，故無廉率。然為一、二、三之自乘也，則甲仍得甲三三如九，九仍單數。若四、五、六、七、八、九之自乘，則乙必得甲乙四四一十六，一、六為兩數。有甲乙兩數，而諸廉之法乃立。

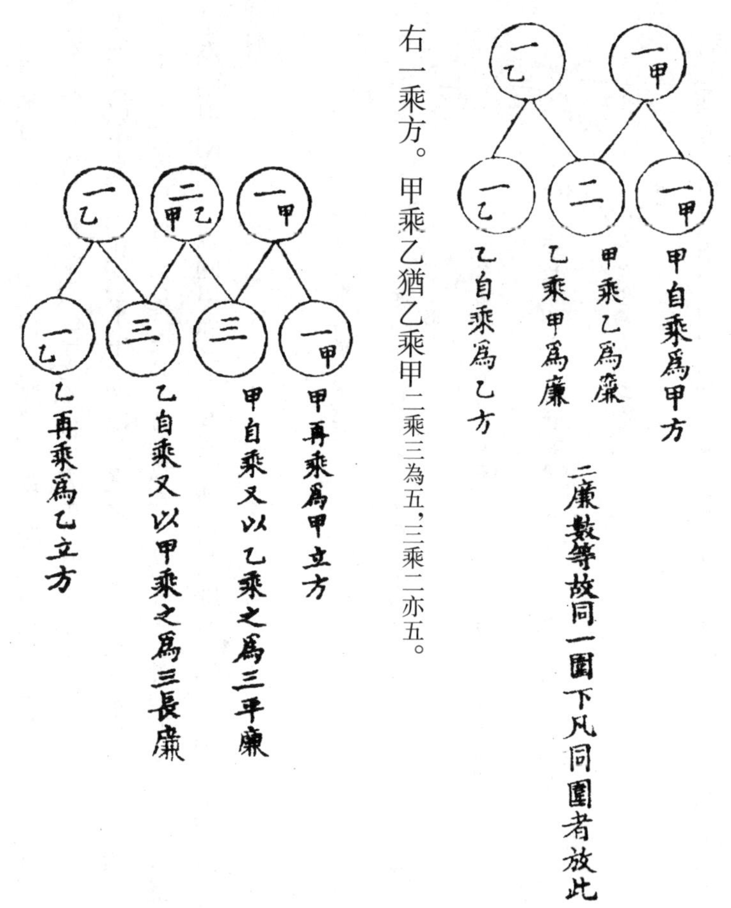

右一乘方。甲乘乙猶乙乘甲二乘三為五，三乘二亦五。

右再乘方。甲乘甲，又以乙乘之，猶甲乘乙，又以甲乘之一之甲方，本是甲乘甲，又與二廉之乙相乘，是又以乙乘之也。二廉之乙，以甲方乘之，是不啻既以甲乘，又以甲乘也，其義詳見於後。乙乘乙，又以甲乘之，猶乙乘甲，又以乙乘之一之乙方，本是乙乘乙，又與二廉之甲相乘，是又以甲乘之也。二廉之甲，以乙方乘之，是不啻既以乙乘，又以乙乘也。平方廉有二，每廉半甲半乙，是為兩甲兩乙。以兩甲與一乙互乘，故得長廉有三。以兩乙與一甲互乘，故得平廉有三。

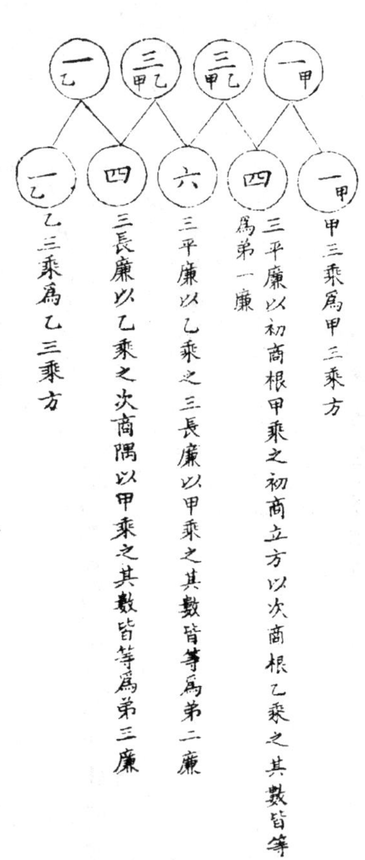

一甲
三甲乙
三甲乙
一乙
一甲
四
六
四
一乙
甲三乘爲甲三乘方
三平廉以初商根甲乘之初商立方以次商根乙乘之其數皆等爲第一廉
三平廉以乙乘之三長廉以甲乘之其數皆等爲第二廉
三長廉以乙乘之次商隅以甲乘之其數皆等爲第三廉
乙三乘爲乙三乘方

右三乘方。甲乘甲二次，乙乘一次，為次商所加之立方平廉。本甲乘甲一次，

乙乘一次，又以甲乘之，為甲數諸立方之平廉。亦甲乘二次，乙乘二次也。故弟一廉有四平廉三所加立方一。乙乘乙二次，甲乘一次，為甲數諸立方之隅。長廉本乙乘乙一次，甲乘一次，又以乙乘之，為次商所加立方之長廉。亦乙乘二次，甲乘一次也，故弟三廉有四初商立方之隅一，次商所加長廉三。乙乘乙一次，甲乘二次，為甲數諸立方之長廉。甲乘甲一次，乙乘二次，為乙數諸立方之平廉。皆甲甲乙乙之累乘也，故弟二廉有六長廉三所加平廉三。

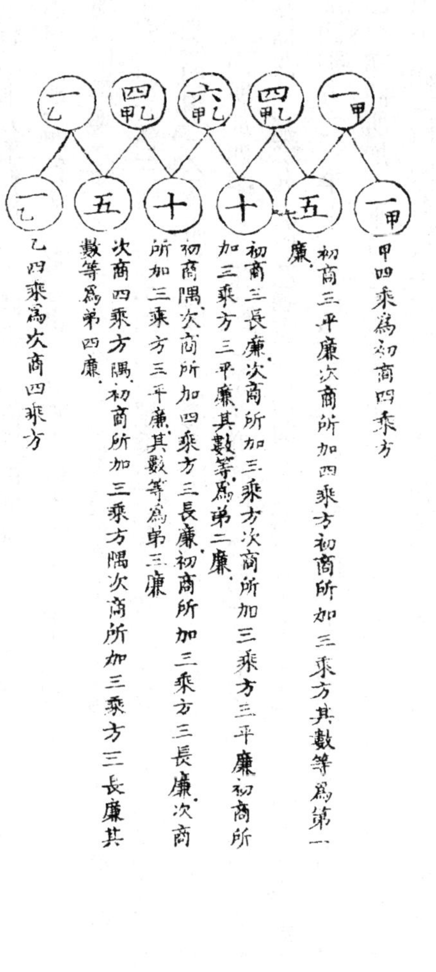

一甲
四甲乙
六甲乙
四甲乙
一乙
一甲
五
十
十
五
一乙
甲四乘爲初商四乘方
初商三平廉次商所加四乘方初商所加三乘方其數等爲第一廉
初商三長廉次商所加三乘方次商所加三乘方三平廉初商所加三乘方三平廉其數等爲第二廉
初商隅次商所加四乘方三長廉初商所加三乘方三長廉次商所加三乘方三平廉其數等爲第三廉
次商四乘方隅初商所加三乘方隅次商所加三乘方三長廉其數等爲第四廉
乙四乘爲次商四乘方

右四乘方不獨初商之四乘方，因次商而加。而初商四乘方所累之三乘方，亦必因次商之根，而各加三乘方也。三乘方以乙乘之次商所加四乘方，乃以乙乘三乘方所得，三平廉以甲再乘之甲一乘之為三乘方平廉，再乘之為四乘方平廉，皆四甲一乙累乘之數。以乙乘立方，加於各三乘方、立方，三甲累乘也。各三乘方累數視乎甲，各加之，又一甲也，是亦四甲一乙累乘矣，故弟一廉之率有五。抑不獨初商所累之三乘方，因次商而加。而所加四乘方所累之三乘方，亦必因次商之根，而各加三乘方也。以乙乘立方，各加於三乘方，又以乙乘之。初商三長廉，以甲再乘之，皆三甲兩乙累乘之數，所加四乘方之三平廉。平廉，二甲一乙三乘之數，甲所加四乘之數，乙亦合為三甲兩乙。初商所加三乘方之三平廉，平廉二甲一乙。初商所加之數乙，初商三乘方之累數甲，亦三甲兩乙，故弟二廉之率十。初商之隅，為三乙二甲累乘之數，所加四乘方之三長廉。初商所加三乘方之三長廉，長廉二乙一甲所累乘，所加四乘方屬乙，而所累三乘方屬甲。初商所累之三乘方屬甲，而三乘方所加之立方屬乙，亦三乙二甲。次商所加三乘方之三平廉，平廉二甲一乙。次商屬乙，所加三乘方亦屬乙凡云所加皆屬乙，是亦三乙二甲也，故弟三廉之率有十。一隅三乙，所加乙，初商三乘方甲，則所加四乘方隅，初商三乘方隅，皆四乙一甲矣。長廉二乙一甲，次商所加三乘方為二乙，合之亦四乙一甲，故弟四廉之率五。

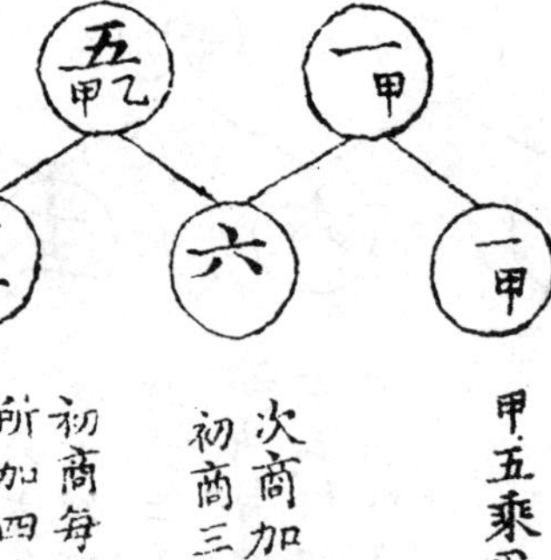

甲五乘爲初商五乘方。

次商加四乘方初商每四乘方加三乘方。初商每三乘方加立方。初商三平廉。

初商每四乘方所加三乘方每加立方。所加四乘方每加三乘方。所加四乘方每三乘方加立方。初商三長廉。所加四乘方三平廉。初商每四乘方所加三乘方三平廉。初商每三乘方所加立方三平廉。

一乙　五甲乙　十一甲乙　十甲

一乙　六　十五　二十

所加四乘方所加三乘方每加立方。初商隅所加初乘方三長廉初商每四乘方所加三乘方三長廉。初商每三乘方所加立方三長廉。初商每四乘方所加三乘方所加立方三平廉。所加四乘方所加三乘方三平廉。所加四乘方每三乘方所加立方三平廉所加四乘方隅。初商每四乘方所加三乘方隅。初商每四乘方每三乘方所加立方隅。初商每四乘方所加三乘方所加立方三長廉。所加四乘方所加三乘方三長廉。所加四乘方每三乘方所加立方三長廉。所加四乘方所加三乘方所加立方三平廉。

初商每四乘方所加三乘方所加立方隅所加四乘方所加三乘方隅。所加四乘方每三乘方所加立方隅。所加四乘方所加三乘方所加立方三長廉。

乙五乘爲次商五乘方。

右五乘方。初商四乘積，與五乘方共冪等。次商根與次商所加數等，與平廉厚數亦等，故以初商四乘積乘次商根，為弟一廉之率六如根二十，以四乘之，積三百二十萬。五乘之冪亦三百二十萬。如次商五，則每四乘方。加五个三乘方，四乘方二十，則三乘方加一百。每四乘方為三乘方二十，每三乘方加五个立方，合二千个立方。二千个立方，即一百个三乘方。一百个三乘方，即五个四乘方。故合之為弟一廉。初商三乘積，與四乘方冪等，與五乘方綫數等五乘方之立方有千，則綫積一萬。次商平冪，與次根乘兩次等。故以初商三乘積，乘次商平冪，為弟二廉之率十五次根五，冪二十五。乘初商三乘積十六萬，為四百萬四乘方之冪積十六萬。以次根乘之八十萬，又以所加之數乘之，亦為四百萬。初商立積，與三乘方冪等，與四乘方綫積等，與五乘方立方累數等。次商立積，即立方隅，與次根乘三次等。故以初商立積，乘次商立積，為弟三廉之率二十。初商平冪，與三乘方綫積等，與四乘方之立方累數等。次商三乘積，與次根乘四次等，與次冪乘一次、次根乘兩次等，與次冪乘兩次等，與次根次立積各乘一次等。故以初商平冪乘次商三乘積，為弟四廉之率十五。初商根，與三乘方之立方累數等。次商四乘積，與次根乘五次等。與次根乘三次、次冪乘一次等，與次立積乘一次、次根乘兩次等。故以初商根乘次商四乘積，為弟五廉之率六。自此推至十二乘方，其理可見。其率似繁，其理實自然而無牽致。試更以甲乙表之於左。

甲單根方

甲甲一乘方　此為自乘。

甲乙平方廉一　此為相乘，詳見卷三。

乙甲平方廉二

乙乙平方隅

甲甲甲再乘方

甲甲乙平廉一　此為連乘，詳見卷三。

甲乙甲平廉二

乙甲甲平廉三

甲乙乙長廉一

乙甲乙長廉二

乙乙甲長廉三

乙乙乙再乘方隅

甲甲甲甲三乘方

甲甲甲乙弟一廉之一　四數以上，凡甲乙雜相乘者，皆連乘。

甲甲乙甲弟一廉之二

甲乙甲甲弟一廉之三
乙甲甲甲弟一廉之四
甲甲乙乙弟二廉之一
甲乙乙甲弟二廉之二
甲乙甲乙弟二廉之三
乙甲乙甲弟二廉之四
乙甲甲乙弟二廉之五
乙乙甲甲弟二廉之六
甲乙乙乙弟三廉之一
乙甲乙乙弟三廉之二
乙乙甲乙弟三廉之三
乙乙乙甲弟三廉之四
乙乙乙乙三乘方隅
甲甲甲甲四乘方
甲甲甲乙弟一廉之一
甲甲乙甲弟一廉之二

甲甲乙甲甲弟一廉之三
甲乙甲甲甲弟一廉之四
乙甲甲甲甲弟一廉之五
甲甲甲乙乙弟二廉之一
甲甲乙乙甲弟二廉之二
甲乙乙甲甲弟二廉之三
乙乙甲甲甲弟二廉之四
甲乙甲乙甲弟二廉之五
甲甲乙甲乙弟二廉之六
甲乙甲甲乙弟二廉之七
乙甲乙甲甲弟二廉之八
乙甲甲乙甲弟二廉之九
乙甲甲甲乙弟二廉之十
甲甲乙乙乙弟三廉之一
甲乙乙乙甲弟三廉之二
乙乙乙甲甲弟三廉之三

甲乙甲乙乙弟三廉之四
甲乙乙甲乙弟三廉之五
甲乙乙乙甲弟三廉之六
乙甲乙甲乙弟三廉之七
乙甲乙乙甲弟三廉之八
乙甲甲乙乙弟三廉之九
乙乙甲甲乙弟三廉之十
甲乙乙乙乙弟四廉之一
乙甲乙乙乙弟四廉之二
乙乙甲乙乙弟四廉之三
乙乙乙甲乙弟四廉之四
乙乙乙乙甲弟四廉之五
乙乙乙乙乙四乘方隅
甲甲甲甲甲五乘方
甲甲甲甲乙弟一廉之一
甲甲甲乙甲弟一廉之二

甲甲甲乙甲甲弟一廉之三

甲甲乙甲甲甲弟一廉之四

甲乙甲甲甲甲弟一廉之五

乙甲甲甲甲甲弟一廉之六

甲甲甲甲乙乙弟二廉之一

甲甲甲乙乙甲弟二廉之二

甲甲乙乙甲甲弟二廉之三

甲乙乙甲甲甲弟二廉之四

乙乙甲甲甲甲弟二廉之五

甲甲甲乙甲乙弟二廉之六

甲甲乙甲甲乙弟二廉之七

甲乙甲甲甲乙弟二廉之八

乙甲甲甲甲乙弟二廉之九

甲甲乙甲乙甲弟二廉之十

甲乙甲甲乙甲弟二廉之十一

乙甲甲甲乙甲弟二廉之十二

甲乙甲乙甲甲弟二廉之十三
乙甲甲乙甲甲弟二廉之十四
乙甲乙甲甲甲弟二廉之十五
甲甲甲乙乙乙弟三廉之一
甲甲乙乙乙甲弟三廉之二
甲乙乙乙甲甲弟三廉之三
乙乙乙甲甲甲弟三廉之四
甲甲乙乙甲乙弟三廉之五
甲乙乙甲甲乙弟三廉之六
乙乙甲甲甲乙弟三廉之七
甲乙乙甲乙甲弟三廉之八
乙乙甲甲乙甲弟三廉之九
乙乙甲乙甲甲弟三廉之十
甲乙甲甲乙乙弟三廉之十一
乙甲甲甲乙乙弟三廉之十二
甲乙甲乙乙甲弟三廉之十三

乙甲甲乙乙甲弟三廉之十四
甲甲甲乙甲乙乙弟三廉之十五
甲乙甲乙甲乙弟三廉之十六
乙甲甲乙甲乙弟三廉之十七
乙甲乙乙甲甲弟三廉之十八
乙甲乙甲甲乙弟三廉之十九
乙甲乙甲乙甲弟三廉之二十
甲甲乙乙乙弟四廉之一
甲乙乙乙甲弟四廉之二
乙乙乙乙甲甲弟四廉之三
甲乙乙乙甲乙弟四廉之四
乙乙乙甲甲乙弟四廉之五
甲乙乙甲乙乙弟四廉之六
乙乙甲甲乙乙弟四廉之七
甲乙甲乙乙乙弟四廉之八
乙甲甲乙乙乙弟四廉之九

乙乙甲乙乙甲弟四廉之十
乙乙乙甲乙甲弟四廉之十一
乙甲乙甲乙乙弟四廉之十二
乙乙甲乙甲乙弟四廉之十三
乙甲乙乙甲乙弟四廉之十四
乙甲乙乙乙甲弟四廉之十五
甲乙乙乙乙乙弟五廉之一
乙甲乙乙乙乙弟五廉之二
乙乙甲乙乙乙弟五廉之三
乙乙乙甲乙乙弟五廉之四
乙乙乙乙甲乙弟五廉之五
乙乙乙乙乙甲弟五廉之六
乙乙乙乙乙乙五乘方隅

加減乘除釋卷三

以甲乘乙，或以乙乘甲，為相乘。以乙除之得甲，以甲除之得乙。

相乘，兩數不同之乘也，所得，即從方形。方田術云『廣十五步，從十六步，廣從步數相乘，得積步』，里田術云『廣二里，從三里，廣從里數相乘，得積里』。是也。合分術云『母互乘子，并以為實，母相乘為法』，乘分術云『母相乘為法，子相乘為實』。蓋數不同，而等級同也。帶從開方之法，徒示以從，故必先得廣數自乘，然後與從乘得如積也。從方所示之從，從之差，非從之全。於從之全，減去廣數，即餘從之差。所示惟差，斯多一乘也。劉氏注方田術『相乘得積步』云『此積謂田冪』。凡廣從相乘，謂之冪。李淳風以冪是方面單布之名，積乃衆數聚居之稱，斥注為乖。循謂廣從相乘為冪，而經不言冪言積，故注云『此積謂田冪』。謂之云者，不專於是之稱也。劉氏未嘗以積訓冪，李斥之，非矣。

三數相乘為連乘。或先以乙乘甲，連以丙乘之。或先以丙乘乙，連以甲乘之。或先以甲乘丙，連以乙乘之。其得數皆等。以甲除之，得乙丙相乘之數。以乙除之，得甲丙相乘之數。以丙除之，得甲乙相乘之數。任以一數除之，皆盡。若以甲乘乙，以乙乘丙，以丙乘甲，并之，任以三數除之，皆不盡。

算經統謂之相乘。《方田》平分術云『母相乘為法』，《均輸》假田術云『畝法相乘』，五渠注池術云『日數相乘』，《張邱建》獵鹿術云『以右三位相乘』，蕩盃術云『令人數相乘』，細草云『以二三四相乘得二十四』，是也。乘同於加，以甲加乙，以乙加甲，其數既等，則以甲乘乙，猶之以乙乘甲也。或先以甲乙相加，後加以丙；或先以乙丙相加，後加以甲；或先以甲丙相加，後加以乙，其得數皆同。則以甲乙丙相乘，而先甲乙者，猶之先丙乙也，且猶之先丙甲也。諸乘方廉隅相配之法，全以此義。三數以上，至五數、六數亦然。梅勿庵云『凡數三宗以上，用各母連乘為共母』，是也。除者乘之反，三者皆以乘得數，故皆可以除盡之。如甲三，乙五，丙七，連乘為一百零五。以三除之，得三十五而盡。以五除之，得二十一而盡。以七除之，得十五而盡。不必再商之而後盡也。若三五相乘為十五，五七相乘為三十五，三七相乘為二十一，并之為七十一。以三除之則不盡二，以五除之則不盡一，以七除之則不盡一，蓋本各少一乘。少一乘而多一除，自不足以相消矣。三乘五為十五，以七除之去十四不盡一。五乘七為三十五，以三除之，去三十三，不盡二。三乘七為二十一，以五除之，去二十，不盡一。不盡一者，合之仍不盡一。不盡二者，合之仍不盡二。何也？不盡之數，化於所入，不能化於所出也。分而除之不盡者一，合而除之不盡者三，何也？不盡之數，各居其一，合聚為三也。蓋在此為盡，在彼為不盡，分之為兩數之盡。一數之不盡，合之則盡者從乎不盡，不盡者從乎盡，則不盡者無所移。盡者從乎不盡，則盡者化為不盡。於是各有所盡，已各有所不盡。所不盡各合於所盡，故不相碍而恰相齊也。《孫子算經》云：『有物不知其數，三三數之賸二，五五數之賸三，七七數之賸二，問物幾何？』術云：『凡三三數之賸一，則置七十。五五數之賸一，則置二十一。七七數之賸一，則置十五。一百六以上，以一百五減之，即得。』一百五者，即連乘之數也。七十、二十一、十五者，遞乘相并之數也。賸一者，三數遞除之差也。明乎二乘一除之理，可悟孫子比例之意也。乃二乘一除亦有盡者，如三、七、九。以七乘九為六十三，以三除之亦盡。然三乘九而七除，則不盡。七乘三而九除，則不盡。知三除之而盡者，為偶然，非定理。設三、五、九為率，五、九除亦不能盡矣，此奇數也。以偶數言之：二、四、六，遞乘并之，四與二除之則盡，六除之則不盡。四、六、八，遞乘并之，六與八除之則盡，四除之則不盡。二、四、八，遞乘并之，三率除之皆盡。二、六、八，遞乘并之，六與八除之不盡，二除之則盡。又以奇偶相間言之：三、六、九，遞乘并之，三與九除之皆盡，六除之不盡。二、五、八，遞乘并之，五與八除之不盡，二除之則盡，其盡亦皆偶然也。

以甲乙與乙甲相乘，為從方廉隅積如甲乙為一十九，乙甲為九十一，相乘得一千七百二十九。以甲乙減乙甲，以甲乙乘之，又以甲乙自乘，其數等一九與九一相減，餘七十二。以一十九乘七十二，得一千三百六十八。又以一十九自乘，得三百六十一，合之為一千七百二十九。以乙甲任分之，以甲乙遍乘之，其數等或分九十一為七十二與一十九，而以一九遍乘之。或分九十一為四十五與四十六，以一九遍乘之，或三分

之，或四分之，其遍乘得數皆同。

帶從開方之法。初商有方有從即從差，次商有廉有隅有從隅，其原出於兩異數之相乘，如甲乙之乘乙甲是也甲乙乘甲乙，如一九乘一九，為自乘。甲乙乘乙甲，如一九乘九一，為相乘。推之，以甲乙乘乙乙，以乙甲乘甲甲，以乙甲乘乙乙，以甲乙乘甲甲，及以甲乙乘丙丁，以甲乙乘戊己，皆然。獨舉甲乙乙甲言之，見同是兩甲兩乙，一經顛倒，則變自乘為相乘，變平方為從方也。蓋從即兩數之較數，亦即本數之分數。先自乘而又與從相乘者，即以一數遍乘諸數之理也。

一九與九一兩數相乘

一乘九　〇九

一乘一　〇一

九乘九　八一

九乘一　〇九

兩數相減，先以一九自乘，次以一九乘七二

〇一　〇七

〇九　〇二

〇九　六三

八一　　一八　　一九　　一九

廣一九　　仍原數　　七二、一九　　四五、四六

從九一　　分為兩

徧乘

一乘七　　○七　　一乘四　　○四

一乘一　　○一　　一乘四　　○四

一乘二　　○二　　一乘五　　○五

一乘九　　○九　　一乘六　　○六

九乘七　　六三　　九乘四　　三六

九乘一　　○九　　九乘四　　三六

九乘二　　一八　　九乘五　　四五

九乘九　　八一　　九乘六　　五四

從方之定位，最易混淆。蓋方廉隅以次相列，從法不與廉隅相次，必審酌而後得之。若明徧乘之理，如一七一同列上層，則一乘七一，得數亦并列上層。一列上層，二九列下層，則相乘必并低一格。九列下層，與上層七一相乘。以下乘上，猶以上乘下，故亦并列。九二九皆列下層，其乘得之數，自又低一格矣。

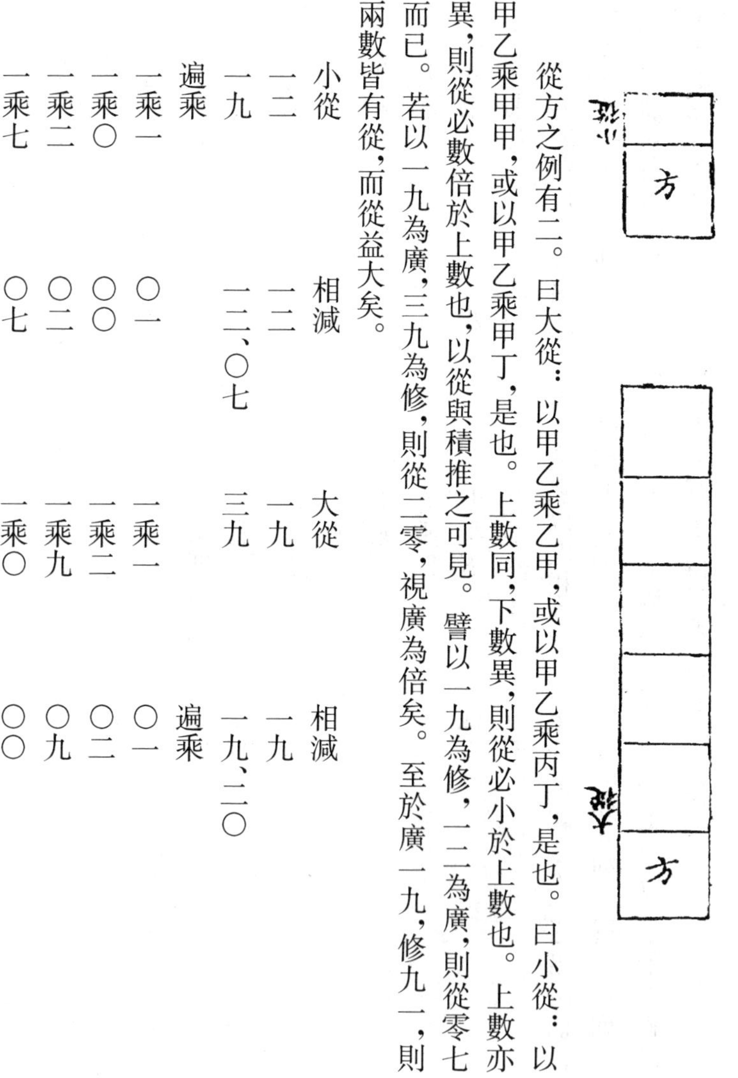

從方之例有二。曰大從：以甲乙乘乙甲，或以甲乙乘丙丁，是也。曰小從：以甲乙乘甲甲，或以甲乙乘甲丁，是也。上數同，下數異，則從必小於上數也。上數亦異，則從必數倍於上數也，以從與積推之可見。譬以一九為修，二二為廣，則從零七而已。若以一九為廣，三九為修，則從二零，視廣為倍矣。至於廣一九，修九一，則兩數皆有從，而從益大矣。

小從	相減	大從	相減
二二	二二	一九	一九
一九	二二、〇七	三九	一九、二〇
遍乘			遍乘
一乘一	〇一	一乘一	〇一
一乘〇	〇〇	一乘二	〇二
一乘二	〇二	一乘九	〇九
一乘七	〇七	一乘〇	〇〇

二乘一	○一〔一〕	九乘一	○九
二乘○	○○	九乘二	一八
二乘二	○四	九乘九	八一
二乘七	一四	九乘○	○○

從為數之所分，於所分存其空位，於遍乘依次乘之，自明定位之理。

兩乙一甲連乘之，為帶一從立方形。甲與乙相減，以乙再乘之，又以乙自乘再乘，相加，其數等。兩甲一乙連乘之，為帶兩從相等立方形。甲與乙相減，以甲再乘之，又以甲自乘再乘，相加，其數等。甲乙丙連乘之，為帶兩從不等立方形。以甲乙與丙相減，以丙各再乘之，又以丙自乘再乘，相加，其數等。

凡此數盈於彼數者，為從。兩朒一盈則一從此立方長廉，兩盈一朒則兩從此立方平廉，兩盈之數同，故其從相等。兩盈之數不同，故其從不相等。一從者，置一從乘之。兩從者，置兩從乘之，固也。然以朒自乘而加從，可也。以盈自乘而減從，亦可也。

〔一〕『一』，應作『二』。

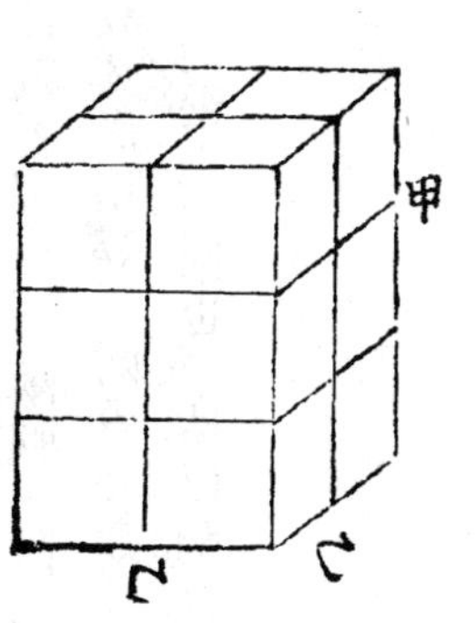

兩朒一盈

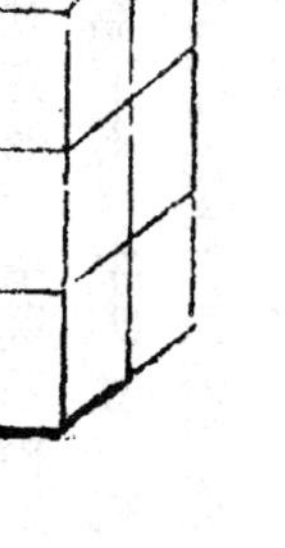

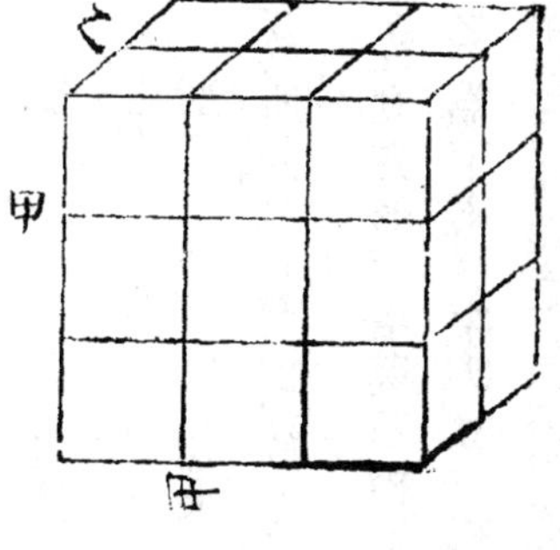

兩盈一朒

兩盈不等一朒

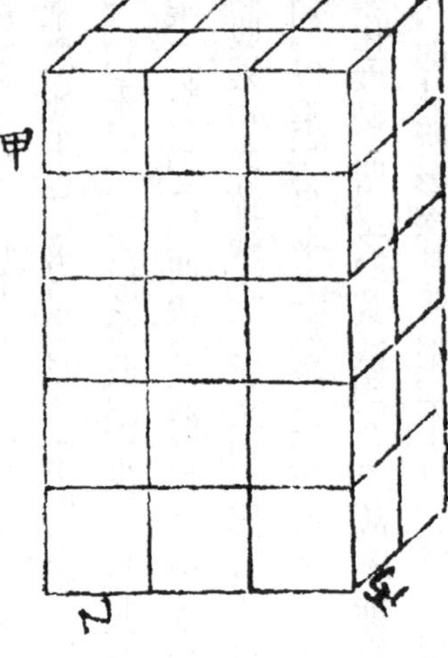

兩甲兩乙連乘之，或間乘之，并得帶從三乘方形。甲乙相乘，又以冪自乘，其數等。甲乙各自乘，又以兩冪相乘，其數等。甲如句，乙如股，以句自乘，以弦自乘乘之，減句自乘之冪，其數等。以股自乘，以弦自乘乘之，減股自乘之冪，其數等。以句自乘，以句弦較乘之，又以句弦和乘之，其數等。句自乘，以方積乘之，又以句自乘之數乘股，以句股較乘之，相加，其數等。股自乘，以方積乘之，又以股自乘之數乘股，以句股較乘之，相減，其數等。

算書有倍積自乘之術，用為減從開三乘方，義殊奧秘，細為繹之，其原發於兩甲兩乙之累乘，而通其變於句股。蓋乘法先後相通，列甲乙甲乙而累乘之，可也。列甲甲乙乙而累乘之，亦可也。列甲乙乙甲而累乘之，可也。列乙甲甲乙而累乘之，亦無不可也。由是既以甲乘乙，又以乙乘甲，而後乘之，可也。既以甲自乘，又以乙自乘而乘之，可也。在乘法無不可通，故所得皆同其數。句股即方之分形，故倍其積而自乘之，亦如以方積乘方積之數。倍句股積自乘，即以甲乘乙，又以乙乘甲，而後乘之也。句自乘，以股自乘之數乘之，即以甲自乘，又以乙自乘，而後乘之也。弦之自乘，即句股各自乘之合數。今既句自乘，又以股自乘乘之，若以弦自乘之數乘之，則多一句自乘乘之之數矣。於股亦然，而理甚明。句弦較乘句弦，和得股自乘之數。股弦較乘股弦和，得句自乘之數。則以較乘和，而用乘句股之自乘，即不啻股自乘句自乘之相乘也。方積者，句乘股之數。今句自乘，不以股自乘乘之，而以句乘股乘之。句乘股，比之股乘股，則少一句股較乘股之數，故必以句股較乘股，又用之乘句自乘之數，加之，而後合於股自乘，以乘句自乘之數也。股自乘，不以句自乘乘之，而以股乘句之數乘之。股乘句，比之句自乘，則多一句股較乘句之數，故必以句股較乘句，以乘句自乘之數減之，而後合於句自乘，以乘股自乘之數也。或直而得之，或變化展轉而得之，其數均合。故不能直而得，可以變化展轉之者舍其所隱，用其所彰，即其所彰探其所隱，不啻縋陰平而反出劍閣之外也。先輩用此法於上廉、下廉、益隅、負隅、翻積等術，曲折甚多。梅總憲《赤水遺珍》列諸條解之。然主於明借根之理，而未晰諸法之原。因為詳之，有弦有句股相乘之積，求句股已為句股相乘，則不必倍。以積自乘為從立方積，以弦自乘為從，商得數為句。自乘，又以從乘之，減句冪自乘之數，與從立方積減盡則得句。如《四元玉鑑》所舉，方積二百四十步，弦二十六步，求句。以二百四十自乘，得五萬七千六百為實。以二十六自乘，得六百七十六為從，商得一十，自乘得一百。以六百七十六乘之，得六萬七千六百，存之。又以句冪一百自乘為一萬，用減六萬七千六百，餘五萬七千六百。與實合，則得句一十。若求股，商得二十四，自乘為五百七十六。與從相乘，得三十八萬九千三百七十六，存之。又以股自乘之五百七十六自乘，得三十三萬一千七百七十六，與所存相減，餘五萬七千六百，與實合，則得股二十四。按用冪自乘相減，即負隅也。此即以句股馭句股，以廉隅名之者，以從之增數名之也。有股弦和有句股積求句股。倍積自乘為實句股積倍之乃成從方，商得數為股自乘。以股弦和為從，除實得數，為股弦較之總數。以此總數除股自乘之數，為股弦較。以較減股弦和，半之，得股。試以句三股四弦五明之。句股積六，股弦和九，求句股。倍六為一十二，自乘為一百四十四，以從九除之，得一十六，存之，商得四為股，自乘得一十六，除所存，得一，為股弦較，於股弦和之九，減較一得八，半之得四，所商同，即得股四。若句弦和八，則以八除一百四十四，得一十八，存之，商得三為句，自乘得九，以九除所存得二，為句弦較，於句弦和之八，減較二得六，半之得三，所商同，即得句三。又試以梅總憲所舉法推之。句股積五百四十，股弦和九十六，求股。倍積自乘為一百一十六萬六千四百，以九十六除之，得一十二萬一千五百，存之，商得四十五，自乘之得二千零二十五，除所存一十二萬一千五百，得六。以減股弦和之九十六，餘九十，折半得四十五，與所商合，即得股四十五。此比翻積開三乘方法似為簡便，而其理易明。《算法統宗》：『設圜田徑十步，截弧矢積十步，問弦矢。』其法以倍積自乘，得四百步為實。四乘積，得四十為上廉。四乘徑，得四十為泛下廉。五為負隅，用開三乘方法，商二步，乘上廉得八十，為上廉法。乘負隅，得十步，以減泛下廉，餘三十為定下廉。二自乘得四步，以乘定下廉，得一百二十步為下廉法。併上下廉法，共二百步，為下法復以商數二步乘之，得四百步，除實，恰盡。循案：古弧田法，以矢乘弦半之，又以矢自乘半之，合之為弧矢形。此術較今法為疏，故梅總憲以為不合密術也。形雖弧矢，而以矢自乘，及矢乘弦言之，已是從方，弧矢積既為矢自乘與弦矢相乘之半，今倍之，則矢自乘及弦矢相乘之從方矣。倍之自乘，較不倍自乘之數為四倍，故以四乘為上下廉。然設負隅并下法，其理不易了，試以前法馭之：積十步，其為從方也，非廣二修五，即廣一修十。今以積自乘從方已是兩句股，不必倍，得一百為實，積一十為從，商得二其廣即矢，自乘為四，以從乘之，得四十，減實，餘六十。以所商自乘之四除之，得一十五。以二乘之，得三十。以積十除之，得三。為句股較。加二為五，以二乘之，得十，減盡，即得矢二，再以矢折半，得一，與五相減，得四，倍之，得八。為弦。以圜徑十步衡之合數若廣一修十則不合數，若倍數自乘得四百。以四乘積得四十，為從，商得二，自乘得四，與從乘得一百六十，減四百，餘二百四十。以四除之，得六十，以十除之，得六。為較。以六除之得十除六十非除六，以二乘之得二十，與倍積恰合，即得矢二弦八。試以句三股四明之。積一十二，自乘一百四十四，為實。以積十二為從，商得三，自乘得九，九乘從十二，得一百零八。用減實，實餘三十六，以九除之，得四。以商得之三乘之，得一十二。以十二除之，得一。為句股較。加三為四，得股四，或商得四。自乘一十六，乘從得一百九十二，減去實，餘四十八。以一十六除之，得三。以商得之四乘之，得一十二。以積一十二除之，得一。為較。減四為三，得句三。蓋積為句乘股之數。以句自乘比之則不足，以股自乘比之則有餘。不足則相加，有餘則相減。故以較加句為股，以較減股為句也。句股以盈朒分加減，則積之所乘，亦有加減。故以積乘句冪為朒於實，則於實中減所得數。以積乘股冪為盈於實，則於所得數中減實。於所得數中減實，而用其餘，所謂翻積法也。明乎加減之理，盈朒之原，則翻積之指，固淺近無艱奧也。開平方、立方之法，所得數朒於原實，則以減餘為次商，此積乘句冪而減實以用其餘者，貌為似之。開方之法，所商數盈於原實，則為不合，所以有改商之法。此以積乘股冪為盈於實，乃即減實翻積以用其餘，與改商之法大異。初學或駭之以至於惑，不知開方之從，真從也，以積為從，假從也。真從而不合，是真不合也。假從而不合，是不合於假，而轉可合於真也。真從藏於實中，與所商為表里。假從不離於句股中，與真從為消息。故明於句股相乘，與股句各自乘之較則用於實外，用於實內，其義本同也。吾友歙縣汪萊孝嬰，於算數精思入理，每發前人所未發，嘗推梅總憲『以句股和求諸數立法』為誤。其説云：『凡一句弦和，任設一句弦較，求得句股積，必有又一句弦較所求之句股積，與之相等。』蓋兩句弦較兩數，及兩句弦較相併，與句弦和相減之餘數，必為連比例之三率。兩句弦較兩數，必為首末二率。兩句弦較相并，與句弦和相減之餘數，必為中率，句弦和必為三率併數。此等積等句弦和得有兩形之故也。於是立『有兩積相等，兩句弦和相等，求兩句股形各數之法』。云：『四倍句股積自乘，句弦和除之，得數，為帶縱長立方積。以句弦和為所帶之縱，用帶縱長立方法開之，得本方根數，為兩句股形中兩句弦較之中率。自乘得數，為帶縱平方積，又以中率與句弦和相減，得數為帶縱平方長闊和。用帶縱平方長闊和法開之，得長闊兩根為兩句股形中兩句弦較數，再用句弦較與句弦和求句股弦法，即得兩句股形各數。』

循按：止求一數，故倍而自乘。今求兩形，故四倍而自乘。倍而自乘，即得一形之句弦較。四倍而自乘，即得兩形之中率。孝嬰獨得之解，真可補梅氏之所未及，詳見其所著《衡齋算學》中。又按：梅氏《赤水遺珍》載丁維烈翻積之法而説之云：『有句股積及股弦和較，或句弦和較，求句股。向無其法，苦思力索，知其須用帶縱立方，因立法四條。』嘗考王孝通《緝古算經》有題云：『假令有句股相乘冪七百六十六五十分之一，弦多於句三十六十分之九，問三事各多少？』句股相乘冪，即積也。弦多於句，即句弦較也。其術云：『冪自乘，倍多數而一為實，半多數為廉法從。開立方除之，即句。以弦多數加之，即弦。以句除冪，即股。』倍多數而一為實者，倍句弦較除句股積自乘之數也。以較除股冪，必得兩句與一句弦較之數。故倍較除股冪，必得一句與半較之數。一句與半較之數，即句為根半較為從之立方也弦冪中去句冪所餘廉隅形，詳見下條。是為句股積，句弦較，求句股。又繼一題云：『假令有句股相乘冪四千三十六五分之一，股少於弦六五分之一，問弦多少？』是則句股積股弦較求弦也，然則是法唐初有之，實為倍積自乘之術所始，梅氏以為向無其法，其未見此書歟。王氏立句股積、句弦較之題，而不及句弦和者，固以較數有定，和數無定，故較有算法，而和無算法。孝嬰兩形之説，王氏固已知之，引而不發，躍如也。孝嬰立兩形之術，不獨正梅氏之誤，亦所以探王氏之隱，而補其闕矣。

自乘而倍之，開方得弦。相乘而倍之，加其從數之自乘，亦開方得弦。

開平方出於自乘，開從方出於相乘。既有方，即有斜綫。既有從，即有盈朒。故句股之術，由從方而生也，其名見於《周髀》，其術見於《九章》。所謂『句股各自乘并而開方之即弦』，是也。循謂立法之原，皆由純以推至於互，由繁以省至於約。自乘，乘之純，相乘，乘之互。以自乘之平方，緣斜綫分剖之，使斜綫向外為邊綫，使邊綫向内相合，已成一平方之半，又加以半，則弦變為邊。故欲得弦數，倍而開方之也。因推此意於相乘之從方，亦以同數兩從方斜剖，使弦向外為邊，使邊向内相合，而邊既有盈朒，則短長相抵，中必空，有一小方，即從數自乘之方。此句股之術所由立，亦即句股相求諸術所由生也。因又推之，平方用倍，即以兩邊各自乘也。倍從方而缺一從自乘者，以盈朒兩邊各自乘，以盈補朒，而從自乘之方自在也。故用句股各自乘并而開方之，以其簡於相乘而倍之，又加從自乘也。《周髀》云：『數之法，出於圓方。圓出於方，方出於矩，矩出於九九八十一。故折矩以為句廣三，股修四，徑隅五。既方其外，半之一矩，環而共盤，得成三四五。兩矩共長二十有五，是謂積矩。』趙君卿注云：『方，周帀也，矩，廣長也，九九，乘除之原也。』按矩即綫，方即冪，數不離於九九。以數為綫，乘之為方也。下乃言句股之數而歸諸折矩，可知句股之原，亦出於九九矣。出於九九者，由自乘相乘而推致之也。折矩之義原注未明，於折矩下繫以句股弦。此折字，即下環而共盤之義，以矩折為三而環之也。下云『既方其外』者，從方之兩面向外而為正角，故曰『方其外』。言方，則從方矣。今半之，以所以半之之一綫，與句股兩端相接，環成三角之形，於是三四五之率成，故曰『一矩，環而共盤，得成三四五』也。向外非句股而何？此一矩為弦。下云『兩矩共長二十有五』，此兩矩，即句股矣，即『方其外』者矣。共長二十五者，三四各自乘之共數也。

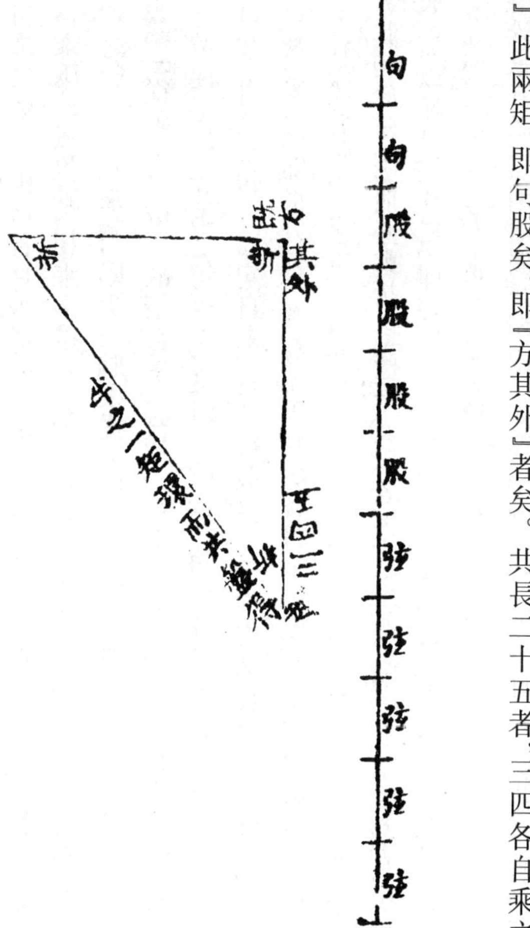

倍自乘之數，即兩邊各自乘之數。倍相乘之數，即兩邊各自乘之數少一差自乘也。蓋自乘兩邊無盈朒，相乘兩邊有盈朒。相乘者，以盈乘朒。今以盈乘盈，則多一盈乘從之數。以朒乘朒，則少一朒乘從之數。以所多盈乘從之數，補所少朒乘從之數，仍餘一從乘從之數。故倍自乘，必增一從自乘，乃與邊各自乘之數合也。在從方謂之帶從，在句股謂之句股差，又曰句股較。句股各自乘，并之得弦積，則弦自乘減股自乘，自然得句。減句自乘，自然得股矣。倍從方加從自乘得弦積，則弦自乘減從自乘，半之，即從方矣。弦既統乎句股各自乘之數，則弦股之較屬句，弦句之較屬股，方其股於弦中於五五二十五中，取四四一十六為平方，句必磬折而讓之句積九，必不能為方。方其句於弦中，股必磬折以讓之，其狀若開方之有廉隅。故以股為方，倍弦股較，乘股，又以較自乘并之，即句積。以句為方，倍弦句較，乘句，又以較自乘并之，即股積方如初商之方，倍之為二廉，較自乘即隅法。於是有弦較而句股可求矣。若句股兩方，并爭於弦方之中，則兩隅必相蝕。兩隅相蝕之數，即兩畔磬折相蝕之數。故以句弦較乘股弦較，倍其數，與兩隅相蝕之數等。因而開方之，即與兩隅相蝕之方等，是方也，加句弦較即股，加股弦較即句，於是有句弦較股弦較，而句股可求矣。斜剖兩從方，以弦向外，其中為較。若以同數四從方，盈朒相續，成平方，其中亦為較。盈朒相續，即句股和。故四其從方之積，加從自乘之積，開方之，即句股和。句股和自乘，減去從自乘之積，四除之，即一從方積。其義與弦股求句、弦句求股同也。弦股和自乘，弦為方，股為隅。弦乘股，股乘弦，為兩廉，狀亦如開方。蓋倍弦自乘，則統句股積各四，今弦股和自乘，股必得四，句且不能滿二，何也？弦自乘之積，統句股各自乘之積。弦股和自乘，則股自乘之方四，股乘弦股較之方亦四。弦股較自乘之方一，股乘弦股較倍之，合弦股較自乘積，為句自乘積弦股和自乘，為股乘弦股和者二，為股弦較乘弦股和者一。以股弦較乘股弦和，即句自乘積。今股乘弦股較之積有四，而弦股較自乘積止有一，故不滿兩句冪也。若減去一句冪，則為股自乘者二，股乘弦股較者亦二。半之則股自乘者一，股乘弦股較者亦一，并之為股乘弦股和，以弦股和除之即股，若加一句冪，則股乘弦股和之積一。股弦較乘股弦和之積一，并之為弦乘股弦和。以股弦和除之即弦。於是有弦和，而句股可求矣。以股弦和乘句弦和，倍而開方之，即句股弦之合數。故減句弦和，得股。減股弦和，得句。於是有股弦和句弦和，而句股可求矣。《九章算術》立句股弦相求之術，以圓材求方版之術，明句弦之求股。以葛纏木齊之術，明句股之求弦。又有股弦差與句求股弦之題五葭生池中一、立木繫索二、倚木於垣三、圓材鑲道四、開門去閫五。句股差與弦，求句股之題一戶高多於廣六尺八寸，兩隅相去適一丈，問戶高廣各幾何。句弦差股弦差，求句股弦之題一戶不知高廣，竿不知長短，橫之不出四尺，從之不出二尺，邪之適出，問戶高廣袤之數各幾何。句及股弦并，求股之題一竹高一丈，末折抵地，去本三尺，問折者高幾何。股及句、弦并求句股弦之題一二人同所立。甲行率七，乙行率三。乙東行甲南行十步而邪，東北與乙會，問甲乙行各幾何。趙君卿注《周髀》，推而明之，作三圖以括其義，實為割圜三角之所從出。前輩於此推之至精，循此書主於明加減乘除之理，故止辨其術之出於自乘、相乘，不復詳其術也。

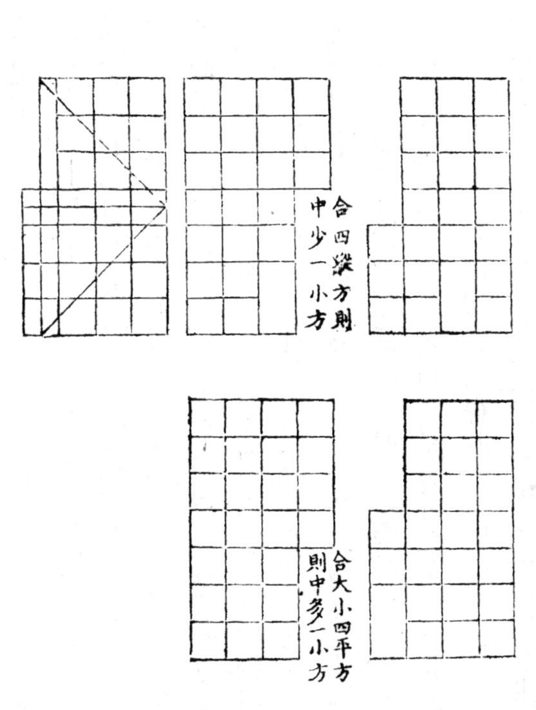

合四縱方則
中少一小方
合大小四平方
則中多一小方

有句股，則必有斜弦，固矣。若同此句股，同此句股之積，不斜絙之而曲其綫與句股平行，以成一縱方之廉隅曲尺形，此曲綫之數，與斜絙之弦數等。其隅之徑數，即弦與句股和之較數，於是曲尺内亦成句股形。以内句乘内股，即外句乘外股之半，舊法以句股和減弦即容圓徑。然則於句股和數中，減此容圓徑數，即得弦數。既減此容圓徑數，而以餘句乘餘股，即得句股積數，何也？餘句即當内句，餘股即當内股也。李欒城《測圓海鏡》以圓城立算術，弟十六問云：『出西門南行四百八十步有樹，出北門東行二百步見之。』出西門而南，則餘股也。出北門而東，則餘句也。行二百步見樹，則弦也，此弦即餘句餘股之數。其法云：『以二行步相乘為實，二行步相併為從一步，常法得半徑。』常法者，開從方法也。然則有弦有積，以弦為從，猶之有餘句餘股，相乘為積，復併以為從也，惟餘句餘股即弦。故句股相乘之積，以容圓半徑除之，適得句股弦之和數，何也？以此曲尺形而直之，以一廉一隅為句。其一廉為股，則少一隅。以一廉一隅為股，其一廉為句，則亦少一隅。句少一隅，正是餘句。股少一隅，正是餘股。餘句餘股，正是斜弦。故倍句股積而除之，為半徑。倍相乘之積而除之，為全徑也。以弦與句股和相較，其差為半徑。若於弦中去一句，於句股和中亦去一句，則弦句差與股相較，其差仍為半徑。或於弦中去一股，於句股和中亦去一股，則弦股差與句相較，其差亦仍為半徑，即卷一所謂各減一甲，其差相等者也。弦句差與股較，餘為半徑。弦股差與句較，餘為半徑。并弦句弦股兩差，與句股和相較，餘必為兩半徑。句股和與弦較，既多一半徑，則弦股弦句之差，與句股和相較，為多兩半徑者，而與弦相較，必為多一半徑矣。故并兩差以減弦，亦得容圓半徑也。推之有句股差，有弦。以差減弦，折半之為餘句。加差為餘股，有餘句，有弦，相減為餘股。有餘股，有弦，相減為餘句。由餘句餘股而得半徑。得半徑，則得句股矣。昔人闡句股之理，精詳至矣。然皆以斜綫言，未有變斜為曲以明之者，補之於此。

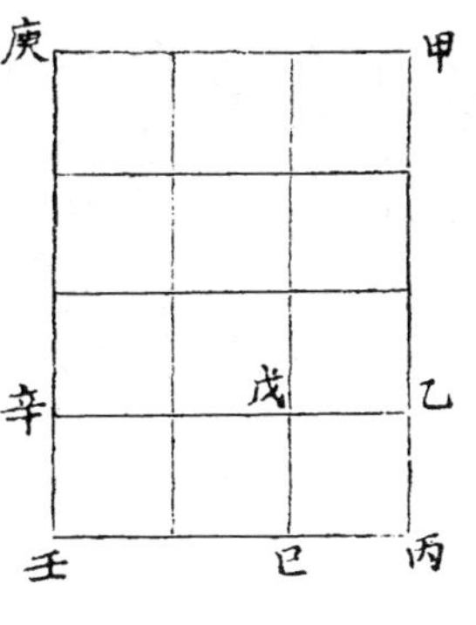

甲壬作斜線為弦五丁戊辛作曲線亦如弦數之五丁戊與辛戊相乘恰得甲丙乘壬丙之半丁戊辛與甲丙壬相減餘乙丙己即容圓經

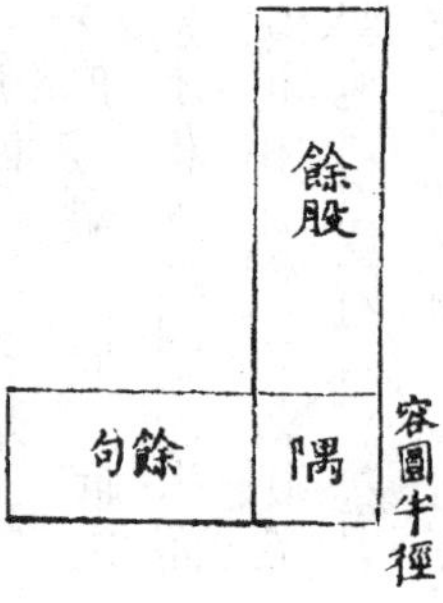

縱方廉隅曲尺形

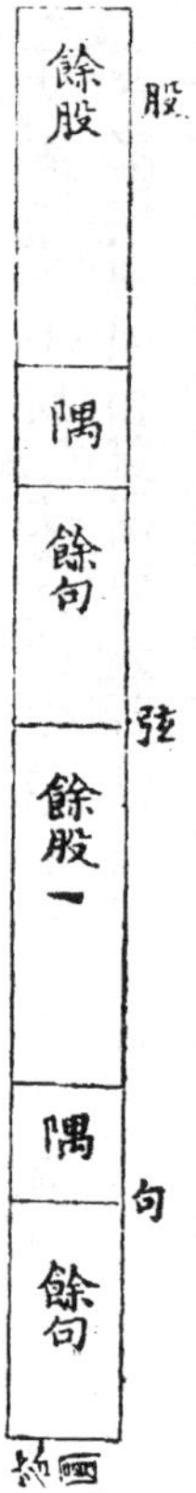

容圓半徑

隅　句餘

餘股

股　弦　句　容圓半徑

餘股　隅　餘句　餘股一　隅　餘句

再乘而半之，為塹堵之積。再乘而三分之，為陽馬之積，方錐之積。再乘而六分之，為鼈臑之積。

《商功》有塖壔、方亭、方錐、塹堵、陽馬、鼈臑、羨除、芻甍、芻童等術，究之，惟塹堵、陽馬、方錐、鼈臑而已《數學鑰》以屬《少廣》章，《九數通考》以屬《方田》章，均非古法。方錐為四陽馬形，而與陽馬同數者，試以一立方斜解之，成兩塹堵，若自中分兩畔斜解之，必成塹堵形二。兩塹堵背連形一，是兩塹堵當一塹堵之積矣。一塹堵斜解為一陽馬、一鼈臑，若亦以兩畔斜解之，必成鼈臑形四。兩陽馬背連形一，是兩陽馬當一陽馬之積矣。一塹堵分兩畔斜解，得兩陽馬背連之形。若以兩塹堵背連之形，分兩畔斜解之，自必得四陽馬背連之形。故其形為四陽馬，而其積仍一陽馬也。由是剖方錐為二，間於兩塹堵背連形之兩端，則為芻甍。《九章算術》云：『芻甍下廣三丈袤四丈，上袤二丈無廣，高一丈。』是也《數學鑰》誤以兩塹堵背連形為芻甍。又誤為芻蕘。由是截方錐為二，上半仍為方錐，下半為方亭。《九章算術》云：『方亭下方五丈，上方四丈，高五丈。』是也。截芻甍為二，上半仍為芻甍，下半為芻童。《九章算術》云：『芻童下廣二丈袤三丈，上廣三丈袤四丈，高三丈。』是也。蓋以方亭之廣袤，化立為平，則廣袤交午之處，隅隅相貫，與斜綫若合符節，而題湊於中。以芻童之廣袤，化立為平，則廣袤交午之處，必不能兩隅相貫，而兩斜綫之端可遇，四斜綫之端不可遇。方亭為一立方四陽馬及相等之四塹堵。或為一帶從立方四陽馬及不相等之四塹堵。而上方之形，必等於底。底之形，必等於四陽馬之底。若芻童，雖猶是一帶從立方四陽馬及不相等之四塹堵，而上方之形，必不等於底。底之形，必不等於四陽馬之底。等則可相比例，不等則否。方亭術云：『上下方相乘，又各自乘，并之，以高乘之，三而一。』芻童術云：『倍上袤，下袤從之，亦倍下袤，上袤從之。各以其廣從之，并以高乘之，皆六而一。』曰方曰芻，名既各別，或三或六，術亦分附。循謂方亭可以用六，芻童必不可用三。觀於其底，固理之自然也。方錐與陽馬同積，而術有自乘相乘之分。故别其名塹堵之形有二，鼈臑之形有三。不别之者，其術同也。塹堵之二何？斜解立方兩端句股者，一也。兩畔斜解立方作屋形者，二也。鼈臑之三何？自方錐斜解之，成四面三角形，一也。自塹堵斜解之，成四面句股形，二也。自陽馬斜解之，或以四面三角者中分之，成三面句股，一面三角形，三也。而皆謂之鼈臑，亦皆謂之立三角。立方之有鼈臑，猶平方之有句股也。

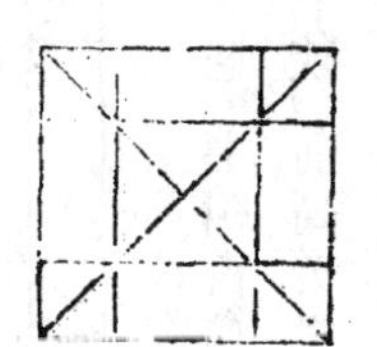

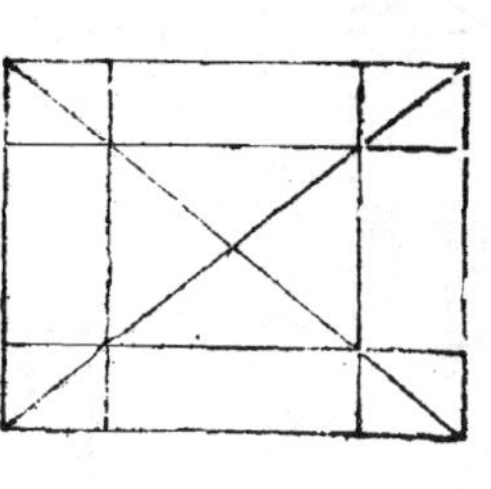

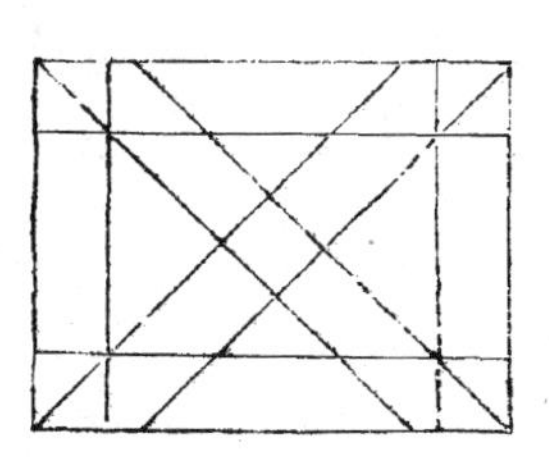

芻童兩隅之線不能相貫

方錐正解為四陽馬邪畫為四鼈臑

邪畫則陽馬迷中解

王孝通《上緝古算經表》云：『伏尋《九章・商功》篇，有平地役功受袤之術。至於上寬下狹，前高後卑，正經之内，闕而不論。』『臣晝思夜想，臨書浩歎，於平地之餘，續狹邪之法，請訪能算之人，考論得失，如排其一字，臣欲謝以千金。』循按《商功》以邊求積，王氏此書，以積求邊，如少廣、方田，適相表裏，誠為善於得間矣。然其法仍不外《商功》之理。劉氏之注，極精至巧，會而通之，已足括孕此書。且以其義核王氏之術，可排者正不止一字，推而窮之，雖不敢遽攫其金，亦庶幾少申其義也。其弟二題云：『仰觀臺上下廣差二丈，上下袤差四丈，上廣袤差三丈，高多上廣一十一丈，問廣高袤。』答曰：『高一十八丈，上廣七丈，下廣九丈，上袤一十丈，下袤一十四丈。』術曰：『以上下袤差乘廣差，三而一，為隅陽冪。以乘截高，為隅陽截積并二積以減臺積別有求積之法，詳見本書。其法近易，故不載，餘為實。又并截高及截上袤，及并廣差、袤差而半之之正數，為廉法從，開立方除之，得上廣。』弟六題云：『窖上袤多上廣一丈，少於下袤三丈，多於深六丈，少於下廣一丈，問深。』答曰：『深三丈，上廣八丈，上袤九丈，下廣十丈，下袤十二丈。』術曰：『廣差乘袤差，三而一，為隅陽冪。置塹上廣，半廣差相加，以乘塹上袤，為隅頭冪。又置塹上袤，塹上廣，并為大廣。又并廣差、袤差半之，加大廣為廉法從。開立方除之，即深。』弟七題云：『亭倉上下方差六尺，高多上方九尺，問上方。』答曰：『上方三尺，下方九尺，高一丈二尺。』術云：『方差自乘，三而一，為隅陽冪。以乘截高，以減積，餘為實。置方差加截高為廉法從，開立方除之，即上方。』方亭為一立方四塹堵、四陽馬，故先減四陽馬積，餘一立方四塹堵。四塹堵合為二，故以方差為一從，截高為一從也凡差皆并兩畔言。陽馬在隅，故謂之隅陽。以乘截高，故曰隅陽截積冪。截高，即高差也。方亭為正方，故無袤廣之名。若中為帶兩從立方，而上下廣袤皆不等。則隅陽之冪，必為從方形，故并而半之為正數。蓋四塹堵兩大、兩小，并而半之，適合為大小兩立方矣。惟是上袤既侈於廣，則減去廣差，而上下廣相附。減去袤差，下袤與上廣，尚間一廣袤之差。廣袤之差，所謂塹上袤也。以廣差及高乘而減之，而後所存之四塹堵，乃與中方相附合也。是乘得之形，廣直下而袤殺下，故預半廣差乘之，是謂隅頭截積，在陽馬、塹堵之間，東西有而南北無也。窖形同於臺，而多一大廣者，所知者袤，所求者深。袤差之内，又有袤與深差，是為塹上袤。廣差之内，又有廣與深差，是為塹上廣。以塹上廣乘塹上袤，得深方之四隅，其角與隅陽冪角相貫，位當塹堵之兩畔。而塹堵之兩畔，適與深差尚不可與深合。於是以半廣差加塹上廣，而後以塹上袤乘之，如是則適當深袤與袤差之間，而上下袤俱如深之袤矣。是為隅頭冪，半廣差者，猶方亭之半廣差也。然袤與深之袤齊，而廣與深之廣尚不齊，何也？塹堵之横於南北者，其兩畔當塹上廣之處，未有處也。於是又以塹上廣乘半袤差以消之，消之而後廣與深合矣。王氏術云：『又半袤差乘塹上廣，加隅陽冪、隅頭冪，以為方法。』是也。深之度與廣袤俱等，而廉從必合，塹上廣、塹上袤、廣差、袤差，可知矣。塹上袤廣體本全，無容半之，故并為大廣。廣差、袤差皆塹堵邪殺體，故并而半之也。總之，王氏此術，所舉皆差，所不舉即立方諸綫之相等者。所求在廣，則必裁袤高以就廣。所求在深，則必裁袤廣以就深。裁其不相合者，而相合者皆其從矣，乃循之疑也。方亭積減四陽馬，所餘以兩差為兩從，以差乘差為隅。固然，惟是以高差乘隅陽冪，所得之陽馬，非方亭陽馬之全數。夫陽馬自高差而截，則尚有四陽馬尖，附於立方之四隅，仍為四小陽馬。而自截以下之陽馬，其端不鋭而童，如縱横剖方亭四分之一狀也。王氏依截高乘除為陽馬，則改童為鋭，而鋭外尚有所餘。此積既少，彼積乃多，求之何以得密數。如方差六，自乘三而一，得十二。以截高乘之，為一百□八，減積，餘三百六十。陽馬原積一百四十四尺，全高一丈二尺，乘隅陽冪十二之數也。今陽馬積僅一百□八，比原積少三十六尺。又試以下方九尺，乘上方三尺，為從方底。以高一十二，乘為帶兩從立方體，積三百二十四，與三百六十相較，正餘三十六尺。此三十六尺者，即四小陽馬，及鋭外所餘之數。將何以處之乎？·循謂此術不密，試依方亭求積之術，會而通之，宜三其積。以方差自乘，乘高差，為十二陽馬下半截積。以減積，餘積三而一，得數為實。然後以高差、廣差為兩從法，以方差自乘三而一為隅法，以立方開之，減實盡即方故。蓋方數乘隅法，與四小陽馬及鋭外所餘之數□□。又一法，餘積不三而一。而以三因方差及高差為從法，方差冪為隅法，求得數。再乘而三因之，減餘積恰盡，亦即方邊定數，如是而得數較密。蓋劉氏注《九章》之術，法雖有闕，而義旨實包孕無遺。依之則合，離之則疏也。有如塹堵二為立方一，二其積以開立方，則塹堵之邊可得矣。陽馬三為立方一，三其積以開立方，則陽馬之邊可得矣。鼈臑六為立方一，六其積以開立方，則鼈臑之邊可得矣。稱是以為方、亭、臺、窖等求之，原始返終之道，有如此也。

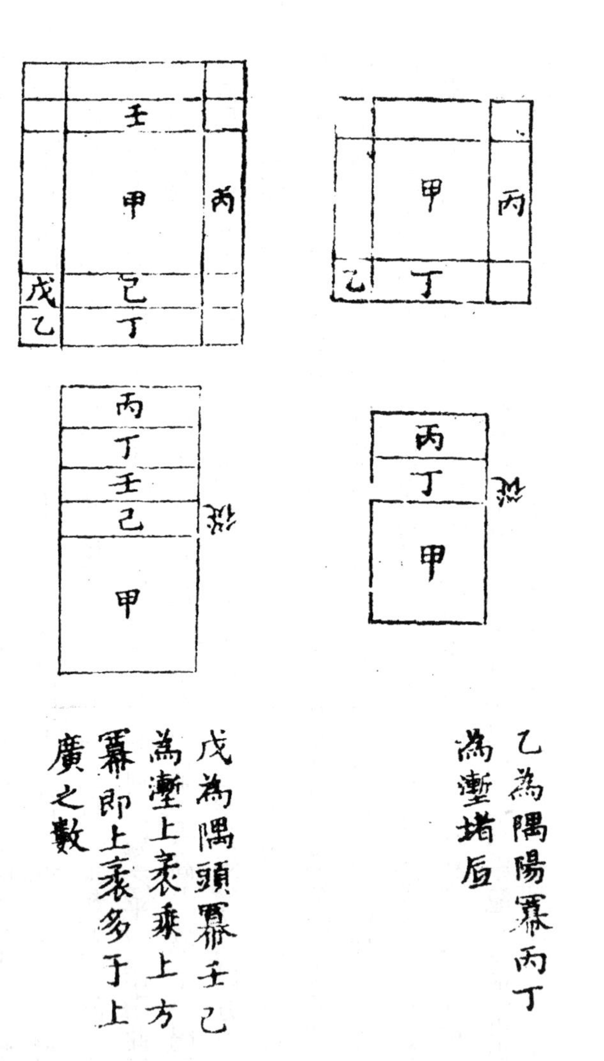

乙為隅陽羃丙丁
為塹堵后

戊為隅頭羃壬己
為塹上袤乘上方
羃即上袤多于上
廣之數

甲為深冪，未寅為塹上袤，酉為塹上廣，卯為深冪之四隅，子丑午卯為隅頭冪，辰為半袤差乘塹上廣。術并兩畔之差立算故曰半袤差半廣差圖分兩畔則丁即半袤差丙即半廣差閱者會之

乙甲為上方，丁己為下方，乙戊為高，甲戊為截高，戊丁為方差，乙戊丁為陽馬全積，甲丁戊為隅陽截積，乙甲丙為上立方小陽馬，甲丙丁為銳外所餘。

《緝古》弟二題求羨道之術云：『上廣多下廣一丈二尺，少袤一百四尺，高多袤四丈，問袤。』答曰：『袤一十四丈。』弟四題云：『築龍尾隄，其隄從頭高，上闊，以次低狹至尾，上廣多，下廣少，隄頭上下廣差六尺，下廣少高一丈二尺，少袤四丈八尺，問下廣。』答曰：『一十八丈。』其自注云：『龍尾，猶羨除也。其塹堵一，鼈臑一，并而相連。』其龍尾術云：『隄積六因之為虛積，以少高乘少袤為隅幂，以少上廣乘之為鼈隅幂，以減虛積，餘三約之即三而一，為實。并少高袤，以少上廣乘之，為鼈從横廉幂。三而一，加隅幂，為方法。又三除少上廣，以少袤、少高加之，為廉法從。開立方除之，得下廣。』循按此術是也，而義有未盡。《九章》羨除術云：『并三廣，以深乘之。又以袤乘之，六而一。』劉氏注云：『假令上廣三尺，深一尺。下廣一尺，末廣一尺，無深。袤一尺，下廣皆塹堵之廣。上廣者，兩鼈臑與一塹堵相連之廣也。以深袤乘得積五尺，鼈臑居二，塹堵居三，其於本棊皆以為六，故六而一。』蓋乘上廣為立方，是六鼈臑以兩畔言之，則十二鼈臑。兩塹堵，兩與六不合。故又乘下廣及末廣為四塹堵，合之恰得六羨除。王氏此術，六其積，是塹堵、鼈臑各六矣。塹堵之六，為同數三立方。鼈臑之六，為上下廣差所乘之一立方。隅幂者，此立方之隅幂也。從横廉者，如平方之兩廉也。此即一縱一横之兩從，隅幂即從隅也。除去此立方六鼈隅，存六塹堵，適當三立方之積。故三除其積，而存二塹堵，適當一立方之積也，六鼈積所當之一立方，其中所減者鼈隅，而從横兩廉，及一立方尚在，此積已隨而三除之，故必以廣差三除之，以加袤差高差，而為從法也。循之疑也，推此術，以袤差、高差合立方為高，以三除廣差，合袤差、高差立方為袤，固也。惟是鼈積之立方，既減去鼈隅，則二塹堵之立方所當鼈隅者，其積將何以位置？則於減積三而一之後。既以差為從法，又必以隅冪為隅法而後可也。其所云方法者，或含此旨，然未嘗明表出之，學者惑矣。羡道術即龍尾隄術，雖有兩鼈臑、一鼈臑之殊，而兩差亦合而算之，則兩猶一也。惟所舉者上廣，所求者下廣，故必以上廣多下廣數，加上廣少袤，為下廣少袤，又以高多袤，加下廣少袤，為下廣少高，餘盡同也。又弟三題有築隄術云：『隄西頭上、下廣差六丈八尺二寸，東頭上下廣差六尺二寸，東頭高少於西頭高三丈一尺，東頭上廣多東頭高四尺九寸，正袤多於東頭高四百七十六尺九寸，問東頭高。』答曰：『三尺一寸。』術曰：『以高差乘下廣差，六而一，為鼈冪。以高差乘小頭廣差，二而一，為大臥塹頭冪。半高差乘東頭上廣多高之數，為小臥塹頭冪。并三冪，為大小塹鼈率。乘正袤多小高之數，以減隄積，餘為實。又并正袤多小高，并上廣多小高，及半高差而增之，兼半小頭廣差加之，為廉法從。開立方除之，即小高。』自注云：『此為平隄在上，羡除在下。兩高之差即除高，其餘兩邊各一鼈臑，中一塹堵。』循按此平隄，既有廣差，又高與廣不等，則在上之平隄，不得竟以立方視之也。以高差乘下廣差，此所謂下廣差者，東下廣與西下廣之差也，為鼈臑，故六而一。高差，小頭廣差，俱邪殺綫，故二而一。高差殺，上廣多東頭高之差不殺，故止半高差乘之。東廣差六尺四寸，故為大臥塹。上廣高差四尺九寸，故為小臥塹。減此二塹一鼈，下餘一塹堵為半高差乘小高之冪，上餘一小高乘上廣高差之冪。一東下廣乘小高而半之之冪，其綫度皆與小高齊，故以為從。唯大小塹冪、鼈冪，俱袤差乘之，較全袤乘得者為少，則亦猶方亭之隅陽截積也。其邪附於小高之下，及大小塹、鼈率之所餘，又何以處乎？試仍用龍尾隄術馭之。六其隄積為虛積，為上平隄形六，下鼈隅立方一，臥塹形三。因以下廣差乘高差，又連乘袤差，為鼈截積尚有所餘小立方形。又并東廣差、東上廣與小高差。三因之，乘高差為小臥塹、大臥塹截積尚餘立方形。減虛積，其餘三而一，為帶從立方積。以高差及倍東上廣多高差，東廣差三者為從，又以東頭上廣多高差，加東廣差，及三除下廣差共乘以高差，又以求數自乘，二者共為隅法。此隅法，猶龍尾隄術以隅冪為隅法也。要之所知者皆差，所不知者必立方。即所已知者，而減去所不知者，必相吻合於立方。則以所知為從，而數莫遁矣。王氏創為此法，實大益後人神智。元欒城李氏《益古演段》、《測圓海鏡》兩書，用平方、立方、三乘方等，以馭諸術，其理無踰於此，而所以然則出於劉氏《九章》注之用三品赤黑棊法。棊者，蓋以金玉木石之類為之。作立方、塹堵、陽馬、

鼈臑四形，每形赤、黑各若干數，簇為方錐、方亭、芻甍、芻童、羨除等狀，即知。其方正、斜直之殊，及方隅廉從之故。累而合之，裁廣就衺，合半為整，可成從方。變化無端，立算之妙，莫精於是。王氏謂其末為司南，而自詡曲盡無遺，尚非至論。循服膺於劉氏，而甚慕王氏之善悟，因申其義趣，而改其疏率，以為用平方、立方、乘方者，述其門徑，願有道正之。

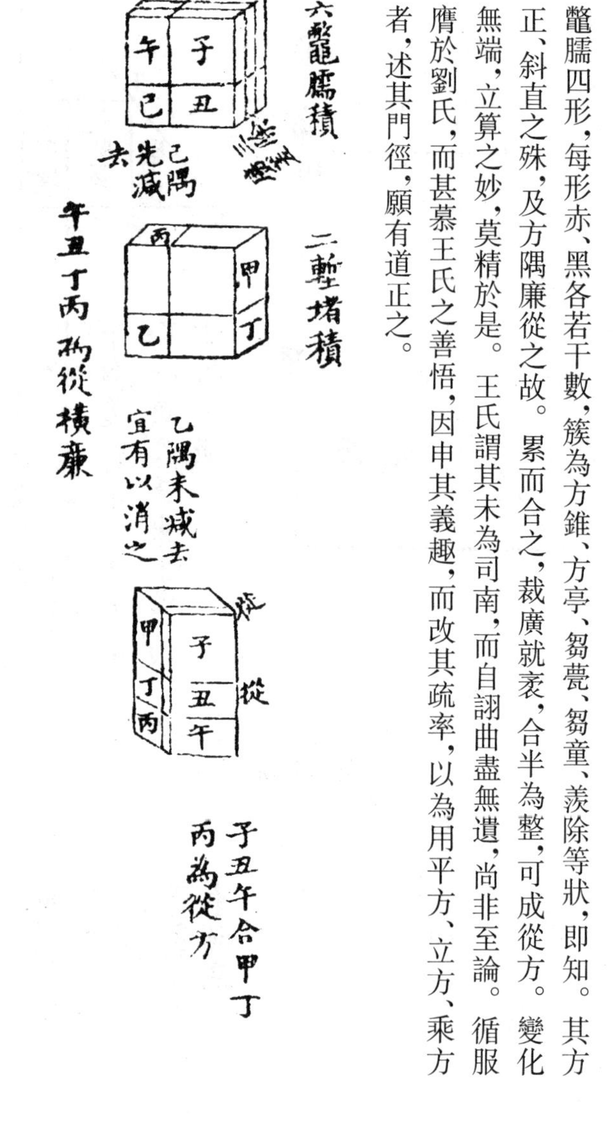

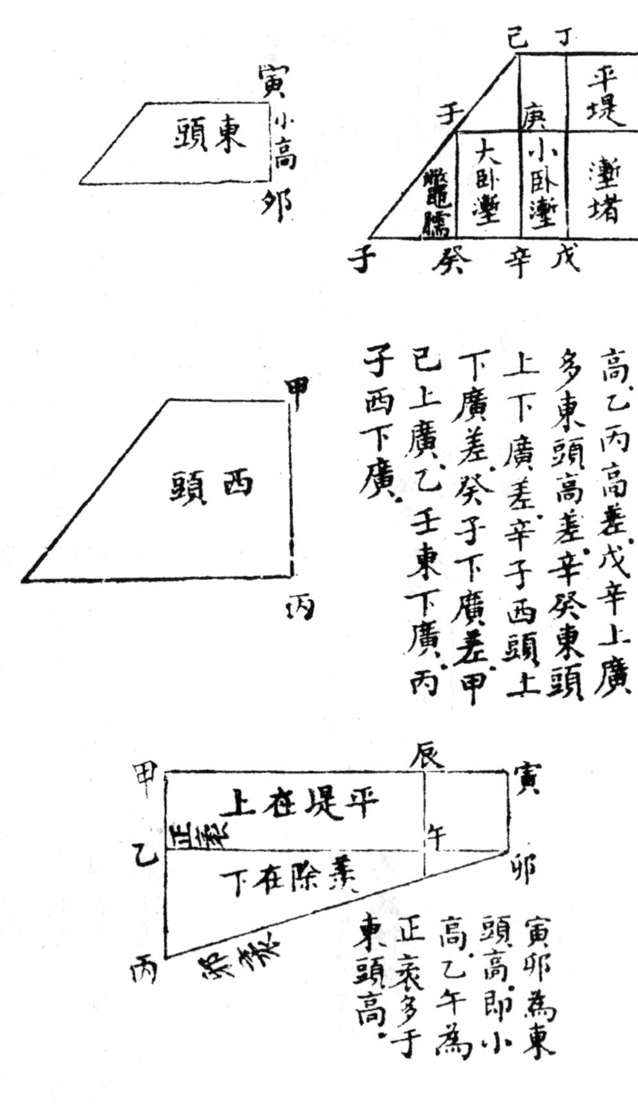

甲乙東頭高，甲丙西頭高，乙丙高差，戊辛上廣多東頭高差，辛癸東頭上下廣差，辛子西頭上下廣差，癸子下廣差，甲己上廣，乙壬東下廣，丙子西下廣。

寅卯爲東頭高，即小高，乙午爲正袤，多于東頭高。

有句股而後可以馭平圓。有鼈臑而後可以馭立圓。

自一至九，數也。加減乘除，錯綜此數者也。乘而後有冪，再乘而後有體。有冪有體，則數已成形，故平方、立方、縱方，生於加減乘除，而加減乘除所生而致者實盡乎？此句股者，生於形者也。形復生形，而非數無以馭。則加減乘除，又為句股之所用也。句股為用形之始，故為衆形之所從生。蓋有句股，而復用以割圓，則圓之形成。有句股而化之為鋭鈍，則三角之用著。鼈臑為句股之立者，規之即成立圓，又弧三角之弦切所集也。西人薩幾理得《幾何原本》一書，精於説形。梅勿庵明以句股之理，夫論形未有不本諸句股。猶論數，未有不本諸加減乘除也。學者由數以知形，由形以用數。悉諸加減乘除之理，自可識方圓冪積之妙。論形之書多矣，余别有著。緣句股、商功及方田、少廣中，有求圓之術，因論其梗概於此。

加減乘除釋卷四

受除者為實，所以除之者為法。實如法而一，為法除。

考諸算經，於乘不言法實，於除乃云實如法而一。蓋乘法可以相通，故實與法之名不必立。除法不容倒置，故實與法必嚴以為限也。實如法而一者，實與法相等則得一。推此實倍於法則得二，再倍於法則得三也。《夏侯陽算經》云『凡算者，有五乘五除，一曰法除』，此之謂也。倘不如法，則不足於一，宜降一位可知矣。授時術有定子法，其法十定一，百定二，千定三，萬定四，十萬定五，百萬定六，千萬定七，萬萬定八。不滿法去一，滿法即實如法也。不滿法去一，即降一位也。梅勿庵說之云，不論十百千萬之等，惟論自一至九之數。假如以八十除六百，亦為不滿法。若以八百除九十，亦為滿法。皆以得數有進位、不進位而分，算中精理也。循按以八十除六百，已於六百之二子，減去一子為十，不滿法，又減去一子為單。蓋既減百之於十，又減八之於六，非止減八之於六，不減百之於十也。乘法自單長至十，而後自十長至百、至千、至萬，則除法自萬減至千、至百、至十，亦必自十減至單。理之一定，數之必然。梅氏以為精理，實平易無他奇也。

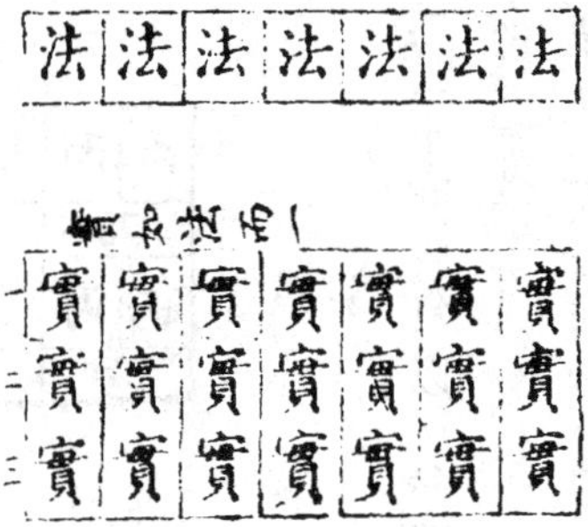

法	法	法	法	法	法	法

實	實	實	實	實	實	實	一
實	實	實	實	實	實	實	二
實	實	實	實	實	實	實	三

以法為母，以實為子，是為命分。法除以總數為實，命分以一數為實。

命分之法，即除之理。如二人分一百枚，人得五十，此除得實數也，然五十即二分之一，則謂之二分之一亦可矣。又如四人分三枚，人得大半枚彊，此大半枚彊者，即四分枚之三。又若三人分六枚，人得二枚，此二枚者，即三分枚之六。蓋在三枚為四分之一，在一枚則為四分之三，在六枚為三分之一，在一枚則為三分之六。曰實如法而一，自三枚、六枚言之也。曰幾分之幾，自一枚言之也。幾分幾之一，猶幾分一之幾也。

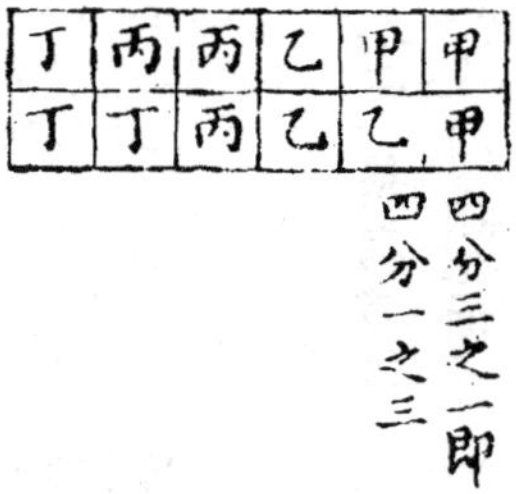

丁	丙	丙	乙	甲	甲
丁	丁	丙	乙	乙	甲

四分三之一即四分一之三

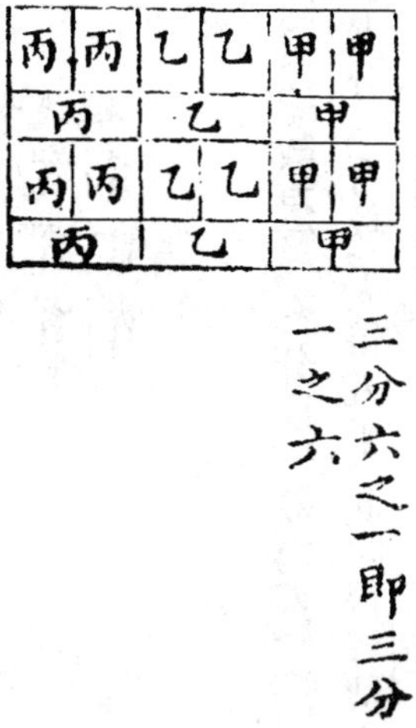

丙	丙	乙	乙	甲	甲
丙		乙		甲	
丙	丙	乙	乙	甲	甲
丙		乙		甲	

三分六之一即三分一之六

滿法用法除，不滿法用命分。

《九章算術·方田》章云：『不滿法者，以法命之。』《孫子算經》云：『實有餘者，以法命之。』循謂滿法，亦可命分，如前云三分枚之六是也。但正數可得，則不必不法除。正數已得，則不必不命分。或法除之不盡者，用命分以盡之，皆從其便也。實有餘，亦謂正數既得，而尚有待除者也。《少廣》開方術云：『若開之不盡者，為不可開，當以面命之。』劉氏注云：『術或有以借算加定法而命分者，雖麤相近，不可因也。凡開積為方，方之自乘。當還復其積分，令不加借算而命分，則常微少。其加其加借算而命分，則常微少。其加借算而命分，則又微多，其數不可得而定。故以面命之，為不失耳。辟猶以三除十，以其餘為三分之一，而復其數可舉。不以面命之，加定法如前，求其微數。微數無名者，以為分子。其一退，以十為母。其再退，以百為母。退之彌下，其分彌細。則朱冪雖有所乘之數，不足言之也。』循案《五經算術》，於論語千乘之國，用開方法，既得九萬四千八百六十八數。有未盡，乃命分云，倍隅法得一十六，上從方法，下法一亦從之，得一十八萬九千七百三十七分步之六萬二千五百七十六，此以定法加借算也。《孫子算經》開方積二十三萬四千五百六十七步，既得四百八十四步。尚有未盡，乃命分云，倍隅法從方法，上商得四百八十四，下法得九百六十八，不盡三百一十一，是為九百六十八分步之三百一十一。此定法不加借算也。蓋除豫有定法，開方除不豫有定法，故先借一算列位以求之，求得數，即得法。數定，而後法定，逐漸而得數，亦逐漸而得法。因亦逐漸而借算，初借之一數，方也，方有數矣。又借一數，則隅也。所餘之實，乃兩方邊、一隅邊之所除。今倍方為兩方邊、隅邊之數，則正未豫知遂姑以虛借之一數。合兩方邊之數，以為分母，而究之分母終非真數，焉得隅數之盡，巧合於一哉設積一百二十一，開方之，初商得一十，餘二十一，不盡，乃倍方為二十加虛。借之一，合二十一以為母，是二十一分之二十一，巧合於一十一。劉氏以為不定而不可用，是也。面命之説，今不依用，亦未有詳之者。審其於開方術云：『言百之面十也，言萬之面百也。』又云：『倍之者，豫張兩面。』又云：『再以黄乙之面加定法。』是面即指方邊而言。故以三分之一言之，積十，初商三，減去實之九，餘實一，命為三分之一，亦以三為方邊也。但此據一邊為母，謂之不失，恐亦未然。因又有求微數為分子之説，何也？據一邊言，則止有一廉，已變平方為縱方，故必開至豪忽微秒以下，無名可言。然後命分於一邊，為數無多，不見縱方之形。故曰『不足言之也』。非定術，不為立例，而辨之於此。

滿法者為全。以母乘全，得積分。以子入之，為内子。别以數乘之，為乘散。據法以命實，為命分。化母以就子，為通分。

劉氏注《九章算術》云：『分母乘全，内子乘散，全則為積分。積分則與分子相通，故可令相從。』《張邱建算經》云：『以九乘二十一五分之三，問得幾何？』答曰：『二百九十四五分之二。』草曰：『置二十一，以分母五乘之，内子三，得一百八。以九乘之，得九百七十二。』循案通分内子之義，劉氏數語了然，張邱建、劉孝孫，足以發明之。蓋九者，散也。二十一者，全也。五者，母也。三者，子也。二十一為法除實之得數，三為實所餘之數。欲以九乘之，則枘鑿不相入，必仍以二十一，乘母之五，得原數，而後與子相通，内子得原積矣。得原積，而後乘散數之九，乃不得也。如一斤為十六兩，則十六兩為法，亦為母。足十六兩，得一斤之全，不足十六兩，則不得一斤之全，而為子數。今有二十一斤三兩，是二十一斤十六分斤之三也。以十六兩乘二十一斤，則化二十一斤為三百三十六兩。然後與三兩相通，可内三兩為三百三十九兩也。又如一年為十二月，則十二月為法，亦為母。足十二月，得一年之全，不足十二月，則不得一年之全，而為子數。今有二十一年零三月，是二十一年十二分年之三也。以十二月乘二十一年，則化二十一年為二百五十二月，然後與三月相通，内三月為二百五十五月也。因其不能成斤，而命之為兩，不能成年，而命之為月，是命分也。因兩之不能成斤，而化斤以就兩，因月之不能成年，而化年以就月，是通分也。有命分，因有通分。通分出於命分，二者實相表裏矣。

通分以乘散，以法收之，得全。乘子而過母，以法收之，亦得全。

劉氏《九章算術》注云：『凡實不滿法者，乃有母子之名，若有分以乘其實而長之，則亦滿法，乃為全耳。』《張邱建算經》草云：『置二十一，以分母五乘之，内子三，得一百八，以九乘之，得九百七十二，却以分母五而一。』按以分母五而一者，仍收所通為全，得一百九十四，又五分之二也。《九章算術》云：『三分之二，七分之四，九分之五，合之得幾何？』答曰：『得一六十三分之五十。』按三、七、九連乘得一百八十九，約之為六十三。互乘二、四、五，為三百三十九，過母數。故升一百八十九為全數之一，餘一百五十，亦約為五十，故得全數一，又六十三分之五十也。

倍其母則子半，半其母則子倍。

母子之名，起於帶分，亦通於諸率。如若干物，若干價，則物母而價子。若干邑，若干人，則邑母而人子。設良馬二匹，值錢千貫，欲倍之，則倍千貫為二千貫，可也。半二匹為一匹，亦可也。半二匹為一匹，子不倍而自倍矣。設嘉穀一石，值錢一千六百，欲半之，則半一千六百為八百，可也。倍一石為二石，亦可也。倍一石為二石，子不半而自半矣。劉氏注云：『子不可半者，倍其母。』倍半之用，異而同也。開方術云：『除已，倍法為定法。』初商得平方，尚有餘實。必分加於四面，而補其四隅。半其四面為二廉，即省其四隅為一隅，是即可半而半之義。於四為半，於一為倍，此用倍正用半之妙也。弦自乘而半之，如廣自乘之積，則廣自乘而倍之。如弦自乘之積，句自乘，股自乘，相并，猶廣自乘而倍之也。弦自乘方積中，以股自乘為正方，則句自乘必為兩廉一隅，如開方狀。股弦差自乘，即隅。股弦差乘股，即廉。以股弦差乘句積，即兩廉一隅相連之縱方。故以股弦差乘句，積視兩股則多一差，視兩弦則少一差。多一差，故減差而半之，得股。少一差，故加差而半之，得弦。《張邱建算經》葭池術云：『置葭去岸尺數，自相乘，以出水尺數而一。所得，加出水而半之，得葭長，減出水尺數，即得水深。』蓋水深為股，葭長為弦，出水為股弦差，葭去岸尺數為句也。《九章算術》葭池術云：『半池方自乘，以出水一尺自乘減之，餘倍出水除之，即得水深。加出水數，得葭長。』此亦以水深為股，葭長為弦，出水為股弦差，葭去岸為句。乃不用半而用倍者，以差乘句積而半之，與倍差乘句積，其義一也。又題云：『立木系索，其末委地三尺，引索卻行，去本八尺而索盡。』術云：『以去本自乘。』令如委數而一，所得，加委也。數而半之，即索長。又題云：『垣高一丈，倚木於垣，高與垣齊。引木卻行一尺，其木至地。』術云：『以垣高自乘，如卻行尺數而一，所得，以加卻行尺數，半之，即木長數。』二者即《張邱建》求葭長之法。又題云：『竹高一丈，末折抵地，去本三尺，問折者高幾何？』術曰：『以去本自乘。』令如高而一，所得，以減竹高，而半其餘，即折者之高。』此去本為句，高為股弦并。以股弦差除句積得股弦并，則以股弦并，除句積，得股弦差。減差而半之，得股。猶減出水而半之，得水深也。是用半正、用倍之妙也。鐻道術云：『圓材以鐻鐻之，深一寸，鐻道長一尺半。鐻道自乘，如深寸而一，以深寸增之，即材徑。』蓋材徑為弦，鐻道為句，深寸為股弦差之半。就鐻道，則必倍深寸，以除鐻道之自乘而半之，今就深寸，則半鑢道自乘而以深寸除之，所得為半徑者，二合之正為全徑，不必更半之也。又術云：『開門去閫一尺，不合二寸，問門廣幾何？』『以去閫一尺自乘，所得，以不合二寸半之而一，所得，增不合之半，即得門廣。』此門廣如材徑，以為股，則去閫之一尺，僅得句之半，必倍之自乘，以不合二寸為股弦差除之，減差而半之，乃得廣。今不倍去閫之一尺，故必半不合之二寸。既半不合之二寸，故不必半已除之句積。鑢道之半在差，故半句同於倍差門廣之半在句，故半差同於倍句也。又題云：『户高多於廣六尺八寸，兩隅相去適一丈，問户高、廣各幾何？』術云：『令一丈自乘為實，半相多，令自乘倍之，減實半，其餘以開方除之。所得，減相多之半，即户廣。加相多之半，即户高。』劉氏注云：『弦冪適滿萬寸，倍之，減句股差冪開方除之，所得，即句股并數。以差減并而半之，即户廣。加相多之數，即户高。』今此術先求其半，蓋弦自乘為句股者四，為句股差自乘者一。倍之則為句股者八，為句股差自乘者二。若句股并自乘則為句股者八，為句股差自乘者一。於弦自乘倍之，而減一句股差之自乘，適得句股并之自乘，故開方之即得句股并。得句股并，則加差而半之得股，減差而半之得句。欲得句股并，故倍之於前。欲得句股，故半之於後。此劉氏注義也。經乃半相多自乘倍之減實者，相多，即句股差。半而自乘，而又倍之，即相多自乘而半之也。弦自乘之實，為句股四，為句股差自乘者一。減去差自乘之半，是餘句股四，及差自乘之半。復於此所餘者而半之，是得句股二。句股差自乘者四分之一，亦即為句股并自乘者四分之一，開方得句股并之半。故在句股并加差者，在此加差之半。在句股并減差者，在此減差之半。本為句股并之半，則不必更為半之。故曰：先求其半，其用倍、用半之通，亦鑢道、門廣之義也。容圓術云：『八步為句，十五步為股，為之求弦。三位并之為法，以句乘股倍之為實，實如法得徑一步。』蓋句乘股得積，以句股弦并而除之，即圓半徑。倍積而後除，猶既除而後倍也。若以句乘股為子，句股弦并為母，并句股弦而半之，則不必倍句乘股之積矣。《商功》芻甍術云：『倍下袤，上袤從之。以廣乘之，又以高乘之，六而一。』芻童術云：『倍上袤，下袤從之，亦倍下袤。上袤從之，各以其廣乘之，并以高若深乘之，皆六而一。』蓋立方邪剖為二，曰塹堵；邪剖為三，曰陽馬。二塹堵背連。兩端各附以二陽馬，曰芻甍。一立方四塹堵、四陽馬相連，曰芻童。二者之高，及下袤、下廣，皆同於立方。袤廣高三者相乘為立方，較芻甍多二塹堵、八陽馬，較芻童多四塹堵、八陽馬，均不便於算。故倍下袤乘為兩立方，則為塹堵者八，為陽馬者二十四。又以上袤與高廣相乘為立方，為塹堵者四，合之，得塹堵十二、陽馬二十四，恰當六芻甍之數。倍芻童之下袤，乘下廣及高，則為立方者二，為塹堵者十六，為陽馬者二十四。上袤從之，則為立方者一，為塹堵者四上袤承下廣，故有兩旁無四隅。又倍上袤，乘上廣及高，則為立方者一。下袤從之，則為立方者一，為塹堵者四，合之得立方六，塹堵、陽馬各二十四，亦恰當六芻童之數。劉氏注芻甍云：『亦可令上下袤差乘廣，以高乘之，三而一，即四陽馬。下廣乘上袤而半之，高乘之，即二塹堵，并之以為甍積也。』經合陽馬於塹堵，故倍之以合其數。注分陽馬於塹堵，故半之以得其實也。注芻童云：『又可令上下廣袤差相乘，以高乘之，三而一。上下廣袤互相乘，并而半之，以高乘之，并之為芻童積。』此亦分陽馬、塹堵，義如芻甍。注又云：『又可令上下廣袤互相乘而半之。上下廣袤又各自乘，并以高乘之，三而一，即得。』蓋上下廣袤，各乘為平方。又各乘，以高為大小兩立方，得立方二形如小立方，塹堵八，陽馬十二大立方多於小立方之形。是兩芻童，多四陽馬也。三芻童，少一立方、四塹堵也。上下廣袤，互相乘而乘以高，是成兩縱方體，為立方者二，為塹堵者八。兩芻童少八陽馬也，合之是四芻童多四陽馬也。試以廣袤各自乘者為母，廣袤互相乘者為子，母多四陽馬，子少八陽馬。若倍母為四芻童，則多八陽馬。正與子盈虛相補，而恰成六芻童也。若半子為一芻童，則少四陽馬，亦正與母盈虛相補，而恰成三芻童也。就其母則半其子，就其子則倍其母。舉一反三，術可知矣。塹堵、陽馬，出於立方，詳見於前，此弟以明用倍、用半之義爾。

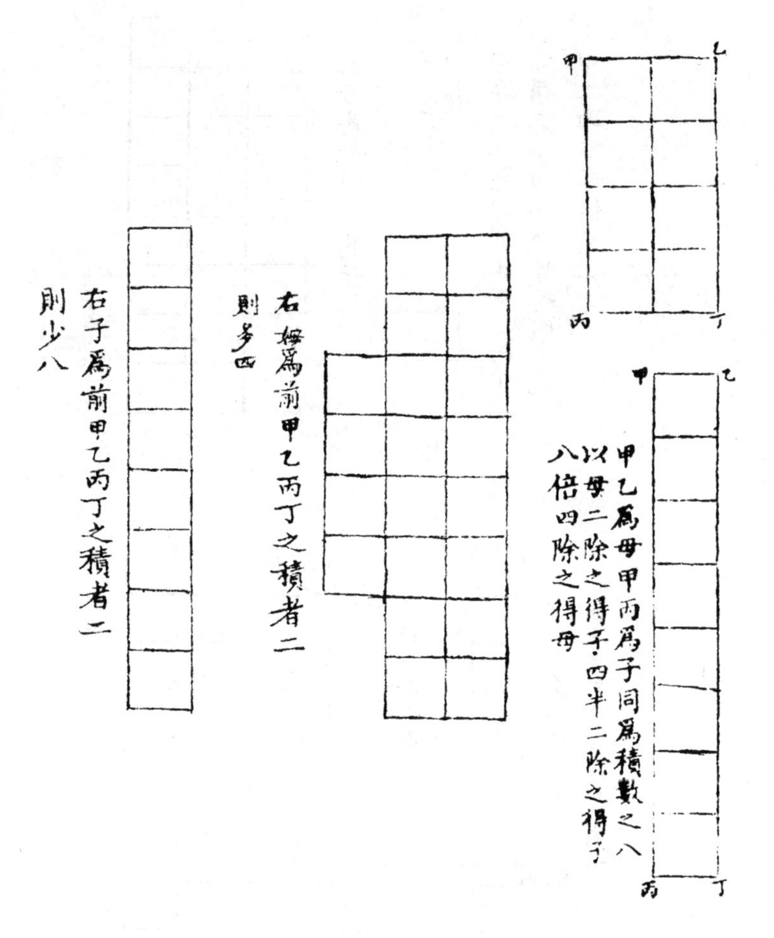

甲乙爲母甲丙爲子同爲積數之八以母二除之得子四半二除之得子八倍四除之得母

右母爲前甲乙丙丁之積者二則多四

右子爲前甲乙丙丁之積者二則少八

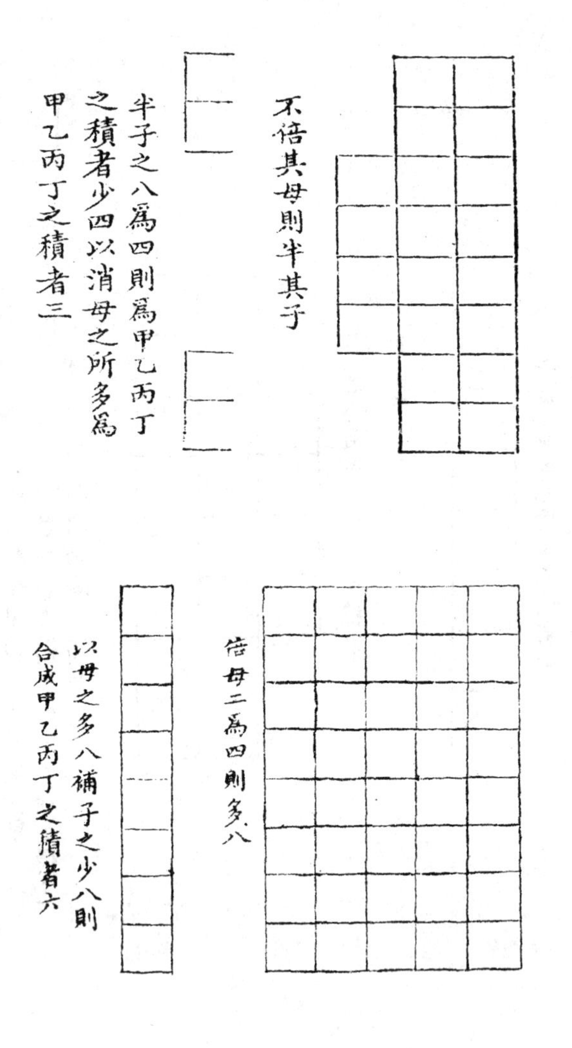

不倍其母則半其子

半子之八爲四則爲甲乙丙丁之積者少四以消母之所多爲甲乙丙丁之積者三

倍母二爲四則多八

以母之多八補子之少八則合成甲乙丙丁之積者六

母之所增，視全母為幾分，則子之所減，亦視全子為幾分。母之所減，視全母為幾分，則子之所增，亦視全子為幾分。

母子倍半之互易，除法之理，已不外是。由倍半而推之，則無論增減幾分，皆可以倍半互易之理例之。如以三除九，得三，倍三為六，以除九，則得一五，為三之半，再倍三為九，以除九，則得一。九之於三，為增三分之二。一之於三，為減三分之二。又如句三股四，相乘為十二。若倍三為六，以除十二，則股得二，為四之半。或增股為六，以除十二，則句得二。六之於四，猶三之之於二也。句股容方術云：『并句股為法，句股相乘為實，實如法而一。』按句股相乘，即方積也。并句於股，即母子倍半之術也。設正方之積四，旁午畫之，則為方一者四。以弦斜界之，所容一方，正其一邊之半。蓋二除四為二，并二於二為四，以除四則得一，既為二之半，亦即為容方之邊矣。正方如是，縱方可知。句六股十二相乘，積七十二。并六於十二為十八，以除七十二得四，即容方之邊。而六於十八為三分之一，二於六亦三分之一，增四減二，其義一也。於是分容方之兩邊，即為中垂綫。倍句股積，并句股除之，得容方之兩邊。則倍三角積，以底除之，得中垂綫剖句股為兩三角，則在句股為容方之兩邊者，在三角為中垂綫矣。

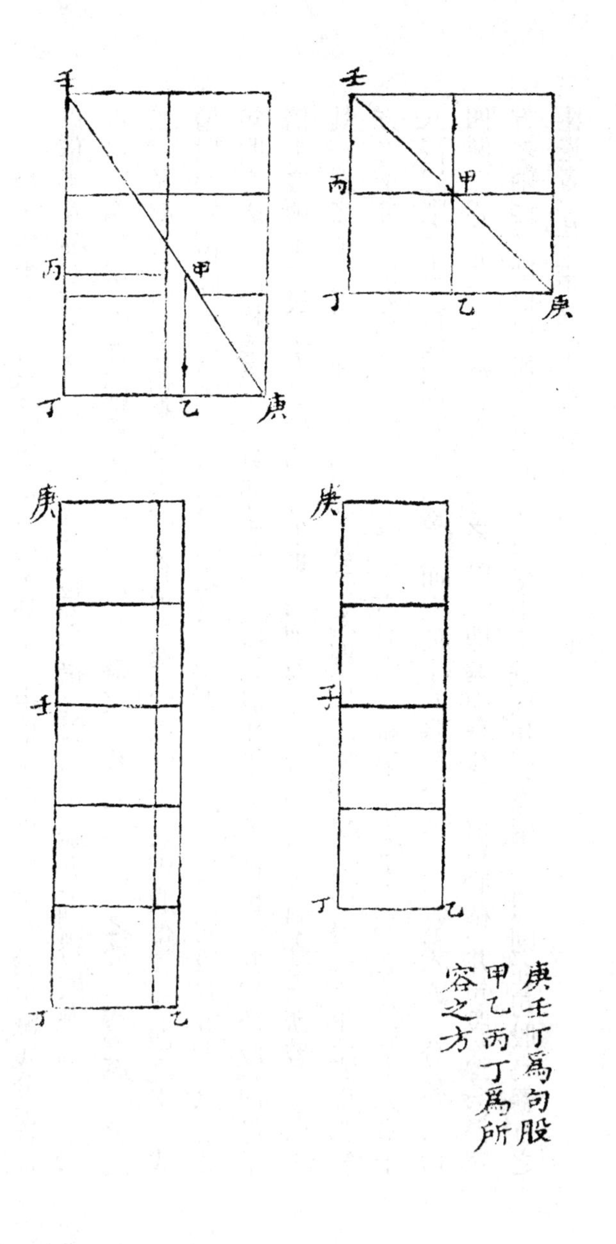

庚壬丁爲句股甲乙丙丁爲所容之方

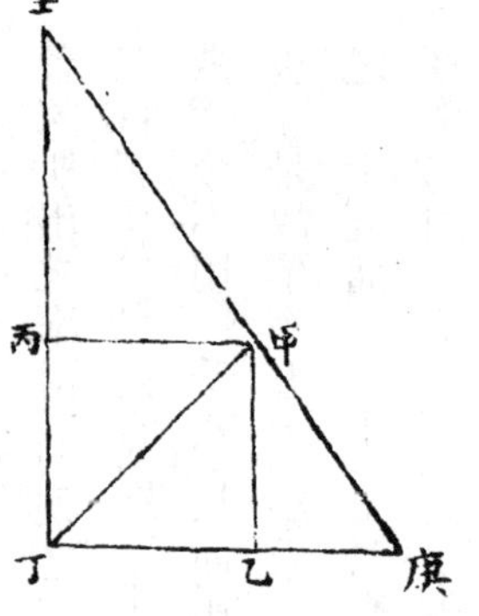

庚壬丁句股形自甲丁分之爲兩三角形一爲甲庚丁以甲乙爲中垂綫一爲壬甲丁以甲丙爲中垂綫合兩中垂綫即爲容方

倍甲庚丁以庚丁除之得丙丁即得甲乙倍壬甲丁以壬丁除之得乙丁即得甲丙

分其母為幾倍之多，子亦視其母之幾倍而分之。并其母為幾倍之損，子亦視其母之幾倍而并之，為約除。

母倍則子半，母半則子倍，此倍半於母子原數之外也。母倍子亦倍，母半子亦半，此倍半於母子原數之中也。《九章算術》明諸分之理，首詳約分。題曰：『今有十八分之十二，問約之得幾何？』答曰：『三分之二。』又曰：『有九十一分之四十九，問約之得幾何？』答曰：『十三分之七。』術曰：『可半者半之，不可半者，副置分母子之數，以少減多，更相減損，求其等也，以等數約之。』劉氏注云：『約分者，物之數量，不可悉全，必以分言之，分之為數繁則難用。設有四分之二者，繁而言之，亦可為八分之四，約而言之，則二分之一也。雖則異辭，至於為數，亦同歸爾。』按以十八半為九，十二半為六，為九分之六，所謂可半者半之也。以十八減十二，餘六，即以六除母子，為三分之二六除十八為三，六除十二為二，所謂副置分母以少減多也。以九十一，減四十九，餘四十二。又以四十二，減四十九，餘七，所謂更相減損也。蓋母較子為若干倍，以其積數言之，可也。以其倍數統言之，亦可也。子本一數，則以母遞減得其同。子本二倍、三倍以上，則必以母子互減而得其同詳見卷一。同者數之根，故以根約為母子也。不曰除曰約者，化繁為約之謂也。乃化繁為約者，亦可化約為繁。古人適於用，故不備其義爾。《孫子算經》題云：『今有九家，共輸租一千斛，甲出三十五，乙出四十六，丙出五十七，丁出六十八，戊出七十九，己出八十，庚出一百，辛出二百一十，壬出三百二十五。僦運值折二百斛外，問家各幾何？』術以各家所出之率，以四乘之，以五除之。按此九家出率，合得一千，共輸之。一千折去二百，存八百，是宜以一千為首率，八百為二率，與各家出率，異乘同除，而得各家之數。今不用一千八百，而用五、四者。五為一千之半，四為八百之半，可半而半之也。是故粟率五十、糳米二十四，菽、荅、麻、麥各四十五，而求粟為糳米之法。十二之二十五而一。十二者，糳米率之半也。二十五者，粟率之半也。又均輸，有人當稟率二斛，倉無粟，欲與米一、菽二。李淳風云：『置粟率五，乘米一，米率三除之，粟率十以乘菽二，菽率九除之。粟率十者，五十之倍也。菽率九者，四十五之倍也。』母倍子亦倍，母半子亦半，此可例矣。

剖四爲八
八分之六
八分之四
八分之二

并八爲四
四分之三
四分之二
四分之一

一
二之一　四之二　六之三　八之四　十之五　十二之六　十四之七　十六之八　十八之九

三之一　六之二　九之三　十二之四　十五之五　十八之六　二十一之七
二十四之八　二十七之九
三之二　六之四　九之六　十二之八　十五之十　十八之十二　二十一之十
四　二十四之十六　二十七之十八
四之一　八之二　十二之三　十六之四　二十之五　二十四之六　二十八之
七　三十二之八　三十六之九
四之二　八之四　十二之六　十六之八　二十之十　二十四之十二　二十八
之十四　三十二之十六　三十六之十八
四之三　八之六　十二之九　十六之十二　二十之十五　二十四之十八　二
十八之二十一　三十二之二十四　三十六之二十七
五之一　十之二　十五之三　二十之四　二十五之五　三十之六　三十五之
七　四十之八　四十五之九
五之二　十之四　十五之六　二十之八　二十五之十　三十之十二　三十五
之十四　四十之十六　四十五之十八
五之三　十之六　十五之九　二十之十二　二十五之十五　三十之十八　三
十五之二十一　四十之二十四　四十五之二十七

五之四　十之八　十五之十二　二十之十六　二十五之二十　三十之二十
四　三十五之二十八　四十之三十二　四十五之三十六
六之一　十二之二　十八之三　二十四之四　三十之五　三十六之六　四十
二之七　四十八之八　五十四之九
六之二　十二之四　十八之六　二十四之八　三十之十　三十六之十二　四
十二之十四　四十八之十六　五十四之十八
六之三　十二之六　十八之九　二十四之十二　三十之十五　三十六之十
八　四十二之二十一　四十八之二十四　五十四之二十七
六之四　十二之八　十八之十二　二十四之十六　三十之二十　三十六之二
十四　四十二之二十八　四十八之三十二　五十四之三十六
六之五　十二之十　十八之十五　二十四之二十　三十之二十五　三十六之
三十　四十二之三十五　四十八之四十　五十四之四十八〔一〕
七之一　十四之二　二十一之三　二十八之四　三十五之五　四十二之六
四十九之七　五十六之八　六十三之九

〔一〕「八」，應為「五」。

七之二　十四之四　二十一之六　二十八之八　三十五之十　四十二之十
二　四十九之十四　五十六之十六　六十三之十八
七之三　十四之六　二十一之九　二十八之十二　三十五之十五　四十二之
十八　四十九之二十一　五十六之二十四　六十三之二十七
七之四　十四之八　二十一之十二　二十八之十六　三十五之二十　四十二
之二十四　四十九之二十八　五十六之三十二　六十三之三十六
七之五　十四之十　二十一之十五　二十八之二十　三十五之二十五　四十
二之三十　四十九之三十五　五十六之四十　六十三之四十五
七之六　十四之十二　二十一之十八　二十八之二十四　三十五之三十　四
十二之三十六　四十九之四十二　五十六之四十八　六十三之五十四
八之一　十六之二　二十四之三　三十二之四　四十之五　四十八之六　五
十六之七　六十四之八　七十二之九
八之二　十六之四　二十四之六　三十二之八　四十之十　四十八之十二
五十六之十四　六十四之十六　七十二之十八
八之三　十六之六　二十四之九　三十二之十二　四十之十五　四十八之十
八　五十六之二十一　六十四之二十四　七十二之二十七

八之四　十六之八　二十四之十二　三十二之十六　四十之二十　四十八之
二十四　五十六之二十八　六十四之三十二　七十二之三十六
八之五　十六之十　二十四之十五　三十二之二十　四十之二十五　四十八
之三十　五十六之三十五　六十四之四十　七十二之四十五
八之六　十六之十二　二十四之十八　三十二之二十四　四十之三十　四十
八之三十六　五十六之四十二　六十四之四十八　七十二之五十四
八之七　十六之十四　二十四之二十一　三十二之二十八　四十之三十五
四十八之四十二　五十六之四十九　六十四之五十六　七十二之六十三
九之一　十八之二　二十七之三　三十六之四　四十五之五　五十四之六
六十三之七　七十二之八　八十一之九
九之二　十八之四　二十七之六　三十六之八　四十五之十　五十四之十
二　六十三之四　七十二之十六　八十一之十八
九之三　十八之六　二十七之九　三十六之十二　四十五之十五　五十四之
十八　六十三之二十一　七十二之二十四　八十一之二十七
九之四　十八之八　二十七之十二　三十六之十六　四十五之二十　五十四
之二十四　六十三之二十八　七十二之三十二　八十一之三十六

九之五　十八之十　二十七之十五　三十六之二十　四十五之二十五　五十四之三十　六十三之三十五　七十二之四十　八十一之四十五

九之六　十八之十二　二十七之十八　三十六之二十四　四十五之三十　五十四之三十六　六十三之四十二　七十二之四十八　八十一之五十四

九之七　十八之十四　二十七之二十一　三十六之二十八　四十五之三十五　五十四之四十二　十八　六十三之四十九　七十二之五十六　八十一之六十三

九之八　十八之十六　二十七之二十四　三十六之三十二　四十五之四十　五十四之四五十四之四十八　六十三之五十六　七十二之六十四　八十一之七十二

自乘則母有二，必由一母求二母之通分。再自乘則母有三，必由一母求三母之通分。

《九章·少廣》開方術云：『實有分者，通分內子為定實，乃開之訖，開其母報除。』若母不可開者，又以母再乘定實，乃開之訖，令如母而一。李淳風云：『分母可開者，并通之積，先合二母。既開之後，一母尚存。故開分母，求一母為法，以報除也。分母不可開者，本一母也。又以母乘之，乃合二母。既開之後，亦一母存焉。故令如母而一，得全面也。』循按二母者，平方之邊，一也。方邊自乘之數，二也。如方七十里國二十一，則方七十里為母，不足七十里為子。若方三十里，則云七十分國之三十矣，此一母也。乃方七十，則積四千九百里。以此積為母，亦以方三十里之積九百為子。又云『四千九百分國之九百矣』，是又一母也。以此二十一國開方，通其分為一千四百七十二十一乘七十，不可以開。必通為十萬□□二千九百二十一乘四千九百，而後可開。既開得數，以四千九百除之，即得每面若干國，問者舉積十萬□□二千九百，及母數四千九百者，必以四千九百開方得七十為母。以除得每面國數，所謂開其母報除也。若止舉七十里為母，則必以七十自乘得四千九百，合為十萬□□二千九百。既開，以七十除之，所謂以母再乘定實也。和而開之，是母之四千九百。已合入十萬□□二千九百矣，所謂分母可開者，并通之積也。邊化於積中，所謂先合二母也。所開者積，所得者邊，是一母存也。舉積可開，舉邊不可開。積二母，邊一母，故曰本一母也。又以母乘之，乃合二母者，求得積，邊數化於其中也。本是邊，不必再求，故如母而一，即得也。總之實宜用積，不可用邊，故必合二母。報除宜用邊，不可用積，故必求一母。明乎一母、二母之理，開方之能事盡矣。二母如是，三母可知。三母者，立方之積也。邊為一母，冪為二母，立方體為三母。開立方術云：『積有分者，通分內子為定實，定實乃開之，訖開其母以報除。若母不可開者，又以母再乘定實乃開之，訖，令如母而一。』李淳風云：『分母可開者，并通之積，先合三母。既開之後，一母尚存，故開分母求一母為法，以報除也。』分母不可開者，本一母也。又以母再乘之，令合三母。既開之後，一母猶存，故令如母而一。其術與平方二母同。如方明之制，方四尺，設有八枚，欲合為立方，問根幾何？每方四尺為一母，自乘十六尺為二母，再乘六十四尺為三母，必以八枚乘三母之數，為五百一十二尺。以此開立方，得八尺，是不可以六十四除之，亦不可以十六除之。必仍以一母之四尺除之，得二，是為每邊得二方明也。

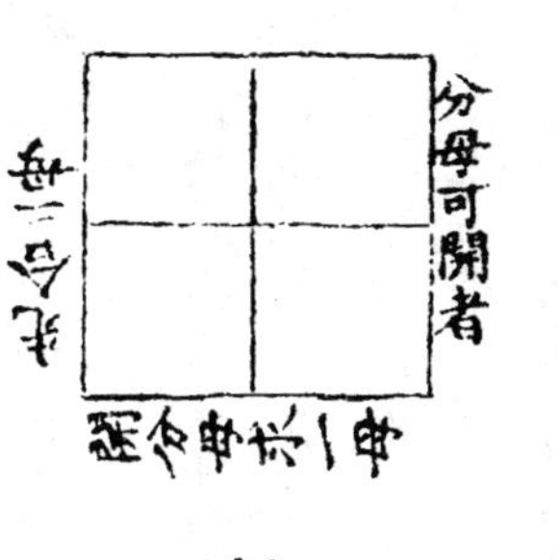

以母再乘定實
母之不可開者

分母可開者四并通積為十六
十六開得四
既開之後仍存一母如母而得一

倍其子為實，倍其母為法，除之，如母除子之數。以子之差為實，以母之差為法，除之，亦得母除子之數。以倍子乘倍母，以一數除之，如除子乘母之數。以子差乘母差，以一數除之，亦如除子乘母之數。

方程之術，於齊同之後，繼以減除。蓋凡母子兩數，用其全以除全，與用其零以除零，其理正同。若甲三、乙四、丙五，以三乘五為一十五，以四乘五為二十，并三四為七，并一十五與二十為二〔一〕十五，以七除之得五。若以四減三為一，以一十五減二十為五，以一除五亦得五。方程以兩色為和較，而每色相當，既減去其一色，則所餘之差，即一色之差，故除之而得也。若盈不足於齊同之後，以出率相減為法，以乘盈朒之并數，蓋盈不足本整數之差，不必更減，而即為以差除差。兩盈、兩朒，則又必差中求差，而後以差減差也。差分本以差為名，故貴賤之數，全以用差除差為巧。蓋既以賤價乘總物，必少於總價之數，其所少正貴物總價多於賤物總價之數，而以貴物之價，多於賤物者除之，以差除差，而得貴物價矣。以貴價乘總物，必多於總價之數，其所多正賤物總價少於貴物總價之數，而以賤物之價，少於貴物者除之，亦以差除差，而得賤物價矣。梅氏於乘法還原，有九試七試之法。以九與七減法實，得

〔一〕「二」，應為「三」。

餘法、餘實之數。又用以減法乘實之數，及餘法乘餘實之數，所餘必等。此即以差為母子之理，法乘實之數。以九減之，如是。法差、實差所乘之數，以九減之，亦如是。以此數減之，不啻以此數除之，用九、用七，可也。用二、三、四、五、六、八，亦可也。

直以母除子為徑分，不可徑分而徑分之，得貴賤之數，謂之法賤實貴。

今有貴賤、差分之術，即粟米章貴賤之術也。其術於錢多物少者，以錢為實，物為法，除之，其不盡者，即貴物之數。復以此數減法所餘，即賤物之數。錢少物多者，以錢為法，物為實，除之，其不盡者，即多物之價，復以此價減法所餘，即少物之價。經曰：『法賤實貴，法少實多。』是也。李淳風注釋云：『乘實宜以多，乘法宜以少。』蓋既得物價，欲由價求物數，故以少物乘少價之共數，得少價之共物。以多物乘多價之共數，得多價之共物。推此既得物數。欲由物求物價，則以貴價乘貴物之共數，得貴價之共數。以賤價乘賤物之共數，得賤價之共數。古謂之其率。返其率，不以貴賤為術名也。今貴賤衰分，不用徑除，用徑乘者，古以共數求之。故用除，貴賤衰分，有出率。以出率求之，故反乎除而用乘。用除則以實之餘減法，用乘則以實之餘減共數。術詳於古，其究不外其率反其率之二術也。徑除者，《九章・

方田》謂之經分，《粟米》謂之經率。題云：『出錢一百六十買瓴甓十八枚，問枚幾何？』術曰：『以所買率為法，所出錢數為實，實如法得一。』李淳風注釋云：『按今有之義，以所求率乘所有數，合以瓴甓一枚。乘錢一百六十為實，但以一乘不長，故不復乘。是以徑將所買之率，與所出之錢為法實也。』此即除法之常。因以共價共物求一物之價，有似於今有術，而三率為單數，可省一乘，此經之所以名也。貴賤兩數，不可一除而即得，而一除可以得貴數，故不可徑除。而亦徑除之，常推其術之意。凡句股形有一角一邊，可以求邊。三角形，則一角一邊，不可以求邊，乃不可以求而徑求之，遂得垂綫，再由垂綫而得邊，此即貴賤衰分，用徑乘、徑除之理也。明於其理，而貫通之，天下焉有死法與？

加減乘除釋卷五

以朒減盈，合減數、差數，必與盈數等。以兩朒減一盈，合減數之兩朒與差數，必與盈數等。以一朒減兩數之盈或兩盈，或一朒一盈，或兩朒合之，皆盈於一朒，合減數、差數，必與兩數之盈等。盈數為和，減數、差數為較。分和即為較，合較即為和。和常在盈，較常在朒。以兩較言之，較亦有盈。以兩和言之，盈亦有朒。

加減之法，婦孺所共知。然其理至精，其用至奧。在算數如方程，在測量如矢較。及其精微，不過加減而已。為推其例，大略有三。曰以朒減盈，兩色方程之和較也。曰以兩朒減一盈。曰以一朒減兩數之盈，三色方程之和較也。四色、五色以上，皆可以此為例。以朒減盈，分一為二也。以兩朒減一盈，分一為三也。以一朒減兩數之盈，合二為一，又互分一為二也。分一為二，則一即二之和，二即一之較也。分一為三，則一即三之和，三即一之較也。合二為一，又分一為二，則合為分之和，分為合之較也。

一

二　減一餘一

三　減一餘二　減二餘一

四　減一餘三　減三餘一　減二餘二

五　減一餘四　減四餘一　減二餘三　減三餘二

六　減一餘五　減五餘一　減二餘四　減四餘二　減三餘三

七　減一餘六　減六餘一　減二餘五　減五餘二　減三餘四　減四餘三

八　減一餘七　減七餘一　減二餘六　減六餘二　減三餘五　減五餘三　減四餘四

九　減一餘八　減八餘一　減二餘七　減七餘二　減三餘六　減六餘三　減四餘五　減五餘四

右以朒減盈。

一

二

三　減一、一餘一

四　減一、一餘二　減一、二餘一

五　減一、一餘三　減一、二餘二　減一、三餘一　減二、二餘一
六　減一、一餘四　減一、二餘三　減一、三餘二　減一、四餘一　減二、二餘
二　減二、三餘一
七　減一、一餘五　減一、二餘四　減一、三餘三　減一、四餘二　減一、五餘
一　減二、二餘三　減二、三餘二　減二、四餘一　減三、三餘一
八　減一、一餘六　減一、二餘五　減一、三餘四　減一、四餘三　減一、五餘
二　減一、六餘一　減二、二餘四　減二、三餘三　減二、四餘二　減二、五餘一
減三、三餘二　減三、四餘一
九　減一、一餘七　減一、二餘六　減一、三餘五　減一、四餘四　減一、五餘
三　減一、六餘二　減一、七餘一　減二、二餘五　減二、三餘四　減二、四餘三
減二、五餘二　減二、六餘一　減三、三餘三　減三、四餘二　減三、五餘一　減四、
四餘一

右以兩朒減一盈。

一、一
一、二
一、三　二、二

一、四　二、三
一、五　二、四　三、三
一、六　二、五　三、四
一、七　二、六　三、五　四、四
一、八　二、七　三、六　四、五
一、九　二、八　三、七　四、六　五、五
一、一十　二、九　三、八　四、七　五、六
一、十一　二、一十　三、九　四、八　五、七　六、六
一、十二　二、十一　三、一十　四、九　五、八　六、七
一、十三　二、十二　三、十一　四、一十　五、九　六、八　七、七
一、十四　二、十三　三、十二　四、十一　五、一十　六、九　七、八
一、十五　二、十四　三、十三　四、十二　五、十一　六、一十　七、九　八、八
一、十六　二、十五　三、十四　四、十三　五、十二　六、十一　七、一十
八、九
一、十七　二、十六　三、十五　四、十四　五、十三　六、十二　七、十一　八、
一十　九、九

右以一朒減兩數之盈如一減二、二，餘三，二減一、三，餘二。自一行言之，和較因加減而後名，自兩行言之，加減因和較而始定一行、兩行詳見後圖。以和較言之，因加減而有盈朒。以加減言之，因盈朒以生和較。以朒減盈，必有一和兩較。和較純，盈朒純，則用加減純。所得和從乎和，較從乎較，和較互，盈朒純，則用加減互。所得和從乎和之盈，較從乎較。和較純，盈朒互，則用加減純。所加得之和從乎和，減得之和從乎較之盈。和較互，盈朒互，則用加減互。所加得之和，從乎和之盈。減得之和，從乎較之并。

《九章算術》於《方程》一章，設為禾秉、牛羊、燕雀等術。有云上若干，中若干，下若干，實若干，題之曰『方程』。李淳風注釋云『此都術也』。蓋上列較數，下列和數，為方程之正。故又有云：『如方程，損之曰益，益之曰損。』損益者，即相較之差也。又有云：『如方程，以正負術入之。』正負術云：『同名相除，異名相益。正無入負之，負無入正之。其異名相除，同名相益。正無入正之，負無入負之。』李籍音義云：『正與正同名，負與負同名。同名相除，則異名者相益。異名相除，則同名者相益。一正一負，相反而相為用。』此解正負，至精至當。元明以來，不知正負之旨。於是以空位立負，往往推之不可以通。梅勿庵反復推求撰論六卷，痛斥立負之非，遂株連於異減同加之術，而以為誤。立四例，曰和、曰較、曰和較雜、曰和較變。又定為同名相減，異名相加之例。於是有變正為負，變負為正之説。使首位皆為同名，法之畫一，非同偶中，誠為不朽之功。然求乎加減之原，則和較正負之名，皆為僑設，非其本也梅勿庵《句股舉隅》説窺望海島，云程賓渠著《算法統宗》，頗能備《九章》。其《句股》章言劉徽注《九章》，立重差之法，以《窺望》、《海島》為篇目。迨後唐李淳風、宋揚輝釋名圖解，以彰前美。劉李諸君之書，必有精義而世不多有。梅氏此説，蓋未見劉氏《九章》注也。循嘗細推究之，方程設問，列兩率於上，下言總數者，舉和數以求較數也。列兩率於上，下言差數者，舉較數以求和數、較數也。今專就所舉以為名目，已為偏指。若正負之立，弟用之以標同異，非若盈不足術之同名、異名。為加減一定之臬，正負標明，或同減而異加，或同加而異減，如李籍所注，非不畫一易辨。今膠柱於同減異加，必斥去同加異減之説，而别立為正負交變之法，恐轉不免於拘，且繁於舊術矣。蓋推夫加減之原，不獨和較之名，不可彊分，即正負之名，亦不必假設也。方程之術，必以和較并立。有和較較者，有較和較者，有較較和者。兩行皆較較和，即勿庵之和數。兩行皆和較較，或皆較和較，即勿庵之較數。一行較較和，一行和較較，即勿庵之和較雜。兩和相當，或兩較相當，即兩正、兩負之同名。一和一較相當，即一正一負之異名。加減所得，和從和，較從較，則勿庵之所謂不變。較從乎和，和從乎較，則勿庵之所謂和較變。試細推之，和較純，盈朒純者，和較為本行之盈朒，盈朒為隔行之和較，皆純，則一行均盈，一行均朒。以和加和，以和減和，仍得和。以較加較，以較減較，仍得較。列位本無糅雜，則加減亦不得糅雜。加減不糅雜，所得之和較，亦自無糅雜也。或兩行之盈朒雖純，而和較相互。以和當較，以較當和，以較當較，是兩異名，一同名。異加則同減，異減則同加，故加減亦互也。蓋以和加較，以較加和，互相消息。而多少相補，既齊其所不齊，而別為新差。故兩較相減，亦齊其所不齊，而別為新差也。若齊其不齊，遂無差數，則為適足矣。以和減較，以較減和，是盈中所減者少。朒中所減者多，則此率之差，必增於原差。而所以增者，即緣彼率之有差。彼率以差相減，即以差相予，新予之差既受，原有之差亦存詳見卷一。故并兩較，而適如所減兩數相減之差也。此兩較加減之所以仍得較，兩較既仍得較，則和必從乎一和一較矣。一和一較有兩，則兩和必有一盈。于兩較中，去一和而償一較，則此和數中，多彼一較數矣，故減去此較數，而和仍為和。於兩較中去一較，而償一和，則和數中少彼一較矣，故加此較數，而和亦仍為和，此和從乎和之盈也。若和之朒者，其兩較之加減，皆必從乎彼率，烏得仍為和數乎。其或和較既互，盈朒亦互，其加減互用之理同乎前，而所得之和較則有異。然所得和較之異，屬於減，不屬於加，何也？所異於盈朒純者，惟左右之互易，亦既左右相加，遂無分於孰左孰右，故於左右之互易者而加之，和從乎和之盈，自若也。以言乎減，本以左兩盈減右兩朒，故朒從乎盈，而和較相值。今以左朒減右盈，以右朒減左盈，是兩盈中各減一朒。兩盈中各減一朒，即兩盈中共減兩朒，此兩盈即兩和。本於兩和中減去兩較，雖縱橫互易，而減差不易，故減兩和而為較，加兩較而為和也。其或盈朒互而和較純，皆同名，則用加減，不可互。均用加，則和較之仍和較，自若也。均用減，於左盈減右朒，是左右各減一同數之朒也左四中減去右三，是左右各減去一三。於右盈減左朒，是亦左右各減一同數之朒也右六中減去左二，是左右各減去二。左右所減皆同，則兩盈之減餘，雖朒於兩和，而差則存而不改。故減兩和，即兩盈之差，而較從乎和。兩較相減，減餘必屬較之盈。故減兩盈，而和從乎較之盈也。以兩和列於下，其上中必兩較。以兩較列於下，其兩和或在上，或在中，或上中各一和一較。以一和一較列於下，其上或兩較，或亦一和一較。且舉其下，正所以求其上中。故曰：和較之名，不可以彊分。勿庵分和較之名，自其下列者而名之耳。

和九——較六——較三
　加　　加　　加
和三——較二——較一　三、二、一皆朒於六、四、二，是朒之純。

和六——較四——較二
　減　　減　　減
和三——較二——較一　六、四、二皆盈於三、二、一，是盈之純。

右和較純，盈朒純，加減純。

較七——和八——較一
加　加　減
和三——較二——較一

較四——和六——較二
減　減　加
較一——和四——較三

較七——較一——和八
加　減　加
和三——較一——較二

較四——較二——和六
減　加　減
較三——和四

右二圖，和較互，盈朒純，加減互。

較七——較八——和十五
加　加　加
較三——較六——和九

三朒於四，六盈於二，九盈於六，是朒與盈互。

較四 —減— 較二 —減— 和六
較一 —減— 和四 —減— 較三

四盈於三，二朒於六，六朒於九，是盈與朒互。

右和較純，盈朒互，加減純。

較七 —加— 和八 —減— 較一
較三 —加— 和六 —減— 較三

和四 —減— 較二 —加— 較二
較一 —減— 較四 —加— 和五

右和較互，盈朒互，加減互。

以兩朒減一盈，則有一和三較。和較純，盈朒純，用加減純，所得和從乎和，較從乎較。和較互，盈朒純，用加減互，所得和從乎和之盈，較從乎較。和較純，盈朒互，用加減純。用加則所得之和從乎和，用減則變兩和兩較而所得之兩和，從乎較之盈。和較互，盈朒互，用加減互，於互用加，則所得之和，從乎和之盈；於互用減，則變兩和兩較，而所得之兩和，從乎一和一較之盈。

一和三較，與一和二較理同。惟和較純盈朒互者，用加和從乎和，用減從乎較之盈。雖亦與一和二較之例同，乃用減則一和變為二和，三較變為兩較者，何也？於本行和內以和之盈為本行，減去彼行之和，而償以彼行較數之盈者，是本行之和內，減彼行兩朒較也。於本行兩盈較本行之和盈於彼行，則本行必有兩盈較，各減一彼行之朒較，與本行之和，為同少彼行之兩朒較矣。惟和數繫三較之總，此止兩較，則和內尚多一較。既於彼行所償較中，減去此尚多之較數，則此和彼較之減餘，自與兩較之減餘相等，此所以變也。若和較盈朒皆互，於互用加，與盈朒之未互者同，和仍依乎和之盈也。於互用減，則本行之和，與彼行之和，各減去一較，則兩和之減餘，即其餘四較之總數也。

和十五　較七　較五　較三
　加　　加　　加　　加
和六　　較三　較二　較一

和九　　較四　較三　較二
　減　　減　　減　　減
和三　　較一　較一　較一

右和較、盈朒、加減皆純。

和十　　較七　較二　較一
　加　　加　　減　　減
和九　　較四　較三　較二

較一　和三　較一　較一
減　減　加　加
和八——較一——較四——較三

右和較互，盈朒純，加減互。

和十五　較五　較六　較四
加　加　加　加
和六——較三——較二——較一

和九　較二　較四　較三
減　減　減　減
較三——較一——和二——和二

右和較純，盈朒互，加減純。

較十　和十二　較一　較一
加　加　減　減
和六——較三——較二——較一

較四　和九　較三　較二
減　減　加　加
和二——和六——較五——較三

右和較互，盈朒互，加減互。

以一朒減兩數之盈，必有兩和兩較。和較純，盈朒純，則用加減純，所得，和從乎和，較從乎較。和較互，盈朒純，則用加減互，所得，和從乎和之盈，較從乎較。和較純，盈朒互，則用加減純，加得之和，從乎兩和，減得之和，從乎一和一較。和較互，盈朒互，而和之盈不互，則用加減互，減餘在左，兩和從乎左，減餘在右，兩和從乎右。和較互，盈朒互，而和之盈亦互，則用加減互，所得為三較一和，於和之盈用加，則和從乎和之盈；於和之盈用減，則和從乎較之并。

兩和兩較，其理與一和兩較、一和三較同。惟多一和，則多一盈朒和之盈，和之朒，多一盈朒，則多一互矣。其和較盈朒皆純，及和較互盈朒純者，皆無異於一和兩較之理。若和較純，盈朒互，其純加亦無異。惟純減，則兩和互從於一和一較者。蓋兩和與兩較其數本同，今兩和用其朒，以減隔行之盈。用其盈，以受減於隔行之朒，兩較亦然。夫本行之兩和兩較，隔行之兩和兩較，犬牙相錯，數屬參差，必不能於既減之後，使兩和之數，仍同兩較之數，故減得之兩和，不能從乎原有之兩和，亦不能從乎原有之兩較也。但本行之兩和兩較，數既相當，而隔行之兩和兩較，數亦相當，放之於和之朒者，收之於較之盈，奪之於和之盈者，償之於較之朒。蓋兩和與兩較，始之數同，既減而數不同，以同者相消息為不同也。一和一較，與一和一較，始之數不同，既減而數必同，以不同者相消息而為同也，故兩和必互從於一較一和。然一較一和又必一盈一朒相消息，故兩和所從，和盈則較朒，較盈則和朒也。其和較盈朒皆互，而和之盈有互不互者。蓋兩和兩較，左右相錯，必有一和一較之不相錯皆互則四位均為異名，純用加減矣。不相錯者在和較之盈，則相錯者皆從乎盈，故兩和加減仍得和，兩較加減仍得較，其餘一和一較，亦和較互從，亦消息之勢然也。所互之和較在盈，其三位皆從之，則相加為三位之和。和較互，斯兩較皆盈，故於和較之互用減，兩較用加，則三位從兩較之盈，而和即屬於兩較。至此則兩和兩較，變而為一和三較，勿庵所謂較變和也。夫一和二較，及一和三較，和較必不可通易。惟二和二較，數本相當，位亦相等。和可謂之較，較亦可謂之和。

然和較無定，而盈朒有定。加減之際，則不容少紊矣。

和九——和七——較五——較十一
加　　加　　加　　加
和三——和二——較一——較四

和六——和五——較四——較七
減　　減　　減　　減
和三——和三——較三——較三

右和較純，盈朒純，加減純，所得和較亦純。

和九——較二——和四——較十一
加　　減　　減　　加
和三——和二——較一——較四

和六——較四——和五——較七
減　　加　　加　　減
和三——較六——和六——較三

較七——和七——和三——較三
加　　加　　減　　減
和三——較一——和二——較四

較四——和六——和五——較七
減　　減　　加　　加
較一——和五——和七——較十一

右二圖：和較互，盈朒純，加減互，所得兩和從乎兩和之盈和六、和五皆盈於和三、和二，故所得之和從之。

和七——和八——較六——較九
加　　加　　加　　加
和三——和六——較一——較八

和四——和二——較五——較一
減　　減　　減　　減
較一——和四——和四——較七

右和較純，盈朒互，加減純。加得兩和，仍從兩和。減得兩和，互當一和一較。加得兩和七、八，仍當兩和三、六。減得兩和，一當和二，一當較五。

和七 加 和三 —— 和四 減 和六 —— 較六 加 較一 —— 較五 減 較八

較四 減 較一 —— 和二 加 和八 —— 和五 減 和四 —— 較三 加 較十一

右和較互，盈朒互，加減互。減餘在右者，所得兩和從左之兩和。減餘在左者，所得兩和從右之兩和。所互之，盈朒同名不互，故和各從和六一當二，五為盈朒互，兩和為同名。

較七 加 和三 —— 較四 減 和六 —— 較四 減 較一 —— 和十五 加 較八

和四 減 較一 —— 較二 加 和八 —— 和五 加 較六 —— 較七 減 較一

右和較互，盈朒互，加減互。所互之盈朒不同名，則變為三較一和。所互用加，則和從和之盈。用減，則和從較之并和六於和五為盈，和八從之，較八較七相并和十五從之。

以一和三較，與兩和兩較相當，則和較不能皆純，必三加而一減，或三減而一加。其盈朒純者，盈屬乎一，和三較，所得亦從之為一。和三較，盈屬乎兩和兩較，所得亦從之為兩和兩較。其盈朒之互左右各兩者，若互於縱不互於橫，則所得均一和三較；若互於縱復互於橫，則所得均兩和兩較。均一和三較者，加則和從乎加之盈，減則和從乎減之盈；均兩和兩較者，加則兩和從乎兩和，減則兩和從乎一和一較。其盈朒之互左右三之一者或左三盈，或右三盈，若互於縱不互於橫，用三加一，減仍得乎一和三較；若互於縱復互於橫，用三減一加，亦得乎一和三較，而和皆從乎加數之盈者。

循因方程而探究加減之原，其大略有三矣。然兩和兩較，與一和三較，均為四位，亦可相雜以求之。因得六例，無和較純者，一則兩和兩較，一則一和三較，三位同名，必有一位異名。或有三位異名，必有一位同名和當和，較當較，為同名，和當較為異名。同名異名有三，故加減有三也。盈在一和，則得一和，盈在兩和，則得兩和者，數必從乎盈也。左右各兩盈，故或加或減，所得正同。惟互之二位，一位皆盈，一位皆朒，此兩位者，一行合之為其餘二較數之和，一行以一總數帶一較數，以較比總，和。因互減兩較，以減餘之盈者，補彼受減之和。以減餘之朒者，合彼既加之較。於一九二一。圖見後。則四較或加或減，皆不合矣。故以此和加彼較，必多於此和減彼則數已浮乎所餘之兩較，并浮乎本行之兩較，亦且浮乎四較之合數四與十一共十五，多兩和仍從乎兩和也。若以本行之朒和，減彼行之和；以本行之盈和，加彼行之較，本行兩較，多一彼行兩較之數。以彼行兩較，加入本行兩較，其數齊矣。其數齊，則數，無至盈者，故所得皆兩和兩較耳。其三加一減也，於兩和中減一較加一和，則比盈，仍從乎盈而已矣。若互之二位，既左右兩盈，又上下相錯，相加之數，與減餘之行之一較矣，故亦得一和三較也。和之所從，在加則相加之至盈，在減，則減餘之至較矣。於兩行兩較中，取一較與彼較相減，然後以減餘與本行兩和合，則數平於本一較，是仍比兩和多一彼行較數。若以彼行較數，合入本行兩和，則數平於本行兩一較，是仍少二較，是本行兩和，比本行兩較，少彼行兩較也。於本行兩較中，減去彼行數，今於兩和減彼和，而加彼之較，則消息之，猶少彼之兩較彼一和與三較同數，減一和償為二，彼和專位於一，不可并二以減一，據二以受三也。惟本行兩和，原同兩較之其三較可矣。然盈朒相互，以彼朒較減此盈較者，又以此朒較減彼盈較，此和已分一和數，故減去此和，即得一和三較也。若於此兩和中，減彼一和，則於兩較中，減總中尚缺其餘二較之數。既以三較之和，與兩較之和相加，以比五較之合數，尚少而其數平於是兩和必當一和一較也。若所互之盈，左右不等。或三或一，則所得亦不相等。在左右互，上下不互。加則為一和，減則為兩和者加減指三加三減，非純加純減。兩盈加為至盈，減餘無至盈也。左右互，上下亦互。加則為兩和，減則為一和者。彼三位加無至盈，此一位加為至盈也。至於一和兩和之故，仍前之理而已矣。

和十一　較四　較二　較五
　加　　加　　減　　加
和九　　較三　較三　較三

和二　　較一　和一　較二
　減　　減　　加　　減
和七　　較二　較四　較一

右盈屬一和三較九、三、三、三皆盈於二、一、一、二。

和十二　較十四　和三　較一
　加　　　加　　加　　減
較三　　和六　　較一　較二

和九　較八　和二　較三
　減　　減　　減　　加
和六　較二　和一　較五

右盈屬兩和兩較九、八、二、三皆盈於三、六、一、二。

和十四	較一	較十	較三
加	減	加	加
和六	較三	較一	較二

和八	和二	較九	較一
減	加	減	減
較二	較五	和八	較一

右左右各兩盈八、九盈於六、一，三、二盈於二、一，盈朒互於縱，不互於横六、八皆盈於二、三故横不互。

和四	較十一	和八	較一
減	加	減	減
和六	較三	較一	較二

和二	和八	較九	較一
加	減	加	加
和八	和五	較十	較三

右盈朒縱横皆互八、九盈於三、一，六、二盈於二、一，六與二互，三與八互，六與三互，二與八互。

和十五 ——(加)—— 較十 ——(減)—— 較一 ——(加)—— 較四

和六 ——(加)—— 較二 ——(減)—— 較三 ——(加)—— 較一

和九 ——(減)—— 較八 ——(加)—— 和二 ——(減)—— 較三

和三 ——(減)—— 較六 ——(加)—— 和五 ——(減)—— 較二

右盈朒之互，左右三之一一行九、八、三盈於六、二、一，一行三盈於二。互於縱，不互於橫六、九盈於二、八，是橫不互。九盈於六，三盈於二，是縱互。

和七 ——(加)—— 較八 ——(加)—— 和六 ——(減)—— 較五

較三 ——(加)—— 和六 ——(加)—— 較一 ——(減)—— 較二

和四 ——(減)—— 較二 ——(減)—— 和五 ——(加)—— 較七

較一 ——(減)—— 較四 ——(減)—— 較四 ——(加)—— 和九

右盈朒之互，左右三之一一行四、五、七盈於三、一、二。一行六盈於二。縱橫皆互三、六與四、二為縱互，三、四與六、二為橫互。

上兩數同，下三數純盈純朒，而相加之兩色相當。均用減則變和，相加之兩數，雖不相當，而以相當之一色，與兩差同加減，較亦變和。上兩數同，下三數盈朒雜。均用減，則較亦變和。純較數不可以相加，變和必一和一較，而上兩數同，下三數純盈純朒也。

梅勿庵《方程論》和較變，立例最詳。於和之變較，止一例。『減餘分在兩行者』是也。較之變和，例則有三。減餘或有一行内皆正，或皆負，一也。雖減餘分在兩行，而一行餘正物，一行餘負物，二也。兩異并皆左正右負，或皆左負右正，三也。總而言之，則曰隔行之同名，乃本行之異名。隔行之異名，乃本行之同名。循因推而言之，此皆為互乘之後，首位減盡以言之也。首位同正，二位、三位同負，兩差即負多於正之數。今減去首位兩正，則兩差較四負，恰每行少一正之數。兩正之數既同，則兩差所各少者，雖於四負有殊，而於差之差，實無增減。蓋於兩差，每加一正數，即為四負之和數。今雖每少一正數，而相減之差，與四，負之和數等，是雖兩較之用減，不啻兩和之用減也。兩和用減，而減餘在一行，仍不變。在兩和仍為和，在兩較則變為和矣。首位不同正一正一負，或二位同正，或三位同正，必於首位及不同之一色用減。其同之一色，及兩差用加，何也？首位數同，必減去所存兩行，其一行減去一正，存兩負一差，差即兩負多於一正之數。以差較兩負，必少首位一正之數，其一行減去一負，存一正一負一差。以一正較一負，所餘必較一差，少首位一負之數。以多於一正之數，補少於一負之數，則兩行之差，一為兩負之和，一為一負一正之較。雖兩較之用加減，不啻一和一較之用加減也。一和一較之法，兩盈在和，及差數用加者，皆為和數。此兩負皆盈，而兩差用加，在一和一較從乎和者，在兩較變為和矣。此二者，皆必下三位純盈純朒。若三位盈朒雜錯，首位既用減，則下三位若皆用減，則必無一行餘正、一行餘負之理，勢必兩負不能相當而後可。兩負既不能相當，則首位用減盡，下三位止有兩加一減，何有減餘分左右而一正一負乎？勿庵之言一行餘正物，一行餘負物，當謂盈朒分於兩行。一行盈屬正，一行盈屬負。以首位減盡，下三位為減餘，非謂三位用減之餘也。一行盈屬正，一行盈屬負，其用加減而變和之理，與純盈純朒之用加減同。若所謂異加，必皆左正右負，或皆左負右正者，此兩較中所必無。蓋左右之正負兩位皆同，則其主客必相當。主客既相當，則首位用減，下三位亦必隨之而減，無所為異加矣。若主客不相當，則首位用減，中二位必一加一減，無兩位用加之理。細求之，蓋謂一和一較之三色者言之也。一和一較，則和之一行，不分主客，正則皆正，負則皆負。較之一行，或首色盈於中二色，或首色朒於中二色，惟差數從之以為加減，而中兩色皆用加，故得有兩異并成和數之理也。差數從之以為加減，奈何？首色盈於中二色，則差數為中二色，少於首色之數。首色朒於中二色，則差數為中二色，多於首色之數。兩首色既同數減盡，則和之中二色，較其和數，必少一首色。今以和之中二色，與較之中二色相加。若較之中二色，視首色少一差數，必以差減總。蓋和之中二色，較總數少一首色之數，所補入較數之中二色，仍少一差，故必於總中去一差也。若較之中二色，視首色多一差數，必以差加總。蓋和之中二色，較總數少一首色之數，所補入較數之中二色，反多一差，故必於總中加一差也。相加得和，必一行為和數，乃可。若較數下為兩差，未有相加而得和者矣。勿庵之論方程，極為精確，而疑似之際，尤宜辨而明之。

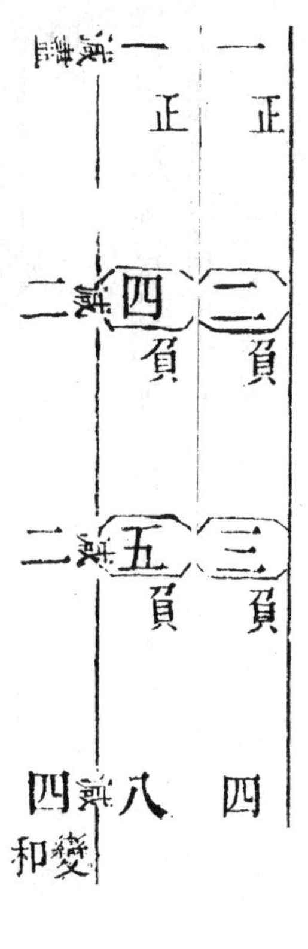

右圖：上兩數同下三數，純盈純朒四、五、八皆盈，二、三、四皆朒，而相加之兩數相當二與三相加為五，四與五相加為九，兩兩相當，用減則變和四為二、二之和。勿庵所云『一行皆正，一行皆負』也。

一相當　　四變和　　二相當　　八　　二

　　　　　　五三　　　　　　十

三　　八　　一和變

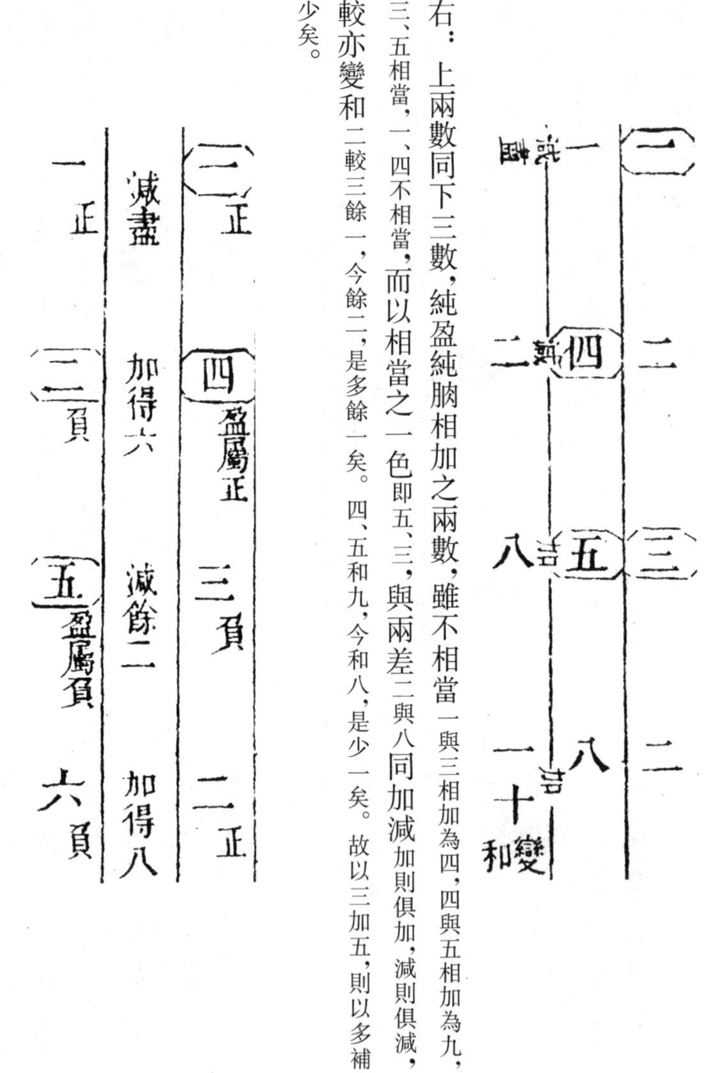

右：上兩數同下三數，純盈純朒相加之兩數，雖不相當一與三相加為四，四與五相加為九，三、五相當，一、四不相當，而以相當之一色即五、三，與兩差二與八同加減加則俱加，減則俱減，較亦變和二較三餘一，今餘二，是多餘一矣。四、五和九，今和八，是少一矣。故以三加五，則以多補少矣。

三正　　四盈屬正　　三負　　二正

減盡　　加得六　　減餘二　　加得八

一正　　三負　　五盈屬負　　六負

右圖：首兩數同，下三數盈朒雜四盈於二，五盈於三。雜用加減，則較亦變和。勿庵所謂減餘分在兩行，一行餘正物，一行餘負物也減必同名，故首兩一皆正。左行二、五、六皆負，右行四、二皆正，三屬負，三、五兩負相減，四、二，二、六皆用加。

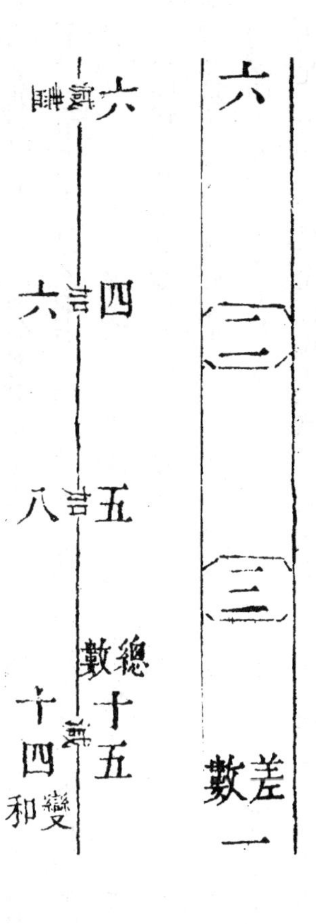

右圖：梅氏所謂異加皆左正右負，或皆左負右正，亦和數是也。然必一和一較乃有之總數為和，差數為較，純較數不可以相加變和也。

加減乘除釋卷六

以甲乙各為母子，以甲母乘乙子，以乙母乘甲子，為維乘，亦為互乘。

甲乙平列，以甲乘乙，以乙乘甲，此相乘也。以甲列右上，乙列左上，丙列右下，丁列左下。以甲乘丁，以乙乘丙，謂之維乘。維者，斜角之名，不直相乘而以斜，故曰維。《九章算術·盈不足》術云：『置所出率盈不足，各居其下，令維乘所出率。』是也。《張邱建算經》有燕雀之術，劉孝孫草云：『置雀一十五隻於右上，置盈四銖於右下，又置雀一十二隻於左上，置不足八銖於左下，維乘之。以右下四，乘左上一十二，得四十八。以左下八，乘右上一十五，得一百二十。』維乘之式，於此益明。盈不足、方程之妙，全以維乘，蓋左右之數不齊，惟維乘則齊之也。在方田法，謂之互乘，用於均輸亦然，其實維乘互乘一而已矣。《孫子算經》云：『今有三女，長女五日一歸，中女四日一歸，少女三日一歸，問三女幾何日相會？』術曰：『置長女五日，中女四日，少女三日，於右各列一算於左，維乘之，各得所到數。』又各以歸日乘到數，即得。此三色平列，而亦曰維乘者。蓋置五於右上，亦置一於左上；置四於右中，亦置一於左中；置三於右下，亦置一於左下。三四乘一，是左下中乘右上；五、三乘一，是左上下乘右中；四五乘一，是左中下乘右下，皆以斜行，故曰維乘。

凡不齊者以兩母相乘，又以兩子互乘兩母，則母同而子齊。

《九章算術·方田》合分術云：『母互乘子，并以為實，母相乘為法。』劉氏注云：『母互乘子謂之齊。羣母相乘謂之同。同者，相與通同共一母也。齊者，子與母齊勢不可失本數也。方以類聚，物以羣分，數同類者無遠，數異類者無近，遠而通體者，雖異位而相從也。近而殊形者，雖同列而相違也。』錯綜度數，動之則諧，其猶佩鑴解結，無往而不理焉。乘以散之，約以聚之，齊同以通之，此其算之綱紀乎。循按：相乘則兩數如一，故謂之同三乘五得一十五，五乘三亦得一十五。互乘則兩子之差立見，可以施加施減，故謂之齊。相乘者，同加以數倍也。維乘者，互加以數倍也。如出八盈三，出七朒四《盈不足》題。七八相乘，均得五十六。而八四維乘三十二，七三維乘二十一，三十二為四之八倍，二十一為三之七倍，化七个、八个為七倍、八倍，則七八相較多一个者，為多一倍。合盈不足之五十三，即此所多之一倍矣。又如三人共羹，四人共肉，三四相乘一十二。以三乘肉，肉得三倍。以四乘羹，羹得四倍。知十二人共三肉、四羹，蓋共肉之四人，即共羹之三人。而多一人不能齊，非相乘於上，維乘於下，不可得而齊也。此齊同之術，用諸算術最多。神而明之，運化無窮，故合分、減分等法，首列於《方田》。而劉氏之注，亦不殫詳析以明其理，試舉而言之。《方田》合分術云：『三分之一，五分之二，問合之得幾何？』答曰：『十五分之十一。』循按：三分之一，五分之二，猶云三人共一，五人共二也。三人共一，五人共二，欲合而觀之，用相乘、維乘，知十五人共十一也。即知三分之一，合五分之二，為十五分之十一也。減分術云：『九分之八，減五分之一，問餘幾何？』答曰：『四十五分之三十一。』術曰：『母互乘子，以少減多，餘為實，母相乘為法。』循按：九五相乘，得四十五。九互乘一，得九。五互乘八，得四十。以九減四十，故為三十一。此如云有物九而價八如俗云八錢買九枚，今損之，每五枚減一錢，則是四十五枚減九錢也。以四十五為五九之數，則五八得四十，為原價以四十五為九五之數，則九一如九為減數。同是物而減價，故同是母而減子耳。課分術云：『九分之八，七分之六，問孰多多幾何？』答曰：『九分之八多，多六十三分之二。』術曰：『母互乘子，以少減多，餘為實母相乘為法，實如法而一，即相多。』循按：九七相乘為六十三，九互乘六為五十四，七互乘八為五十六。以五十六減五十四餘二，知九分之八多六十三分之二也。如九桃值八錢，七杏值六錢，欲知孰貴孰賤。故加桃七倍，加杏九倍，皆為六十三。桃之六十三為七九之數，七八則價五十六。杏之六十三為九七之數，九六則價五十四。兩者相較，知六十三桃之值，多於六十三杏二錢。此術同於減分。李淳風云『減分求其餘數有幾』，『課分以其餘數相多』。蓋兩數相減，其存者即其多者。故題不同，而術則合。一減於原價之中，一較於本數之外，術既可通，數乃相合，其妙又有如是者。《均輸》鳧雁之術云：『鳧起南海，七日至北海。鴈起北海，九日至南海。今鳧鴈皆起，問何日相逢？』答曰：『三日十六分日之十五。』術曰：『并日數為法。日數相乘為實，實如法得一日。』劉氏注云：『置鳧七日一至，鴈九日一至。齊其至，同其日，定六十三日鳧九至，鴈七至。』循按：術不言互乘。注言齊同者。置七日九日於上，置兩一至於下，七、九相乘得六十三。與兩一至互乘，仍得七得九。并日數者，并此互乘所得之七與九也。以一乘不長，故省之，弟并其日數而已。又：『甲發長安，五日至齊。乙發齊，七日至長安。今乙發已先二日，甲乃發長安，問幾何日相逢？』答曰：『二日十二分日之一。』術曰：『并五日、七日以為法。以乙先發二日減七日，餘以乘甲日數為實。』劉氏注云：『并五日、七日為法者，猶并齊為法。置甲五日一至，乙七日一至，齊而同之。定三十五日甲七至，乙五至，并之為十二至者，用三十五日也。』又：『一人一日為牡瓦三十八枚，一人一日為牝瓦七十六枚，今令一人一日作瓦，牝牡相半，問成瓦幾何？』答曰：『并牝牡為法。牝牡相乘為實，實如法得一枚。』劉氏注云：『此術亦與鳧鴈術同。牝牡瓦相并，猶如鳧鴈日飛相并也。』李淳風云：『并牝牡為法者，并齊之意，牝牡相乘為實者，猶以同為實也。』循按：兩術皆同鳧鴈之術，惟發齊先甲二日，故減而後相乘也。減而後相乘，不減而後互乘者，互乘為每日定率，故必依其原數，每日之率既定，隨母數之增減而皆合矣。

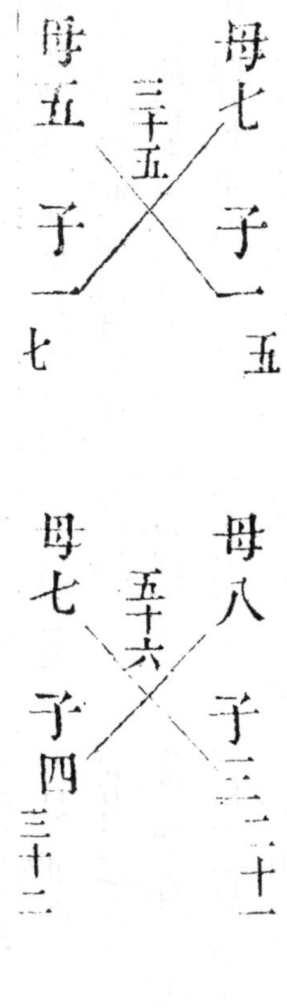

以兩母互乘諸子者，為遍乘。

《盈不足》、《方程》兩章，均以互乘為術，而在《方程》謂之遍乘，蓋以首列之色為母。本二色則共有四子，本三色則共有六子。子有四，則左子之二，皆以右母互乘。

右子之二，皆以左母互乘，子有六。則左子之三，皆以右母互乘。右子之三，皆以左母互乘。所謂遍也。《九章算術·方程》都術云：『今有上禾三秉，中禾二秉，下禾一秉，實三十九斗。上禾二秉，中禾三秉，下禾一秉，實三十四斗。上禾一秉，中禾二秉，下禾三秉，實二十六斗。問上、中、下禾，實一秉，各幾何？』術曰：『置上禾三秉，中禾二秉，下禾一秉，實三十九斗於右方，中、左禾列如右方，以右行上禾遍乘中行。』劉氏注云：『先令右行上禾，乘中行為齊同之意。』循按：為齊同者，謂中行上禾，亦乘右行也。蓋非上禾減盡，不能以知下禾。非相乘維乘，不能令減盡上禾而知下禾。極參差雜錯，而有以齊之，無不一一就範。如亂絲齊其一端，其一端之長短，皆燦然可覩。故方程之術不能舍此。或云：『如方程，損之曰益，益之曰損。』或云：『如方程，各置所取，以正負術入之。』或云：『如方程，交易質之，術有不同。』而所謂『如方程』者，皆此遍乘術也。《均輸》術云：『今有金箠長五尺，斬本一尺，重四斤。斬末一尺，重二斤。問次一尺各重幾何？』術曰：『以本重四斤，遍乘列衰，各自為實。』此以一本重之數乘衆差，而謂之遍乘。則遍乘之名，亦不專屬於方程之交互。方程之交互，蓋維乘之遍乘耳，緣方程所舉。因屬之互乘而復據均輸之稱而辨明之。

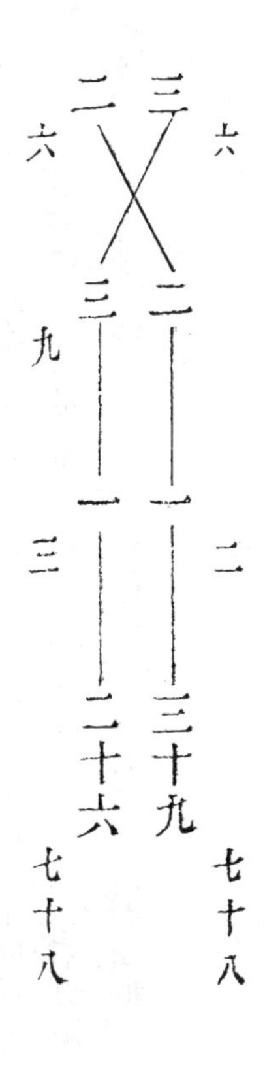

兩單數在母，則相乘維乘皆不用，兩單數在子，則用相乘，而不用互乘。

如云每桃一枚三錢，每杏一枚五錢，此兩單數在母也。如云每桃三枚一錢，每杏五枚一錢，此兩單數在子也。詳見前梟鴈之術，即兩單數在子。

兩單數互在子母，則以兩母、兩子各相乘，而專以子母之不單數者互乘。

兩單數互在子母者。如云『物一價三，物三價一』是也。物一價三，則三分物之一而價一也。必三分物之一而價一，而後與物三價一相齊。今曰物一價三，則既參差而不等。若以齊同之常法馭之，則以物一乘物三價一，仍得物三價一。若置物一於左上，置價三於左下。又置物三於右上，置價一於右下。以右上之物三，平乘左上之物一，為物三，是兩母相乘也。又維乘左下之價三為價九，是物一價三化為物三價九也。以左下價三，平乘右下價一為價三，是兩子相乘也。又維乘右上物三為物九，是物三價一化為物九價三也。物三價九，物九價三，乃兩兩相當而無單數矣。《張邱建算經》有雞翁之術云：『今有雞翁一，直錢五。雞母一，值錢三。雞雛三，值錢一。凡百錢買雞百隻，問翁、母、雛各幾何？』下列答云：『翁四，錢二十。母十八，錢五十四。雛七十八，錢二十六。』又答云：『翁八，錢四十。母十一，錢三十三。雛八十一，錢二十七。』又答云：『翁十二，錢六十。母四，錢十二。雛八十四，錢二十八。』術曰：『雞翁每增四，雞母每減七，雞雛每益三，即得。』甄鸞以此術難以通曉，而定其術云：『置錢一百在地，以九為法除之，得雞母之數，不盡者反減下法，為雞翁之數。』李淳風釋云：『既雛三直錢一，則是每雛值三分錢之一。宜以雞翁、母各三因，并之為九。』劉孝孫草云：『置錢一百文在地為實，又置雞翁一，雞母一。各以雞雛三因之，翁得三，母得三，并雛三，并之共得九，為法，除實得一十一為雞母數不盡一。返減下法九，餘八，為雞翁數。』循謂此術既非經旨，亦非通術。《術數記遺》云：『計數既舍算術，宜從心計。』甄鸞注舉計數之事云：『今有雞翁一隻，值五文。雞母一隻，值四文。雞兒一文，得四隻。合有錢一百文，買雞大、小一百隻。』若依前術，以雞兒四乘翁、母，并得十二為法，除實得八，餘四，減十二，亦得八，則是雞母、雞翁皆八。翁八得錢四十，母八得錢三十二，於實內減七十二，存二十八。以雞兒一文四隻計之，當得雞兒一百十二。更加雞翁、雞母之十六，則百二十八矣。《術數記遺》注又舉一問云：『雞翁一隻四文，雞母一隻三文，雞兒一文三隻，合錢一百文，還買雞大、小一百隻。』還字承上，所舉言之。依前術算之，以雞兒乘翁母，并得九，除實得一十一，餘一。減九為八，是雞母一十一，錢三十三。雞翁八，錢三十二。并得六十五，減實，餘三十五。以雞兒一文三隻計之，當得一百□五隻，合翁、母一十九為一百二十四。均與百隻不符，故曰非通術也。然則其術何如？此貴賤、差分之法耳。貴賤之術，於《九章》屬《粟米》。如云：『今有出錢五百七十六，買竹七十八箇，欲其大、小率之，問各幾何？』術曰：『置所買以為法，以所率乘錢數為實，實如法而一。不滿法者，反以實減法。法賤實貴。』依此術算之，一百錢除一百雞不成法，宜以三色差分之法馭之。以三除一百，得三十三為中數。雞母處翁、雛之中，以當中數，則以三十三為雞母之值，以三錢一隻除之是雞母為一十一隻也。於共物減一十一，存八十九。於共價減三十三，存六十七，是為六十七錢共買雞翁、雞雛八十九。錢少物多，宜與反率之貴賤術等。乃以六十七，除八十九，得一物，餘二十二，以二十二為雛與翁皆不合。蓋《粟米》貴賤之術，雖有共錢共物，而所謂貴賤者，原無定率，故除餘即貴，以貴減法即賤。今既有共錢共物，而復有貴賤之率，是必以雞翁之價五，乘物餘之八十九，得四百四十五。以雞雛之數三，乘價餘之六十七，得二百□一。以二百□一，減八十七，餘一百一十二。以四百四十五，減六十七，餘三百七十八。五文一枚，與一文三枚，不便於減，乃通一文三枚為五文十五枚。以十五枚與一枚相減，餘十四枚，用除一百一十二，得數八，即雞翁之八也。又通五文一枚，為十五文三枚。與一文三枚相減，餘十四，以除三百七十八，得二十七，即雞雛之價二十七也。惟術有一定，而數非一定，故又立增四減七益三之例。所以連列三答者，此也。李淳風、劉孝孫所立之術，所謂不盡返減者，似本諸《粟米》貴賤之術。然不用共價除共物，而以翁、母、雛并數除之，亦異於本法。以雞雛之三乘翁、母，此乘之無義理可言也。蓋此術無他難，惟五文一枚，與一文三枚，不便於減耳。故必先以五文乘一文為五文，又乘三雞為十五雞。以三雞乘一雞為三雞，又乘五文為十五文。如是始有減地也。

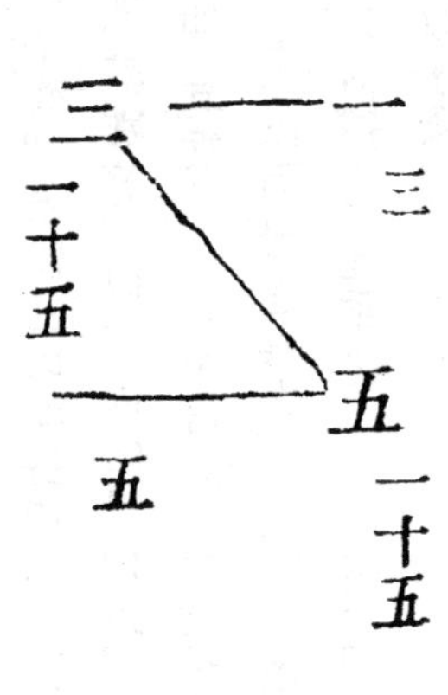

甲乙丙各為母子。以甲乙兩母相乘，得數維乘丙子。以甲乙兩母互乘兩子，相加，得數維乘丙母，又相加，則母同而子齊。若以乙丙兩母相乘，以維乘甲子，以乙丙兩母維乘兩子相加，以維乘甲母，又相加，其數等。以甲丙兩母相乘，以維乘乙子，以甲丙兩母維乘兩子，相加，維乘乙母，又相加，其數等。以甲母乘丙子，以乙母連乘之，以丙母乘甲子，以乙母連乘之。以甲母乘乙子，以丙母連乘之，相加，其數等。以甲母、乙母相乘，以丙子連乘之。以乙母、丙母相乘，以甲子連乘之。以甲母、丙母相乘，以乙子連乘之。其數等。三母連乘各以母除之，以子乘之，其數等。

乘法不分先後，故以兩母一子連乘，如是者三，而後并之，猶夫以兩母相乘，兩母兩子互乘，而後與一母一子互乘之也。以甲母乘乙子，又以丙母連乘，是不啻丙甲之母相乘，而乙子乘之也。以乙母乘丙子，又以甲母連乘，是不啻乙甲之母相乘，而丙子乘之也。以丙母乘甲子，又以乙母連乘，是不啻丙乙之母相乘，而甲子乘之也。以甲母乘乙子，而丙母連乘之，以乙母乘甲子，而丙母連乘之，并之得數，不啻以甲母乘乙子，以乙母乘甲子，先相并而後以丙母總乘之也。以乙母乘丙子，而甲母連乘之，以丙母乘乙子，而甲母連乘之，并之得數，不啻以乙母乘丙子，以丙母乘乙子，先相并，而後以甲母總乘之也。以甲母乘丙子，而乙母連乘之，以丙母乘甲子，而乙母連乘之，不啻以甲母乘丙子，以丙母乘甲子，先相并，而乙母總乘之也。

故以甲乙之母互乘子，先相并，而以丙母總乘之。以甲乙之母相乘，而以丙子連乘之，即不啻兩母一子連乘。如是者三也。以母除共母，以子乘之，而數亦等者，何也？本以三、四相乘，以子一互之。今以二、三、四連乘，以一互之，是多一以二乘之之數。故以二除之，即不啻三、四相乘，而以一互之也。本以一、三相乘，以子三互之。今以二、三、四連乘，以三互之，是多一以四乘之之數。故以四除之，即不啻二、三相乘，而以三互之也。本以二、四相乘，以子二互之。今以二、三、四連乘，以二互之，是多一以三乘之之數。故以四除之，即不啻二、四相乘，而以二互之也。除為乘之反，多一乘，而以一除消之，如不乘矣。《九章算術·方田》平分術云：『今有三分之一，三分之二，四分之三，問減多益少，各幾何而平？』答曰：『減三分之二者一，四分之三者四，并以益二分之一，而各平於三十六分之二十三。』術曰：『母互乘子，副并為平實。母相乘為法，以列數乘未并者，各自為列實，亦以列數乘法。以平實減列實，餘約之為所減。并所減，以益於少。以法命平實，各得其平。』《孫子算經》載此條而解之云：『置三分、三分、四分，在右方。之一、之二、之三，在左方。母互乘子，副并得六十三。置右為平實，母相乘得三十六為法。以列數三乘未并者，及法等數為九。約訖減四分之三者二，減三分之二者一，并以益二分之一，各平於一十二分之七。』此較《九章算術》為詳。循按：母三、母四，互乘子一為十二者，三乘一為三，四乘三為十二也。母三、母四，乘子二為二十四者，三乘二為六，四乘六為二十四也。母三、母三，乘子三為二十七者，三乘三為九，九乘三為二十七也。并十二與二十四、二十七，為六十三。所謂母互乘子副并為平實也。以三、三、四連乘為三十六，所謂母相乘為法也。已并為六十三，未并則一十二、二十四、二十七也，列數所列之行數也。三行，則以三乘一十二為三十六。三乘二十四為七十二。三乘二十七為八十一。列三十六、七十二、八十二〔一〕，為三行，所謂各自為列實也。又以列數乘法者，以列數三乘法三十六，為一百□八也。以平實減列實者，以六十三減三十六為少二十七，減七十二為餘九，減八十一為餘十八也。以十八與九并補於三十六，則皆六十三。是為，一百□八分之六十三，以七約之，故為十二分之七也。

《均輸》術云：『今有程耕。一人一日發七畝，一人一日耕三畝，一人一日耰種五畝。今令一人一日自發、耕、耰種之，問治田幾何？』術曰：『置發、耕、耰畝數，令互乘人數，并以為法。畝數相乘為實，實如法得一畝。』又：『今有假田，初假之歲三畝一錢，明年四畝一錢，後年五畝一錢。凡三歲，得一百。問田幾何？』術曰：『置畝數及錢數，令畝數互乘錢數，并以為法。畝數相乘，又以百錢乘之為實，實如法得一

〔一〕『二』，據上文義，應為『一』。

畝。』所云互乘相乘，皆平分之法也。《孫子算經》有蕩盃之術云：『二人共飯，三人共羹，四人共肉，凡用盃六十五，不知客幾何？』術以一十二為率，而未詳其義。《張邱建》以為未得其妙，更造新術，推盡其理。其術云：『今有婦人於河上蕩盃，津吏問曰：「盃何以多？」婦人答曰：「家中有客，不知其數。但二人共醬，三人共羹，四人共飯，凡用盃六十五。」問人幾何？』答曰：『六十人。』術曰：『列置共盃人數於右方，又置共盃數於左方，以人數互乘盃數，并以為法令人數相乘。以乘盃數為實，實如法得一。』劉孝孫草曰：『置人數二、三、四，列於右行，置一、一、一盃數左行。以右中三乘左上一得三，又以右下四乘之得一十二，又以右上二乘左中一得二。又以右下四乘之得八，以右上二乘左下一得二，又以右中三乘左下二得六。三位并之，得二十六。為法。又以二、三、四相乘，得二十四。以乘六十五盃，得一千五百六十。以二十六除之，得六十。人數，合前問。』循謂此術即《孫子》三女同歸之術。惟歸無定日，盃有共數。為異歸無定日，故止用維乘，不用為率更除蕩盃用十二、十三為率。十二即二十四之半，十三即二十六之半。正由互乘、連乘，既得其率數，而故為半之。張邱建以為未得其妙者，恐不足以斥孫子。此術子皆一數，可以省乘。而劉氏細草於右行之二、三、四，必與左行之一、一、一維乘者，所以備維乘之法也。《張邱建》又有獵鹿之術云：『今有官獵得鹿賜圍兵。初圍三人中賜鹿五頭，次圍五人中賜鹿七頭，次圍七人中賜鹿九頭，并三圍賜鹿一十五萬二千三百三十三頭少半頭，問圍兵幾何？』答曰：『三萬五千人。』術曰：『以三賜人數，互乘三賜鹿數，并以為法。三賜人數相乘，并賜鹿數為實，實如法而得一。』此子母皆無單數。觀於此，而知蕩盃用維乘之理矣。三色以上之方程，各以兩色遍乘，以為對減之地，與蕩盃獵鹿并殊。此所以不曰維乘，而改云遍乘也與？

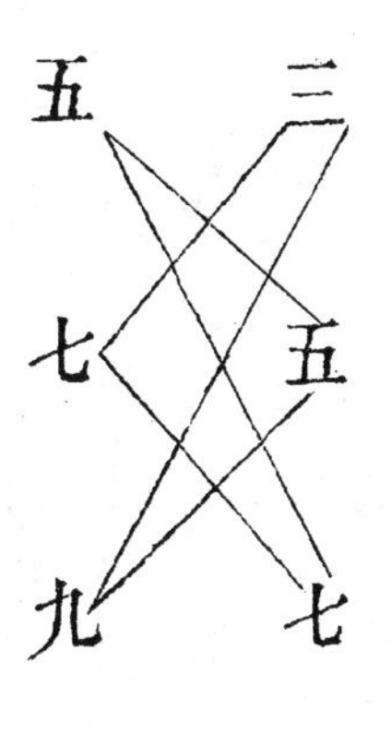

五乘　三乘　三乘
五為　七為　九為
二十　二十　二十
五又　一又　七又
七乘　七乘　五乘
為一　為一　為一

百七　百四　百三

十五　十七　十五

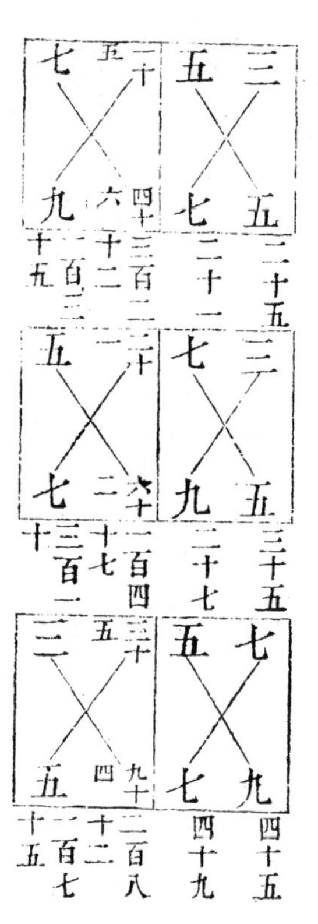

右獵鹿維乘式。

二乘　三乘　四乘

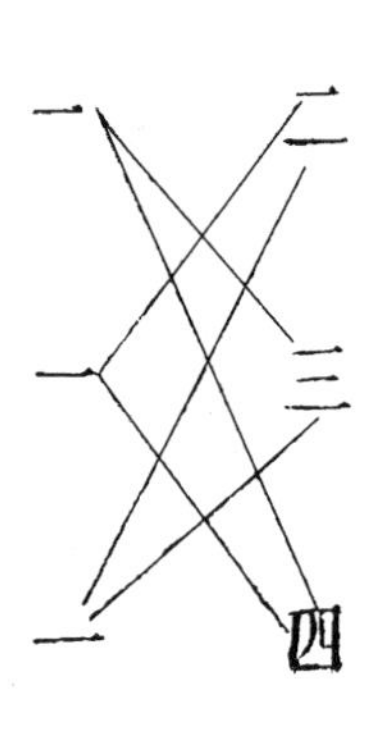

一為二又以三乘之為六十二

一為三又以四乘之為一

一為四又以二乘之為八

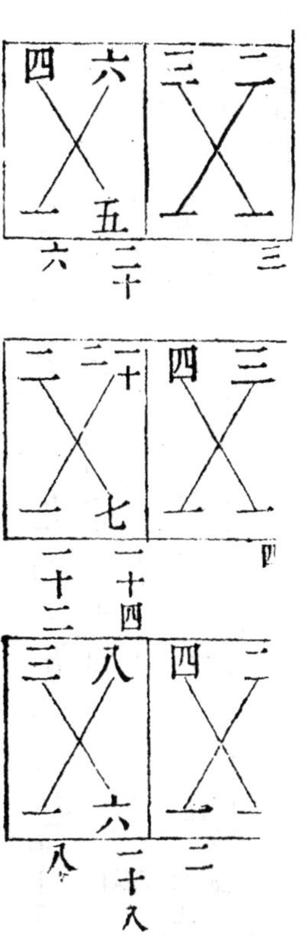

右蕩盃維乘式。

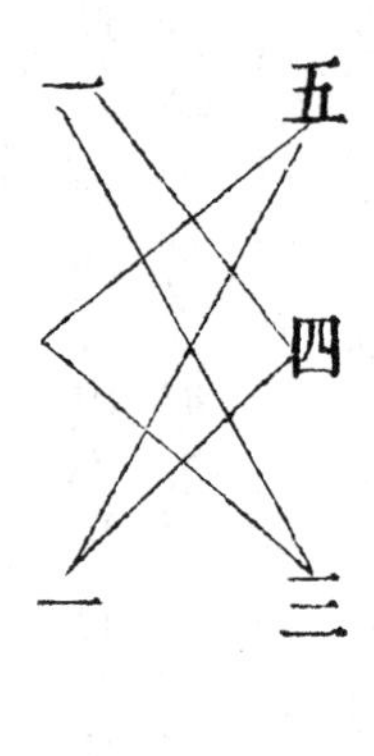

右三女同歸維乘式。

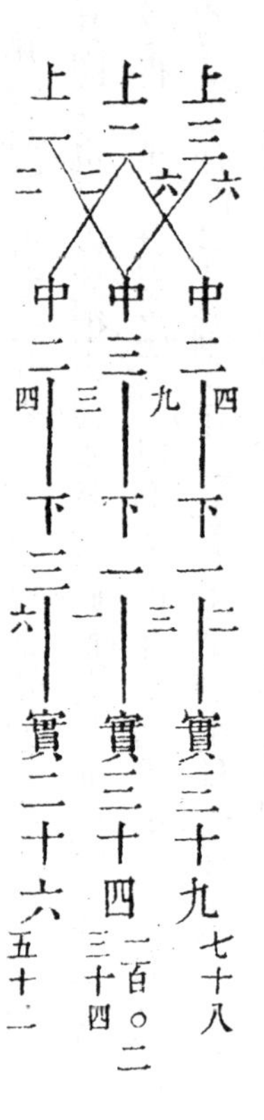

右方程遍乘式。

據甲以除甲乙，以所據為母，以所除得為子，亦母同而子齊。據乙以除甲乙，其數等。據甲以除乙丙，據丙以除甲乙，據乙以除甲丙，其齊同等。

同者，同其所不同。齊者，齊其所不齊。何為不同？如云三人賜五鹿，七人賜九鹿，三人、七人所謂不同也。以三、七相乘，均得二十一，則同其所不同矣。惟不同，故不齊母既同矣。子可以齊，故互乘之，而不齊者齊。此鳧鴈之術，亦即蕩盃之術也，又有矯矢之術。《九章·均輸》術云：『今有一人一日矯矢五十，一人一日羽矢三十，一人一日筈矢十五。今令一人一日自矯、羽、筈，問成矢幾何？』答曰：『八矢少半矢。』術曰：『矯矢五十，用徒一人。羽矢五十，用徒一人太半人。筈矢五十，用徒三人少半人。并之得六人。以為法，以五十矢為實，實如法得一矢。』劉氏注云：『此術言成矢五十，用徒六人，一日工也。此同功共作，猶鳧鴈共至之類，亦以同為實。并齊為法，可令矢互乘一人為齊。矢相乘為同，今先令同於五十矢。矢同則徒齊，其歸一也。以此術為鳧鴈者，當鴈飛九日而一至，鳧飛七日而一至，七分至之二，并之得二至七分至之二。以為法，以九日為實，實如法而一，得一人日矯矢之數也。』又：『今有池，五渠注之其一渠開之。少半日一滿，次一日一滿，次二日半一滿，次三日一滿，次五日一滿。今皆決之，問幾何日滿池？』答曰：『七十四分日之十五。』術曰：『各置渠一日滿池之數，并以為法。以一日為實，實如法得一日。其一術列置日數及滿數，令日互相乘滿，并以為法，日數相乘為實，實如法得一日。』劉氏注云：『同齊有二術焉，可隨率宜也。』循按：鳧鴈之術出於和，矯矢之術出於較。鳧七日，鴈九日，以七加九為十六，以九加七，亦為十六，乘即加也。以七而九倍之為六十三，以九而七倍之亦為六十三，故曰出於和。矯矢五十用一人，羽矢三十用一人，筈矢十五用一人。五十、三十、十五，數不同也。今據矯矢之五十，徑令羽矢、筈矢皆從之。於羽矢三十用一人者，依矯矢亦為五十，則一人所造外，尚不足二十，為三分之二，故益太半人。於筈矢十五，用一人者依矯矢亦為五十，則一人所造外，尚不足三十五。三十宜益二人，五為三分十五之一，故又益少半人。推此而據筈矢之十五，則令矯矢、羽矢亦為十五，而又必損矯之一人為十分人之三，損羽之一人為十分人之五。兩相比較而得之，故曰出於較。較即減，減即除。令羽矢、筈矢就矯矢，必以除而得數。羽矢之化，一為一人三分之二者，以三十除五十而得之也。筈矢之化，一為三分之一者，以一十五除五十而得之也。用較猶之用和，各視其所便以施之，故曰可隨率宜也。算數不外於齊同，齊同不外於和較而已。

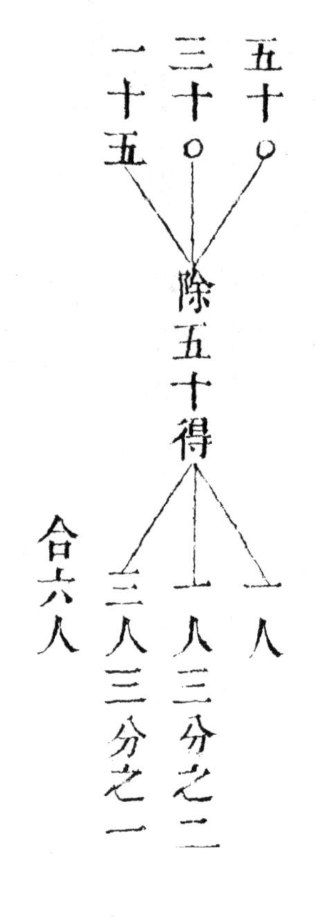

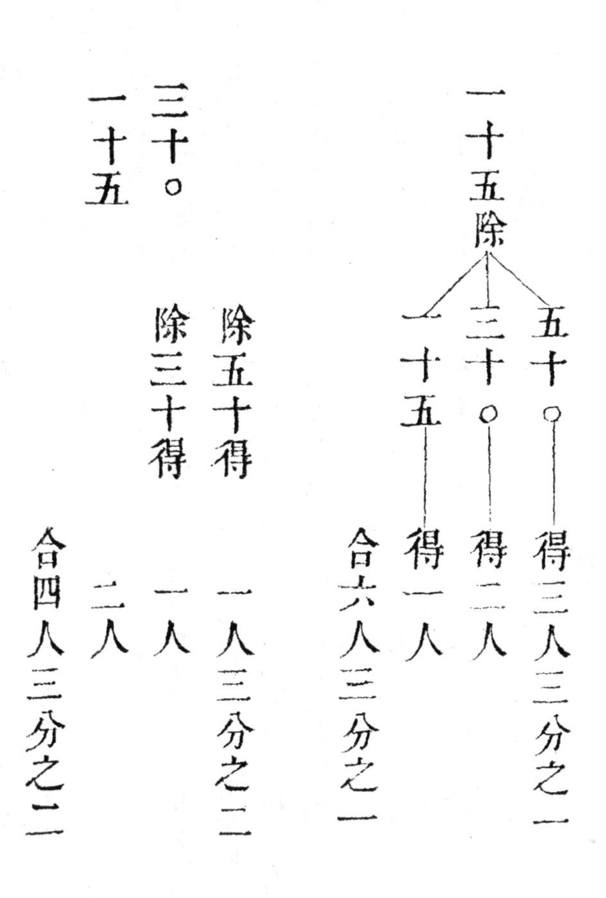
一十五除
五十○得三人三分之一
三十○得二人
一十五得一人
合六人三分之一
除五十得一人三分之二
三十○
除三十得一人
一十五
二人
合四人三分之二

加減乘除釋卷七

以母子分列，而以維乘互之，則為齊同。以母子相間，而以乘除消之，則為比例。

算之為術也，有乘除而後有子母。有子母，而後乘除之用繁，亦巧之所由生也。以母子分列為二，將由分以求合，則必齊同之，於是有維乘、遍乘、連乘等術。以母子間列為四，將由此以知彼，則必比例之，於是有三率連比例、四率斷比例等術。惟舉此可以例彼，故同其母，即齊其子也。子母者，法實也。法實者，主客也。算之至精極巧，不外此而已矣。

以甲除乙，以乙乘之，得丙。丙之於乙，猶乙之於甲，是為三率連比例。以乙自乘，以甲除之，得丙，其比例等。以甲減乙，以甲除之，以乙乘之，又與乙原數相加，其比例等。

衰分之等，有遞析之衰分，有四六之衰分，有三七之衰分，有二八之衰分。於四六以四為首，而每加五，蓋四之於六，減餘二。以四除之，得□五，故以五為率，每一數加五分也，四加為六。自六加之，必為九。自九加之，必為一十三□五分。即以甲減乙，以甲除之，又以乙乘之，與乙相加之謂也。其實即同於以甲除之、以乙乘之之術。蓋甲除而乙乘，既省去一減，自省去一加。四六以五為加，雖簡法而實止用於四六之衰，非通法也。中法有異乘同除，西法有三率比例。在《九章》為粟米、衰分、均輸，而總之為今有，推之為均輸。用其相連之數，則以二率自乘。用為今有之例，則二率、三率相乘。無論自乘相乘，皆異乘也。蓋三率與首率例，不與二率例。今二率、三率相乘，是為異乘。其二率自乘者，亦由二率、三率數同之故。如云一人出三，設三人出幾何？以三自乘，實以人與出異乘也。

以甲乘甲得丙，又乘乙得丁，丁之於丙，猶乙之於甲，是為四率斷比例。以甲乘甲得丙，以甲除乙乘之得丁，其比例等。以甲乘甲，以甲除之，以乙乘之，其比例等。以甲自乘，又以甲減乙，以甲除之，而乘之，以相加，其比例等。

衰分之法，於四六既以五為加，於二八則用四因，於三七則雜用三因九因。而歸之於三除七乘，豈二八、三七，真殊於四六哉。二八用四乘者，以二除八得四，以八乘之得三十二，不異於四六之求得九也。三七之衰，以三除七得二三三三，不盡。三七相減，得四。以三除四，得一三三三，亦不盡。不盡之數，雖有子母命分之法，而不可用為衰分之率。故常法有不可用者，舍其疏，求其密，而别設一數。如以三乘三為九以甲乘甲，以三除之為三以甲除之，以七乘三為二十一以乙乘之。於是二十一之於九，猶之七之於三。又以三除二十七[一]，得七，以七乘之，得四十九。於是四十九之於二十一，猶之二十一之於九矣。此用之於四六、二八無不然。所以通其術之變，而非法有不同也。

以甲除乙，以丙乘之，得丁。丁之於丙，猶乙之於甲。以乙乘丙，以甲除之，其比例等。

《九章·粟米》今有術云：『以所有數，乘所求率，為實。以所有率為法，實如法而一。』衰分術云：『各置列衰，副并為法，以所分乘未并者，各自為實，實如法而一。』二者其法一也。粟米者，有定率。衰分者，無定率，而副并以為定率。《衰分》後十一條，即《粟米》之今有術。《粟米》後之貴賤術，即後世之貴賤、差分。如四六衰分，共數二十甲乙分之。甲得六，乙得四，必并四六為十，以除二十得二。甲得六，則以六乘二得十二。乙得四，則以四乘二得八。或先乘後除，亦可以甲之六乘二十為一百二十，以十除之得十二。以乙之四，乘二十為八十，以十除之，得八。先

[一]『二十七』，據上下文應爲『二十一』。

除後乘者，以實得實，其理易明。先乘後除者，以虛得實，其理似秘。其實不出於一乘、一除之相消，先乘則數多於所得，故除以損之。先除則數少於所得，故乘以益之。必先乘者，劉氏注云：『先除後乘，或有餘分，故術反之。』是也。衰分視粟米多一副并。蓋有所求率，所有數，而無所有率，必副并所有數。以為所有率，所以於無定率求定率也。推之均輸，亦弟以無定率求定率。近有疊借互徵，借衰互徵，大抵不外乎均輸，而究其原，則衰分而已矣。蓋以已定之率，求今有之數，固為米鹽交易之所便。若當艱深隱伏之際，有不可以常法馭者，於無定之中，立為有定之率。以相比例小之，如孫子之蕩杯，用十二、十三相例。大之如海島之重差，用餘句、餘股相例。以至弧三角之以角度例經緯度，矢較之以先數例後數詳見《釋弧》，橢圓之以倍差例句股，大徑例小徑詳見《釋橢》，為法甚易，而為用甚神。梅氏謂方程之術，所用至廣。吾謂衰分之術，所用尤廣也。

二　以四除之得五　以六乘之得三
四　以二除之得二　以三乘之得六
三　以六除之得五　以四乘之得二
六　以三除之得二　以二乘之得四

右先除後乘。

二　以六乘之得一十二　以四除之得三

四　以三乘之得一十二　以二除之得六

三　以四乘之得一十二　以六除之得二

六　以二乘之得一十二　以三除之得四

右先乘後除。

以乙乘丙，以甲除之，又以戊除之，得己。以乙乘丙，以甲乘丁，除之，亦得己。

《九章算術·方田》乘分術云：『今有田廣七分步之四，從五分步之三，問為田幾何？』答曰：『三十五分步之十二。』術曰：『母相乘為法，子相乘為實，實如法而一。』劉氏注云：『此田有廣從，難以廣諭。設有問者曰：「馬二十匹，直金十二斤。今賣馬二十匹，三十五人分之，人得幾何？」答曰：「三十五分斤之十二。」其為之也，當如經分術。以十二斤金為實，三十五人為法，設更言：「馬五匹，直金三斤。今賣四匹，七人分之人得幾何？」答曰：「人得三十五分斤之十二。」其為之也，當齊其金人之數，皆合初問，入於經分矣。然則分子相乘為實者，猶齊其金也。母相乘為法者，猶齊其人也。同其母為二十，馬無事於同，但欲求齊而已。又馬五匹，直金三斤，完全之率。分而言之，則為一匹，直金五分斤之三。七人賣四馬，一人賣七分馬之四。分子與人，交互相生。所從言之異，而計數則三，術同歸也。』循案：以廣乘從，則以母子各相乘而得數，其理易明。劉氏推言之，以見此術之妙而用之廣也。馬二十匹，值金十二斤。今買馬二十匹，則價之為十二斤，不容算矣。惟是賣者三十五人，故以三十五除十二斤也。又設如馬五匹，值金三斤。今賣馬四匹，此三率比例，為差分、今有之常法詳見後。惟是賣馬四匹者，為七人，則必以今有術求得數，而又以七除之也。以今有率求得數，是以馬四乘價三，而以馬五除之，即不啻馬五除價三，而以馬四乘之也。以馬五除價三，而以馬四乘之，又以人七除之，即不啻以馬五除價三，又以人七除馬四，而以所除乘所除也。以馬五除價三，得一馬之價，以人七除馬四，得一人之馬。以一人之馬，乘一馬之價，即不啻三十五人除二十馬之價也。乃不用兩除，而用兩乘，則消息之妙矣。馬五而價三，人七而馬四，是馬五、人七為母，價三、馬四為子。馬五、馬四，以同名而互為母子。故兩用相乘，不用維乘也。馬五價三以馬四乘價三，亦二率、三率相乘之例，而不以馬五除之，而以馬五乘人七得數，而後除之者，蓋兩除而以一乘并之也。又《九章·均輸》術云：『今有程傳委輸，空車日行七十里，重車日行五十里。今載太倉粟輸上林，五日三返，問太倉去上林幾何？』術曰：『并空重里數。以三返乘之為法，令空重相乘，又以五日乘之為實，實如法得一里。』此宜以今有術除得三返之數，又以三返除之，得太倉去上林之數。今不以三返除於後，而以三返乘於前，以乘代除之法也。與賣馬之術，同為一理。然乘主增而除主損，連除雖損之又損，而其法則增。故乘其法以除之，而增損如故。連乘則有增而無損，故不可以除代也。

馬五　一率
金三　二率
馬四　三率
金二四　四率
人七除金二四，得七之二十四，半之為三十五之十二。
馬五　人七　乘得三十五
馬四　金三　乘得一十二
三十五除一十二，為三十五之十二，倍之為七之二十四。

以乙乘丙，以甲除之，得丁。又以己乘，以戊除之，得庚。庚之於丁，猶己之於戊，丁之於丙，猶乙之於甲，是為重今有。以乙丙己連乘為實，以甲乘戊為法，除之，其比例等。

《九章算術·均輸》有絡絲之術云：『今有絡絲一斤，為練絲十二兩。練絲一斤，為青絲一斤十二銖。今有青絲一斤，問本絡絲幾何？』術曰：『以練絲十二兩，乘青絲一斤十二銖為法。以青絲一斤銖數乘練絲一斤兩數，又以絡絲一斤乘之為實，實如法得一斤。』劉氏注云：『置今有青絲一斤，以練絲三百八十四乘之，為實，實如青絲率三百九十六而一，所得青絲一斤，練絲之數也。又以絡率十六乘之，所得為實。以練率十二為法，所得即練絲用絡絲之數也。雖各有率不用中間，故命後實乘前實，後法乘前法，而并除也。』按此：絡絲與練絲有定率，練絲與青絲有定率。若由青絲求練絲，則衰分、今有之常術。今由青絲求絡絲，必先以青絲練絲定率，求得練絲數，而後以為三率。用練絲絡絲定率，求得絡絲數，疊用衰分、今有之術。故曰重今有。云不用中間者。中間，謂練絲數也，有練絲數可求絡絲數。今有青絲以求絡絲，故非用中間不可。不用中間，則青絲可以徑求絡絲，何也？齊兩定率為一定率也，其理與馬五、人七同見卷五。馬五疋，價三斤。今賣馬四疋，七人分其價，故必用衰分、今有術，求得四馬之賣，而後以七人除之，是既以馬五除，又以人七除，乃以馬五乘人七除之，即不啻兩除者化人七於馬五中也。重用今有，亦兩次用除。今以首率乘首率，二率乘二率，亦化練絲與絡絲之定率，於青絲、練絲之中也。練絡之率，練一而絡二。青練之率，青一而練二。其乘也，化練於青，亦化練於絡，於是青與絡無定率者，有定率矣。青與絡有定率，則不必求得練數，而自得合數，所以不用中間也。由青練之率而得練，是化青於練，則用練之率以得絡。以練之率，乘青之率,是化練於青,則用青之數以得絡,消息之妙也。欲自青得絡,故以練從青。以練從青,自不得不以練從絡,互以相乘。故劉注云:『凡率錯互不通者,皆積齊同用之,雖四、五轉不異也。』均輸術又云:『今有人持米出三關。外關三而取一,中關五而取一,内關七而取一,餘米五斗,問本持米幾何?』術曰:『置米五斗。以所稅三之五、之七之為實,以餘不稅者。二、四、六互相乘為法,實如法得一斗。』又云:『今有人持金出五關。前關二而稅一,次關三而稅一,次關四而稅一,次關五而稅一,次關六而稅一。并五關所稅,適重一斤。問本持金幾何?』術曰:『置一斤,通所稅者以乘之為實,亦通其不稅者以減所通餘為法,實如法得一斤。』劉氏皆以『重今有』後解之。蓋一為稅之餘,一為稅之總。所舉雖殊,而一為三色衰分,一為五色衰分,其術不異。由内關之所餘求得内關之原數,以為中關之所餘。由中關之所餘求得中關之原數,以為外關之所餘。又由外關之所餘,求得外關之原數。七而一,是七為原率,六為餘率。五而一,是五為原率,四為餘率。三而一,是三為原率,二為餘率。以原率之七、五、三相乘,為一百〇五。以餘率之六、四、二相乘,為四十八。則已化外關、中關於内關之中,由内關之餘,可以得外關之原,如化練於青之中,由青可得絡也。由五關之并稅,求得五關之原數。以原數六分之一,減并稅,為四關之并稅,求得四關之原數。以五分之一,減并稅,為三關之并稅,求得三關之原數。以四分之一，減并税，為二關之并税，求得二關之原數。以三分之一，減并税，為前關之税，求得前關之原數。為本持金數。因以并數求原數，在五關則并五次之税，故六之一。以六為原率，必以五乘一為并率，在四關，則并四次之税，故五之一。以五為原率，必以四乘一為并率，在三關，則并三次之税，故四之一。以四為原率，必以三乘一為并率，在二關，則并二次之税，故三之一。以三為原率，必以二乘一為并率，前關二之一，則二為原率，一為税率。以原率之六、五、四、三、二相乘，為七百二十。以并率之五、四、三、二、一相乘，為一百二十。則化四次之關，於五關之中。以并率相乘之數，減原率相乘之數，為總税之率。則由五關之并税，可徑得前關之原數。雖多一乘減之繁，而理與絡絲持米之理，一也。然則以練從青絡，可得絡，不可得練者。以青絡從練，已為兩練。練與練不可以例練也。《張邱建算經》云：『今有生絲一斤，練之，折五兩。練絲一斤，染之，出三兩。今有生絲五十六斤八兩七分兩之四，問染得幾何？』術曰：『置一斤兩數，以折兩數減之，餘乘今有絲斤兩之數。又以出兩數併一斤兩數乘之為實，一斤兩數自乘為法，實如法得一兩數。』按此即重今有術，以常法馭之，用生絲一斤為一率，減折數為二率，今有生絲為三率，求得練絲之數。又以練絲一斤為一率，加出數為二率，求得練絲為三率，求得染絲之數。以法乘法，則以生絲一斤，乘練絲一斤也。因皆是一斤，故云『以一斤兩數自乘也』。

以實乘實，則以生絲一斤，減折數，乘練絲一斤，加出數也。然後以實乘實之數，乘生絲斤兩，用法乘法之數除之，得染數。今先以減數生絲乘生絲斤兩，後以加數練絲乘之者，乘法先後同也。術又云：『今有絲一斤八兩，直絹一疋。今持絲一斤，裨錢五十，得絹三丈。今有錢一千，得絹幾何？』術曰：『置絲一斤兩數，以一疋尺數乘之，以絲一斤八兩數而一，所得，以減得絹尺數，餘以一千錢乘之為實，以五十錢為法，實如法而一。』此亦重今有術。惟三丈之絹，為絲錢之總數。今以錢求絹，不可為率。故先以絲得絹，減為錢絹之率也。又術云：『今有鐵十斤，一經入爐，得七斤。今有鐵三經入爐，得七十九斤一十一兩，問未入爐本鐵幾何？』術云：『置鐵三經入爐得斤兩數，以十斤再自乘，乃乘上為實。以七斤再自乘為法，實如法而一。』按七斤為一率，十斤為二率，七十九斤一十一兩為三率，求得四率為兩經入爐之數。又以四率為三率，求得四率，為一經入爐之數。又以四率為三率，求得四率，為未經入爐之數。三次皆七斤、十斤為定率。故以七斤再自乘為法乘法，以十斤再自乘，為實乘實。猶絡絲之術，雖率數不改，而法無異也。術又云：『今有絹一疋，買紫草三十斤，染絹二丈五尺。今有絹七疋，欲減買紫草，還數染餘絹，問減絹買紫草各幾何？』術曰：『置今有絹疋數，以本絹一疋尺數乘之，為減絹實。以紫草三十斤乘之，為買紫草實。以本絹尺數，并染尺為法，實如法得一。』按此以重今有術得之也。

七疋為買草及自染之總數，則紫草三十斤，與所染之二十五尺總數為六十五尺也一疋四十尺，合二十五尺，為六十五尺。故總數六十五尺，與紫草三十斤，猶總數二百八十尺七疋尺數，與所買草之總數六十五尺，與買草絹四十尺一疋尺數，猶總數二百八十尺。與所減絹數，一以總數得絹，一以總數得草。若問染數，則以總數六十五尺為一率，染數二十五尺為二率，總數二百八十尺為三率，求得四率，亦以總數得染數也。有重今有術，不可以法乘法，實乘實求之者。《張邱建算經》云：『今有人持錢之洛賈，利五之，初返歸一萬六千，弟二返歸一萬七千，弟三返歸一萬八千，弟四返歸一萬九千，弟五返歸二萬。凡五返歸，本利俱盡，問本錢幾何？』術曰：『置後返歸錢數，以五乘之。以七乘弟四返歸錢數加之，以五乘之。以四十九乘弟三返歸錢數加之，以五乘之。以三百四十三乘弟二返歸錢數加之，以五乘之。以二千四百一乘初返歸錢數加之，以五乘之。以一萬六千八百七而一，得本錢數。』循按：利五之，以一萬得利五千言之，則一萬五千為本利共率。一萬為本率，以本率為二率，以弟五返之二萬為三率，求得弟五返之本，加入弟四返之一萬九千為弟四返之本利共數。又以五乘之，以一五除之，得弟四返之本，加入弟三返之一萬八千，為弟三返之本利共數。又以五乘之，以一五除之，得弟三返之本，加入弟二返之一萬七千，為弟二返之本利共數。又以五乘之，以一五除之，得弟二返之本，加入弟一返之一萬六千，得弟一返之本利共數。以五乘之，以一五除之，得弟一返之本。即所持往洛之本錢也法本李淳風《九章算術》注釋。惟後次之本，即分自前次之本利共數。而每次返歸之本利，又分自後次之本。互相牽制，故必遞用今有之術。而遞相加求得之本，必加而後為次求之三率，故不可實乘實法，乘法以徑從最後之錢得最初之本也。《張邱建》遞以五乘，而總以一萬六千八百七除之者。一萬六千八百七者，七白乘五次之數，即法乘法之理，實不可乘實，故遞用五乘。蓋利五之，當作利五之二，五為本，二為利，合得七，為本利共率，故五乘而七除。若五是利，不得以五乘之，而七亦無著。算書不可有一字誤，亦不容有一字誤也。以五乘之，直加前次錢數，以待除可也，必以七遞自乘乘之者。下既以七自乘者總除，則此乘猶不乘。言算者，非省之以自便，即故為艱深以惑人，皆宜細審之耳。

青甲本有之法　一率　　練戊本有之法　一率
練乙本有之實　二率　　絡已本有之實　二率
青丙今有之數　三率　　練丁求得之數　三率
練丁求得之數　四率　　絡庚求得之數　四率

右重今有算式。

青前法　　練後法　　青青乘練則化練於青

練前實　　絡後實　　絡絡乘練則化練於絡

青移與絡為比例　練中間不用　青移丙於此，以練乘絡為二率，以此三率乘之，似於連乘

練不用中間　絡移為青率所得　絡所得絡仍為庚

右後實乘前實、後法乘前法式。

有兩率以比例之，是為衰分。無兩率而求為兩率，以比例之，是為均輸。

《九章算術》於諸章皆有定法。惟《均輸》一章，極變化錯綜之致，無一定之齊法。而無不齊，皆會歸於《衰分》之今有。而所以為比例之用者，無率而有率，此實算數之至神。自重差八綫、弧三角、橢圓諸術，極幾何之巧，無非無率而有率，以會歸於《衰分》之今有也，試為詳述之。《均輸》弟一題云：『今有均輸粟，甲縣一萬户，行道八日。乙縣九千五百户，行道十日。丙縣一萬二千三百五十户，行道十三日。丁縣一萬二千二百户，行道二十日。各到輸所，凡四縣賦。當輸二十五萬斛，用車一萬乘。欲以道里遠近，户數多少衰出之，問粟車各幾何？』按止有户數多少之不同，則衰分法也。今於户數多寡中，又兼道里遠近，是衰又有衰，必先齊其衰，而後可用衰分法也。術云：『令縣户數，各如其本行道日數而一，以為衰。』劉氏注云：『據甲行道八日，因使八户共出一車。乙行道十日，因使十户共出一車，計其在道，

則皆户一日出一車，故可為均平之率。』此以除為齊同者也。第二題云：『今有均輸卒，甲縣一千二百人薄塞，乙縣一千五百五十人，行道一日。丙縣一千二百八十人，行道二日。丁縣九百九十人，行道三日。戊縣一千七百五十人，行道五日。凡五縣賦輸卒一月一千二百人，欲以遠近户率多少衰出之，問縣各幾何？』術曰：『令縣卒各如其居所，及行道日數而一，以為衰。』按此遠近與多少相兼，同於前。但前皆在道，此有所居，故必先以居所三十日一月日數，各加行道日數，然後除縣卒之數也。弟三題云：『今有均賦粟，甲縣二萬五百二十户，粟一斛二十錢，自輸其縣。乙縣一萬二千三百一十二户，粟一斛十錢，至輸所二百里。丙縣七千一百八十二户，粟一斛十二錢，至輸所一百五十里。丁縣一萬三千三百三十八户，粟一斛十七錢，至輸所二百五十里。戊縣五千一百三十户，粟一斛十三錢，至輸所一白五十里。凡五縣賦，輸粟一萬斛。一車載二十五斛，與僦一里一錢，欲以縣户賦粟令勞費等，問縣各粟幾何？』術曰：『以一里僦價乘至輸所里，以一車二十五斛除之，加一斛粟價，則致一斛之費。』按每車一里一錢，二百里則二百錢矣。此以一里僦價，乘至輸所里也。然一車二十五斛，必以二十五斛除二百錢得八，乃為每斛一里僦八錢也。加於每斛粟價，則各項之衰，并而歸於每斛矣。又以每斛之費除户數，則每户出一錢為均賦之率。蓋遠近多少同於前，而粟價有貴賤，僦價有多寡，故必以僦價乘里數，而以一車之數除之，以加於每斛粟價，而後齊也。第四題云：『今有均賦粟。甲縣四萬二千算，粟一斛二十，傭價一日一錢，自輸其縣。乙縣三萬四千二百七十二算，粟一斛十八，傭價一日十錢，到輸所七十里。丙縣一萬九千三百二十八算，粟一斛十六，傭值一日五錢，到輸所一百四十里。丁縣一萬七千七百算，粟一斛十四，傭值一日五錢，到輸所一百七十五里。戊縣二萬三千四十算，粟一斛十二，傭價一日五錢，到輸所二百一十里。己縣一萬九千一百三十六算，粟一斛一十，傭價一日五錢，到輸所二百八十里。凡六縣，賦粟六萬斛，皆輸甲縣。六人共車，車載二十五斛，重車日行五十里，空車日行七十里，載輸之間，各一日。粟有貴賤，傭各別價，以算出錢，令費勞等，問縣各粟幾何？』術曰：『以車程行，空重相乘為法。并空重以乘道里各自為實，實如法得一日，加載輸各一日，而以六人乘之。又以傭價乘之，以二十五斛除之。加一斛粟價，即致一斛之費。各以約其算數為衰。』按空重之行不齊。故先齊同之，得三百五十里，行十二日。用今有術，求得各縣輸到日數。因傭價視人視日，故既以人數乘之，復以傭價乘之，得每縣每一車傭價之總數。一車載二十五斛，以二十五除之，得每斛傭價之總數矣。以一斛輸到之傭值，加入一斛之粟價，是道里遠近，粟價貴賤，傭值多寡，俱均而歸之於斛。又以每斛之費除算數，猶以每斛之費除户數也，輸載之間各一日。注云：『各一日者，即二日也。』此宜是停駐之日數，故用加於在道之日數。乃日數以往來為齊同，宜倍到輸所之里，以乘人數，術未備也。又云：『今有善行者，行一百步，不善行者，行六十步。今不善行者，先行一百步，善行者追之，問幾何步及之？』術曰：『置善行者一百步，減不善行者六十步，餘四十步，為法。以善行者之一百步，乘不善行者，先行一百步為實，實如法得一步。』按先行百步而追及之，必能餘一百步而後可也。故用減法，得其所餘之率。以善行之一百步，乘不善行之一百步者，其實以善行之一百步，乘善行所餘之一百步也。又云：『今有不善行者，先行十里，善行者追之一百里，先至不善行者二十里，問善行者幾何里及之？』術曰：『置不善行者先行十里，以善行者先至二十里，增之以為法。以不善行者先行十里，乘善行者一百里為實，實如法得一里。』按先行十里而追之，止餘十里便及。今餘三十里，故行一百里耳。是三十里與一百里，可例一十里與追及之里數也。以不善行之十里，乘善行之一百里者，其實以善行所餘之十里，乘所行之一百里也。又云：『今有兔先走一百步，犬追之二百五十步，不及三十步而止，問犬不止，復行幾何步及之？』術曰：『置兔先走一百步，以犬走不及三十步減之，餘為法以不及三十步乘犬追步數為實，實如法得一步。』按先走百步，犬追二百五十步不及三十步。然則若先走七十步，則二百五十步剛追及矣，故七十與二百五十，猶三十之與復行追及步數也。以不及三十步乘犬追步數者，即以兔走之三十步乘二百五十步也。又云：『今有客，馬日行三百里，客去忘持衣，日已三分之一，主人乃覺，持衣追及，與之而還，至家，視日四分之三，問主人馬不休，日行幾何？』術曰：『置四分日之三，除三分日之一，半其餘以為法。副置法，增三分日之一，以三百里乘之為實，實如法得主人馬一日行。』按四分日之三，為客馬之行與主人馬往還之行共數也。三分日之一，為客馬單行之數。四分日之三內減去三分日之一劉氏注云：除即減也，為主人馬往還之數。半之，為主人馬追及之數詳見前。加三分之一，為客馬當主人馬追及之數。是客行十三，當主人之行五也。亦主人行五，當客行之十三也。故五與十三，猶三百與主人馬不休之數也。又云：『今有金箠，長五尺，斬本一尺，重四斤。斬末一尺，重二斤。問次一尺，各重幾何？』術曰：『令末重減本重，餘即差率也。又置本重，以四間乘之，為下第一衰。副置以差率減之，每尺各自為衰。』劉氏注云：『此術五尺有四間者，有四差也。令本末相減，餘即四差之凡數。以四約之，即得每尺之差。以差數減本重，餘即次尺之重。』今此率以四為母，故令母乘本為衰，通其率也。又注云：『此雖迂迴，然是其舊，故就新而言之。』按甲戌相減得二尺，以四除之得半尺，於二尺加半尺為丁，於二尺半加半尺為丙，於三尺加半尺為乙。此注所云以四約之，即得每尺之差也。然為捷法，非均輸法。經列此題，以明均輸之義，故不從省，注以為遲回。未知經意，不用四間除之，而用四間乘之。

不用加之，而用減之。欲得比例之率也。此可明加減乘除相表裏之指，亦可明比例之法，無在不可用也。又《張邱建算經》題云：『今有方亭，下方三丈，上方一丈，高二丈五尺，欲接築為方錐，問接築高幾何？』術曰：『置上方尺數，以高乘之為實，以上方尺數減下方尺數，餘為法，實如法而一。』按所有者方亭，所求者方錐，不可為比例。故必減去上方，合兩旁之句股為方錐也。又題云：『今有築城，上廣一丈，下廣三丈，高四丈，今已築高一丈五尺，問已築上廣幾何？』術曰：『置城下廣以上廣減之，又置城高，以減築高，餘相乘。以城高而一，所得，加城上廣即得。』按先以三丈與一丈減，是去其中之縱方，而存其兩畔之兩句股也。以一丈五與四丈減者，去其新築之高，而存其未築之數也。何也？三丈者，四丈之底也。二丈二尺五寸者，二丈五尺之底也。惟兩底同，乃可比例。此所以不用築高，而用減餘也。又題云：『今有鹿直西走，馬獵追之，未及三十六步，鹿回直北走，馬俱斜逐之，走五十步，未及一十步，斜直射之得鹿。若鹿不回，馬獵追之，問幾何里而及之？』術曰：『置斜逐步數，以射步數增之，自相乘。以追之未及步數自相乘，減之，餘以開方除之，所得，以減斜逐步數，餘為法。以斜逐步數乘未及步數為實，實如法得一。』按此始以開方，終以衰分也。馬比鹿每五十步多二步，必九百步，而後多三十六步也。二與五十，為三十六與九百之比例也。題亦可云斜逐六十步得之。此則六十步多十二步，當一二與六十，為三十六與一百八十之比例。今題云未及十步，斜射得之。此故為隱伏以示學者。前用開方，宜連未及之步。後用比例，止取斜逐之餘。變化存乎一心，實自然之理耳。

有兩率，以衰分求之。有兩差，以盈不足求之。無率而欲有率，以均輸求之。無差而欲有差，以盈不足之假令求之。設率與設差之術通，率不可設，則設其差。

《九章算術·盈不足》云：『今有人持錢之蜀賈，利十三。初返歸一萬四千，次返歸一萬三千，次返歸一萬二千，次返歸一萬一千，後返歸一萬，凡五返歸，錢本利俱盡，問本持錢及利各幾何？』術曰：『假令本錢三萬，不足一千七百三十八錢半。令之四萬，多三萬五千三百九十錢八分。』此即《張邱建》持錢之洛之題也。又云：『今有漆三，得油四，油四和漆五。今有漆三斗，欲令分以易油，還自和餘漆，問出油得漆和漆各幾何？』此即紫草、染絹之術也。并漆三漆五為總數，與油四，可求三斗中所易之油。與漆三可求三斗中所出之漆，與漆五可求三斗中所和之漆。《九章》不以隸《均輸》，而以隸《盈不足》者。均輸者，於均之中求其均。假令者，設為不均以求其均。衰分與盈不足相表裏，故衰分之均輸，亦與盈不足之假令相表裏。蓋有定率，則可馭以衰分。有盈朒，則可馭以盈不足。無盈朒而設為盈朒，猶之無定率而設為定率也。試推言之，盈不足術云：『今有米在十斗桶中，不知其數。滿中添粟而舂之，得七斗，問故米幾何？』術曰：『假令故米二斗，不足二升，令之三斗，有餘二升。』此以十斗七斗與粟米之率心計，而先得盈朒數也。《張邱建算經》云：『今有器容九斗，中有米不知其數，滿中粟舂之，得米五斗八升，問滿粟幾何？』術曰：『置器容九斗，以米數減之，餘以五之二而一。』草曰：『置九斗，以米五斗八升減之，得三斗二升。以粟率五因之，得石六斗。以糲率二斗除之，得八斗為粟。』按原有之米，與粟所舂之米，合為五斗八升，則原粟之數不能於合數中求得之。然米則合而糲則專，故於九斗中減去米，餘三斗二升，則糲矣。於是用糲率二為一率，粟率五為二率，糲三斗二升為三率，求得粟八斗為四率。此以減得糲數，於無定率得定率也。又：『今有醇酒一斗，直錢五十。行酒一斗，直錢一十。今將錢三十，得酒二斗。問醇、行酒各幾何？』術曰：『假令醇酒五升，行酒一斗五升，有餘一十。令之醇酒二升，行酒一斗八升，不足二。』《張邱建算經》云：『今有清酒一斗，直粟十斗。醑酒一斗，直粟三斗。今持粟三斛，得酒五斗。問清、醑酒各幾何？』術曰：『置得酒斗數，以清酒直數乘之，減去持粟斗數，餘為醑酒實。又置得酒斗數，以醑酒直數乘之，以減持粟斗數，餘為清酒實。各以二直相減，餘為法，實如法而一。』按此有共數共值，有貴賤率。故以貴賤、衰分之術馭之也。盈不足術云：『今有黄金九枚，白銀十一枚，稱之重適等。交易其一，金輕十三兩，問金銀一枚各重幾何？』術曰：『假令黄金三斤，白銀二斤十一分斤之五，不足四十九於右行。令之黄金二斤，白銀一斤十一分斤之七，多十五於左行。』《張邱建算經》云：『今有金方七，銀方九，稱之，適相當，交易其一，金輕七兩，問金銀各重幾何？』術曰：『金銀方數相乘，各以半輕數乘之為實。以超方數乘金銀方數，各自為法，實如法而一。』按以金方七，銀方九，為母。金之超數二，銀之超數二，為子。母同子齊，以為定率，然後兩用今有術，以得之。子齊為一率，母同為二率，半輕數為三率，求得每方重數為四率。蓋以金銀并言為交易，分言之則為損金以益銀，損銀以益金。凡損此益彼，其數必倍詳卷一，故交易其一，而超數為二也。此可相參而悟者，在本書亦自明之。均輸、鳧雁之術，循既詳之於前矣。於盈不足術，又列題云：『今有垣高九尺，瓜生其上。蔓日長七寸，瓠生其下。蔓日長一尺，問幾何日相逢？瓜、瓠各長幾何？』術曰：『假令五日不足五寸，令之六日，有餘一尺二寸。』按鳧雁無里數，此垣高有尺數，似有不同。然試通之，并瓠蔓、瓜蔓為一十七寸，以除九尺之垣，即得日數。以瓠蔓乘之得瓠尺，以瓜蔓乘之得瓜尺。鳧雁無里數，故必相乘而後除之。此有尺，徑除此尺數可矣。又二題云：『今有蒲生一日長三尺，莞生一日長一尺。蒲生日自半，莞生日自倍，問幾何日而長等？』『今有垣厚五尺，兩鼠對穿。大鼠日一尺，小鼠亦日一尺，大鼠日自倍，小鼠日自半，問幾何日相逢？各穿幾何？』此二者不可通於均輸，何也？日自倍之率，為一、二、四、八、十六。衰分術云：『今有女子善織，日自倍，五日織五尺，問日織幾何？』此知五日，則有五日之率。蒲莞、大小鼠之術，雖有各率，而無日數。無日數，則率不可定，故必以盈不足之假令馭之，而不可通諸衰分也。又良馬、駑馬之術，見於《衰分》者甚多。盈不足術云：『今有良馬與駑馬發長安至齊，齊去長安三千里。良馬初日行一百九十三里，日增十三里。駑馬初日行九十七里，日減半里。良馬先至齊，復還迎駑馬，問幾何日相逢及各行幾何？』日增十三者，今日於初日里數外，增十三。明日則於所增外，又增十三也。日減半者，今日於初日里數外，減半里。明日則於所減外，又減半里也。與日自倍日自半之數不同，而其不可為定率則同。故亦必以盈不足之假令馭之，而不可通諸衰分也。

凡比例，以甲率乘丙率，與乙率自乘等。

比例之理，出於盈朒。比例之法，出於互乘。盈朒之理，甲乙丙為平列。乙多於甲之數，即乙少於丙之數，其相去以加減，故倍中數，即首尾相加之數，亦例之以加減也。比例之理，甲、乙、丙為遞列，乙乘於甲之數，即乙除於丙之數。其相去以乘除，故中數自乘，即首尾相乘之數，亦例之以乘除也。其法出於互乘者，甲、乙、丙、丁平例為四率，縱列為母子。以一率乘四率，即以左母維乘右子也。以二率乘三率，即以右母維乘左子也。

甲一　一加一爲二　一加三爲四
乙二　三減一爲二　二倍之爲四
丙三　三加一爲四

甲一　一乘二爲二　一乘四爲四
乙二　二除四爲二　二自乘爲四
丙四　四乘一爲四

右比例用加減乘除同理。

甲二　維乘　乙四得一十二
丙三　維乘　丁六得一十二

甲二　一率乘丁爲一十二
乙四　二率乘丙爲一十二
丙三　三率乘乙爲一十二
丁六　四率乘甲爲一十二

右比例與維乘同法。

乙率自乘，以甲率除之，得丙率。以乙率自乘，與甲丙并率之半自乘，相減，餘開方除之，與并數之半相減，其數等。乙率自乘，以丙率除之，得甲率。以乙率自乘，與甲丙并率之半自乘，相減，餘開方除之，與并率之半相加，其數等。

乙率自乘，既等於甲之乘丙。甲除之得丙，丙除之得甲，即母半則子倍，母倍則子半之理也。同是積也，在乙自乘為方，在丙甲相乘為縱方。為縱方，則甲為長丙為闊矣。知乙自乘積，知甲，而求丙，則以甲除之，是也。知乙自乘積，知丙，而求甲，則以丙除之，是也。若知乙自乘積，知甲丙共積，而不能分析甲與丙之各數，則以之求丙，無甲可除，以之求甲，無丙可除，則仍以縱方之理求之。聚平方之四，如田字，聚縱方之四，盈朒相觸，中餘縱乘縱之小平方。乙自乘之平方，既化為甲乘丙之長方，則甲丙相并，即縱廣相和，故用求帶縱平方和之術以得之。求帶縱平方和之術，以和數自乘，減積數之四倍，而開方之，得縱乘縱之方。與和數相加而半之得縱，與和數相減而半之得廣。今不以積數四倍，而以和數折半。凡倍之自乘，必得四倍，則凡四之一自乘其邊必當四倍者之半也。已豫半之，而開方所得縱乘縱之方，不待半之矣。此又豫半豫倍之理也見卷一。

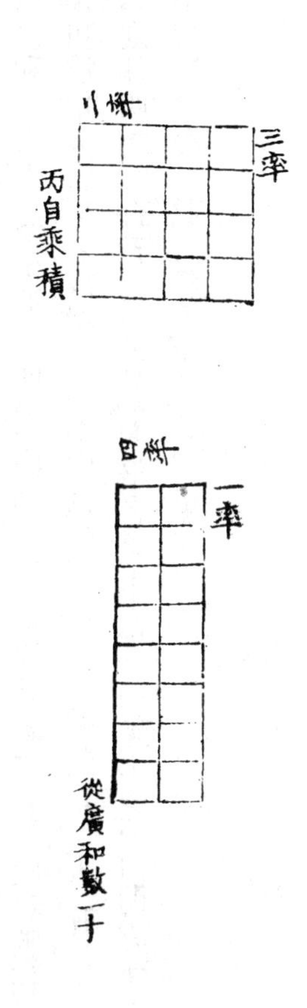

甲率乘丙率，以乙率除之，仍得乙。以甲率乘乙丙之并率，以甲率為縱，開方除之，其數等。以丙率乘甲乙之并率，以甲率為縱，開方除之，其數等。

知甲乘丙之數，知乙數，不必以乙除之，自知乙矣。若知甲率，知乙丙合率，而不知乙。或知丙率知甲乙合率，而不知乙，則亦以縱方之理通之。夫丙乘甲，以乙除之，仍得乙者。以乙之自乘，其數即丙甲之相乘也。乙自乘，既即為丙甲之相乘，則以甲乘乙丙之并率，為甲乘乙、甲乘丙各一者，不啻甲乘乙、乙乘乙各一也。甲乘乙、乙乘乙，又不啻乙乘甲、乙之并也。乙乘甲、乙之并，即以甲為縱、以乙為廣之帶縱平方。今求為廣之乙，故以甲乘乙、丙。以甲為縱，開方除之，即得乙也。抑乙自乘，既即為丙、甲之相乘，則以丙乘甲、乙之并率，為丙乘乙、丙乘甲各一者，不啻丙乘乙、乙乘乙之各一也。丙乘乙、乙乘乙，又不啻乙乘丙、乙之并也。乙乘丙、乙之并，即以丙為縱，以乙為廣之帶縱平方。今求為廣之乙，故以丙乘甲、乙。以甲為縱，開方除之，亦即得乙也。

乙率
乙甲率爲從
得乙率
乙自乘之積同甲乘丙之積

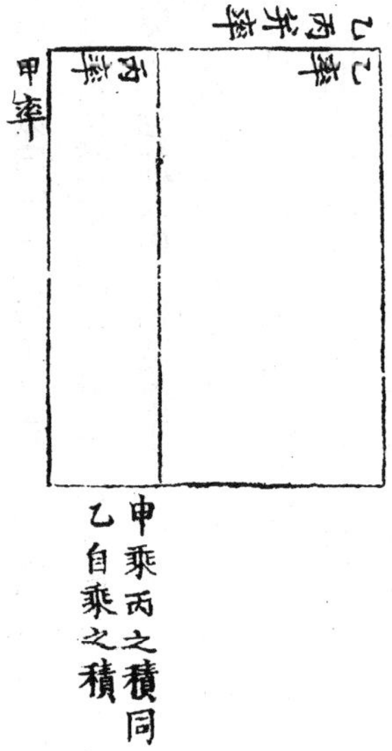

乙丙并率
乙率
丙率
甲率
甲乘丙之積同乙自乘之積

乙丙相乘，以丁除之，得甲。以甲除之，得丁。甲丁相乘，以乙除之，得丙。以丙除之，得乙。甲丁相乘，減乙丙并率自乘之半，開方除之，相加得乙，相減得丙。乙丙相乘，減甲丁并率自乘之半，開方除之，相加得甲，相減得丁。

《九章·句股》題云：『今有邑方，不知大小，各中開門。出北門二十步有木，出南門十四步，折而西行一千七百七十五步見木，問邑方幾何？』術曰：『以出北門步數，乘西行步數，倍之為實，并出南門步數為從法，開方除之，即邑方。』注云：『以折而西行為股，自木至邑南十四步為句，以出北門二十步為句率，北門至西隅為股率。』按依注，當以句為一率，股為二率，句率為三率，求得四率為城之半廣。但句無數，二率、三率相乘，不能以一率除之得數，故以二率、乘三率之數倍之。而以一率之數可知者為縱，而開方之，其故何也？二率、三率相乘之積，即一率、四率相乘之積。是積也，邑方之半在其中，倍之，則邑方全在其中矣，故以縱方法求之而得其數。蓋不得之於邊，而得之於積。得之於邊，則用異乘同除。得之於積，則用帶從開方。其術之精巧，總本於二三之相乘，等一四之相乘也。

以乙乘丙丁并率，甲乙并率除之，得丁。以甲乘丙丁并率，甲乙并率除之，得丙。以乙乘甲丁并率，乙丙并率除之，得甲。以丙乘甲丁并率，以乙丙并率乘之，得丁。以丙乘甲乙

并率，以丙丁除之，得甲。以丁乘甲乙并率，以丙丁除之，得乙。以甲乘乙丙并率，以甲丁除之，得乙。以丁乘乙丙并率，以甲丁除之，得丙。

連比例中率自乘，故可以縱法馭之。斷比例中率相乘，不可以為方，故不可以連比例之術通之也。然既有四率，則比例之中，分合皆可為比例，故仍以比例通之，而其用無窮矣。西法《幾何原本》，列比例之法一十有二：曰同理比例，曰相連比例，曰順推比例，曰反推比例，曰遞轉比例，曰分數比例，曰合數比例，曰更數比例，曰隔位比例，曰錯綜比例，曰加數比例，曰減數比例。統而計之，即維乘之理而已。

甲率自乘，以丙率乘之，與乙率自乘，以甲率乘之等。甲率自乘，以丁率乘之，與甲、乙、丙三率連乘等，與乙率再自乘等。

甲丙相乘，既同於乙之自乘。則以甲丙相乘之數，又以甲乘之，以乙自乘之數，又以甲乘之，其數之同可知也。甲丁相乘，既同於乙丙相乘。則以甲丁相乘之數，又以甲乘之，以乙丙相乘之數，又以甲乘之，其數之同可知也。甲丙相乘，既同於乙之自乘，則乙自乘之數，又以乙乘之，以甲丙相乘之數，又以乙乘之，其數之同可知也。以甲丙相乘之數，又以乙乘之，不啻以乙丙相乘之數，又以甲乘之，所謂甲、乙、丙三率連乘也，乙之再乘，既同於甲、乙、丙之連乘，則與甲丁相乘，又以甲乘之之數，亦同矣。

以丙自乘，乙為斜弦。以乙自乘，甲為斜弦。甲之於乙，如乙之於丙。以乙乘丙，甲為斜弦。以丁乘戊，乙為斜弦。以丁乘己，丙為斜弦。甲之於乙，如乙之於戊。甲之於丙，如丙之於己。

句股之比例，千變萬化，舉之不勝舉，惟句股有連比例之三率，以弦為首率，句為中率，尾率必弦之小半。以弦為首率，股為中率，尾率必弦之大半。小半、大半之所分，恰當中垂綫法詳《幾何原本》，其法以自乘通之。以一自乘之數，畫而為四，小弦必同於大弦，小邊必同於大邊。推之相乘之縱方，形雖差，而理亦同也。

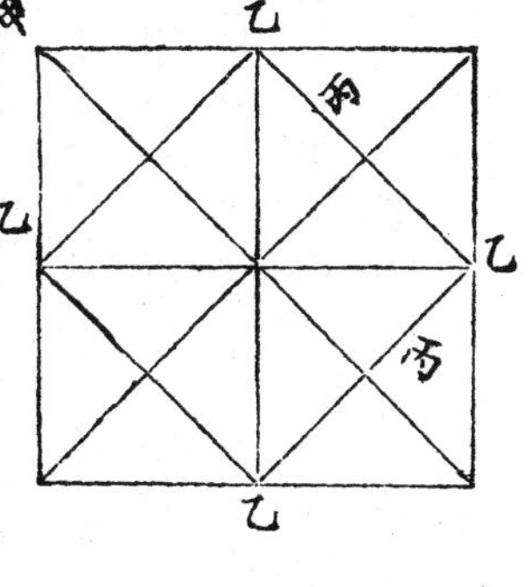

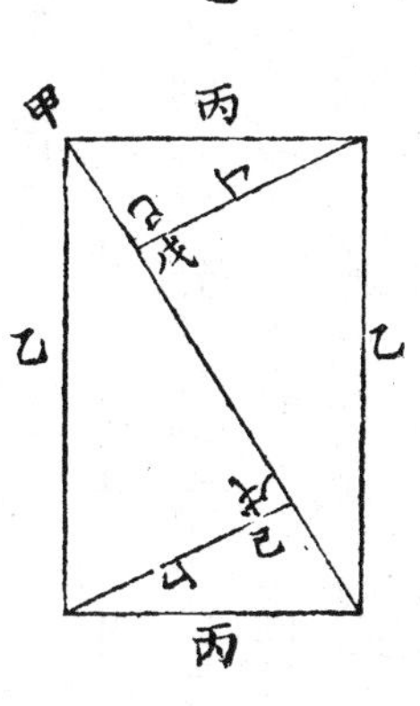

以丙乘乙，甲為斜弦，甲乙丙兩句股形等。以丙乘乙，甲為斜弦。以丙中分之，半丙於半甲、半乙，猶全丙於全甲、全乙。

衰分、均輸之術，合之句股，此西法比例相求之原。蓋以一方形，斜剖為兩句股，則此形之句股，等於彼形之句股，而共一弦，此整形也。既剖為兩句股，又隨以句股中分之，則兩大句股之形內，必又成兩隅相連之兩小句股形。兩小句股，即兩大句股之比例也。蓋小之視大，雖得其半，而句同此句，股同此股，弦共此弦，依然一方形斜剖之理也。以兩隅相連觀之，則四表之立可明矣。以小句股在大句股內觀之，則兩表之立可明矣。《九章算術·句股》題云：『有木去人不知遠近。立四表，相去各一丈。令左右兩表，與所望參相直，從後右表望之，入前右表三寸，問木去人幾何？』術曰：『令一丈自乘為實，以三寸為法，實如法而一。』《張邱建算經》云：『今有城，不知大小。去人遠近於城西北隅而立四表，相去各六丈。令左兩表，與西北隅南北望參相直，從右後表望城西北隅，入右前表一尺二寸。又望西南隅，亦入右前表四寸。又望東北隅，亦入左後表二丈四尺。』術曰：『置表相去自乘，以望城西北隅入數而一，得城去表。又以望城西南隅入數而一，所得減城去表，餘為城之南北。以望城東北隅入左後表數，減城去表，餘以乘表相去。又以入左後表數而一，即得城之東西。』二書為算，雖有不同，而其為兩隅相連之理則同也。《九章算》云：『有山居，木西，不知其高。山去木五十三里，木高九丈五尺，人立木東三里，望木末適與山峰斜平，人目高七尺，問山高幾何？』術曰：『置木高，減人目高七尺，餘以乘五十三里為實。以人去木為法，實如法而一，所得加木高，即山高。』此術木為半股，木至人為半句，木頂至人目為半弦，以例山高之全股，山至人目之全句，山頂至人目之全弦。劉徽撰《海島算經》，用兩竿，即本木與人之意也。《九章算術》又有算邑方題云：『邑方二百步，各中開門出東門十五步有木，問出南門幾何而見木？』術曰：『出東門步數為法，半邑方自乘為實，實如法得一步。』此句股中減去容方，餘存兩句股為比例也。因所減去之容方，一為句，一為股，故自乘即二三率相乘也。若此句彼股，出於所容之從方，則不可以用自乘矣。《幾何原本》有兩綫平行之率，為內外角、對角、并角之所從生。究其原，則出於一正方斜剖，而參伍錯綜之無不合也。

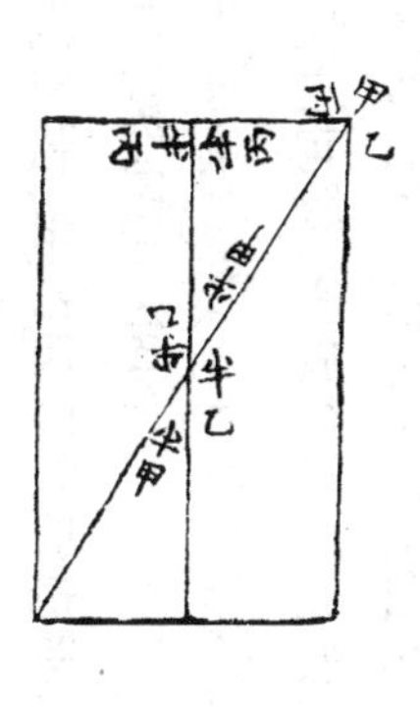

甲乙丙所謂平行線也子
巳與已卯互倒以其出於
甲也子未與未丑與辰巳
與巳午與寅申與申卯互
倒以其出於乙也子辰與
辰寅與未巳與巳申與丑

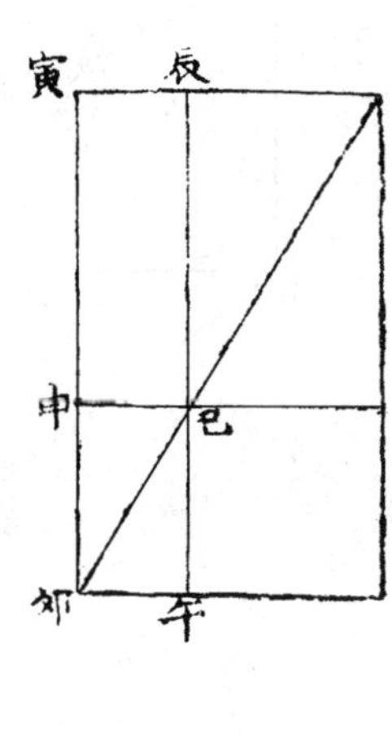

午與午卯互例以其出於兩也以子辰巳與巳午卯互例即四表之法也以巳午卯與子丑卯互例即兩午之法也以子未巳與巳午卯互例即方城之法也

坎離震兌爲所立四表以坤坎離與乾兌離爲例猶前圖子辰巳與巳午卯互例

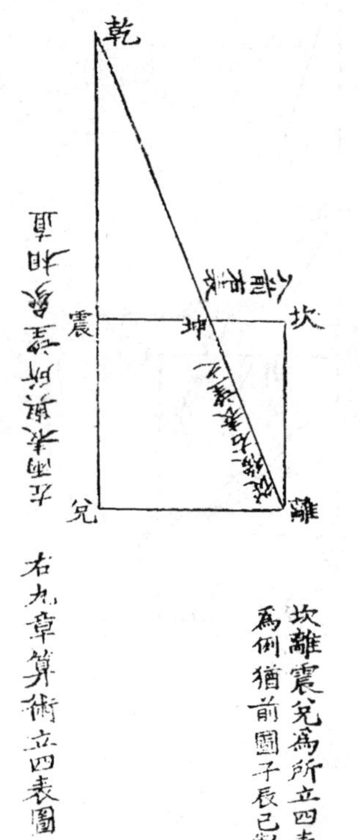

右九章算術立四表圖

角亢氐房所立四表。心尾女。與角亢女。尾井房。與角氐井。斗牛房。與角牛氐。並猶前圖子辰巳與巳午卯。

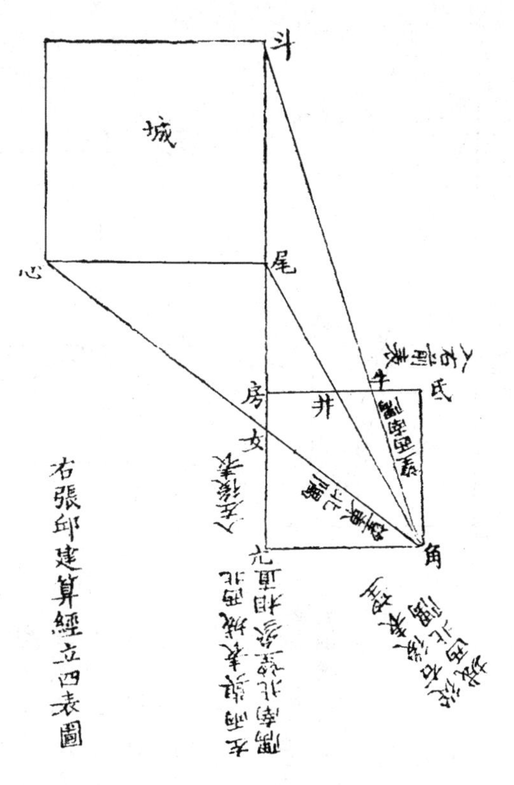

右張邱建算經立四表圖

甲自乘，以甲為縱而開方之，得乙，以乙減甲，得丙，丙之於乙，猶乙之於甲。以甲為股，半之為句，求得弦。以句減弦，得乙，以乙減股，得丙，其比例等。以乙為股，半之為句，得弦。以句加弦，得甲，以乙減甲，得丙，其比例等。

比例之法有二：其一出於差分，異乘同除也。其一出於自乘，理分中末也。異乘同除者，有定率二，以例今有之數。如四之與六，例六之與九是也。理分中末者，有全分一，以求大分小分之比例。如全分一十，則中六一八□三，末三八一九七，是也。異乘同除，上既詳言之矣。而理分中末之術，為西人所獨擅之奇，秘其名曰神分綫。梅勿庵以句股和句股較倍句之法通之，循謂皆自然之數也，異乘同除之比例，但如其分析之數以相乘，其比在例之外也。理分中末之比例，必如其首率之數以中分，其比在例之内也。彼以中率自乘，首率除之，而得末率。此以首率自乘，縱方開之，而得中率末率，其法有不同也。彼有二而得三，此有一而得三。有二得三，則三生於二，故中末二率，合之與首率差。有一求三，則三生於一，故中末二率，合之與首率同。彼以馭隱伏糅雜，而假以為憑，此以求等邊諸面，而資以為鵠，其用有不同也。法用平方縱方，故亦可用句股和、句股較。以首率自乘，用縱方開之，而得中率。以中率自乘，用縱方開之，而得末率。末率之縱方積，同於中率之平方積。而中率之縱方積，同於首率之平方積。此比例之根也。若合首率、中率為首率，則首率為中率，中率為末率。若以中率為首率，則末率為中率，末率減中率為末率。二下推之，至於無窮，無不皆然。唯其出於平方、縱方，故又可馭之以句股，唯其以平方化縱方，故必令句半於股，股倍於句。平方化縱方，必為一小縱方連於大縱方，又即為一小平方連於大平方。若廣之為一縱方斜剖為句股，則一小平方，必為句股內所容之方，大平方即容方界上之餘。此容方界上之餘不必定為平方，而理分中末，則必得其為平方。故倍句為股，半股為句也。以大平方之邊為股，半之為句，其弦必小平方之邊，加大平方邊之半。今既以大平方之邊為首率，則股為首率矣。以小平方之邊為中率，則弦減句為中率矣。以小平方邊減大平方邊，所餘為末率，則以弦句較減股為末率矣。連大平方、小平方兩邊為首率，則句弦和為首率矣。大平方邊為中率，則股為中率。小平方為末率，則句弦較為末率矣。

加減乘除釋卷八

以加來者，消之以減。以乘來者，消之以除。

劉氏《九章算術·方田》注云：『子有所乘，故母當報除，此為方田之乘分而言。』循謂算法之精妙，無踰此兩言也。《九章》之盈不足、方程，所以馭叢雜不齊之數者，至精至奥。大率所舉而問者，以乘為隱伏。多一乘，則多一重隱伏。而所以發其隱伏，則用除。多一重隱伏，則多一除以發之。是以乘入之，以除出之，故曰報除也。蓋算之艱，惟其叢雜而隱伏，有相乘維乘，可以化叢雜為齊同。有報除，可以化隱伏為顯著，而算之能事盡矣。如有物，一錢得三枚，此無俟算也。若以乘通之云：有物二錢得六枚，三錢得九枚，此則以二乘三為六，以三乘三為九矣。是為多一乘，必以二除六，以三除九，而後得之。或并二三為五，并六九為十五，以五除十五而後得三。或六九相減為三，二三相減為一，以一除三而後得三。或二三相乘為六，倍之為十二。二維乘九，三維乘六，相加為三十六。以十二除三十六而後得三，所謂報除以發之也。又如有二物，甲一錢得二枚，乙一錢得三枚，此亦無俟算也。若以乘通之云：有二物不知價，但言甲二錢，乙三錢，共得一十三枚。甲五錢，乙四錢，共得二十二枚。此則以二乘二為四，以三乘三為九，合為一十三。以二乘五為一十，以三乘四為一十二，合為二十二。是為多一乘，又多一并。多一并則叢雜矣。多一乘，則隱伏矣。叢雜用相乘，維乘以齊之。以甲二、甲五相乘為一十減盡，以甲二遍乘乙四為八，遍乘二十二枚為四十四。以甲五遍乘乙三為一十五，遍乘一十三枚為六十五。以八與一十五相減為七，以四十四與六十五相減為二十一，是也。隱伏用報除以發之。以七除二十一得三為乙數，是也。若舉其較數，則云：甲二乙三較五，甲五乙四較二，亦兩甲相乘，減盡。甲二遍乘乙四為八，遍乘二為四。甲五遍乘乙三為一十五，遍乘五為二十五。八與十五相減為七，二十五與四相減為二十一，以七除二十一為三，亦用遍乘報除之術以得之，此方程所為用除法也，以言盈不足之術。如云：三盈一，五朒一，不俟算而知其為四。如云：人出三，盈三。人出五，朒三。此則以三乘四為十二，乘三為九，乘五為一十五。以一十二較九為盈三，較十五為朒三。是為多一乘，必以三維乘三為九，以五維乘三為一十五。九與一十五，異名相加，為二十四。以三與五相減為二，以二除二十四，得一十二，是亦報除以發其隱伏也。并兩三為六，以減餘二除之得三，為人數。兩三皆差數，故以出率之差除之，不啻方程之以減餘除減餘也。物數必由差得整數，乃可求。由差得整數，故維乘以齊之也。劉氏注衰分法云：『一乘一除，適足相消。』相消，亦報之謂也。如：有物九枚，二人分之，人得四枚半耳。若甲得三分之二，乙得三分之一，必先以二乘九為一十八，以三除之為六，為甲所得。以一乘九為九，以三除之為三，為乙所得。其法數本三除，而又二除三分之二，三分之一，是先分為三，又分為二也，是多一除，故必先乘以通此一除，後除以消此一乘，所謂一乘一除，以相消也。若以六乘甲二為十二，以三乘乙一為三，并之為共價十五。并六與三為共物九，問曰：『共物九，共價十五，物有一枚值二，一枚值一，求得幾物與每物價若干？』是又多一乘，今謂之貴賤差分者也。凡有共物共價，以價除物，則得每物之價。今物價有不同，則不得平除之。然不得平除，而徑用平除，故以賤價乘總物，必朒於總價。以貴價乘總物，必盈於總價。以朒價減總價為朒餘，以盈價減總價為盈餘。以不同之價，貴賤相減，除朒餘得貴價，除盈餘得賤價，亦以除消其乘也。蓋有共物之所分，有不同之數之所乘，有所乘之分數，有所乘之共價。今舉共價而隱其所分，舉其不同之數，而隱其所乘。舉所乘之共價，而隱其所乘之分數。故於所舉之共物，與不同之數分乘，而又與共價相減，而所隱者，不終隱矣。

以甲之半加甲，為一甲有半。以甲之半減之，仍得甲。有二甲，各加甲之半，為一甲有半。各倍之，互以一甲有半，減之，仍各得一甲有半。有三甲，各加兩甲之半為兩甲。各再倍之，互以一甲加兩甲之半，倍而減之，仍各得兩甲。有甲乙，以乙之半加甲，倍之，以甲之半加乙減之，亦得一甲有半。以甲之半加乙，倍之，以乙之半加甲減之，亦得一乙有半。有甲、乙、丙，以乙之半、丙之半，加甲，再倍之，以甲之半、丙之半加乙，以甲之半、乙之半加丙，合而減之，亦得兩甲。以甲之半、丙之半加乙，再倍之，以甲之半、乙之半加丙，以乙之半、丙之半加甲，合而減之，亦得兩乙。以甲之半、乙之半加丙，再倍之，以乙之半、丙之半加甲，以甲之半、丙之半加乙，合而減之，亦得兩丙。

《張邱建算經》有方程之題云：『孟、仲、季兄弟三人，各持絹不知匹數。大兄謂二弟曰：「我得女等絹各半，滿七十九匹。」仲弟曰：「我得兄弟絹各半，滿六十八匹。」小弟曰：「我得二兄絹各半，滿五十七匹。」問兄弟本持絹各幾何？』術以大兄二，中弟一，小弟一，合一百五十八。大兄一，中弟二，小弟一，合一百三十六。大兄一，中弟一，小弟二，合一百一十四。如方程而求，即得是也。《孫子算經》有術云：『甲、乙、丙三人持錢。甲語乙丙，各將公等所持錢，半以益我，錢成九十。乙語甲丙，各將公等所持錢，半以益我，錢成七十。丙語甲乙，各將公等所持錢，半以益我，錢成五十六。問三人原持錢各幾何？』此即兄弟持絹之術，乃不用方程別為法云。

先置三人所語為位，以三乘之，各為積。甲得二百七十，乙得二百一十，丙得一百六十八。各半之，甲得一百三十五，乙得一百零五，丙得八十四。又置甲九十，乙七十，丙五十六。各半之，以甲乙減丙，以甲丙減乙，以乙丙減甲，即各得原數，術捷於方程。而消息甚巧，循謂以半言之似奥，以全觀之，則顯而易知也。以甲、乙、丙不等言之似雜，以平分觀之，則純而可見也。如甲之數二，加半甲一，為三。是為一甲有半，倍之為六。而以三減之，仍得三，婦孺所共知也。甲之數二，加兩半甲二，為四。是為兩甲，三之為十二。而以八減之，仍得四，亦婦孺所共知也。蓋倍一甲，即不啻并兩甲。再倍一甲，即不啻并三甲。倍一甲，而以一甲減之。再倍一甲，而以二甲減之，即不啻以一甲減二甲，以二甲減三甲也。若變二甲為甲、乙，有如甲四、乙二。以乙之半一，加甲為五，固不同以甲之半加甲，為一甲有半也。倍之為一十，亦不同倍一甲有半，為三甲也。乃互以甲之半二，加乙為四，以減一十，得六，亦為一甲有半。且推之倍四為八，以五減八，得三，亦即一乙有半也。若變三甲為甲、乙、丙，有如甲六、乙四、丙二，合乙、丙之半為三，加甲得九，固不同於以兩甲之半加丙，為兩甲也。再倍之為二十七，亦不同再倍兩甲，為六甲也。乃互以甲、乙之半加丙為七，以甲、丙之半加乙為八，合之為十五，減二十七為十二，亦為兩甲。推之再倍乙八為二十四，以甲九丙七，合為十六，減之，得八，亦為兩乙。再倍丙為二十一，以甲九、乙八，合為十七，減之，得四，亦為兩丙。為兩甲、兩乙、兩丙，半之，即一甲、一乙、一丙也。三甲與甲、乙、丙之數不同。一經加減，而其數無不同者，則消息之妙也。甲之所加者為乙之半，倍之是為二甲一乙。乙之所加者為甲之半，倍之是為二乙一甲。以甲與乙之半，減二乙一甲，餘非一乙有半乎？以乙與甲之半，減二甲一乙，餘非一甲有半乎？甲之所加者，半丙半乙，再倍之，是為三甲及一乙有半一丙有半。乙之所加者，半甲半丙，再倍之，是為三乙及一甲有半、一丙有半。丙之所加者，半甲半乙，再倍之，是為三丙及一甲有半、一乙有半。合一乙半甲半丙，一丙半甲半乙，為一甲一乙有半一丙有半。減三甲，一乙有半，一丙有半，餘非二甲乎。合一丙半甲半乙，一甲半乙半丙，為一乙一甲有半一丙有半。減三乙，一甲有半，一丙有半，餘非二乙乎？合一甲半乙半丙，一丙半甲半乙，為一丙一甲有半，一乙有半。減三丙，一甲有半，一乙有半，餘非二丙乎？由互加而雜，復以互減，而純盈虛相補，殊途而同歸，其理固了然可見也。以既減之餘，得兩甲、兩乙、兩丙。今所求者一甲、一乙、一丙，故半其三乘之積，復半其所知之數，此即豫半之理耳。至奥之義，以至平易推之，無不可渙然冰釋也。

甲甲甲甲本數四　甲甲加其半為六甲

乙乙本數二　乙加其半為三乙

甲甲甲甲本數四　乙加乙之半為四甲一乙　甲甲甲甲乙倍之為八甲二乙　以二乙二甲減之，亦得六甲

乙乙本數二　甲甲加甲之半為二乙二甲　乙乙甲甲倍之為四乙四甲　以四甲一乙減之，亦得三乙

右甲乙兩數加減相消

甲甲甲甲甲甲本數六　甲甲甲加其半　甲甲甲加其半　共十二

乙乙乙乙本數四　乙乙加其半　乙乙加其半　共八

丙丙本數二　丙加其半　丙加其半　共四

甲甲甲甲甲甲本數六　乙乙加乙之半　丙加丙之半，為六甲二乙一丙　甲甲甲甲甲甲、乙乙、丙加一倍　甲甲甲甲甲甲、乙乙、丙又加一倍，為十八甲六乙三丙　以六乙、三丙、六甲，減之，亦得十二甲

乙乙乙乙本數四　甲甲甲加甲之半　丙加丙之半，為四乙、三甲、一丙　乙乙乙乙甲甲甲丙倍之　乙乙乙乙甲甲甲丙再倍之，為十二乙、九甲、三丙　以九甲、三丙、四乙，減之，亦得八乙

丙丙本數二　甲甲甲加甲之半　乙乙加乙之半，為二丙、三甲、二乙　丙丙甲甲甲乙乙倍之　丙丙甲甲甲乙乙再倍之，為六丙、九甲、六乙　以九甲、六乙、二丙，減之，亦得四丙

右甲乙丙三數相消

以甲加乙，以乙加丙，以丙加甲，合而半之，以甲乙減之得丙，以乙丙減之得甲，以甲、丙減之得乙。以甲加乙而減丙，以甲加丙而減乙，合之為倍甲。以乙加丙而減甲，合之為倍乙。以丙加甲而減乙，以丙加乙而減甲，合之為倍丙。以甲、乙、丙相加而減倍丁，以甲、乙、丁相加而減倍丙，以甲、丙、丁相加而減倍乙，合之得三甲。以甲、乙、丙相加而減倍丁，以甲、乙、丁相加而減倍丙，以乙、丙、丁相加而減倍甲，合之得三乙。以甲、乙、丙相加而減倍丁，以甲、丙、丁相加而減倍乙，以乙、丙、丁相加而減倍甲，合之得三丙。以甲、乙、丁相加而減倍丙，以甲、丙、丁相加而減倍乙，以乙、丙、丁相加而減倍甲，合之得三丁。

甲乙相加，減乙得甲，減甲得乙。詳見卷一。推此，則甲、乙、丙相加，減乙、丙仍得甲，減甲、乙仍得丙，減甲、丙仍得乙，可知也。乃於此加即於此減，固也。有所加在此，而所減在彼，則以交互得之，何也？甲、乙、丙相加，猶是一甲、一乙、一丙也。甲加乙，乙加丙，丙加甲，則兩甲、兩乙、兩丙矣，故合而半之也。然此為和數，其減法易明。若甲加乙而減去一丙，甲加丙而減去一乙，是兩甲、一乙、一丙之中，互減一乙、一丙也。於兩甲、一乙、一丙之中，互減去一乙、一丙。所存者，非兩甲乎？所謂合之為倍甲也。蓋彼之甲加乙減丙，此之甲加丙減乙，一經轉移，即不啻彼之甲加乙而復減乙。此之甲加丙而復減丙，加而復減，不啻無加，故仍存彼此之兩甲耳，於此而舉其差，即舉兩甲也。推之，甲與乙、丙、丁三數相加相減，亦可以甲與乙丙兩數相加、相減之理通之。但兩數為兩甲者，三數自為三甲。兩數為一乙一丙相互者，三數自為兩乙、兩丙、兩丁相互也，何也？甲與三數相加減，其目有四甲、乙、丙、丁，其數則九甲乙丙甲乙丁甲丙丁，九數中甲居其三，乙、丙、丁各居其二也。乙、丙、丁既各居其二，則於三甲、兩乙、兩丙、兩丁之中，必互減去兩乙、兩丙、兩丁，而後乃得三甲也。若止減一乙、一丙、一丁，則仍有一乙、一丙、一丁，與三甲相糅入，而不能辨。舉一乙、一丙、一丁之減餘，必不可以知甲也。《方程》章遍乘之後，兩行相減，名曰直除。劉氏注云『消去一物』。蓋方程本數色相并，今以遍乘齊之，而兩行相減，即減其所并也。原於甲之價加乙之價，遍乘之後，消去乙之價，仍存甲之價矣。立天元一法用相消，吾友元和李尚之鋭云：『相消，即相減。』《方程》所謂直除，精核足補梅總憲之説，詳其所校《測圓海鏡》中。

以甲中分之，各乘以甲，合之，如甲自乘之數。以甲盈朒分之，各乘以甲，合之，其數等。

甲自乘為平方。以甲乘半甲，則為平方之半。故合之仍為平方，盈朒分之亦然。

以甲中分之，各乘以乙，合之如甲乙相乘之數。以甲盈朒分之，各乘以乙，合之其數等。以甲盈朒分之，又以乙盈朒分之。或以甲之盈朒，遍乘乙之盈朒。或以乙之盈朒，遍乘甲之盈朒，合之其數等。

甲乙相乘為縱方，甲為縱，乙為廣，半甲乘乙則廣如故。而縱半半乙乘甲，則縱如故，而廣半故必合之也。若以甲之盈，乘乙之盈，則僅得縱與廣之大半，又必以甲之盈，乘乙之朒。為得縱之大半，廣之小半，合之為縱之大半乘廣之全，為甲乙相乘之縱方大半也。是又必以甲之朒，乘乙之盈與朒，為甲乙相乘之縱方小半，而後合成縱方之全也。是為以甲之盈朒，遍乘乙之盈朒。若以乙之盈朒，遍乘甲之盈朒，其數亦等者，即甲乘乙同於乙乘甲之理也。

六乘八得四八設為甲六乙八

二、四乘八得一六、三二　合之亦四八二為甲之朒，四為甲之盈

六乘三、五得一八、三〇　合之亦四八三為乙之朒，五為乙之盈

二乘三、五得〇六、一〇　合之為一六

四乘三、五得一二、二〇　合之為三二

合之亦得四八

三乘二、四得〇六、一二　合之為一八 合之亦得四八

五乘二、四得一〇、二〇　合之為三〇

以甲之盈朒，遍乘乙之盈朒，各相加而減之，以甲盈甲朒之差除之，得乙。以乙之盈朒，遍乘甲之盈朒，各相加而減之，以乙盈乙朒之差除之，得甲。

甲乙相乘，甲除之，得乙。乙除之，得甲。易知也。以甲之盈乘乙，以乙除之，得甲之盈。以甲之朒乘乙，以乙除之，得甲之朒。以乙之盈朒乘甲，以甲除之，得乙之盈朒。亦易知也。并盈朒所遍乘，并盈朒除之，得甲乙。以盈朒所遍乘相減，以盈朒相減除之，亦得甲乙。此即以差除差之理也。

一六減三二餘一六　以二減四餘二　除之，得八

一八減三〇餘一二　以三減五餘二　除之，得六

以甲之盈朒，遍乘乙之盈朒，互相加而減之。以甲盈甲朒之差，除之，得乙盈乙朒之差。以乙盈乙朒之差，除之，得甲盈甲朒之差。

互相加者，以甲之所遍乘，與乙之所遍乘，錯綜加之也。同一以差除差，在各相加，則得甲乙之全。在互相加，則僅得甲乙盈朒之差者，各相加雖有盈朒之分，而盈朒之差，原與遍乘得數之差相應，故除之即得甲乙之全數。一經交互，則以盈朒相

補，不復如各相加者之差，有數倍之多。但乘既犬牙，數即枘鑿。一以甲盈乘乙盈，甲朒乘乙朒。一以甲盈乘乙朒，甲朒乘乙盈。二者相較，正差一甲盈甲朒之差。乘乙盈乙朒之差，既差一甲盈甲朒之差。乘乙盈乙朒之差，則以甲盈甲朒之差除之，得乙盈乙朒之差。以乙盈乙朒之差除之，得甲盈甲朒之差。又何疑乎？

二、四乘三、五得〇六、二〇　互加為二六 合之亦得四八

二、四乘五、三得一〇、一二　互加為二二

二、四相減餘二　二六、二二相減餘四　以二除四得二

三、五相減餘二　二六、二二相減餘四　以二除四得二

右二、四與三、五皆差二，恐不足以明，更設差二、差三以明之。

三、五乘二、五得〇六、二五　互加為三一

三、五乘五、二得一五、一〇　互加為二五

三、五相減餘二　〇一〔一〕、二五　相減餘六　以二除六得三

二、五相減餘三　三一、二五　相減餘六　以三除六得二

〔一〕『〇一』，據前文，應為『三一』。

以甲盈朒分之，以乙盈朒分乘之，互相加，以所乘得之盈，遍乘甲之盈朒，相減，以甲盈甲朒之差除之，仍得所乘之盈。以所乘得之朒，遍乘甲之盈朒，相減，以甲盈甲朒之差除之，仍得所乘之朒。以所乘得之盈，遍乘乙之盈朒，相減，以乙盈乙朒之差除之，仍得所乘得之盈。以所乘得之朒，遍乘乙之盈朒，相減，以乙盈乙朒之差除之，仍得所乘得之朒。

此亦以差除差，本無所互，故盈仍得盈，朒仍得朒也。前甲乙分立，則甲差除得乙，乙差除得盈。此所乘得之盈朒，為甲乙所共，故無分別耳。

二六遍乘二、四得〇五二、一〇四　減餘五二　以二、四相減餘二　除五二仍得二六

二二遍乘二、四得〇四四、〇八八　減餘四四　以二、四相減餘二　除四四仍得二二

二六遍乘三、五得〇七八、一三〇　減除〔一〕五二　以三、五相減餘二　除五二仍得二六

二二遍乘三、五得〇六六、一一〇　減餘四四　以三、五相減餘二　除四四仍

〔一〕「除」，據文義，應為「餘」。

得二一

以甲盈朒分之，以乙盈朒分乘之，互相加。以甲之盈乘加之朒，朒乘加之盈，相減，以甲盈甲朒之差，除之，又以甲除之，得乙之朒。以甲之盈乘加之盈，朒乘加之朒，相減，以甲盈甲朒之差除之，又以甲除之，得乙之盈。以乙之盈乘加之朒，朒乘加之盈，相減，以乙盈乙朒之差除之，又以乙除之，得甲之朒。以乙之盈乘加之盈，朒乘加之朒，相減，以乙盈乙朒之差除之，又以乙除之，得甲之盈。

互加之後，亦有盈朒。前徧乘乃各相乘，猶各相加也。此互相乘，猶互相加也。盈朒互乘，兩相補，則其差必少，故除得朒。盈乘盈則益盈，朒乘朒則愈朒。兩相較，則其差必多，故除得盈。以甲乘得者，其減餘為乙之盈朒。以乙乘得者，其減餘為甲之盈朒，何也？本甲乙之盈朒互乘，又乘之以甲，則甲與甲相消，而乙之差獨著矣。或乘之以乙，則乙與乙相消，而甲之差獨著矣。消息之妙，其理甚微，會而通之，自得矣。

以甲之盈四、朒二乘加之朒二三、盈二六得〇五二、〇八八　相減餘三六　以二、四相減餘二　除之得一八　以甲六除之得乙之朒三

以甲之盈四、朒二乘加之盈二六、朒二三得一〇四、〇四四　相減餘六〇　以

二、四相減餘二　除之得三〇　以甲六除之得乙之盈五

以乙之朒三、盈五乘加之盈二六、朒二二得〇七八、一一〇　相減餘三二　以

三、四〔一〕相減餘二　除之得一六　以乙八除之得甲之朒二

以乙之盈五、朒三乘加之盈二六、朒二二得一三〇、〇六六　相減餘六四　以

三、五相減餘二　除之得三二　以乙八除之得甲之盈四

以甲中分之，各自乘，得甲自乘之半。以甲盈朒分之，各自乘，其數等。

凡邊之倍者，其冪必四倍。邊之半者，其冪止得四分之一。故甲之半，各自乘，止得甲自乘之半也。

以甲乙各中分之，各相乘，得甲乙相乘之半。以甲乙各盈朒分之，以甲盈乘乙盈，得盈。以甲朒乘乙朒，得朒。乙之盈朒，互乘，所得之盈朒更得盈朒。又以乙之盈朒自互乘，以除更得之盈。得甲之盈，以除更得之朒，得甲之朒。甲之盈朒，互乘所得之盈朒，更得盈朒。又以甲之盈朒自互乘，以除更得之盈。得乙之盈，以除更得之朒，得乙之朒。

中分甲乙兩半相乘，猶兩半自乘之理也。若盈朒分之，則所得之半亦有或盈或

〔一〕『四』，據文義，應為『五』。

朒之殊矣。蓋甲乙而分其一，是一而二，故以半乘之，恰當其半。甲乙而并分之，是二而四，故以半乘半，恰當四分之一。分之有盈朒，則所為四分之一者，亦必有盈朒，故合之或得其半而盈，或得其半而朒也。甲乙之盈朒，互乘所得之盈朒者，即子母維乘也。甲乙之盈朒自互乘者，兩母之相乘也。以相乘所得，除互乘所得，即得甲乙之原數。蓋如以四乘五為二十，以五除二十仍得四，可知也。以三乘五為十五，乘二十為六十，是五與二十，各加三倍。以加三倍之五，除加三倍之二十，仍得四，亦可知也。二乘三為六，以三除六仍得二，可知也。以五乘三為十五，乘六為三十，是三與六各加五倍。以加五倍之三，除加五倍之六，仍得二，亦可知也。齊同之理，前已明之，此更詳其入算之用。凡隱甲之盈朒，舉乙之盈朒，與甲乘乙之盈朒，或隱乙之盈朒，舉甲之盈朒，與乙乘甲之盈朒，均視此以發其隱矣。

以甲盈四，乘乙盈五，得盈二〇。以乙朒三維乘之，更得盈六十。以三、五相乘，得一五。除之，得甲之盈四。

以甲朒二，乘乙朒三，得朒〇六。以乙盈五維乘之，更得朒三十。以三、五相乘，得一五。除之，得甲之朒二。

以乙盈五，乘甲朒二，得朒一〇。以甲盈四維乘之，更得盈四十。以二、四相乘，得〇八。除之，得乙之盈五。

以乙朒三，乘甲盈四，得盈一二。以甲朒二維乘之，更得朒二四。以二、四相乘，得〇八。除之，得乙之朒三。

以甲乘乙之盈朒，更得盈朒。以甲之盈朒，分乘乙之盈朒，相加，與甲乘乙盈所得之盈減，得朒，與甲乘乙朒所得之朒減，得盈。以此盈朒相減，以乙之盈朒相減除之，得甲。若除盈，得甲盈。除朒，得甲朒。以乙乘甲之盈朒，更得盈朒。以甲之盈朒分乘乙之盈朒，相加，與乙乘甲盈所得之盈減，得朒，與乙乘甲朒所得之朒減，得盈。以此盈朒相減，以甲之盈朒相減除之，得乙。若除盈，得乙盈。除朒，得乙朒。

甲，共物也。甲乙之盈朒分乘相加，共價也。乙之盈朒，貴賤也。甲乘乙之盈朒，即以貴價乘共價，以賤價乘共價也。此即貴賤、差分之法。有甲之共數，有乙之分數，有甲乘乙之共數，而可求甲之分數。明於其理，可隨所宜而用矣。

二、四乘三、五得〇六、二〇　合之為二六　以六乘三、五得一八、三〇　與二六相減餘〇八、〇四　以三、五相減餘二　除之得四、二

三、五乘四、二得一二、一〇　合之為二二　以八乘四、二得三二、一六　與二二相減餘一〇、〇六　以四、二相減餘二　除之得五、三

《九章》之術：方田、少廣、商功、句股，其原出於自乘，粟米、均輸、盈不足、方

程，其原皆出於差分。差分之於盈朒，猶方田之於少廣。差分、盈朒之於方程，猶方田、少廣之於句股。蓋有共數，有分數，有差數，由共而分，由分而差。以乘來者，以除而復。以分來者，以合而復。其理本一，其數本約，析之以至於繁變之。以成其異，得其理之一，自仍歸於數之約也。故隱其中等，而舉其分數及差數，以問其共數，則為盈朒。隱其乘得之數，而舉其共數及差數，以問其分數，則為差分。和其等數，而舉其差數，以問共數，則為雙套之盈朒。和其等數，而舉其共數，以問差數，則為貴賤之差分。由盈朒而變之，舉其兩等之差數，而隱其兩等之本數，則為較數之方程。由差分而變之，舉其兩等之共數，而隱其兩等之本數，則為和數之方程。合差分、盈朒而變之，舉兩等之差數與共數，而隱其兩等之本數，則為和較雜之方程，差分盈朒相為表裏，故和數方程，可變為較，較數方程，可變為和。此以馭三色四色，以上之差分盈朒也，要之止此。加減乘除數中，隱此以問彼，隱彼以問此，無他道也。既露其端倪，即可發其隱伏，知其全體。臨而察之，數何可匿乎？盈朒之題云：『一人出七，則盈四，一人出九，則朒十二，問盈朒之間，究竟幾人？人出幾何也？』貴賤差分之題云：『一人定出七，一人定出九，今共五人，共出四十一，問盈朒之分，究竟出七者幾人？出九者幾人也？』雙套盈朒之題云：『八人出七，則盈四五。九人出六，則朒三。』問與盈朒同，而題則多一乘矣。貴賤相和差分之題云：

『甲八人定出七，乙九人定出六，今共人六十，共出四十五。』問與貴賤差分同，而題亦多一乘矣。不知前二題其數為一，故省互乘，而算書亦不復列其數。後二題，既變一為八，為九，則必用互乘。其術遂似乎有異，因別其名目為雙套，為貴賤和知前題之為省算，雖不别其名目可矣。差分與平分何以異？如有物九枚，二人平分，則人得四枚半。今不平分，而差分，一人得大半三分之二，一人得少半三分之一。明為二人分之，實則三人分之。三人平分，而一人得其二，一人得其一。其法多一乘而後得，合其差數而分之，故曰差分。以差之合數分之，以人之得數乘之，分本不在人，則猶之平分也。差分與貴賤差分何以異？在差分合甲二乙一除總數。今别以不同之二數，若六若三。以六乘甲二為十二，以三乘乙一為三，并之為共價一十五，并六與三為共物九。問云：『共物九，共價十五，物有一枚值二，一枚值一，求得幾物？』每物價若干，是較差分多一乘。多一乘，故多一共價也。不知差分之甲二乙一除九，非無共價共物也。蓋甲價六而物二，乙價三而物一，合之價九而物三。差之合即物之共，所舉之九，即價之共，不必用減而後除也。若依貴賤差分之法，合差三為其物，九為共價，甲二為貴，乙一為賤，以二乘三為六，減九為三，為乙所得。以一乘三為三，減九為六，為甲所得。然則差分為貴賤差分之省，貴賤差分，所以通差分之窮，貴賤之名，亦可以不設也。盈朒之題云：『一人出七，則朒八。一人出五，則盈八。』所與較而至於盈朒者，七也，四十八也。而五、六、七所共乘者，八也。方程較數之題云：『七較六盈八，五較六朒八。』有差數，無出數也。差分之題云：『八人定出七，九人定出六，共出一百一十一。』和數方程之題云：『八人與九人共出一百一十一。』有共數，無出數也。無出數將不入算，故必別立一行，而後入算也。差分用減差除實之法，與盈朒同理，惟乘有不同。彼用互乘，此用徑乘。彼互得乘數，以為加減，此并乘共物，而皆與共價相減。蓋彼之兩盈兩朒，皆兩相對待，與上所出之數，兩兩相屬，故必互乘乃齊。此共物共價非同對待，而兩不同之價，不可以分屬，故不可以互乘也。雞兔同籠之術云：『共頭三十五，共足九十四，問雞兔各幾何？』此共頭共足猶之共物共價。雞二足，兔四足，猶之價有貴賤。以常法馭之，雞足二乘，共頭得七十，與共足減，餘二十四。以兔足四，乘共頭得一百四十，與共足減，餘四十六。又以二足、四足相減，餘二。以除二十四，得兔一十二。以除四十六，得雞二十三。皆合常法。又有九狐七鵬之術：『狐九尾一頭，鵬九頭一尾，共頭七十二，共尾八十八，問狐鵬各幾何？』此與雞兔之術不同。雞兔之貴賤，分之於足，故即貴賤差分之常法。此頭尾互為貴賤，有不可以常法求者，算法統宗。以總頭總尾即共頭共尾，相減，餘十六為共數。梅、循、齋、總憲辨其為偶合，非通法。蓋并而後減，即得共數，無是理也。總憲立二法，其一云：『頭尾減餘之數，乃狐多於鵬之較數也。以兩物之頭相較，而鵬多八頭；以尾相較，則狐多八尾。故以頭尾總數相減，若餘八頭，則多一鵬；餘八尾，則多一狐。』循案此真至精至簡，依是以推，則以兩共數相減，以尾減尾，以頭減頭，以減餘除總數之減餘，即得矣。其一云：『置總頭七十二，以九尾通之，為六百四十八，內減總尾八十八，餘五百六十為實。又以兩尾相減，餘八尾為法，除之，得七十，為鵬之頭尾共數，退位得七鵬。置總頭七十二，減鵬頭六十三，餘九為狐。』循謂此差分常法，而說之猶未盡乘除之理，會而通之，必以九乘共頭，以一乘共尾，得數相減，餘為實。以九與一相減，除之，得頭尾共數。以九與一相加，除之，得狐鵬各數。總憲以九乘共頭，不以一乘共尾者，蓋一為單數，一乘不長，故省去之。然用之九頭一尾，九尾一頭者，可合。用之八頭二尾、二頭八尾，或五頭四尾、四頭五尾，遂必不可算。退位得七鵬，即相加為十，以除七十，得七。徒言退位，亦未可通諸他數也。蓋前賢每就一術，力求其簡。愈簡則其義愈秘，非以乘除加減之理究之。前賢之書，未易讀也。然則九狐七鵬之術，法屬差分，而意通盈朒，何也？共頭共尾，雖是狐鵬所共，而實為對待，可以共尾屬狐，共頭屬鵬，與共價共物之，絕無分屬之理者異也。不用互乘，但以兩共數相減者，盈朒苦不知共數，故互乘以得共數。此兩共數，已是相共之實數，則不必多一乘矣。此總憲之前一法也在本書為後一法。今以一乘共尾八十八，以九乘共頭七十二，得數相減，以九減一而除之，此即盈朒互乘之理，以其似於盈朒而通之也。《孫子算經》又有八獸七禽之術，其題云：『有獸六首四足，禽四首二足，共首七十六，共足四十六，問禽獸各幾何？』術曰：『倍足以減首，餘半之，即獸。以四乘獸，減足，餘半之，即禽。』解見卷一此亦簡法，非通法。設有獸三首六足，禽八首五足，共頭八十，共足八十三。若倍足為一百六十六，減首八十，餘八十六，半之，四十三。四十三獸，當有一百二十九頭，於共頭八十，且盈寧有合乎。然則此八獸七禽者何如？此亦差分之近於盈朒者也，比雞兔同籠之術，多一乘。用七鵰九狐之術，亦多一互乘。以六首互乘二足，為十二。以四首互乘四足，為十六。相減，餘四。以六首乘共足，為二百七十六。以四足乘共首，為三百零四。相減，餘二十八。以四除之得七禽，若以四首乘共足，為一百八十四。以二足乘共首，為一百五十二。相減，餘三十二。以四除之，得八獸。此即雙套盈朒之法，亦以兩共數可以對待分屬故也。若不可以分屬，則所謂貴賤相和之差分矣。貴賤相和之差分者，比差分常法，多一相乘互乘。以相乘同母之數，乘共價，然後以互乘所得之兩數，遞乘共物，減總相除，如貴賤差分之法也。或用盈朒，或用差分，惟視乎對待者互乘，不對待者遞乘而已。匿價差分之二色者，如云：桃七枚，杏九枚，價適足。桃一枚，比杏一枚，負錢三十六，此即較數方程也。三色者，如云：綾一百五十疋，羅三百疋，絹四百五十疋，共值二千九百二十八。綾一疋，比羅一疋多四錢七分，羅一疋，多絹一疋一兩三錢五分，此即和較雜之方程也。但較數，數皆用一，則不必以方程馭之，可省算也。然則匿價差分，為方程之省算，其實無可別也。共肉共飯之術云：『用碗一百，但知二人共飯，三人共肉，問共人數及二項碗數？』此《孫子》蕩盃之法，於差分常法中，多一相乘維乘，與貴賤差分異，與貴賤和差分亦異。貴賤差分，有共物，共價，有物不同之價。於共物共價中，以物不同之價，兩相分配，以滿其數，故必乘得其盈朒之差，以為消息也。於共肉共飯之術，有共碗，無共人，有共肉共飯之不同。於共碗中，以共肉共飯之人，牽連合一以應其數，故必互得其相齊之根，以為比例也。蓋共飯之人，即此共肉之人。若貴價之物，則必非賤價之物，故共肉共飯之術，即知共人，亦不能用減差消息之法。貴賤差分之術，即隱共物，亦不能用互乘比例之法也。洞悉乎！加減乘除之理，隨其理，以施其算，雖差分、盈朒、方程之名，并可以不立，況雙套貴賤和較諸紛紛者哉。

天元一釋

序一

治經之士，多不治算數。治算數者，又不甚讀古書。以謂西法密於中法，後人勝於前人，此大惑也。天元一術，顯於元代，終明之世，無人能知。本朝梅文穆公知為借根方法之所自出，可謂卓識冠時，而篇中步算仍用西人號式，於李學士遺書未能為之闡明，古籍雖存，不絕若綫矣。焦子里堂，治經之暇，著《天元一釋》二卷，使人知古法之簡妙。其於正負相消、盈朒和較之理，實能抉其所以然。復辨別秦氏之立天元一，與李氏迴殊。且細考生卒時代，知鏡齋不後於道古，分綱列目，剖析微塵，可與同門李尚之所校《測圓海鏡》、《益古演段》二書相輔而行，此真古學之絶而復續、幽而復明者。泰於天元算例，亦從西人入手。近始知其立法之不善，遠遜古人，讀焦君此編，益焕然冰釋矣。夫西人存心叵測，恨不盡滅古籍，俾得獨行其教，以自衒所長。吾儕托生中土，不能表章中土之書，使之淹没而不著，而數百年來，但知西人之借根方，不知古法之天元一，此豈善尊先民者哉？泰聞焦君名久矣，比來武林，始得識其人，讀其書，并綴數言於簡末。昔文穆自言，荆川復生，定當擊碎唾壺。愚謂文穆尚在，亦有積薪之嘆矣。

嘉慶庚申冬十有二月上澣，秣陵同學教弟談泰階平氏拜撰。

序　二

立天元者，算氏至精之術也。為算之道，皆據所已知之數求所未知之數。然而所謂數者，自一而累之，而十百千萬，自一而析之，而分厘秒忽等數也。所未知之數，雖未知幾何，而必為一數，則可知此天元一之所由立也。已知之數，見數也。未知之數，雖知其必為一數，究借算也。見數與借算不同類，故必別太極於天元外也。以不同類者相加減，則生正負。何也？減所不可減，非負不能通其變也。以天元乘，則層累而上。以天元除，則層遞而下。層累而上者，譬天元為方面，以乘方面為平冪，以乘平冪為立積也。層遞而下者，譬以方面除立積，則得平冪，除平冪則得方面也。設一術於此，以求其積數，又設一術於彼，以求其積數，此之積數與彼之積數，其天元、太極之等不同，而其為積數則同，故曰如積也。彼此之積數同，則以彼消此，或以此消彼，相消之後，必減盡而空，更無積數矣。然而猶有天元、太極之等者，以有正負故也。計正之積與負之積適等，正之盈以負之不足，消之，而盡負之不足以正之，盈消之而亦盡，正負相消則無正亦無負，無正無負，是無積數也。惟無積數，故除之，開方之。而得所立天元一，幾何之實數，假尚有數，不得爾也，此立天元術之大略也。江都焦君里堂，今之善言立天元術者也。所著《天元一釋》二卷，於帶分寄母同數相消之故，條分縷析，發揮無復餘蘊。蓋自李欒城、郭刑臺而後，為此學者，皆未如里堂如此之妙也。銳於算學未有深得，而篤好立天元術，亟欲章而明之，則頗與里堂相似，里堂亦謬以銳為可語於斯而囑序焉。因撮舉綱要，以告天下後世之讀里堂書者。辭之不文，所不暇計也。

嘉慶五年冬十月二十日，元和李銳書於浙江撫署之誠本堂。

天元一釋上

天元一之名，不著于古籍，金元之間，李仁卿學士作《測圓海鏡》、《益古演段》兩書以暢發其旨趣。宋末秦道古《數學九章》亦有立天元一法，而術與李異。蓋各有所授也。元世祖併宋之後，郭邢臺用李氏之法，造授時術，其學頗顯著於世。明顧箬溪不知所謂，毅然删去細草，終明之世，此學遂微。國朝梅文穆公，悟其為歐羅巴借根法之所本，於是世始知天元一之説。然李氏書雖嘗板刻，而海内不多有，故學者習學借根方法，而於天元一之蘊，或有未窺者也。吾友元和李尚之鋭，精思妙悟，究核李氏全書，復辨别天元之相消，異乎借根之加減，重為校注，奥秘益彰，信足以紹仁卿之傳，而補文穆所不逮也。循習是術，因以教授子弟，或謂仁卿之書，端緒叢繁，鮮能知要，因會通其理，舉而明之，而所論相消相減，間與尚之之説差者，蓋尚之主辨天元借根之殊，故指其大概之所近。循主述盈朒和較之理，故析其微芒之所分，閲者勿疑有異義也。嘉慶四年冬十二月除日。

天元一者，以言乎其矩也。太極者，以言乎其積也。天元冪者，以言乎其方也。

《周髀算經》云：『方出於矩，矩出於九九八十一。』矩即直綫也。八十一爲積數，九九則矩矣，合之成一方。三者相爲表裏，異而同者也。實有此積數八十一，即實有此矩數之九，亦即實有此方數之一，故有方數有矩數，即知積數。有積數有方數，即知矩數。以天元爲虚數者，非也。天元一，一即實數也。由一而二之，而十之，而百之，而千萬之，皆天元之實數，即天元之母數。有天元之母數幾何，而後得天元之子數幾何。此天元一之概也。《測圓海鏡》算式自下而上，《益古演段》則自上而下。今依《海鏡》作圖於左方。

三者互相例，以成盈朒和較。

《九章算術》於盈不足、粟米、方程、均輸，皆以比例齊同之法得之。循與《加減乘除釋》既詳言之矣。夫其為例也，子與子例，母與母例，故亦子與子為齊同，母與母為齊同。然子母可各為齊同，亦可互為齊同。子母可自為比例，亦可互為比例。天元一之術，不過以子母互為齊同比例而已矣。凡數有分，即有互。子母自相乘，因亦維乘，則自相例。又奚不可以互例？《九章》中雖未即此術，實自具此理也。

等而上之，疊為乘方。等而下之，遞為太極。

下積，中矩，上方，以三層言之也。相乘而有矩，自乘而有方，再自乘而有立方，三乘而有三乘方，五乘而有五乘方。多一乘則多一乘方也。太極之下，《海鏡》本無名，今仍以太極名之，使文焉爾。

太極可以為天元，天元可以為太極。使太極之上，恒為天元。天元之下，恒為太極。齊其下，以統其上也。

太極之下，雖皆太極，然止以最下者為太極，其上之太極，用為天元。又上之太極，為天元冪。設最下無太極，則以天元為太極。天元冪為天元。即令最下為三乘方，亦以三乘方為太極也。《測圓海鏡・邊股》第七問草以後止舉篇名，不舉大名得為半徑冪，寄左。以天元冪與左相消，得下式，以平方開之。按此寄左四層，第二層為天元，消去第一層，則存一天元、兩太極。今仍以平方開之，是以四百一十二天元為四百一十二天元冪也。第九問草云，得為圓徑冪，寄左，然後以為同數，相消得，以平方開之，此寄左三層，最下為天元，則最上為立方，乃仍以平方開之，是以二萬八千八百天元，為二萬八千八百太極也。《大股》第十四問草云，得為半徑冪，寄左，然後得為同數，相消得，開立方，即半城徑，寄數三層。下為天元，空位又數五層，亦下為天元空位，消去空位，所得四層。下平方、次立方、次三乘方、上四乘方。立方開之，是以一億□五百八十四萬平方，為一億□五百八十四萬太極也。《明叀前》第二問云，得下式，寄左，以為同數相消，得，開五乘方，此寄左數五層，第三層以下皆太極，相消為七層，最上為三乘方，今以五乘方開之，是以一十七萬二千五百六十萬□二千八百一十六太極，為一十七萬二千五百六十萬□二千八百一十六天元也。由此推之，既消之後，無論其層之多寡，必以最下者為太極，太極之上，必為天元，三層則必開平方，四層則必開立方，五層則必開三乘方，以至十一層必開九乘方，三十二層必開三十乘方也。其故何也？所求者天元之子數，天元之子數則太極矣。是太極必不可無，亦必不可疊也。天元冪者，無母數之天元也。均為求天元中之太極而設。則烏得不以太極天元為齊同之主乎？冪可元，元可太者，何也？乘方之理也。太極，積數也，為單數之積，猶之為矩數之積，且猶之為方數之積，為立方數之積。譬如層有三，下為單數之積，則單積八十一，矩九，平方一。層有三，下為矩數之積，則矩之積八十一，平方九，立方一。層有三，下為方數之積，則方之積八十一，立方九，三乘方一。蓋方、矩、積，理實相通，可升可降，可下可上也。然則未消以前，必注天元太極者，何也？齊其等，不容紊也。寄數之天元在上層，同數之天元在下層，必以下層當上層，故四層消而七，三層消而五，職此故也。是記天元，記太極，明注於層之間者，為相消地也，既相消矣，太極之位，必定於最下，可不更記，故不記也。

太極自乘，仍為太極，何也？太極相乘，是以太極為矩也，矩相乘，故為〔一〕積也。

太極本是積。今用兩積相乘，則積數已進為邊矣。如積數九，令以九乘九為八十一，八十一為積，九進為邊矣，此亦邊積相通之故。

〔一〕『為』，《中西算學叢書初編》本作『得』。

太極天元相乘，仍為天元，何也？天元之數不可知，故不能得其積，止得天元也。

天元者，統舉一矩也。以數乘之，止得若干矩耳，非自乘不可為方，不知數不可為積。有如天元一者三，以二乘之，二三如六，得天元一者六耳。若知其數，則設每天元一數九，三之為二十七，以二乘之[一]為五十四，乃為實積，今止乘得六，但天元一者六耳。

以天元自除，得太極，何也？兩數等，其除得之數，法化為實也。

天元非實數，以天元除之，轉為實數者，譬如天元九，以天元除天元，即以九除九也。九除九得一，故天元一化為積數一也。又如天元九，以一天元除三天元，即以九除二十七也。九除二十七的三，故三天元一化為積數三也。

以天元除太極，得太極下之太極，何也？勢所逐也。天元除冪為天元，天元除天元為太極也。

除者乘之反，知乘方累乘之數，即知天元除得之數矣。假如天元數二，以二除之得一，又除之得〇五，以二乘之得四，又乘之得八，以表明之。

[一]《中西算學叢書初編》本「之」下有「積」字。

天元二乘太極下太極五得太極一　天元二乘太極一得天元二　天元二自乘得天元冪四　天元二乘天元冪四得立方八

立方八　天元冪四　天元二　太極一　太極五。

天元二除立方八得天元冪四　天元二除天元冪四得天元二　天元二自除得太極一　天元二除太極一得太極下太極五

以天元除太極，所得必下於太極；以太極乘天元，所得不上於天元。何也？冪為天元所自乘，太極為天元所自除。乘其所自除，猶除其所自乘也。除其所自除，猶乘其所自乘也。

天元一為乘除之樞紐，二乘二得四，上為冪。二除二得一，下為太極。二乘四得八，又上為立方。二除一得□五，又下為太極下之太極。一乘一除，兩相比例，其理自然吻合，非由彊致矣。義備前表。

以矩例積，則上法下實也。

譬如積數八十一，與九个矩數等。以九為法，除得九，是九為天元也。法之九為九天元一，除得數九，為每天元一之數九，此正方也。天元一多屬從方。苟舉積數八十一與二十七天元一等，則每一天元得三。或舉積數八十一與二天元一等，則每一天元得四十□五。《邊股》弟十一問草云：『得下式寄左，再得為如積，相消得，上法下實，得一百二十步。』按此本有四層，消去上兩層，則下兩層為一積數一母數，以母除積，則得子耳。凡上法下實者放諸此。

以冪例積，則下實中空，而上開方除也。

積數八十一，天元數九，則平方矣，是為八十一與一天元冪比。積數一百六十二，天元數十八，則二平方矣，是為一百六十二與二天元冪比。《邊股》弟十四問草：『寄左與天元冪相消，得，開平方，是為一萬四千四百積。當一天元冪。』《底句》弟四問草：『消得下式，以立方開之，得二百四十步。』此亦天元空，而以一立方一百三十五天元冪，當二千一百六十萬，即三百七十五天元冪，而以二百四十為立方也。《邊股》弟七問草：『得下式，以平方開之，得一百二十步。』此積數七百三十七萬二千八百等于五百一十二天元冪。天元為一百二十，冪為一萬四千四百，令五百一十二冪，適當七百三十七萬二千八百也。五百一十二冪，已當四立方三十二天元冪，而不升為立方者，無得升之勢也。錯綜變化，以相比例，以相齊同，此天元一之術，所以妙也。《大股》弟三問草：『消得，開立方，得一百二十。』是有積、有矩、有立方，而無平方，是為廉空。凡諸廉皆空，則為不帶從之開方。諸廉中有空、有不空，則為秦道古之玲瓏開方也。《底句》弟八問又法草：『消得下式，以平方開之，得三百六十。』法云：『半步常法。』此上層為平方之半也。《大股》弟十二問草：『消得，開立方，得三百四十步。』法云：『五分隅法。』此上層為立方之半也。弟十二問草：『消得，開三乘方，得三百六十步。』此上層為三乘方之半也。弟十七問草：『如積消得，開三乘方，得三百六十步。』法云：『二分五釐為三乘方隅。』此上層又為三乘方半之半也。《明叀前》弟十七問草：『開平方，得二百四十步。』法云：『七分半常法。』此上層為平方四分之三也。弟十八問草：『，開三乘方，得二百四十步。』法云：『四分三釐七毫五絲為虛隅。』以上層為三乘方之半不足也。《雜糅》弟十二問草云：『平方開，得三十六步。』此中空，而上得平方之半。夫平方之半，即十八天元也。不為十八天元，而為半天元冪者，不知十八天元之數，但知為冪之半也。弟十五問草：『開平方，得八十步。』法曰：『二步二分五釐益隅。』《明叀前》弟七問草：『開平方，得三十步。』法曰：『三步半虛法。』凡言步，即方也。凡言分，方之幾分也。言三步半，此每方三三而九。三步為二百七十，半為四十五，當一方九十之半也。

中不空，而上冪下實，則中為從。中恒為從，下恒為實也。

積有盈朒，則上二層皆不空。以從合冪，即成從方，所推見下。

合上冪中從，以當下實，則下和而上中較也。

和較之義，詳見《加減乘除釋》第五卷。天元一相消之後，和較已備，和不必皆在下。而和之在下者，則理之易明者也。《正率》第十四問草：『[illegible]如法開之，得半徑。』此積九萬六千而等于一冪，六百八十天元也。半徑一百二十，以半徑自乘，得上冪一萬四千四百。以半徑乘天元，得七萬一千六百，合之一萬四千四百，正八萬六千，是下和而中上較，猶下五、中三、上二，合三二為五也。但下和數顯，上中兩較數隱耳。

合上冪下實，以當中從，則中和而上下較也。合中從下實，以當上冪，則上和而中下較也。

上恒為方，中恒為矩，下恒為實，不變者也。而或和或較，則上、中、下無有一定。《邊股》第五問又法草：『[illegible]以平方開之，得一百二十步。』按：下恒為實，是為實積三萬四千五百六十，中恒為矩，是為天元四百□八，上恒為方，是為天元冪一。天元冪以一百二十自乘為實數一萬四千四百。四百□八天元，以一百二十乘之，為實數四萬八千九百六十。以上冪之實數一萬四千四百，合下積數三萬四千五百六十，正當中矩實數四萬八千九百六十。是中和而上下較，不啻上五、下四、中九，合五四而為九也。《明朿前》弟一問草：『[illegible]益積開平方，得二百四十步。』按：下恒為實，是為實積八千六百四十；中恒為矩，是為天元二百□四；上恒為方，是為天元冪一。天元冪以得數二百四十自乘，得實數五萬七千六百。天元二百□四以二百四十乘之，為實數四萬八千九百六十。以中矩實積四萬八千九百六十，合下積八千六百四十，正當上冪實數五萬七千六百，是上和而中下較，不啻中七、下一、上八，合七一而為八也。此二者，即梅氏所謂較數方程，但此上為冪爾。

較與較為同名，較與和為異名。同異之分，正負之所以立也。

《九章算術·方程》正負術注云：『今兩算得失相反，要令正負以名之，正算赤，負算黑，否則以邪正為異，方程自有赤黑相取，左右數相推求之術。而其并減之勢，不得交通，故使赤黑相消，奪之於算。或減或益，同行異位。』又云：『凡正負所以記其同異，使二品互相取而已矣。言負者未必負於少，言正者未必正於多，故每一行之中，雖復赤黑，異算無妨。』正負之説，此已了然。所謂赤、黑，邪、正皆言策也。《測圓海鏡》、《數學九章》所用號式，即布策之象。《孫子算經》云：『凡算之法，先識其位，一從十橫，百立千僵，千十相望，萬百相當。』又云：『六不積，五不隻。』《夏侯陽算經》云：『滿六以上，五在上方。』蓋古之算策，一枚當一數，從橫布之，橫者至六，則以一策為五。從於上，從者至六，則以一策為五；橫於上，如八之號為𝍰，亦為𝍧；九之號為𝍱，亦為𝍨；五、六、七可為𝍮，亦為𝍥；一、二、三可為𝍩，亦為𝍠。是也。《測圓海鏡》不言正、負，而邪畫以標異數，即《九章》注所云『以邪正為異也』。《益古演段》不用邪畫，弟十一問法稱：『三百三十九步〇八釐負。』弟十四問自注云：『從負隅正，或從正隅負，其實皆同。』弟四十問法云：『五十一萬七千五百四十五步正為實，元從六百四十八負依舊為從。』李尚之云：『弟五十四、五十七問，條段圖虛積及應減處，并以紅色為誌。』知當時算式，亦必以紅黑為別，而傳寫者改去也。此即《九章》注所云『赤黑相取』也。相消之名，亦《九章》注所詳，別疏於後。

加中較於下較，謂之益實。減上較於中和，謂之減從。於中和減下較，而以其餘為上較之實；於上和減下較，而以其餘為中較之實，謂之翻法。三者之法不同，皆準正負以為加減也。

梅文穆云：『借根用益實，而統宗用減從，其理無二。』循謂二者正有異：益積者，同名相加；減從者，異名相消。減從不必益實，益實必兼減從。其益實必在上和中下較，減從則通用之。益實必有續商，減從則一商而盡者亦用之。和在下實，適包上中，用開方法。隅與從必同名相加，從與實必異名相消。和在上中，則下實不足以包括上中，而轉為上中之和數所包括。以上隅、中從、下積言之，并從於積。以當上隅，則為益積，積不足，以隅益之也。減下積以當中與上，則為翻積。積本在下，今翻在上中也。《測圓海鏡》書中不言減從，《益古演段》弟十一問：『[illegible]開得三十六，條段以一為虛隅。』義曰：『減從以為法。』又六十一問：『[illegible]開得二十。』條段以[illegible]為虛常法。義曰：『減從開平方和，或在隅或在從。』二位皆異名宜減，故均得減從。惟和在實者，上中同名，止相加而不相消，乃無減從之例爾。《底句》弟五問又法草：『[illegible]開平方，得一百二十步，翻法在記。』此三層翻法也。《大股》弟九問草云：『[illegible]開立方，得一百二十步，翻法在記』。此四層翻法也。皆和在中，較在上、下。《明叀前》弟四問草云：『[illegible]翻得一百二十。』《明叀後》弟九問草云：『得[illegible]，開平方，得一十六步。』法云：『倒積開得叀句一十六。』此二者皆和在上，較在中、下。於隅中減積與從中減積，異用同理。蓋無論是冪是元，既反減下積，義皆得為翻也。積在下，今轉在上，形似倒置，故又名倒積爾。

翻法在記者，蓋當時有此書，故略之不載。秦道古《數學九章》有投胎、換骨二法。《田域》篇弟一題古池推元：『置實一萬一千五百五十二於上，益方一百五十二於中，從方五分於下。於下起步，約得百，乃於實上商，置三百寸，方再進為一萬五千二百，隅再進為五千。以商隅相生，得一萬五千為正方。以消益方一萬五千二百，以與商相生，得六百，投入實，得一萬二千一百五十二。又商隅相生，又得正方一萬五千。内消負方二百訖，餘一萬四千八百為從方。一退為一千四百八十，以隅再退為五十，乃於上商之次。續商置六十寸與隅相生，增入正方，得一千七百八十。乃於續商除實訖。實餘一千四百七十二。次以商生隅增，入正方，為二千八十。方一退為二百八，隅再退為五分。乃於續商之次，又商置六寸，與隅相生，增入正方。為二百一十一，乃命商除實訖。實不盡二百六寸，不開為分子，乃以商生隅，增入正方。又并隅共得二百一十四寸五分，為分母。分子求等，得五分，為等數，皆以五分約其分子之數，為四百二十九分寸之四百一十二。』此投胎法，即李欒城所謂益積也。弟二題尖田求積，開玲瓏翻法三乘方：『以四百〇六億四千二百五十六萬為實，以七十六萬三千二百為從上廉、以一為益隅。』按：三乘方當有五層：一實、二方、三上廉、四下廉、五隅，今止有隅，有上廉，有實，闕下廉與從。蓋空其二，故曰玲瓏。以隅之三乘積，并入實中，乃合上廉之數。其初商之積，大於原實，故用翻法。其法云：『以從廉超一位，益隅超三位，約商得十。今再超進，乃商置百。其從上廉為七十六億三千二百萬，其益隅為一億，約實置商八百，為定商。以商生益隅得八億，為益下廉。又以商生下廉，得六十四億，為益上廉。與從上廉七十六億三千二百萬相消，從上廉餘一十二億三千二百萬，又與商相生得九十八億五千六百萬，為從方。又與商相生，得七百八十八億四千八百萬，為正積。與元實四百六億四千二百五十六萬相消，正積餘三百八十二億〇五百四十四萬，為正實圖式云以負實消正積，其積乃有餘。為正實，謂之換骨。又以益隅一億與商相生，得八億，增入益下廉，為一十六億。又以益下廉與商相生，得一百二十八億，為益上廉。乃以益上廉與從上廉一十二億三千二百萬相消，餘一百一十五億六千八百萬為益上廉。又與商相生，得九百二十五億四千四百萬為益方。與從方九十八億五千六百萬相消，益餘八百二十六億八千八百萬，為益方一變。又以商生益隅一億，得八億，增入益下廉，得二十四億。又以商相生，得一百九十二億，入益上廉，得三百七億六千八百萬，為益上廉二變。又以商生益隅一億，得八億，入益下廉，得三十二億三變。畢其益方一退為八十二億六千八百八十萬，益上廉再退得三億〇七百六十八萬，益下廉三退得三百二十萬，益隅四退為一萬，畢，乃約正實。續置商四十步，與益隅一萬相生，得四萬，入益下廉，為三百二十四萬。又與商相生，得一千二百九十六萬，入益上廉內，為三億二千〇六十四萬。又與商相生，得十二億八千二百五十六萬，入從方內，為九十五億五千一百三十六萬。乃命上續商四十，餘實適盡，所得八百四十步為田積。』此換骨法。所得正積大於原積，於正積中減去原積，翻以正積所餘為積，即李欒城所謂翻法也。《測望》篇弟五題遥度圓城，開玲瓏九乘方。凡九乘方必有十一層，秦氏立名別之：曰隅、曰下廉、曰星廉、曰夊廉、曰行廉、曰維廉、曰方廉、曰次廉、曰上廉、曰方、曰實。其方與次廉、維廉、行廉、夊廉、下廉皆空，故亦名玲瓏。其一商即盡，故相生相消，同於前法。但不以正積翻減去原積，故不為翻法。是也。又《測望》篇弟六題望敵圓營，用開連枝三乘玲瓏方。此五層，有實、有隅、有上廉，從與下廉空。同於尖田求積之式。商得數，雖有兩次，而初商之積，小於原積，故等為玲瓏三乘。而不名翻法，翻以減去下實為義也。然細究之，秦道古之投胎，即李欒城之益積，而秦道古之換骨，與李欒城之翻法則有辨。何也？欒城之翻法，無論和數在中、在冪，但以少減多，減餘在彼，皆得為翻法。道古之換骨，必和數在中，而較數大於初商，翻專在實，而始為換骨也。

《益古演段》弟二十四問：『[illegible]倒積、倒從、開平方，得四十二步。』校者演之云：『法列積一千四百四十九步為實，以一百零八步為長，與闊一又七分半之和，即從數，求闊。初商四十步，以一闊七分半乘之，得七十步以減和數，餘三十八步，以初商乘之，得一千五百二十步。以初商積大於原積，反減之，餘實七十一步。乃二因一闊七分半所乘初商之數，得一百四十步，大於和數，反減之，餘三十二步，為次商廉。次商二步，以一闊七分半乘之，得三步半，為次商隅。凡和數廉隅相減，此反相加，得三十五步半，以次商乘之，得七十一步，為次商積。與餘積相減，恰盡。開得闊四十二步。』又云：『倒積倒從，即翻積法也。蓋初商積常減原積，此獨以原積減初商積，倍廉常減從步，此獨以從步減倍廉，乃平方中之一變也。』循案：此所演翻法，即原諸《數學九章》。然秦道古之術，以商隅相生為廉法，此用二因，則猶未得其意。既有和較正負，則加自有益積，減自有翻積，如是始盡開方之法爾。

常法亦謂之隅法，益隅亦謂之虛隅，益從亦謂之益方。益方者，別於從方也；益廉者，別於從廉也；常法者，別於益隅也。

《測圓海鏡》所標諸名號，其大略以下和而中上較者為常。止稱曰實、曰從、曰隅，因而隅法通稱常法。若和在上，則稱益隅，和在中則稱益從，或稱益方。亦有和在中而稱上為益隅《大股》弟三問，和在上，而稱中為益從《雜糅》弟十六問。且有和在下，而稱上、中為益隅、益從《三事和》弟三問。更有從空而稱上為益隅《明叀後》弟二問。推之《邊股》弟十五問與《底句》十五問相吻合者也，乃於《底句》之下一和上三較，稱實、稱從、稱廉、稱隅，一依常法。於《邊股》則實仍稱實，而從則稱益從，廉則稱益廉，隅則稱虛隅，然則諸稱弟以標其同異，故不論正負和較，而各以類相齒也。下層定稱實，不加益字。其上、中或以異於下，而加益字。如和在中稱益方，和在上稱益隅也。或以合於下而加益字，如和在中，稱上為益隅； 和在上，稱中為益從也。益從又稱虛從，益隅又稱虛隅。虛之云者，當緣其為少數而名之，其立法之初，蓋以少為虛，以多為益。如和在中，宜稱中為益方，以別於上隅、下實。或不別中而別上，則稱上為虛隅，而仍單稱中為從。如和在上，宜稱上為益隅，以別於中從、下實。或不別上而別中，則稱中為虛從，而仍單稱上為隅。總之，稱虛稱益，俱所以為別，久而弟取其有別，不復各當其名，此所由無定指也。然所指無定，所別有定，草中以斜畫定之，亦此義。既有斜畫，則同異自見，尤簡便也。今備錄於左方。斜畫者，以負為號。

《正率》第十四問負較	負較	正和
《邊股》第二問負較常法	負較從方	正和實
《邊股》第三問負較隅	負較從方	正和實
《邊股》第八問負較常法	負較從方	正和實
《邊股》第十二問負較隅法	負較從	正和實
《底句》第二問負較常法	負較從	正和實

《底句》弟三問負較隅　負較從　正和實
《底句》弟八問負較常法　負較從　正和實
《底句》弟十二問負較常法　負較從　正和平實
《大股》弟四問負較常法　負較從　正和實
《大股》弟六問負較常法　負較從　正和實
《大句》弟四問負較常法　負較從　正和實
《大句》弟六問負較常法　負較從　正和實
《大句》弟十問負較常法　負較從　正和實
《明叀前》弟一問又法負較常法　負較從　正和平實
《明叀前》弟九問負較虛法　負較益從　正和平實
《明叀前》弟十七問負較常法　負較從　正和平實
《明叀後》弟十三問又法負較常法　負較從　正和平實
《明叀後》弟十三問又法負較常法　負較從　正和實
《明叀後》弟十五問又法負較常法　負較從　正和實
《三事和》弟二問負較常法　負較從　正和平實
《三事和》弟三問負較益隅　負較益從　正和平實

《大斜》弟二問負較平隅　負較從　正和實
《大斜》弟三問負較常法　負較從　正和實
《大斜》弟四問負較常法　負較從　正和實
《雜糅》弟一問負較常法　負較從　正和實
《雜糅》弟三問正較常法　正較從　負和實
《雜糅》弟九問正較常法　正較從　負和平實
《之分》弟九問負較常法　負較從　正和實從

右下和上、中較

《邊股》弟五問又法負較虛法平開　正和從　負較實
《邊股》弟六問正較常法　負和益方　正較實
《邊股》弟八問又法正較常法　負和益方　正較實
《邊股》弟十問正較常法　負和益從　正較實
《邊股》弟十七問正較常法　負和益從　正較實
《底句》弟五問又法正較益隅翻開　負和從　正較平實
《底句》弟八問又法正較常法　負和從　正較實
《底句》弟十問正較隅法　負和益從　正較實

《大股》第二問負較益隅　正和從　負較平實
《大股》第七問負較益隅　正和從　負較實
《大股》第七問又法正較隅　負和益方　正較實
《大股》第八問負較益隅　正和從　負較實
《大股》第十一問負較益隅　正和從　負較實
《大句》第一問負較益隅　正和從　負較實
《大句》第二問負較虛法平開　正和從　負較實
《大句》第七問負較益隅　正和從　負較實
《大句》第七問又法正較隅法　負和益方　正較實
《大句》第八問負較益隅　正和從　負較實
《大句》第十一問負較虛常法　正和從　負較實
《明叀前》第三問正較常法翻開　負和益從　正較平方實
《明叀前》第十五問正較常法　負和益從　正較平實
《明叀前》第十六問正較常法平開　負和虛從　正較實
《明叀後》第六問正較常法　負和益從　正較平實
《明叀後》第七問正較常法　負和益從　正較平實

《明叀後》弟七問正較隅法　負和益從　正較平實
《大斜》弟一問正較常法　負和益從　正較平實
《大斜》弟一問又法正較常法　負和益從　正較平實
《大和》弟一問正較隅法　負和益從　正較平實
《大和》弟二問負較虛隅　正和從　負較平實
《大和》弟六問負較虛法　正和從　負較平實
《三事和》弟一問正較常法　負和益從　正較實
《三事和》弟五問負較常法　正和益從　負較平實
《三事和》弟六問正較虛平方　負和從　正較平實
《三事和》弟八問負較虛隅翻開　正和從　負較實
《雜糅》弟二問正較平隅　負和益從　正較實
《雜糅》弟十五問負較益隅　正和從　負較平實
《之分》弟一問正較常法　負和益從　正較實
《之分》弟二問正較常法　負和益從　正較實

右上、下較中和

《明叀前》弟一問負和虛隅　正較從　正較平實

《明叀前》第一問又法負和虛法　正較從　正較實
《明叀前》第一問又法負和益隅　正較從　正較平實
《明叀前》第四問負和虛隅翻法　正較從　正較平實
《明叀前》第十二問負和虛法　正較從　正較平實
《明叀後》第八問負和常法　正較從　正較平實
《明叀後》第九問正和常法倒積　負較益從　負較平實
《雜糅》第四問負和益隅翻法　正較從　正較平實
《雜糅》第十六問正和常法　負較益從　負較實

右上和中、下較

《邊股》第五問正常法　負益廉　正從方　正實
《邊股》第十五問負虛隅　負益廉　負益從　正實
《底句》第五問負隅　負益廉　正後　正實
《底句》第十五問負隅　負廉　負從　正實
《大句》第九問正常法　負益廉　正從　正實
《大和》第十二問正常法　負益廉　正從方　正實

右四層一和三較

《底句》弟四問又法負益隅	正從	負益方	正實
《大股》弟九問正常法	負益廉	正從方	負實
《大股》弟十二問正隅法	負益廉	正從方	負實
《大股》弟十四問負虛常法	正從廉	負益從	正實
《大股》弟十五問負益隅	正從廉	負益從	正實
《大股》弟十八問正常法	負益廉	正從方	負實
《大股》弟十八問又法正隅	負益廉	正從方	負實
《大句》弟十四問負虛隅	正從廉	負益從	正實
《大句》弟十五問負虛法	正從廉	負益從	正實
《大句》弟十八問正隅法	負益廉	正從	負實
《大句》弟十八問又法負虛常法	正從廉	負益從	正實

右四層二和二較

《邊股》弟十三問正常法	負弟二益廉	正弟一廉	正從	負實
《底句》弟十三問正隅法	負弟二益廉	正弟一廉	正從	負實
《大股》弟十三問正常法	負弟二益廉	正弟一廉	正從方	負實
《大股》弟十三問又法正常法	負弟二廉缺益字	正弟一廉	負益方	正實

《大股》弟十六問正常法　正弟二從廉　負益廉　負益從　正實

《大股》弟十七問正隅　負弟二益廉　正從廉　正從方　負實

《大句》弟十三問正常法　負益二廉　正弟一廉　正從方　負實

《大句》弟十六問正常法　正弟二廉　負益廉　負益從　正實

《大句》弟十七問正常法　負弟二益廉　正從廉　正從方　負實

《明叀前》弟二問又法負虛法益積　正弟二廉　正弟一廉　負益從　正實

《明叀前》弟十問正常法翻法　負益二廉　正從廉　負益從　正實

《明叀前》弟十八問負虛隅　正弟二廉　負弟一益廉　負益從　正實

《雜糅》弟十七問負虛隅　負弟二益廉　負益廉　正從　正實

右五層二和三較

《雜糅》弟十八問負常法　負弟二廉　負弟一廉　負從　正實

右五層一和四較

《明叀前》弟二問又法負虛法　負弟四益廉　負弟三益廉　負弟二益廉　正弟一廉　正從方

正實

右七層三和四較

《邊股》弟七問負隅法　空從方空　正實

《邊股》弟九問負隅　空　正實
《邊股》弟十四問負開平方　空　正
《底句》弟七問負隅　空從空　正實
《底句》弟九問負常法　空　正實
《底句》弟十四問負開平方　空　正
《明叀前》弟一問又法正隅法　空　負平實
《明叀前》弟五問負常法　空從空　正平實
《明叀後》弟二問負益隅　空從空　正平實
《明叀後》弟二問又法負虚隅　空從空　正平實
《三事和》弟七問負益隅　空從空　正實
《雜糅》弟五問負如法　空　正平實
《雜糅》弟六問負常法　空　正平實
《雜糅》弟七問負常法　空　正實
《雜糅》弟十一問負隅　空　正平實
《雜糅》弟十二問負常法　空　正平實
《雜糅》弟十三問負益隅　空從空　正平實

《之分》第六問負隅法	空	正實		
《之分》第七問負隅法	空	正實		

右三層有空位

《邊股》第四問負隅法	負廉	空從空	正實	
《底句》第四問負常法	負廉	空從空	正實	
《底句》第四問又法負常法	負廉	空從空	正實	
《大股》第三問負隅法	空廉空	負從方	正實	
《大股》第十四問又法負虛隅	空廉無入	負益從	正實	
《大股》第十四問又法負常法	空廉空	負從	正實	

右四層有空位

《明叀前》第二問負虛常法	空第二廉	空第一廉空	負益從	正實
《明叀前》第二問又法負益隅	空第二廉空	正第一廉	正從	正實

右五層有空位

《益古演段》共六十四問，其相消數不標正負，其條段所釋，大略與《海鏡》相同。

弟二問：『[illegible] [illegible] [illegible]原本實在上，今移在下，開得二十。』條段以二分半為虛常法。義曰：『二分半為虛隅。此隅二分半，乘二十自乘之數，得一，入實為三二。又以二十乘[illegible]

適得三二。』弟三問：『[算籌]，開得六十四。』條段以四分七鼇為益隅。義曰：『四分七鼇為虛常法，以六四乘[算籌]得𝍠𝍢𝍫𝍠𝍡，大於實。以六四自乘為𝍢。𝍫𝍧，以乘四分七鼇，得𝍠𝍬𝍡𝍫𝍠𝍡，益入實，適得𝍠𝍢𝍢𝍠𝍡。』以此二問參之，是稱常法。與稱隅同，亦是稱虛隅，與稱益隅同也。弟十四問義云：『此問原繫虛從，今以虛隅命之。』又云：『從負隅正，或從正隅負，其實皆同。』弟十八問云：『此式原繫虛從，今卻為虛隅命之，故以四為虛常法。』是可知正負為別同異之通稱也。弟四十問法云：『相消得[算籌]，合以平方開之，今不可開，先以隅法二十二步半乘實二萬三千單二步，得五十一萬七千五百四十五步正為實。元從六百四十八負，依舊為從一益隅平方開之，得四百六十五步。以元隅二十二步半約之，得二十步三分之二。此二二五本是常法而非益隅，是必以商數乘之。今不以商數乘，而下乘實數，其為實和中上較無異，但多一報除以復之爾。謂之益隅者，蓋既標五十一萬七千五百四十五為正，標六百四十八為負，而隅與從類，故依從之負而稱益隅，猶《明叓前》弟九問稱從為益從，隅為虛法。』此又正負通稱之例矣。秦〔一〕道古術云：『商常為正，實常為負，從常為正，益常為負。』然古池推原一術，稱方為益方，隅為從隅。案此術和在中，較在

〔一〕《中西算學叢書初編》本『秦』上有『一』字。

上、下。以實為負，則方正、隅負矣。今稱方為益，隅為從，是稱正為益，負為從矣。若以方為負，隅為正，則實宜為正，又與實常為負之例不符，可知秦氏於此，亦不拘拘也。

其等自實而上行者，便於立天元之法也。其等自隅而上行者，便於用開方之法也。

《測圓海鏡》上隅、中從、下實，蓋由實而生天元，由天元而生天元冪，自下疊乘而上，是宜實居下，而隅居上也。《益古演段》上實、中從、下隅，蓋以商生隅，由隅而生從，由從而與實相消，亦自下疊乘而上，是宜實居上而隅居下也。然則廉隅未定之前，自實而隅，廉隅既定之後，自隅而實，故兩書各明一義也。秦道古《數學九章》述開方法，至精極簡，足補李氏所未備。其式如《益古演段》之列位，置商於實上，以商生隅，上達於實。遇同名則相加，遇異名則相減。加則正仍為正，負仍為負；減則減餘在正為正，在負為負。自一乘，以至百乘、千乘，不假別術。方與實異名相消，而減餘在方，則為翻積、為換骨。方與實同名相加，則為益積、為投胎。大抵和在隅，而中較大於初商，則益積；和在中，較數小於初商，則翻積，其理如是。其實布算時，惟視同名異名，以用加減。而翻積、益積，不容預定也。其定位用古開方超位法，商單數不超，十數超一次，百超二次，千超三次，萬超四次。其超也，一乘則方進一，隅進二。二乘則方進一，廉進二，隅進三。三乘則方進一，上廉進二，下廉進三，隅進四。進二即超一位也，進三即超二位也，進四即超三位也。四乘以上可類推。其次，商退位視乎此，其生廉不用倍法、三倍法之煩。弟以商上生，同加異減，多一乘則多一變而已。秦氏謂乘為生，生而上達為入，入而減為消。其法李欒城所未詳，此實相為表裏，精簡貫通，一原於《古九章》，而迥非梅氏《少廣拾遺》所能及。循別有專書論之，而舉其大略於此。

天元一釋下

欲求所不知，則以所求者為矩，是為立天元一。

《測圓海鏡》立天元一為圓徑者三十一，為半徑者六十六，為大差者六，為大句者四，為平句者五，為叀句者二，為叀股者七，為叀弦者二，為明句者六，為明股者二，為句圓差者二，為太虛黃方面者三，為小差者七，為虛句者三，為虛弦者四，為皇極弦者二，為中差者二，為乙南行者二，為乙東行、甲南行、柳至城心步、槐樹至城心步、小句、叀小句、皇極弦上股弦差、皇極句、虛較、小差股、大弦、通弦、半大弦、平弦、黃極黃方面各一。其之分則立為一分之數，或立為此則兼彼，如《邊股》弟九問立為半徑，就以為小句，《明叀前》第一問立為圓徑，便以為三事和，是也。有兼而為三者，《明叀後》十六問立為半虛黃，便為明小差，又為叀大差，是也。或不立於寄數，而立於又數者，如《雜糅》弟五問：『本如大小差數相乘為圓冪，寄左。然後立天元為圓徑以自之，與左相消。』是也。若《明叀前》弟三問，前既立天元一為半圓徑，寄左後又再立天元一為半徑，半徑即半圓徑，少偶累耳。斷無前立一天元，後別立一天元之理也。《益古演段》第三問云『立天元為内池』，又云『立天元為池徑』，其説亦同。

秦道古《數學九章》卷一大衍術有立天元一法，其名同，其用異，未可强為合也。其一為求衍數法云：『以定相乘，為衍母，以各定約衍母，得各衍數。或列各定數于右方，各立天元一為子于左行，以母互乘子，亦得衍數。』又云：『以右行互乘左行異子一，弗乘對位本子，各得對數。』按此即《張邱建》蕩杯之法。衍母者，右行三母相乘之數也。衍數者，右行二母與左行一子維乘之數也。左行本無子數，借一為子，是為立天元一。一乘不長，其實仍右行二母相乘耳。衍母為三母相乘，衍數為二母相乘，以一母除衍母，猶之二母相乘，故或立天元一以乘二母之所乘，或不立天元一而以各定約衍母，其理可通也。

《張邱建》云置人數二三四列於右行，置一一一杯數左行，以右中三乘左上一得三，又以右下四乘之得十二，又以右上二乘左中一得二，以右下四乘之得八，以右上二乘左下一得二，又以右中三乘之得六，又以二三四相乘得二十四。

二　三　四

此行即大衍數之定母

一　一　一

此行即大衍數之立天元一

三　二　二

以右行互乘左行異子一，弗乘對位本子　右上于左上為本子，于左中下為異子

二十　八　六

此行即大衍術之衍數

二　三　四

以定相乘為衍母

二乘三得六，三乘六得二十四

此行即大衍術之衍母

其一為大衍求一術云：『置奇右上，定居右下，立天元一于左上。先以右上除右下，所得商數，與左上一相生入左下相生即相乘。然後乃以右行上下，以少除多，遞互除之，所得商數，隨即遞互累乘，歸左行上下須使右上末後奇一而止，乃驗左上所得，以為乘率。或奇數已見單一者，便為乘率。』説者謂其『極和較之用，窮奇偶之情』。又謂『遞互乘除』之語未詳。循按：大衍之術，即《孫子算經》三三、五五、七七之術也。此術《九章》所無，而見于《孫子》，今則婦人孺子，或以為戲。《孫子》雖詳其術，而秦氏則闡其微而暢發之，其三三置七十，即大衍求一術也。大衍術者，以元母用連環求等法，求得定母，定母連乘得衍母，立天元一，互乘得衍數。以定母約衍數得奇，以奇與定母用求一術得乘率，以乘率乘衍數得用數，以用數乘所問之餘數併之為總。滿衍母去之，不滿為所分。今先以孫子術解之。題云：『今有物不知其數，三三數之賸二，五五數之賸三，七七數之賸二。問物幾何？』答曰：『二十三。』三、五、七，元母也。約之得一為無等，不用連環求等法，則元母即定母也。賸二、賸三、賸二，分數也。二十三，總數也。術曰：『三三數之賸二，置一百四十五。五五數之賸三，置六十三；七七數之賸二，置三十，并之，得二百三十三。以二百一十減之，即得。』一百四十、六十三、三十，用數也。二百三十三，總數也。二百一十，衍母約兩次也。術又曰：『凡三三數之賸一，則置七十；五五數之賸一，則置二十一；

七七數之賸一，則置十五。一百六以上，以一百五減之，即得。』置七十、置二十一、置十五，乘率也。二十一、十五，以衍數為乘數也。七十，以定母與奇用求一術得之也。何也？三七二十一，以五約之餘一；三五一十五，以七約之，亦餘一。所謂『奇數已餘單一便為乘率』是也。五七乘得三十五，以三約之去三十五，餘二，不可為乘率。乃以餘二列右上，定母三列右下，立天元一于左上，以右上約右下，餘一歸左下。又以餘一約右上，使右上奇一，商數得一，與左下乘仍得一，與左上天元一相加為乘率二。以一乘二十一，與一十五俱不變，以二乘三十五，為七十，此所以置七十也。依秦氏式列于左方：

衍母 105

元數即為定母	7	5	3
立天元一	1	1	1
衍數	15	21	35
奇數	1	1	2
乘率	1	1	2
乘數	15	21	70
分數	2	3	2
用數	30	63	140

大衍求一術，所以用遞互乘除者，蓋是術之分數，與盈不足、方程、差數異。去差數則母齊，加分數則總齊。惟母不齊，斯分亦不齊。用連乘，所以齊其母也。分即奇也。分不止于一，乃必令奇成一數，而奇乃齊，此所以既立天元以求母衍數，復立天元以求乘數也。既齊其母矣，又以一母互約之而得奇。約之而奇一，無煩更齊之矣。約之而奇不止一，則務齊其奇數之一，而不妨數倍其母，以化不一者，為一也。倍其母以齊其奇，有二法焉。一以奇遞加，以母遞減之，餘一而止，列其減數與餘為乘率。一以奇遞減母，又以母遞減奇，餘一而止，列其減數與餘為乘率，即求一法也。立天元一于左上者，與右上餘一為預存倍數也。既以奇減母，而母亦存奇。以母之奇減奇，故商一即一倍，商二即二倍。惟右上奇減母一次，固猶是一耳。若二三以上，則必以母之奇所減奇之數，與此相乘，而後加于天元一，故曰遞互除之，又曰遞互累乘也。此可詳者也。如衍數十五，以四四數之，約去十二，奇三。欲齊奇，因而倍母。以三列右上，四列右下，立天元一于左上，以三約四，一次得奇一。乃列一于左下，又列奇一于右下。以一約三，二次而得奇一。以二次乘左下一，仍是二。加於天元為三，是為乘率。以三乘衍數十五，為四十五，以四約之，約去四十四，恰餘一。此左下歸數是一，不見互乘之妙也。設如衍數十七，以七七數之，約去十四，奇三。欲齊奇，因而倍母。以三列右上，以七列右下，立天元一于左上，以三約七二次而得奇一。乃列二于左下，又列奇一于右下。以一約三，二次而得奇一。以二乘左下二得四，加天元為五，是為乘率。以五乘十七，得八十五，以七約之，去八十四，正餘一。蓋以奇減母，則不必以奇遞加。而以母之奇約之，即得。所減之母，不啻所加之奇，減母二次，則約奇一次，即如兩次矣。非用互乘，何以合耶？加奇以減母，鼂雁術之義也。減母以減奇，矯矢術之義也詳見《加減乘除釋》弟五卷。李氏之立天元一，蓋不知真數，立一數為比例之根，其究不必一也。秦氏之立天元一，乃欲得一數，立一數以為齊同之準，其究必是一也。李氏立天元一之相消，此元殊于彼元，以不齊而得其齊也。秦氏立天元一之相約，此一即合彼一，以齊而齊不齊也。李氏之寄左，乃同類之一率，寄之以待類之合也。秦氏之寄左，則未齊之衍數，寄之以俟奇之齊也。李氏之所立，可以馭一切之算。秦氏之所立，止以定歸奇之用。二者藐不相同，各有秘奥。或言李演秦説，豈其然邪。至大衍術連環求等之法，亦互約以化繁為簡，所以為奇一地耳。如九與十五其等為三，何也？九為三三，十五為五三也。可約九為三，亦可約十五為五。蓋可半則半之，遺意也。三數以上，彼此遞約，故有連環之名。連環約後，猶有可約之等，則續約之。續約者，約此則乘彼，如甲二十七，乙一十二，丙三十二，甲乙之等三，乙丙之等四，甲丙無等。以三約甲為九，以四約乙為三，此連環求等也。甲九，乙三，尚可求等得三。乃以三除乙三為一，以三乘甲九為二十七。此續等也。秦氏所謂：『皆約而猶有類數存，姑置之，俟與他約遍，而後乃與姑置者求等，約之。』是也。術云：『求定位，勿使兩位見偶。』又云：『約奇弗約偶。或元數俱偶，約畢，可存一位見偶。』解者云：『衆數連乘中，有兩偶數，則所得總數，以一偶數除之，必仍得偶數。不能求餘一之乘數。』是也。解者又云：『約奇弗約偶，專為等數為偶者言之。若等數為奇者，則約偶弗約奇。』解者蓋以求等後約元數所得，為約奇約偶。按元數兩偶者，求等約之，可得奇。元數兩奇者，求等約之，不能得偶。如三與九，其等三，約三得一，約九得三，皆奇。五與十五，其等五，約五得一，約十五得三，亦皆奇。他若七與二十一、九與二十七亦然，皆約得奇，不能約得偶也。元和李尚之解奇偶為元數，其説最詳。謂：『約元數為定母，必令約畢更無可約，而後得為定母。欲令無可約，須先令無等。欲令無等，則兩兩相約時，須先令約得之數，皆為奇數。蓋凡兩奇，與一奇一偶，相約，或有等，或無等。凡兩偶相約，必有等。今約得皆奇數，則約畢之後，必止有一位偶，而衆位皆奇。若有兩偶，則必又有等。』又云：『一奇一偶相約，所求之等亦必奇。以約奇數必得奇，以約偶數必得偶。今欲令約得為奇，故術云「約奇弗約偶」也。兩偶相約，所求之等必偶。以約兩偶數，或皆得奇，或一得奇、一得偶。今亦欲令得奇，故術云「或元數俱偶，可存一位見偶也」。』又云：『約奇弗約偶一法，有時當約偶弗約奇。

其故有二：其一，恐約畢仍有等數也。如甲二十五，乙二十，求等得五。常法約甲為五，然五與二十，仍有等，須約乙為四，二十五與四，則無等矣。故術云「約得五而彼有十，乃約偶而弗約奇也」。其一，恐定母見一也。凡定母見一則無衍數，而有借用之繁，故求定位術云「勿使見一太多」。《程行計地》草云「于術約奇不約偶」，慮恐無衍數，乃先約甲三百也。兩偶求等，約得單一，亦當舍此而約彼，然約彼得奇，則可不見一。若約彼得偶，則不得不見一，何也？兩偶必有等，展轉推之，終須見一也。』尚之此解，可發秦氏之蘊，而正前此之誤解矣。所以必求定母者，如甲二、乙三、丙四。二與四有等，約為甲一、乙三、丙四，依法求之，得用數一、一、三。若不約，則二、三、四之衍數，為𝍮𝍢𝍥，奇數為𝍡𝍡𝍡，以𝍡與四立天元求一，不可得一，此所以必用求等法也。

太極朒，則天元為盈；太極盈，則天元為朒。真數積于下，而盈朒差於上也。

股全數六百，句三百二十，差數二百八十。今舉股四百八十，句二百，既非全數，亦非差數，于是有加減之法，而盈朒生焉，何也？以四百八十為股，則朒，因以所朒者，為天元一而加之，是為四百八十步加一天元。在四百八十則朒，在所加天元則盈。朒者，于股全數不止四百八十也。盈者，餘于四百八十之外也。若以四百八十為差，則盈。因以所盈者，為天元一，而減之，是為四百八十步減一天元。在四百八十則盈，在所減天元則朒。盈者四百八十多于差也，朒者四百八十中當少去此數也。減為分數，加為合數。分者，分于太極之中。合者，合于太極之外。分于太極之中，而合之以所分之餘，比例得矣。合于太極之外，而分之以所合之形，比例得矣。

太極可減天元，天元亦可減太極，故如積之數，在太極位也。

太極加天元，天元加太極，其義一也，惟減則有不同。如全股六百，容圓半徑一百二十，但知四百八十，則立天元一為股，而減去四百八十為半徑，是為一天元少四百八十步也。是天元一盈于四百八十之實數，而四百八十之實數，轉宜減于天元之中矣。明叀之數，或小於半徑，故《測圓海鏡》于明叀以下，多于天元一之中減太極。《明叀前》第二問云：『立天元一為半徑，上減明句得[illegible]為虛句，下減叀股得[illegible]為虛股，句股相乘，倍之，加差冪，得[illegible]為弦冪，寄左。然後并二行步以自之，得[illegible]，于太極位為同數。』蓋差在太極位，故必于太極位比例得同數也。

同名相加，則異名相減，減以平加之溢也；同名相減，則異名相加，加以補減之過也。從乎盈以為正負者，減餘本在盈也。反減則正負相變者，變其名使數不紊，消息之妙也。

兩同名為母，兩異名為子。兩母均正，兩子一正一負，是必以母子皆正者，同加入母之正也。而母之正者，其子又負，是母之正且非全數，故必減去此負也。余于《加減乘除釋》卷五已詳言之。減者，于盈之中去其朒，所存者盈，其從乎盈，自然之數如此也。餘在左，則異加之正負，依乎左行；餘在右，則異加之正負，依乎右行，亦從乎盈也。又有反減之例，專以本行為主，減餘在本行不必言，若在彼行，而異加既依本行之正負，則減餘轉必變正為負，變負為正，以就本行之異加也。因反復于其理，盈在彼，而彼之加數為正，是益于盈數者也。此之加數，本于減數為負，減數中未減此數，則所以減之者過乎所宜減，故以此之負子彼之正，以補之。彼之加數為負，是損于盈數者也。此之加數本與減數同正，減數未加此數，則所以減之者，不及所宜減，故以此之正，子彼之負，以平之。反減則朒之中去其盈，不足符其所去，必取諸加數以充之，是所減為彼之餘，轉為此之歉也。餘為多而歉為少，烏得不正負相變哉？然假如左行為三多二，右行為五少一，以左為主，三反減五為歉二，一加二為三，必于此三數減去所歉之二，故本是子三多母二，卻顛倒為母三少子二矣。若以右為主，則五中減三餘子二，此多數也，而母加為三是少數，以三減二，亦是反減，是又宜以子二少母三，變為母三少子二，何也？右五雖盈於左三，而五少一為四，三多二為五，以五減四，則左朒而實盈，右盈而實朒，故以五與三言之，明有減餘，而以五少一與三多二較之，正是反減。明為正減，陰實反減而多少相變例也。

反減，此又以反減中之變例也。又如本是左三少二，右五多一，則反減異加之後，必右皆多數，左皆少數，此既盈俱在右，本宜從乎右，强右于左，而左數皆少，于術則通，于理未協，此反減之又一義也。又設左為三少二，右為五少一，以右為主，五中減三，餘二，多仍為多也。一中減二，則必反減，反減則不為餘一，轉為歉一，乃二在左，本是三中之少數，三少二，止宜以一減五為四，今竟以三減五為二，已多減二數，則此反減所餘之二數，正用以補之，故不為歉而轉為餘。理雖平易，而實造微矣。

置本數于左，為寄左。設又數與之加減為相消，相消與相減，皆同減而異加也。然相減者，有減餘者也；相消者，無減餘者也。

相減者，隨舉一母子為本數，又隨舉一母子以減之。同減異加之後，得數，或加或減，皆得所餘。相消者，彼此俱為同數，雖參差不齊，而平其差則皆齊。如云五少一，四也。二多二，亦四也。五與二減得三，一與二加亦得三。上下相比，數本相合，而特叢雜於或盈或朒之差，去其叢雜，使數之相合，了然明露。夫陰消陽息，易卦有之，此云相消，亦其義也。相消乃相減之一端，猶開方為除法之一端。開方者，自乘無從之除。相消者，減盡無差之減。名義可通，而用有辨矣。

同名相乘均得盈，異名相乘均得朒。朒乘朒轉得盈者，朒中之盈也；朒乘盈必得朒者，

盈外之朒也。

盈之乘盈，其得盈也，可知者也。朒之乘朒，亦轉得盈。蓋朒在實數之內，實數已乘得積，而又以朒乘實數，以為減之地，兩朒交乘實數，成兩廉形，而兩廉之交處，必疊兩隅。疊兩隅，是多一隅也。多一隅，即多此朒乘朒之數也。多此朒乘朒之數，是于宜減之數，而又減之，減于廉之中，不啻益于實之中。于實為朒，于廉轉為盈，故朒乘朒得盈也。若所加之天元在實外，實乘為方矣。天元自仍在方外，雖與實相乘，難與實相混矣。

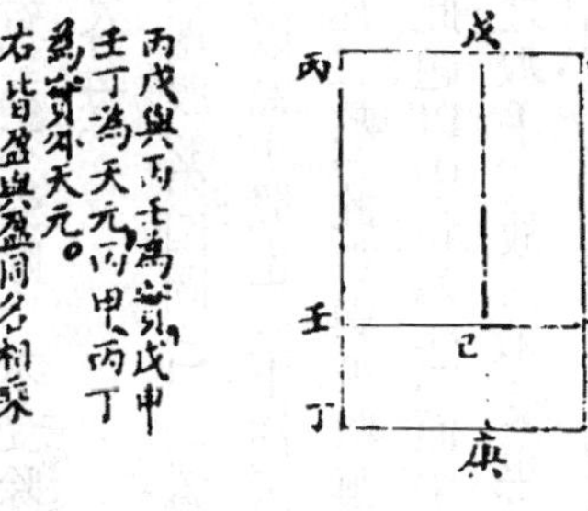

丙戊與丙壬為實數，戊中壬丁為天元，丙甲、丙丁為實乘天元。右皆盈與盈同名相乘

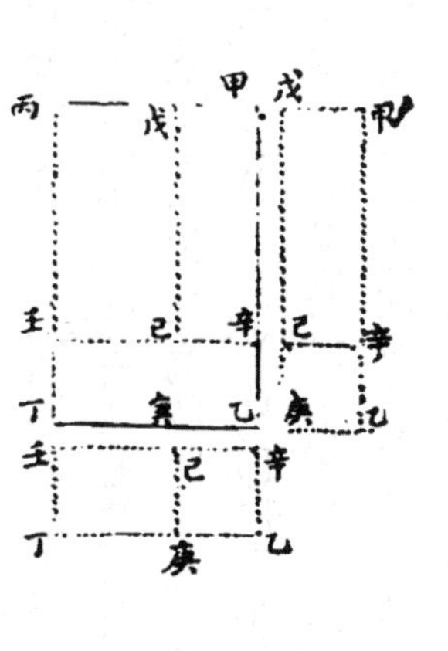

於甲乙丙丁內減去甲戊乙丁壬己曲尺形，今乘得甲戊乙庚、戊壬丁辛乙兩形，比曲尺多一辛乙己庚，以求朒之形。甲戊為朒，甲乙為盈，壬丁為朒，丁乙為盈。

其不可除者，為不受除。不受除者，寄之，謂之寄分母。分母之中，有不受除者，則分母之中，又寄分母。

《邊股》弟四問云：『置東行步為小句，以中股乘之，得[illegible]。合以中句除，今不受除，便以為小股也。』下注云：『內寄中句分母。』舊校云：『不受除者，無可除之理也。』凡二數，此數與彼數無可除之理，則不受除也。蓋除有法有實，實可二，法不可二。此題以中句為法，而中句內有一元，又有十六步，其為數已二矣。又何以均分不一之數乎？故曰不受也。弟九問草云：『立天元一為半徑，即以為小句率。其二行差，即以為小股率。乃置甲南行步加入天元一為股，以小句乘之，合以小股除。今不受除，便以此為大句，內寄小股分母。』舊校云：『此所謂不受除，乃其數奇零不能盡，非無可除之理也。』弟五題云：『置大股在地，以小句乘之，得下式，合以小股除之。今不受除，便以為大句，內寄小股分母。又置天元半徑，以分母小股乘之，以減大句。』循按：此問欲得底句，因先求大句，大句必從小句比例。乃有小句，而小股不可用以除，因委曲而用寄分之法，徑得大句。然大句較底句，尚多一半徑。而此大句者，既為寄分徑得之大句，不可與半徑減，故必以分母乘半徑而後可減也。大句為分母所乘之大句，則半徑亦必為分母所乘之半徑。此問蓋李氏示人以相減例也。《大股》弟十三問草云：『立天元一為半徑，二之，減甲南行為大差以自之，為大差冪，加于南行冪，半之為大弦。內帶大差分母，別寄。又置乙斜行為小弦，以大股乘之，合大弦除不除，便以此為小股也。內帶大弦分母。』按此大弦為小股中所帶之分母，而大弦之分母中，又帶大差分母。蓋欲得小股，先求大弦。欲求大弦，先得大差。轉轉寄帶，不憚委曲繁瑣者，為同數相消地也。心思之妙，不啻蟻之穿九曲珠，夫所以啓後學之聰明者，可謂至矣。

分母之中有分母，則寄左以分母中之分母乘之。分母中之分母，帶分母者無之也。分母以不除寄之，即以不乘消之。寄左不可消，則又數以分母乘之。

寄分母之法，其相消之例有數端。《邊股》弟六問草云：『置大股，以小句乘之，合以小股除。今不受除，便以此為大句。內帶小股分母。又倍天元，以小股乘之，以減于大句，為句圓差。合以股圓差乘之，緣此句圓差內已帶小股分母小股即股圓差，更不須乘，便以此為半段黃方冪，更無分母也。』按此言相消之法，甚明了。句圓差乘股圓差，得城冪之半，即半段黃方冪，是必乘而得冪也。小股為一率，小句為二率，大股為三率，必小股除之，乃得大句也。而小股既即為股圓差，則前之不除，正可以代後之乘，而後之不乘，正可以代前之除，故前不除而寄分母者，後不乘而更無分母也。弟四問：『寄左中寄中句分母，其又數以中句乘之，為同數。』弟五問：『寄左中寄小股分母，又數以分母小股乘之，為同數。』此緣寄左中，不能以一乘一除，兩相消抵，故于又數中乘之，以消此不受除之數。同在寄數中，以不乘消之，分在寄數又數中，以乘消之。不除則數多而溢于彼，不損此之溢，而增彼之坳，則兩相平矣。譬之市儈負我債，我取其貨物，而不留值，此以不乘消之之義也。醫者欲制肝，而先强肺。相墓者，苦右高，而左加隄焉，則乘以消之之謂也。弟十問草云：『置乙南行步為小股，以句率乘之，合以股率除，今不受除，乃便以此為小句。內寄股率分母。以小句大句相乘為半徑冪，內帶股率冪為分母。寄左。然後置天元自乘。又以股率冪乘之，為同數。』按此兩相比例，大句小句內皆寄股率分母。小句大句既相乘，則所寄兩股率，亦相乘而為股冪矣。故寄左中帶股冪，而又數亦以股冪乘也。《大股》弟十三問草云：『大弦帶大差分母，別寄小股。又帶大弦分母，因以邊股乘小股，為半徑冪。此半徑冪內，有大弦分母。緣別寄大弦分母，元帶大差分母，故又用大差分母，乘上半徑冪，為帶分半徑冪也。所帶之分，謂止帶大弦分母也。寄左。然後以大弦乘天元冪為同數。』循按：此寄分中，又有寄分之相消法也。帶大差分母之大弦，既別寄矣。而小股中所帶之大弦分母，乃不帶分之大弦，非別寄帶分之大弦也。又數以大弦乘天元冪，此大弦正別寄之大弦，中有大差分母者也。然則寄左數中所帶之分，別無所帶，而又數中所乘之大弦，轉多一大差分母矣。故豫于寄左數中，以大差分母乘之，以為同數相消地耳。別寄之分母，隨乘而入，不用之以除，則大差分母，無由入小股中，不受除而帶分母，自帶大弦之正數，不帶大弦之假數也。第十四問草：『以股冪加大差冪，半之，為大弦。內帶大差分母。又置股冪減大差冪，半之為大弦，內帶大差分母。又置股冪減大差冪，半之，為大句，亦帶大差分母大差即句弦較。乃置明弦，以大句乘之，合以大弦除。不除，便以此為小句，內帶大弦為母。其大句內，元有大差分母，不用，即明句也。以底句乘明句，為半徑冪，內帶大差及大弦為母，寄左。然後置天元冪，以大差通之，又以大弦通之，為同數。此寄數帶兩分母，而又數又以兩分母乘之也。大句中有分母，不用者。又數之大弦，其中有大差分母。依前法，則寄數中之半徑冪，宜豫以大差乘之。今因小句中本帶大差大弦兩母，故以不乘抵之，非不用也，有以消抵之也。蓋寄數小句中，有分母二，底句中有分母一。在小句中者，其一為不帶分之大弦，其一為大句中所帶之大差。在底句中者，為大句中之大差，是帶兩大差一大弦也。又數既以大差通之，又以帶大差分母之大弦通之，是亦兩大差一大弦，適相消抵。因不必復用相抵之法，冥然化其消息之跡，故曰不用也。是明帶兩分母，實暗帶三分母也。』又一法，草云：『股圓差即大差，冪加股冪半之，為大弦，寄大差分母。減股冪，半之，為大句，寄大差分母。以大句乘明弦，合大弦除。不除，便以為小句，寄大弦分母。又以股乘明弦，合以大弦除為小股。不除，而又以同母通分之，為同分小股也。又置明弦，以大弦通之，得通分小弦也。三位相併為股圓差，寄左。然後以天元大差，以大弦分母通之。為同數。此則寄數中，其帶六分母，而以一分母齊之。』法至此。精妙極矣。六者何？大差三、大弦三也。其在小句中，有大句所帶之大差，有不帶大差之大弦，是為一大差、一大弦也。其在小股中，有同母通分之大差，有不帶大差之大弦，是又一大差、一大弦也。其在小弦中，有通分之大弦，有大弦中所帶之大差，是亦一大差、一大弦也。而小句、小股、小弦併之即股圓差。則以帶大差之大弦通之，不啻以六分母通句股弦之三位也。原注云：『大股乘時，無大差分母，故令通之，以齊大句上所有大差分也。』云『大股乘時，無大差分母』者，言大股中無大差分母，非若大句中有之，故前大句乘明句弦為小句，其中有大差母，其股乘明弦為小股，則無大差母也。以同母分通之，則均有大差母，故曰通之以齊也。同分，同於大句中之分也。審此用同分以齊大句中之大差分母，則前所謂大差分母不用者，詎真不用乎哉。弟十八問草下注云：『其大句中有大差分母，其大股内卻無分母，故今乘過，復以大差通之，齊分母也。』此注尤彰明較著矣。寄分之法，為天元一造微之境，比例齊同，全賴此以濟其窮。故李氏詳乎言之，即其一隅，可以知三。因復闡明其故，俾學者易知，故不憚煩云。

又數與寄數相齊，謂之同數，亦謂之如積。如積之例，當其較，則舍所盈，故加於盈而數合也；當其和，則包所朒，故減其朒而數合也。

《測圓海鏡》列加減二法，謂之正率。天元一之術，實無出此二者，其他變化錯綜，皆由此而推之耳。題云：『或問出西門南行四百八十步有樹，出北門東行二百步見之，問徑幾里。』其減法云：『立天元一為半徑，置南行步在地内減天元半徑，得[算式]，為股圓差。又置乙東行步在地内減天元，得下式[算式]，為句圓差。以句圓差乘股圓差，得[算式]，為半段黄方冪，即城徑之半也。寄左。又置天元冪以倍之，得[算式]，亦為半段黄方冪，與左相消，得[算式]。如法開之，得半徑一百二十步。』循按：置南行步減天元者，積數四百八十中少天元一也。置東行步減天元者，積數二百中少天元一也。兩行步，本是一半徑帶一圓差，今減去天元半徑，故為句圓差、股圓差。所減雖在天元，實不啻在積也。及兩積相乘除，去天元所當之積，餘為半城冪之積。故如積者，但如此半城冪之積。以為之冪，或為[一]之天元，以合於除去之天元，則與下積適相當矣。譬之積如粟天元，天元冪如錢，粟一斗值錢二百，先付錢六十，當減去粟三升。今不減，但記曰『已納錢六十』，則他日持錢取粟，僅持七升之值百四

[一]『為』，《中西算學叢書初編》本作『城』。

十錢，而遂當一斗之償矣。粟未減也，亦非妄以七升之值，當一斗之值也。前後之值相合也。此乘得積數九萬六千，如斗粟也。六百八十天元多一天元冪，如先付三升值也。如積之二天元冪，與一天元冪相減，為一天元冪，如他日持七升之值也。夫付過三升之值，則我他日之持錢，朒三升之值，而取盈三升之粟矣。後所持合于先所付，自不虧缺。而後之所持，則必舍乎先之所付，此減法之如積也。其加法云：『置南行步，加天元一，得[illegible]為大股。又置乙東行步，加天元得[illegible]，為大句，相乘得[illegible]，為一个大直積。以天元除之，得下式[illegible]，為三事和，寄左。然後併二行步，又併入句股，共得[illegible]，為同數。與左相消，得[illegible]，以平方開之。』循按：加于行步之外，則為四百八十步多一天元，二百步多一天元也。句股相乘為句股積，今句股中各朒一半徑，則所乘得之實數，不足一句股積數。不知積數所缺者若干，惟知所缺之天元及天元冪若干，故為九萬六千步，多六百八十元一天元冪。此之所多在實積外，而如積之數，必如句股積以為之天元及天元冪，而齊之。夫天元既在實積之外，而如積又合天元與實積之形，則于如積中，減去實外之天元及冪，自適當乎積矣。譬之以錢二百，買粟一斗。而此一斗粟中，適欠六十錢之粟，今持錢二百買之，而粟止有七升，則必于所持之錢，除去六十，而後相合也。句股冪如粟一斗值也，九萬六千步如七升也，六百八十元一天元冪如所欠六十錢之粟也，一千三百六十步二天元，即句股冪之如積者也。蓋句股冪不可得其同數，故以天元除之，為三事和。三事和者，句股弦相併也，而句股弦又無實數，故但為一千三百六十多二天元也。試又譬之，農與市儈交易，農舊負儈錢三十，儈舊負農粟六升。今農持錢八十，向儈買粟八升半，儈日于錢減三十，餘五十粟減六升，餘二升半。蓋粟八升半暨錢三十，與粟六升暨錢八十，適相等。九萬六千步多六百八十天元一天元冪，與一千六百步二天元適相等。其義亦猶是也。

三層之相消，較必合二，四層之相消，較或合三。較均在上，則和在下也。較合於下，則積必益也。其減餘必分兩畔者也。

兩畔之數既等，其相消之餘，亦必兩邊相等。其兩層者，一法一實，不待言矣。三層者，相消之後，必分兩畔。而兩畔所分，必一畔得一層之減餘，一畔得兩層之減餘，其兩層之減餘與一層之減餘，數既相等，則此兩層者，必為一層之較；而一層者，必為兩層之和。兩層餘在上、中，則和在下。兩層有一層餘在下，則和必在上、中。而其一層在上、中，與下相耦者，則益隅益方也。其情甚隱，其理實平。余于《加減乘除釋》卷五已發明此旨。相消必分兩畔者，緣兩畔之相等也。若不相等，則減餘可偏在一邊。此相消與相減，所以同而異也。亦惟減餘必分兩畔，所以天元一之相消，與方程之直除，亦有間也。譬之粟每斗值錢一百二十，豆每斗值錢八十。今一農有粟一斗，豆二斗，錢二十文。一農有粟一斗五升，豆五升，錢八十文。數各不同，而值實相等實〔一〕二百文，因而相消，一農餘豆一斗五升，一農餘粟五升，餘錢六十文。又為相等各餘一百二十，而豆之一斗五升，已足敵粟與錢之兩色，是豆和而錢粟較矣。必益錢于粟，乃可敵豆，是錢為益隅也。

借根之用加減，與相消法異而數同，何也？試質言之。有如左之數五，右之數十，不等也。今曰左之數五多五，則與右之十等矣。其相消以下五減十餘五，上多五無對，是上下皆五，為相等矣。其用加減也，則左右各減以五。左之多五者，今不復多，而右之十者，今以減去五，而亦止存五，是亦兩相等也。蓋兩邊各減，仍不啻以左減右，故為法不同，而數必同耳。或左數五，右數十，不曰五多五，而曰十少五，亦相等。則相消以五減十，亦上下皆五，而相等矣。或各加以五，則右十之少五者不復少，而左五亦加五而為十，是亦兩相等也。此所加減之五，未嘗一乘再乘，故明了易知。若以乘隱之，假如以五為一根之數，則左五之多五，為左五多一根，右十之少五，為右十之少一根。相消，則是以五當一根，以一根除五，仍得五，猶五與五等

〔一〕『實』，《中西算學叢書初編》本作『皆』。

也。相減，則左五本多一根，今減一根，相抵為五，右十減一根，為十少一根。相加，則左五加一根，為五多一根，右十本少一根，今加一根相抵，為十。然後均用相減，為一根與五等，仍相消也。是多費一番加減也。學者言算數之術，後人勝于前人，恐亦未盡然乎。

當其空，則正負相變者，同名相就，同必化為異也。異名相投，異必化為同也。

相消之理，既詳之矣。兩畔俱空，則此層為從空廉空矣。若一畔空，一畔有數，《九章》謂之無入。無入者，無對也。試以三層言之。此畔上下皆正，彼止有中正，此同名也。然此中正者，與彼上正、下正為相等。則以此就彼，此和而彼較，不得仍皆稱正，而混淆無別，故正變為負也。若負則必有兩層，或彼一畔上正、下正，此一畔中負、下正，兩下正同名相減，而彼之上正，投入此畔，化而為負，何也？此下正為和，中負為較，尚少一較。移彼正于此，全其為較矣。故亦正變為負也。若不以彼上正投此，而以此中負、下正就彼，亦變為中正、下負。蓋下本為和，雖經減去，恰合增入之數，仍為和也。表之于左方：

三正	口	四正	三正七負四正
口	七正	口	三負七正四負

右同名變異表一

三正　口　四正　三正六負三正

口　六正　一正減餘三　三負六正三負

右同名變異表二

三負　口　十正　三負二正一正

口　二負　九正減餘一　三正二負一負

右同名變異表三

三正　口　四正　三正二正五負

口　二負　九正減餘五　三負二負五正

右異名變同表一

八正　口　一負　八正二正十負

口　二負　九正加得十　八負二負十正

右異名變同表二

如積相消，則同減而異加，開方相生，則同加而異減，何也？緣相就而相化也。

同名相減，異名相加，余既詳之矣。而秦道古所詳開方法，則同名相加，異名相減，截然不可紊。蓋天元如積相消，加減在兩行。開方商生相入，加減在一行。彼行之正，入此行則為負；彼行之負，入此行則為正。是兩行之同名，乃一行之異名，兩行之異名，乃一行之同名。在兩行用同減異加，在一行用同加異減。法不同，而義實相通矣。凡如積相消，無論同名異名，消餘必是異名。三層以上，雖有同名，必有異名也。表之于左方：

三正　三正　減餘　一負　左餘入右　一正

四正　減餘一　二正　一正　一負　右餘入左

右同名相減化為異名相減

三正　一負　五正　左加右　五負　左加右減盡

二負　加得五　四正　加得五　五負　右加左　五正　右加左

右異名相加化為異名相減

三正　一正　三負　左餘入右　三正　左加右減盡

六正　減餘三　二負　加得三　三正　三負　右加左

右一同名相減一異名相加化為異名相減

其同減異加，則盈不足之義也。

同數相消，似于方程，乃細揆之，實為盈不足之理。何也？方程之直除，可同減異加，亦可異減同加。惟盈不足，則止可同減，不可異減；止可異加，不可同加。天元一之相消，亦然。蓋方程之兩色相對待，各樹一幟，雖有隱伏，而自備和較之全。盈不足之多數少數，止露其端倪，兩行之差，不啻呼吸相關，縷牽身動。和較備者，加減可無定。止有差者，加減必有定也。天元一下為實數，即盈不足之出率也。上為多數少數，即盈不足之兩盈兩朒，一盈一朒也。必兩相消而後和較乃備，是未消則盈不足之兩行。既消則方程之一色也。《邊股》弟八問：『大句[illegible]，自乘得句冪[illegible]，寄左。又以大弦六百八十，加大股[illegible]，得[illegible]，以小差[illegible]乘之，得[illegible]，為同數。相消，得[illegible]。』按：舊術股弦較乘股弦和，即句冪，小差即股弦較，故乘股加弦之數，而與句冪同數也。此數方矩積皆有對，在左者，積四萬，則多四百天元一天元冪也。在右者，積二十三萬，則少九百六十天元一天元冪也。分明為假令之一盈一朒矣。于是兩實同名相減，兩天元兩冪異名相加，而得一十九萬二千少一百三十六天元二天元冪。此天元一數為一百二十，乘一百三十六，得一十六萬三千二百。一百二十，自乘得一萬四千四百。二之得二萬八千八百，合此二者，正與實合。是實為和，而天元與冪為較也。即此三層皆對者，而推諸無對，無不皆然。若以兩實同名相加，則實愈多，兩天元兩冪異名相減，則愈少。何以成一和兩較之式？不成一和兩較之式，而天元一之數，何從而得之乎？

其有和有較，則方程之體也。

既消之後，和較皆備，與方程之一行同。但方程之隱伏在通色一乘，此則多一層，多一乘。方程層層俱隱伏，此則下層必露真數，天元以上乃遞增乘為隱伏。故方程無論幾色，一以除法馭之。天元一必視多層，以乘方馭之。仍報除之理耳。《之分》弟九問、弟十問皆以方程法入之。其一純用減，而首色減盡，謂之曰直減。直減者，直除也。減盡謂之空，其一首色相加謂之直加，次色減盡謂之中空。前一法同減，後一法同加異減，此方程異于天元一者。故標之以方程也。而方程之同加同減，可以隨用。蓋《九章》古法，欒城時猶守未替也。

其借算，則少廣之遺也。

《九章算術》開方術云：『置積為實，借一算步之。』夫不知冪之數，而借一算以為方，不啻不知矩之數，而借一算以為天元也。然則天元一之術，正古《九章》之遺。《九章》止言開方，未詳帶從，故止借一為冪。蓋可借一算為冪，即可借一算為天元。按而求之，蛛絲馬跡尚可尋也。

其貫方於從，則商功之流也。

王孝通《緝古算經》亭臺羨道諸術，以積求邊，以差求全，以所知者為從，以不知者為分。開方得之，天元一之所本也。但《緝古》之術，有積有差，而天元一術，有差而積不具。彼為徵實，故減其不齊以為齊，此為課虛，故必有立天元、寄分母、如積相消諸法，益造於微也。

其如積相比，則均輸之趨也，其寄分取率，則衰分、粟米之變也。

均輸者，于無比例之中，求為比例。如積者，亦于無比例之中，求為比例也。惟均輸所求者，相同之率，天元一所求者，相同之數。相同之率，由似以得其真，故異乘而除之。相同之數，緣分以得其合，故相消而除之。《邊股》弟四問云：『置東行步為小句，以中股乘之，合以中句除。今不受除，便以為小股。』按：此即三率比例，中句為所有率，中股為所求率，小句為今有數，小股為所求數。緣中句半虛半實，不可以除，故有寄分之法，以參其變，而其本原，則衰分、粟米之今有而已矣。以乘代除之法，一見於《方田》章注『七人賣馬』之題，一見于《均輸》章『太倉三返』之題詳見《加減乘除釋》卷七。彼因後有所除，而豫以乘代之，此因前未曾除，而後以乘齊之。彼相代于今有之外，此相齊于今有之中也。且今有之理，中二率相乘，同于首尾兩率相乘。今寄數，以中二率相乘，又數以首率乘尾率，自然相等，其義亦甚常矣。

其就分，則方田之餘也。

《測圓海鏡》末有《之分》一卷。所以治諸分也，夫諸分之有分母，正不啻天元一術之立天元，故幾分之幾，即以一分為一天元也。但諸分之子母，同是渾稱而天元之下實，則為真數。下實者，未除之子數也。故術有不同耳。

其《測圓》則句股之精也。

《測圓海鏡》一書，專以明句股之精微也。弟一卷，詳列識別雜記，極神明變化之用，所以如積，所以同數，其樞機全在于此。如『大直積必化為三事和』、『兩相乘即為半段黃方冪』是也。識別已詳，茲不具錄。

或謂李冶之説『天元一』為演秦九韶之法。蓋以秦為宋人，李為元人，元宜在宋後也。循按：《元史》『冶以至元二年卒於家，年八十八』。是為宋度宗咸淳元年。上溯生年，為金世宗大定十九年，當宋孝宗淳熙六年。冶卒後十六年，元世祖始併宋，又按秦九韶之名不著宋史，惟周密《癸辛雜識》續集言：九韶，字道古，秦鳳間人《數學九章·叙》自稱其籍為魯郡，近盧氏。《補宋史·藝文志》因以九韶為魯郡人，蓋失考核。年十八，在鄉里為義兵首。既出東南，多交豪富，性極機巧，星象、音律、算術以至營造等事，無不精究。從李梅亭學駢儷詩詞《花庵中興絶妙詞選》云李公甫名劉號梅亭，遊戲、裘馬、弓劍，莫不能知。性喜侈好大，嗜進謀身，或以曆學薦于朝，得對，有奏稿及所述《數學大略》淳祐四年，韓祥請召山林布衣造歷，從之，薦九韶，宜在此時。《數學大略》即《數學九章》。與吴履齋交尤稔履齋即吴潛。吴有地在湖州西門外，當苕水所經入城，面勢浩蕩，乃以術攫取之『以術攫取』説亦荒渺，果如是，則忤履齋也，何得又有從履齋事。建堂其上，位置皆出自心匠。齋錢如揚，遍謁臺幂。賈秋壑宛轉得瓊州，至郡數月罷歸。又言吴履齋在鄞，亟往投之，吴時入相，使之先行，曰當思所處，秦復追隨之。吴旋得謫。賈當國，徐摭奏事，竄之梅州。在梅，治政不輟，竟殂于梅《癸辛雜識》所記甚詳，今撮其略。考賈鎮淮揚時，在理宗淳祐十年，當元憲宗時，履齋之謫在景定初年，其殂海之時與治之卒相先後，年齒未必大於李。況李居河北，秦處浙西，同時異國，不得謂李演秦説也九韶為秦鳳間人，若以秦鳳路言之，建炎間已入于金。九韶為義兵首，年已十八，則年百餘歲矣。然秦鳳路所屬之階、成、岷、鳳四州，終金之世未嘗去宋，九韶蓋此四州人。周密本舊時地名稱之耳。但為義兵首不知在何年。其年齒隨無可考。《治本传》：『治登金进士第《中州集》：李治，中遹子治，字仁卿，正大七年收世科，辟知鈞州事，歲壬辰城潰，治北渡，流落忻崞間，聚書環堵。世祖在潛邸，聞其賢，召之。太宗纪四年攻鈞州，克之。世祖纪歲甲辰，帝在潛邸，思有為于天下，延藩府舊臣及四方文學之士，問以治道。辛亥，憲宗即位，盡屬以漠南漢地軍國庶事，遂南駐瓜忽都之地。』是治以元太宗四年北渡，其召見潛邸則在憲宗辛亥以前。《測圓海鏡》自叙標戊申秋九月，去甲辰止五年，則此書蓋創始於流落忻崞時也自叙云：『老大以來，得洞淵九容之説，日夕玩繹，而嚮之病我者，使爆然落去而無遺餘。山中多暇客，有從餘求其説者，于是又為《衍之》，累一百七十問。』本傳云：『冶晚家元氏，買田封龍山下，學徒益衆。』按：言『山中多暇』則是買田聚徒之日。蓋甲辰召封後即歸元氏山下，言客有『求其説者』即學徒益衆之一，乃叙稱『病我者，使爆然落去』，稱『又為《衍之》』，可見先已有成稿，至元氏山中復理之耳。所去『老大以來』，蓋指忻崞聚书時事。壬辰已五十五，故稱老大。九韶《數學九章》叙標淳祐七年，是年歲次丁未，比戊申止前一年。冶書之不本于秦，明矣。郭守敬《授時術》用天元一算、勾股、弧矢、容圓，郭卒于仁宗三年，年八十六，上溯欒城叙書之年，相距七十載，邢臺時才十六歲，方治學洞淵九容之説，蓋猶未生，邢臺之學，實欒城啓之，乃世祖至元十三年，召修《授時術》，而冶已前卒，故一代製作，遂首推邢臺，無復知有欒城矣。學者稱秦在李前，或叙郭于李上，均非實也。王德淵《海鏡後叙》云：『敬齋先生病，且革語其子克修曰：「吾生平著述，死後可盡燔去，獨《測圓海鏡》一書，雖九九小數，吾嘗精思致力於此，後世必有知者。」』嗚乎，百餘年來，不絶如綫。至今日而其學大著，精神所結，鬼神護之，欒城自信，詎虚言哉！秦九韶為周密所醜詆，至于不堪，而其書亦晦而復顯，密以填詞小説之才，實學非其所知，即所稱與吴履齋交稔，為賈相竄于梅州，力政不輟，則秦之為人亦瑰奇有用之才也。密又述楊守齋之言，稱『斷事不平，薦湯如墨，恐遭其毒手』，此亦影響之言。又言『以劍命隸，殺所養子』，又言『聞透渡而色喜』，密自標聞于陳聖觀，又惡知聖觀之非謗耶？乃九韶之履歷，頗賴此以傳。則謗之正所以著之耳。《元史·李冶傳》不言其天元一之學，且誤『海鏡』為『鏡海』自叙稱『取天臨海鏡之義』，則必不名鏡海矣。《益古演段》為《益古衍疑》，明儒之苟率，又何至箬溪始然耶！

開方通釋

開方通釋叙

平方求積之法，見於《王制》，方十里者為方一里者百，是也。開平方之法，見於《考工記》，㮚人為量，深尺，内方尺，其實一鬴，是也。立方求積之法，見於《考工記》，旊人為簋，其實一觳，崇尺，是也。開立方之法，亦見於《考工記》，旊人為簋，其實一觳，崇尺，是也。開立方之法，亦見於《逸周書》，制郊甸，方六百里，國西土，為方千里，是也。算學之書，汗牛充棟，莫不以開方為大法，故九數之中，方田、粟米、商功、勾股四者之精義，反復相究，統於《少廣》一章。有明算學中衰，三乘之方，無能排解。自宣城梅徵君文鼎發明廉率立成之圖，三乘以上之形體，始如門山堂果。至於帶縱之方有舉多少而分正負者，則不外乎同名相加、異名相減二術。而自宋秦道古九韶、元李欒城冶而後，至今罕有能綜其條理者。吾友元和李尚之鋭、江都焦里堂循，各立天元一術，于古開方法皆有所發明。近晤陽城張司馬敦仁，請其緝古算經細草，與尚之、里堂相頡頏，三君子之用力于古也深矣。里堂既為諸乘方圖及《天元一釋》，兹復本秦道古《數學九章》為《開方通釋》，以秦氏之旨，闡古開方之術，可謂無遺失。獲請于邗江之上為之序而歸之。若夫借根益實，後人損之又損之道，萊有成書，不必與此衡高下也。

嘉慶六年九月朔，歙縣汪萊叙。

開方通釋

梅勿庵《少廣拾遺》發明諸乘方於正負加減之際，開而未備，故其廉隅繁𨱔，步算既艱，亦且莫適於用，循向為《加減乘除釋》，於此欲貫而通之，反覆再三，猶未得立法之要。近來因講明《天元一術》於金山文淙閣，借得秦道古《數學九章》原名《數學大略》，其中用開方法，既精且簡，不特與《測圓海鏡》相表裏。究其原，實古《九章》之遺焉。嘉慶庚申冬十一月，與元和李尚之同客武林節署，共論及此，尚之耑志求古，於是法尤深。好而獨信，相約廣為傳播，俾古學大著於海內。時江甯談階平教諭，亦客督學劉侍郎幕中，時過余寓舍，互相證訂，甚獲朋友講習之益。竊謂乘除之法，負販皆知，至開正負帶從諸乘方，儒者竭精敝神，或有未能了了者，使知道古此法則，自一乘以至百乘、千乘，庶幾一以貫通，人人可以布筴而求也。列為十二式設問以明之，欲便於初學，故不厭詳爾。

實方上實下法

實方隅一乘方

實方廉隅二乘方

實方廉廉隅三乘方

實方廉廉廉隅四乘方

實方廉廉廉廉隅五乘方

實方廉廉廉廉廉隅六乘方

實方廉廉廉廉廉廉隅七乘方

實方廉廉廉廉廉廉廉隅八乘方

實方廉廉廉廉廉廉廉廉隅九乘方

式一

右都式

實方

實〇隅

實〇〇隅

實〇〇〇隅

實○○○○隅
實○○○○○隅
實○○○○○○隅
實○○○○○○○隅
實○○○○○○○○隅
實○○○○○○○○○隅

式二

右開方，無從者，故諸廉無數而必存其空位者，以備商生之遞入也。《九章》開方術云：『置積為實，借一算步之。』『置積為實』，即此式之實也。『借一算步之』，即此式之隅也。有一位即有一乘，故一廉即一乘方，二廉即二乘方，三廉即三乘方，四廉即四乘方，五廉即五乘方，六廉即六乘方，七廉即七乘方，八廉即八乘方，九廉即九乘方。《測圓海鏡》之式實在下，隅在上，諸乘之位了然。《益古演段》與《數學九章》皆實在上，隅在下。自隅起算，上達於方，以便與實相消故也。隅遞加至方，逐位相生，九入則是九乘，八入則是八乘。相入相生之間精甚，亦簡甚也。

假如：積九隅一，開一乘方，得幾何？答曰：得三。

假如：積五百十二，隅二，開三乘方，得幾何？答曰：得四。

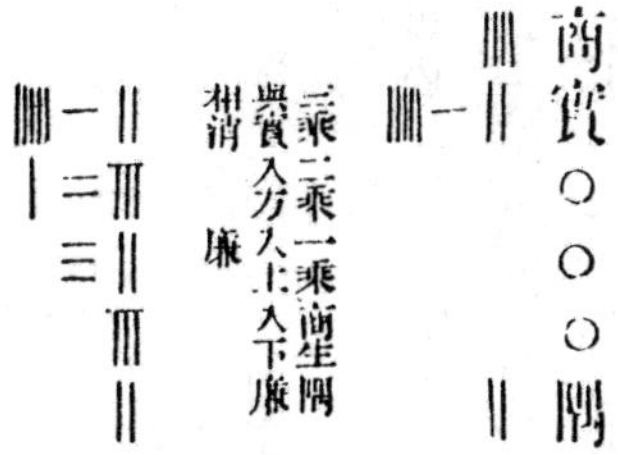

商實〇隅
𝍢 𝍣 〇 𝍠
乘入廉
實益方隅
𝍣 𝍡 𝍠

商實〇〇〇隅
𝍣 𝍡 𝍡
𝍣 𝍩
三乘二乘一乘商生隅
與實入方入上入下廉
相消　廉

假如：積五千四百二十萬六千九百八十二，隅一百二，開五乘方，得幾何？答曰：得九。

𝍡 𝍧 𝍡 𝍧 𝍡
𝍩 𝍪 𝍫
𝍤 𝍠

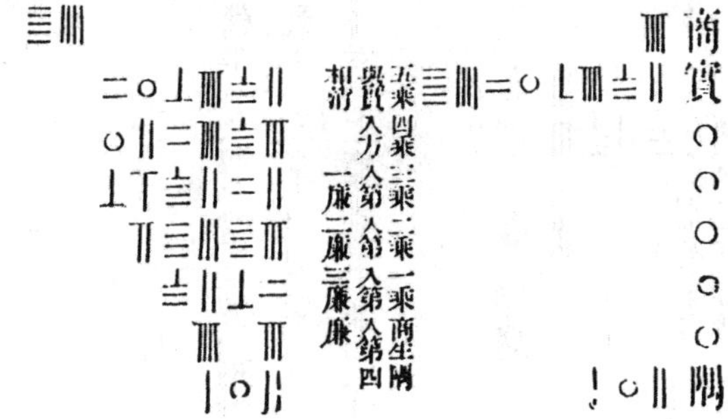

商

實○○○○○隅

五乘數實相消　四乘入方　三乘入第一廉　二乘入第二廉　一乘入第三廉　商生隅入第四廉

實○廉○隅

實方○隅

實○隅

實方

實方○廉○隅

實○廉○廉○隅

實方○廉○廉○隅

實○廉○廉○廉○隅

實方○廉○廉○廉○隅

實○廉○廉○廉○廉○隅

式三

右玲瓏開方式。如三乘方，帶平方而不帶立方，不帶從九乘方帶一乘方、三乘方、五乘方、七乘方，而不帶二乘方、四乘方、六乘方、八乘方是也。其法皆相生而入之。

假如：積四千二百八十八，方空，上廉三，下廉空，隅一，開三乘方，得幾何？答曰：得八。

商　實○廉○隅

三乘二　乘商生隅
實入　上入下廉

假如：積一十八萬一千四百三十一，方空，第一廉八，第二廉空，第三廉三十四，第四廉空，第五廉二十，第六廉空，隅二十五，開七乘方，得幾何？答曰：得三。

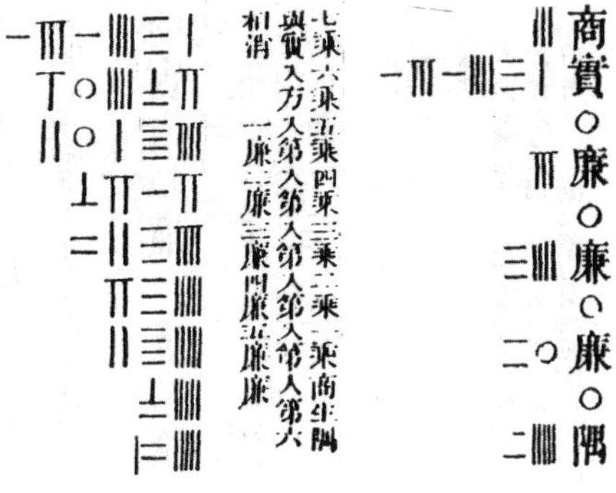

商實○廉○廉○廉○隅

七乘六乘五乘四乘三乘二乘一乘商生隅
與實入方入第入第入第入第入第六
相消　一廉二廉三廉四廉五廉廉

相消　廉

假如：積五百三十七萬八千一十八又四分，方八百四分，第一廉空，第二廉三十六，第三廉空，第四廉四百二十，第五廉空，隅七又五分，開六乘方，得幾何？答曰：得六。

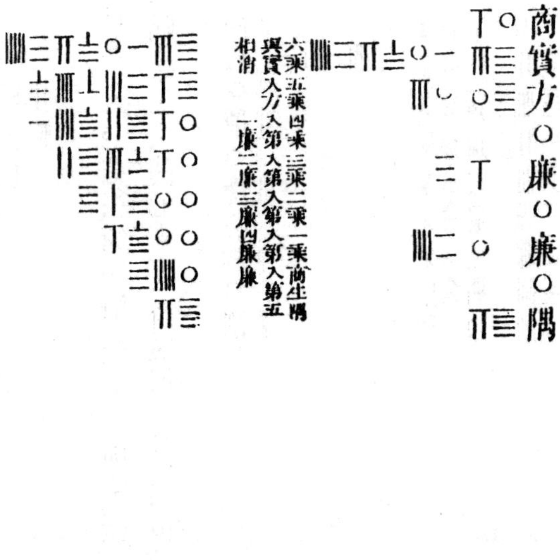

商實方○廉○廉○隅

商生隅入第五廉　一乘入第四廉　二乘入第三廉　三乘入第二廉　四乘入第一廉　五乘入方　六乘與實相消

負正

負正正

負正正正

負正正正正

負正正正正正

負正正正正正正

負正正正正正正正

負正正正正正正正正

負正正正正正正正正正

負正正正正正正正正正正

式四

右正負式。術云：『商常為正，實常為負，從常為正，益常為負。』此負在實，其下方廉隅皆正，則開方常法也。自隅而上至方皆正，故皆同名。相入方與實一正一負，異名相消，故如等乘之，至末相消而盡也。蓋秦氏此術全在以正負，分同異，商生隅而上行，遇同則入，遇異則消。相入則正仍為正，負仍為負。相消則減，餘在正為正，在負為負，守此例以行之，無往而不自得也。李尚之云『于術，商常為正』，又『正負同名相乘所得為正，異名相乘所得為負』，故商生從隅。凡從隅為正者，以商正乘之，是為同名所得為正，凡從隅為負者，以商正乘之，是為異名所得為負也。

負正

負負正

負負負正

負負負負正

負負負負負正

負負負負負負正

負負負負負負負正

負負負負負負負負正

負負負負負負負負負正

負負負負負負負負負負正

式五

右正在隅，為異名，實方廉皆負，為同名，正負相消，餘必在正。雖至負方減餘仍在正隅，故以一正上消諸負，消一度餘仍在正，仍得正，則仍異名相消，轉轉消，至於實而盡。

假如：積二十七，益方六，從隅一，開一乘方，得幾何？答曰：得九。

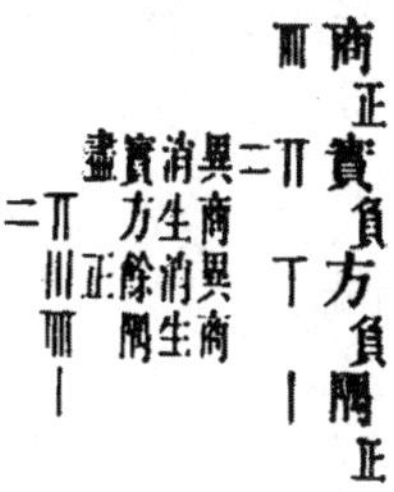

商正 實負 方負 隅正

異商 異商

消生 消生

實方 餘隅

盡 正

假如：積七百三十二萬四千二百二十，從方第一，從廉第二，從廉第三，從廉第四，從廉第五，從廉第六，從廉第七，從廉第八，從廉從隅皆一，開九乘方，得幾何？答曰：得五。

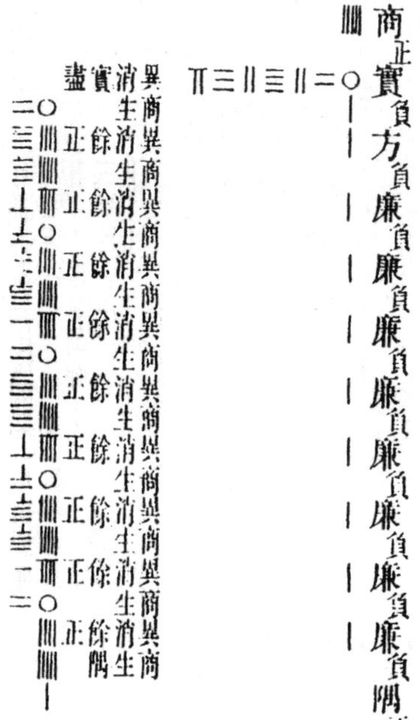

商正 實負 方負 廉負 廉負 廉負 廉負 廉負 廉負 廉負 廉負 隅正

異商 異商 異商 異商 異商 異商 異商 異商 異商 異商

消生 消生 消生 消生 消生 消生 消生 消生 消生 消生

實 餘 餘 餘 餘 餘 餘 餘 餘 餘隅

盡 正 正 正 正 正 正 正 正 正

負正

負正負

負正負負

負正負負負

負正負負負負

負正負負負負負

負正負負負負負負

負正負負負負負負負

負正負負負負負負負負

負正負負負負負負負負負

式六

右正在方，與實、廉、隅皆異名。實、廉、隅皆同名。隅而上，同名相入，至正方異名相消，消餘必在正方，仍得正，與負實異名相消，而盡其消。餘必在正方者，正方既是和數，則其數已足包括諸廉及隅，與實在内，如立方商數二，在負廉為一，在正方則為二，在負隅為一，在負廉為三，在正方則為九。以九視三、視一，多已數倍，任下之相生相入，其勢皆足以有餘，雖至九乘方，負隅負廉相生者，遞有九層，而正方亦隨層數而增，故相消之餘皆在正方也。

假如：積十二，從方十九，益廉二，益隅一，開二乘方，得幾何？答曰：得三。

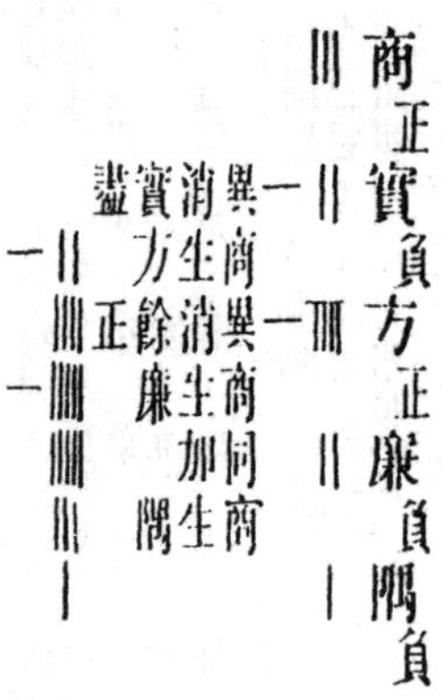

商正 實負 方正 廉負 隅負

假如：積四十九萬三千六百八，從方四十七萬二千九百二十六，第一益廉、第二益廉、第三益廉、第四益廉、第五益廉、第六益廉、第七益廉、第八益廉、益隅皆一，開九乘方，得幾何？答曰：得四。

商正　實負　方正　廉負　廉負　廉負　廉負　廉負　廉負　廉負　廉負　隅負

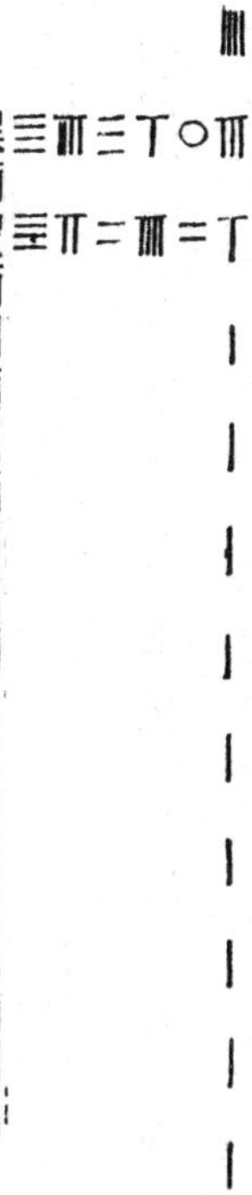

異商　異商　同商　同商　同商　同商　同商　同商　同商　同商　同商

消生　消生　加生　加生　加生　加生　加生　加生　加生　加生　加生

益實　方　第一廉　第二廉　第三廉　第四廉　第五廉　第六廉　第七廉　第八廉　隅

負正
負正負
負負正負
負負正負負
負負負正負負

負負負正負負負

負負負負正負負負

負負負負負正負負負負

負負負負負負正負負負負

負負負負負負正負負負負負

式七

右正在廉與正在方之例一也。隨正所在減餘皆在於正，與負實為異名相消。若減餘在負，則與實為同名相入，是為益積必有續商，無續商者，減餘必在正也。

負正

負正負

負正負正

負正負正負

負正負正負正

負正負正負正負

負正負正負正負正

負正負正負正負正負

負正負正負正負正

負正負正負正負正負

式八

右正負相雜，皆同則相入，異則相消，隨所遇以置算式有萬殊術止一例。惟正負相雜則減餘，或正或負變幻萬端，非復原位，正負之可定而加減之易淆，亦惟此式為最。然益知同加異減及減餘之隨負為負，隨正為正，乃一定不易之例矣。

假如：積二十二，益方三，第一益廉一，第二從廉四，第三從廉二，益隅一，開四乘方，得幾何？答曰：得二。

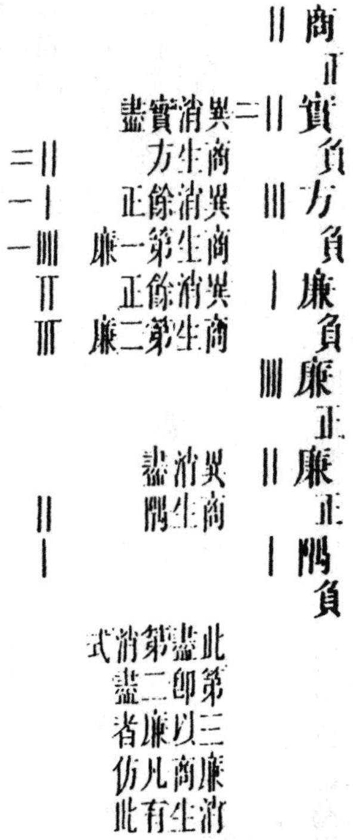

商　實負　方負　廉負　廉正　廉正　隅負

異商消生實盡

異商生方

異商消生餘正

異商生第一廉

異商消生餘正

異商生第二廉

異商生隅消盡

此第三廉消盡即以商生第二廉凡有生消盡者仿此式

假如：積四十五萬四百八十，從方、第一益廉、第二益廉、第三從廉、第四益廉、第五益廉、第六從廉、從隅皆一，開七乘方，得幾何？答曰：得五。

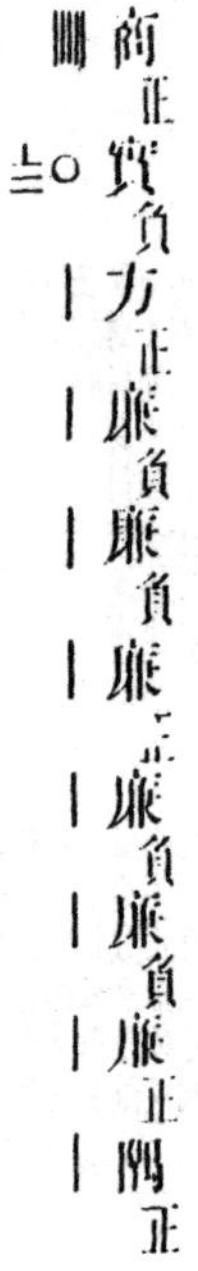

商正

實負　方正　廉負　廉負　廉正　廉負　廉負　廉正　隅正

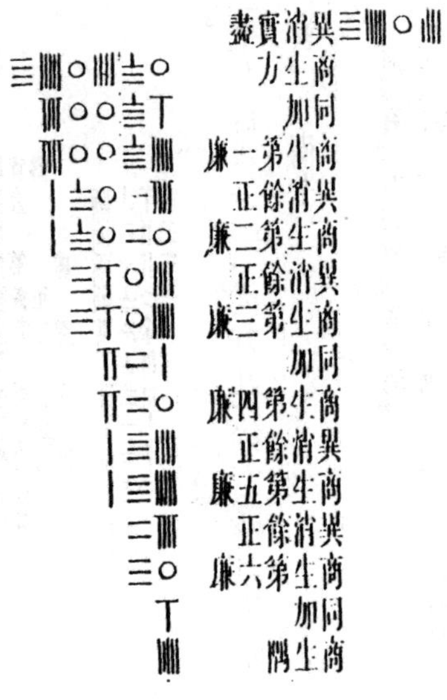

異商同商異商異商同商異商異商同商

消生加生消生消生加生消生消生加生

實方　第一餘第二餘第三　第四餘第五餘第六　隅

盡　　廉　正廉　正廉　　廉　正廉　正廉

假如：積九千六百六十九，從方四，第一益廉五十五，第二從廉二十八，第三益廉七，第四益廉三十一，從隅二十四，開五乘方，得幾何？答曰：得三。

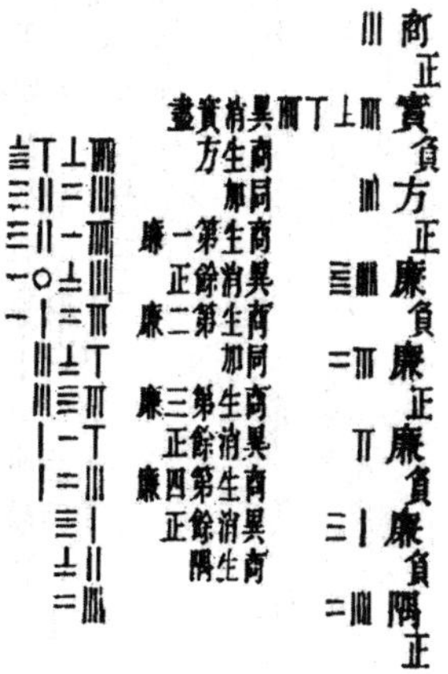

商正 實負 方正 廉負 廉正 廉負 廉負 隅正

異消實盡 方生商 加同 第一生商廉 正餘消異 第二生商廉 加同 第三生商廉 正餘消異 第四生商廉 正餘消異 隅生商

假如：積三十萬二千九百八十一，從方九，從上廉五十，從下廉九百三十二，益隅八，開三乘方，得幾何？答曰：得七。

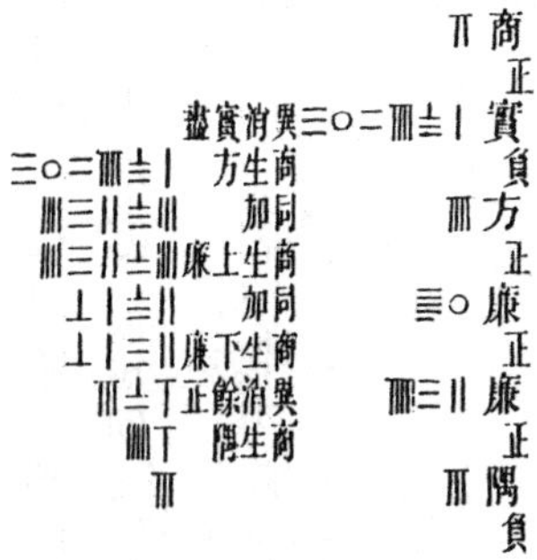

商正 實負 方正 廉正 廉正 隅負

異消實盡 方生商 加同 廉上生商 加同 廉下生商 正餘消異 隅生商

實既常爲負則方以下無論幾正幾負而正之數必常處乎全負之數必常處乎不足雖商生不敵益隅數必不敵正方正廉故減餘必在正必與實爲異名相消也

假如：積四千二百四十九，從方二千，從上廉一百九，從下廉十二，益隅八，開三乘方，得幾何？答曰：得七。

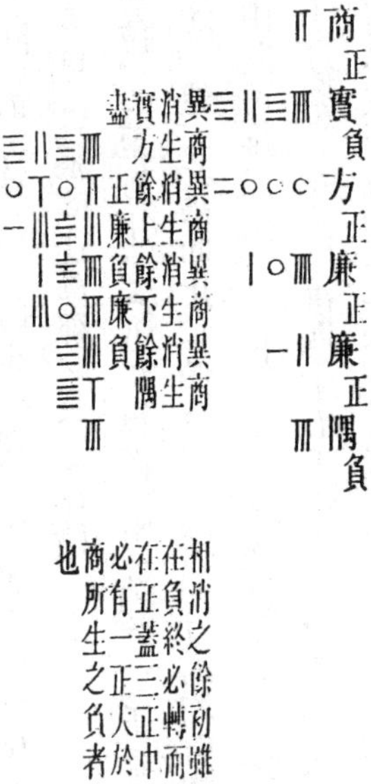

商正	丌
實負	〣〢〧 異消實盡
方正	二〇〇〇 異消餘正 〧〇丌〇
方生商	〣〢〣〧
廉正	丨〇〧 異消餘負 〢〣〧丨
上廉生商	〡〢〣〢
廉正	一〢 異消餘負 〣〢
下廉生商	〢〇〧
隅負	〧 隅生商 〣丅 〧

相消之餘，初雖在負，終必轉而在正。盍三正中必有一正大於商所生之負者也。

萬	千	百	十	單	商
位一超常 億	萬百	萬	百	單	隅一乘
位二超常 億萬	億十	萬百	千	單	隅二乘
位三超常 兆	億萬	億	萬	單	隅三乘
位四超常 兆萬	億十萬	億百	萬十	單	隅四乘
位五超常 京	兆百	億萬	萬百	單	隅五乘
位六超常 京萬	兆十萬	億百萬	萬千	單	隅六乘
位七超常 垓	京	兆	億	單	隅七乘
位八超常 垓萬	京千	兆百	億十	單	隅八乘
位九超常 秭	京百萬	兆萬	億百	單	隅九乘

式九

右定位式為開方要法。《九章》開方術云『借一算步之超一等』，注云：『言百之面十也，言萬之面百也。』開立方術云『借一算步之超二等』，注云：『言千之面十，言百萬之面百。』李淳風注：『步之超一等者，方十自乘，其積有百；方百自乘，其積有萬。』『借一算步之超二等者，立方求積，方再自乘，就積開之，故超二位。』《孫子算經》云：『置積二十三萬四千五百六十七步為實，次借一算為下法步之超一位，至百而止。』《夏侯陽算經》云：『開平方除，借一算為下法步之超一，冪方十其積有百，冪方百其積有萬。至百言十，至萬言百。開立方除，借一算為下法步之超二位，立方十其積有千，立方百其積有百萬，至千言十，至百萬言百。』《張邱建算經》云：『置積一十二萬七千四百四十九步於上，借一算子於下，常超一位，步至百止。』《五經算術》解《論語》『千乘之國』：『開方法云：借一算為下法步之常超一位，至萬而止。』循按：古經開方術均有超位之法，但今可考者僅平方、立方二術，然由此可推諸乘方之超位也。蓋商數視乎實數，超位視乎商數，商進亦進，商退亦退。《孫子》術積二十三萬四千五百六十七，開立方，故至百而止；《五經》算千乘得九十億，開平方，故至萬而止。至百萬始商千，未至百萬雖九十九萬仍商百，故積二十萬超位至百止也。至百億始商十萬，未至百億雖九十九億仍商萬，故積九十億超位至萬止也。

假如：積八千一百，隅一，開一乘方，得幾何？答曰：得九十。

商

實 八一〇〇

方

隅 一

商得 九

實 八一〇〇

方

隅超一位 一〇〇

假如：積九萬，隅一，開一乘方，得幾何？答曰：得三百。

商

實 九〇〇〇〇

方

隅 一

商得 三〇〇

實 九〇〇〇〇

方

隅超二位 一〇〇〇〇

一乘 進一位 超一位

二乘 進一位 超一位 超二位

三乘 進一位 超一位 超二位 超三位

四乘 進一位 超一位 超二位 超三位 超四位

方	五乘進一位	六乘進一位	七乘進一位	八乘進一位	九乘進一位
一乘	超一位	超一位	超一位	超一位	超一位
二乘	超二位	超二位	超二位	超二位	超二位
三乘	超三位	超三位	超三位	超三位	超三位
四乘	超四位	超四位	超四位	超四位	超四位
五乘	超五位	超五位	超五位	超五位	超五位
六乘		超六位	超六位	超六位	超六位
七乘			超七位	超七位	超七位
八乘				超八位	超八位
九乘					超九位

式十

右方廉隅定位式。隅視商為進退，方、廉、隅雁行相次。蓋為九乘方，則第八廉為八乘方，第七廉為七乘方，第六廉為六乘方，第五廉為五乘方，第四廉為四乘方，第三廉為三乘方，第二廉為二乘方，第一廉為一乘方。平方止於一乘，則一乘為隅。立方止於二乘，則二乘為隅。以至九乘止於九乘，則九乘為隅。超一位即是進二位，超三位即是進四位。古經不詳帶縱之術，故止言平方超一，立方超二，然引而不發，其機躍如。乃知李欒城、秦道古之學所由來，而古術之精密有如此也。

假如：積三千，方十，隅一，開一乘方，得幾何？答曰：得五十。

假如：積六十三萬，方二百，隅一，開一乘方，得幾何？答曰：得七百。

商

實 三○○○三

方 一○

隅 |

得商 三

實 三○○○三

方進一位 |○○

隅超一位 |○○

商

實 丅|||○○○○

方 ||○○

隅 |

得商

實 ⊥|||○○○○

方再進一位 ||○○○○

隅再超一位 |○○○○

商生方 加上實 減實下法

商生隅入方　生方入實一乘方初商

商生隅入方廉法一變

商生隅入廉　生廉入方　生方入實二乘方初商

商生隅入廉　生廉入方廉法一變

商生隅入廉廉法二變
商生隅入下廉　生下廉入上廉　生上廉入方　生方入實三乘方初商
商生隅入下廉　生下廉入上廉　生上廉入方廉法一變
商生隅入下廉　生下廉入上廉廉法二變
商生隅入下廉廉法三變
商生隅入第三廉　生第三廉入第二廉　生第二廉入第一廉　生第一廉入方　生方
入實四乘方初商
商生隅入第三廉　生第三廉入第二廉　生第二廉入第一廉　生第一廉入方廉法一變
商生隅入第三廉　生第三廉入第二廉　生第二廉入第一廉廉法二變
商生隅入第三廉　生第三廉入第二廉廉法三變
商生隅入第三廉廉法四變
商生隅入第四廉　生第四廉入第三廉　生第三廉入第二廉　生第二廉入第一廉
生第一廉入方　生方入實五乘方初商
商生隅入第四廉　生第四廉入第三廉　生第三廉入第二廉　生第二廉入第一廉
生第一廉入方廉法一變
商生隅入第四廉　生第四廉入第三廉　生第三廉入第二廉　生第二廉入第一廉廉

法二變

商生隅入第四廉　生第四廉入第三廉　生第三廉入第二廉廉法三變

商生隅入第四廉　生第四廉入第三廉廉法四變

商生隅入第四廉廉法五變

商生隅入第五廉　生第五廉入第四廉　生第四廉入第三廉　生第三廉入第二廉

生第二廉入第一廉　生第一廉入方　生方入實六乘方初商

商生隅入第五廉　生第五廉入第四廉　生第四廉入第三廉　生第三廉入第二廉

生第二廉入第一廉　生第一廉入方廉法一變

商生隅入第五廉　生第五廉入第四廉　生第四廉入第三廉　生第三廉入第二廉

生第二廉入第一廉廉法二變

商生隅入第五廉　生第五廉入第四廉　生第四廉入第三廉　生第三廉入第二廉廉

法三變

商生隅入第五廉　生第五廉入第四廉　生第四廉入第三廉廉法四變

商生隅入第五廉　生第五廉入第四廉廉法五變

商生隅入第五廉廉法六變

商生隅入第六廉　生第六廉入第五廉　生第五廉入第四廉　生第四廉入第三廉

生第三廉入第二廉　生第二廉入第一廉　生第一廉入方　生方入實七乘方初商
商生隅入第六廉　生第六廉入第五廉　生第五廉入第四廉　生第四廉入第三廉
生第三廉入第二廉　生第二廉入第一廉　生第一廉入方廉法一變
商生隅入第六廉　生第六廉入第五廉　生第五廉入第四廉　生第四廉入第三廉
生第三廉入第二廉　生第二廉入第一廉廉法二變
商生隅入第六廉　生第六廉入第五廉　生第五廉入第四廉　生第四廉入第三廉
生第三廉入第二廉廉法三變
商生隅入第六廉　生第六廉入第五廉　生第五廉入第四廉　生第四廉入第三廉廉法四變
商生隅入第六廉　生第六廉入第五廉　生第五廉入第四廉廉法五變
商生隅入第六廉　生第六廉入第五廉廉法六變
商生隅入第六廉廉法七變
商生隅入第七廉　生第七廉入第六廉　生第六廉入第五廉　生第五廉入第四廉
生第四廉入第三廉　生第三廉入第二廉　生第二廉入第一廉　生第一廉入方　生方入
實八乘方初商
商生隅入第七廉　生第七廉入第六廉　生第六廉入第五廉　生第五廉入第四廉

生第四廉入第三廉　生第三廉入第二廉　生第二廉入第一廉　生第一廉入方廉法一變

商生隅入第七廉　生第七廉入第六廉　生第六廉入第五廉　生第五廉入第四廉

生第四廉入第三廉　生第三廉入第二廉　生第二廉入第一廉廉法二變

商生隅入第七廉　生第七廉入第六廉　生第六廉入第五廉　生第五廉入第四廉

生第四廉入第三廉　生第三廉入第二廉廉法三變

商生隅入第七廉　生第七廉入第六廉　生第六廉入第五廉　生第五廉入第四廉

生第四廉入第三廉　生第三廉入第二廉廉法四變

商生隅入第七廉　生第七廉入第六廉　生第六廉入第五廉　生第五廉入第四廉廉法五變

商生隅入第七廉　生第七廉入第六廉　生第六廉入第五廉廉法六變

商生隅入第七廉　生第七廉入第六廉廉法七變

商生隅入第七廉廉法八變

商生隅入第八廉　生第八廉入第七廉　生第七廉入第六廉　生第六廉入第五廉

生第五廉入第四廉　生第四廉入第三廉　生第三廉入第二廉　生第二廉入第一廉　生

第一廉入方　生方入實九乘方初商

商生隅入第八廉　生第八廉入第七廉　生第七廉入第六廉　生第六廉入第五廉

生第五廉入第四廉　生第四廉入第三廉　生第三廉入第二廉　生第二廉入第一廉　生第一廉入方廉法一變

商生隅入第八廉　生第八廉入第七廉　生第七廉入第六廉　生第六廉入第五廉

生第五廉入第四廉　生第四廉入第三廉　生第三廉入第二廉　生第二廉入第一廉廉法二變

商生隅入第八廉　生第八廉入第七廉　生第七廉入第六廉　生第六廉入第五廉

生第五廉入第四廉　生第四廉入第三廉　.生第三廉入第二廉廉法三變

商生隅入第八廉　生第八廉入第七廉　生第七廉入第六廉　生第六廉入第五廉

生第五廉入第四廉　生第四廉入第三廉廉法四變

商生隅入第八廉　生第八廉入第七廉　生第七廉入第六廉　生第六廉入第五廉

生第五廉入第四廉廉法五變

商生隅入第八廉　生第八廉入第七廉　生第七廉入第六廉　生第六廉入第五廉廉法六變

商生隅入第八廉　生第八廉入第七廉　生第七廉入第六廉廉法七變

商生隅入第八廉　生第八廉入第七廉廉法八變

商生隅入第八廉廉法九變

式十一

右廉法。凡初商不盡者，則有廉隅，方屬初商，隅屬次商，廉則初商次商相雜之數，故初商既消之後，次商未立之先，必豫立廉法。廉法者，先立初商之半，以待次商之半也。古法于平方倍方法，于立方三倍方法，然至三乘方以上，廉愈多而算愈繁，未有簡要如此法之妙也。余《加減乘除釋》中説開方之理最詳，未以甲乙明之。此商生一次即一甲，次商生一次即一乙，如甲甲乙，則商生二次，留以待次商之生一次。甲甲乙乙，則商生一次，留以待次商之生二次二乘方。三甲三乙，其甲乙之交互有二色，故廉有二變三乘方。四甲四乙，其甲乙之交，互有三色，故廉有三變。明其理，可知立法之故矣。秦道古諸開方式，于同加謂之入，于異消亦云入。某某内相消是加減，均謂之入，此式但以入言之，至正、負、加、減，無容更贅爾。

初商進一　　續商退一

初商超一　　續商退二

初商超二　　續商退三

初商超三　　續商退四

初商超四　　續商退五

初商超五　　續商退六

初商超六　續商退七
初商超七　續商退八
初商超八　續商退九
初商超九　續商退十
初商超一次　商位有二退一次
初商超二次　商位有三退二次
初商超三次　商位有四退三次
初商超四次　商位有五退四次
初商超五次　商位有六退五次
初商超六次　商位有七退六次
初商超七次　商位有八退七次
初商超八次　商位有九退八次
初商超九次　商位有十退九次

式十二

右退位式。《九章》開方術云：『其復除折法而下，復置借算步之如初。』開立方術云『復除折而下』，注云：『開平方者，方百之面十；開立方者，方千之面十，據定法已有成方之冪，故復除，當以千為百折下一等也。』《孫子算經》言次商云：『除訖倍方法，方法一退，下法再退。』三商云：『除訖倍廉法上從方法，方法一退，下法再退。』《五經算術》云：『以上商九萬以除實畢倍方法，九億為十八億乃折之，方法一折，下法再折。』蓋有進則有退，初商百宜進位為三萬，次商十自宜退位為百矣。明于進之故，自了然于退之故矣。退位既定，以續商上生一如初商之例。

秦氏于商兩次者，有投胎換骨二法。投胎即益積，方與實同名相加也。換骨即翻積，方與實異名相消也。大約和在隅，乃有益積；和在方，乃有翻積。和在隅，益方大于初商，則益積；初商大于益方，則不益積。和在方，較數小于初商，則翻積；初商小于較數，則不翻積。皆隨數目之多寡而自然得之，非有成法也。故不為式而設題以明之。

假如：積七百二十，從方五十四，益隅一，開一乘方，得幾何？答曰：二十四。

商正
實負　𝍦𝍪〇
方正　𝍭𝍣
隅負　𝍠

商得　二

實　丌二○
負廉　Ⅲ三○
正隅　|○○

異商生消餘負　三○
異商生方　亖○
異商生消餘正　三○
異商生隅　○○

方實異名相消減餘在實故不爲翻積

丅
Ⅲ
‖

異商生消餘正　三○|
異商生隅　○○‖

一廉變法

餘實　三○三
負廉　一Ⅲ
正隅還負　|

異商生消實盡
異商生方　三○
異商生消餘正　一○
隅　Ⅲ

商積　Ⅲ

方五十四商二十四較二十大於初商二十是爲初商小於較數不翻積

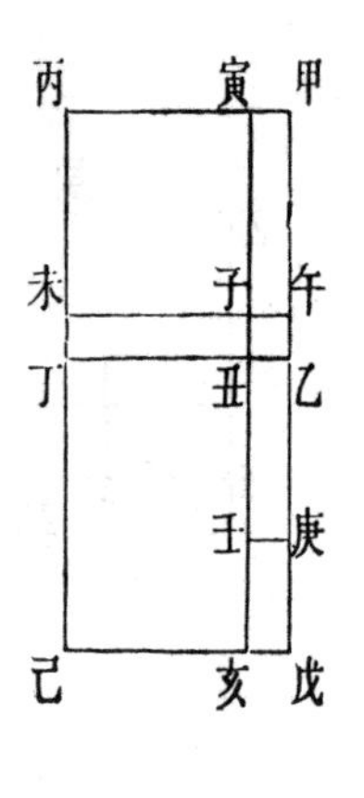

甲乙丙丁為益隅　乙戊丁己為實　丙已為從方　丙未為初商　初商消從方為未己未己乘初商為子亥未己　減積餘庚戊壬亥在原積故不為翻　丁己為較大于初商則子丑未丁自小於乙戊丑亥

假如：積七十二，從方二十七，益隅一，開一乘方，得幾何？答曰：二十四。

商正　實負　方正　隅負

實　方進一位　隅進二位

商得二　異商消生餘正　異商生方餘正　異商消生隅

方實異名相消減餘在方故爲翻積

續商　||||

|

||

異消餘正○三|
商生隅　○○||

餘實⊥Ⅲ異消實盡
正　方生商　⊥Ⅲ
方退一位一|||一同加　一Ⅱ
正　隅生商　||||
隅退二位負　|

廉一
變法

方二十七商二十四
較三小於初商二十
是爲初商大於較數
翻積

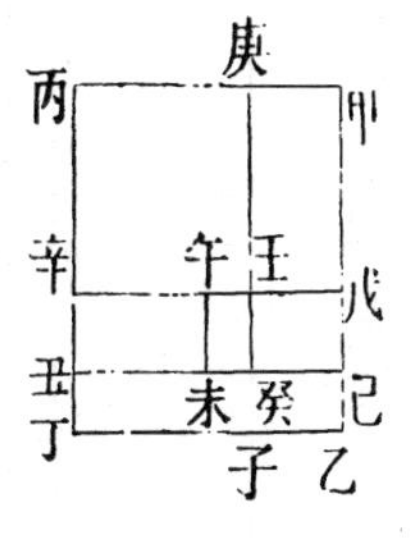

丙己丙丑益隅　己乙丑丁積　丙辛初商　丙丁從方　初商減從方餘辛丁　辛丁乘初商為壬子辛丁　壬子辛丁大於積相消餘午未辛丑為翻積　丑丁為較小於丙辛　則壬癸辛丑自大於己乙癸子

假如：積一百二十，益方十九，從隅一，開一乘方，得幾何？答曰：二十四。

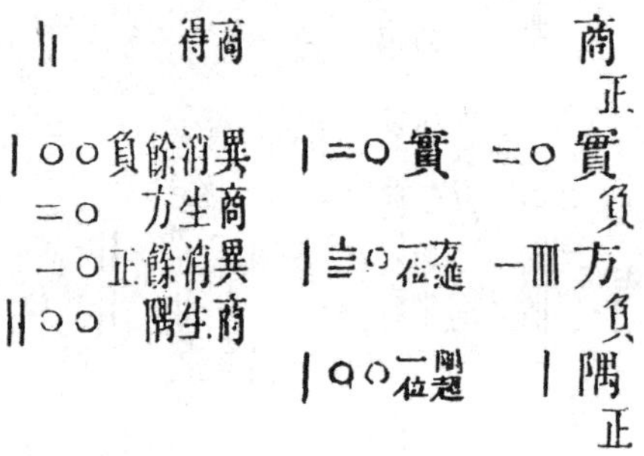

商正　實負　方負　隅正

〇二　一〡〡〡〡　〡

實 〡二〇　方進一位 二〡〡〡〇　隅超一位 〡〇〇

商得　異商消生餘負 〡〇〇　異商消生方 二〇　異商消生餘正 一〇　商生隅 〡〡〇〇

〡〡

方實異名相消不益積

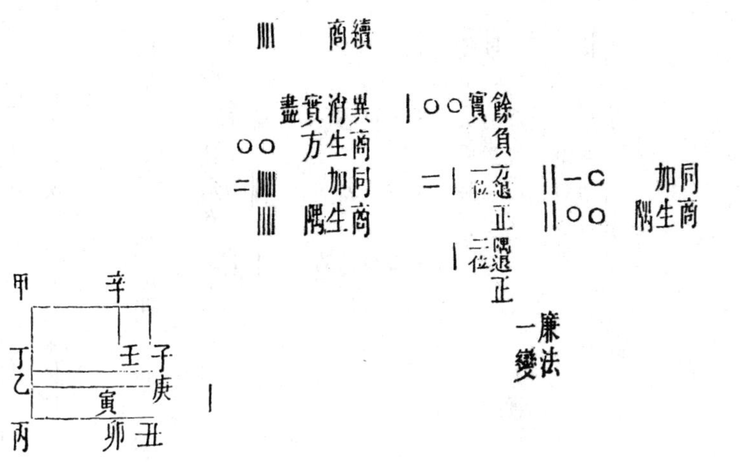
商續
實消盡
商生方
同加
商生隅
餘實
負
同加
商生隅
方退一位
正
隅退二位
正
廉法一變
甲
辛
丁
壬
子
乙
庚
寅
丙
卯
丑

甲乙初商大於甲丁，益方相消餘丁乙，以初商乘之為寅壬，乙丁在積内，減積成子丑丙乙寅壬形，為次商實。

假如：積七十二，益方二十一，從隅一，開一乘方，得幾何？答曰：二十四。

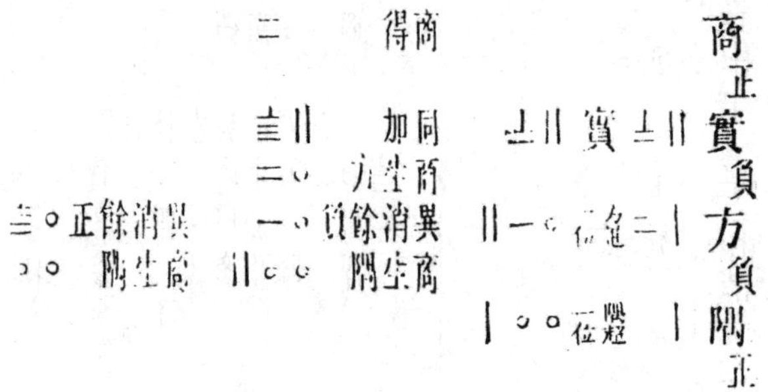

商正 實負 方負 隅正

實　異名相消　一位　超一位

商生隅　同加商　異名相消餘負方

商得　商生隅　異名相消餘正

方實同名相加為益積

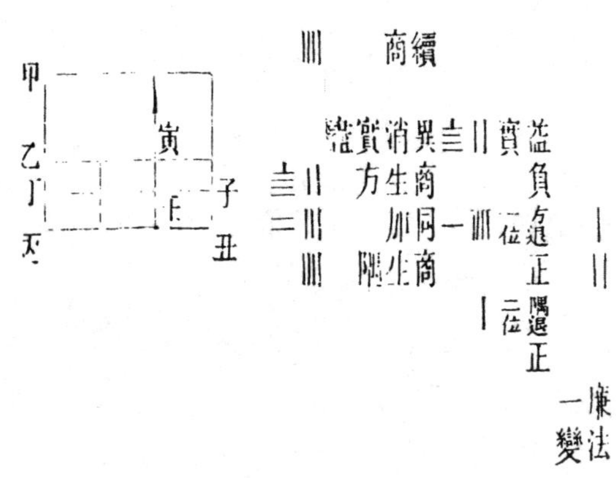

甲乙初商小于甲丁，益方相消餘乙丁，以初商乘之為寅壬，乙丁在積外，加入子丑丁丙積數内，成子丑丙乙寅壬形，為次商實。

《測圓海鏡·大股》第九草：『消得積一千八萬，從方二十一萬三千六百，益廉一千二百，從隅一，開立方，得一百二十。翻法在記。』

商正

一〇〇Ⅲ〇〇〇〇實負

二|三丅〇〇方正

一||〇〇廉負

|隅正

商得　|

一〇〇Ⅲ〇〇〇〇實

二|三丅〇〇〇〇方再進位

一||〇〇〇〇〇〇廉再超位

|〇〇〇〇〇〇隅再超位

二Ⅲ〇〇〇〇正餘消異

一〇三丅〇〇〇〇方生商

一〇三丅〇〇〇〇正餘消異

一|〇〇〇〇〇〇廉生商

一|〇〇〇〇〇〇負餘消異

|〇〇〇〇〇〇隅生商

方實相消餘在方

異消餘正　三丅○○○○

商生廉　一○○○○○○○

異消餘負　一○○○○○○○　　異消餘負　○○○○○○

商生隅　○○○○○○　　商生隅　○○○○○○

廉法一變

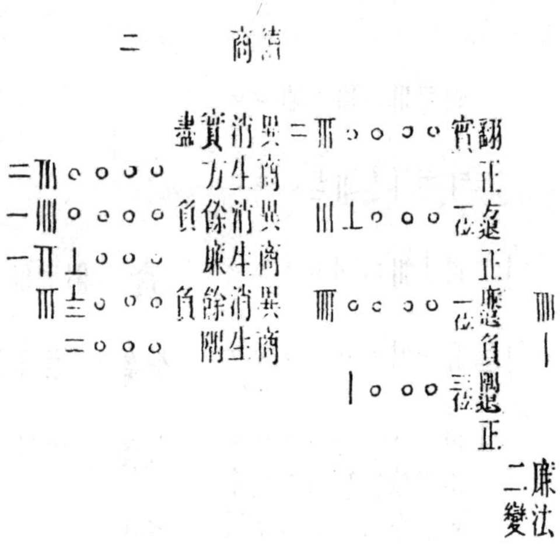

廉法二變

商 二

又《明叀前》第十草："消得積五億五千三百一十九萬四百，益方四千六百四十二萬八千四百八十，從上廉一百三十三萬六千三百二十八，益下廉一萬五千七百九十二，從隅六十三，翻法，開三乘方，得一百二十。"

商負
實正 𝍣𝍪𝍢𝍩𝍧〇𝍢〇〇
方負 𝍪𝍥𝍪𝍡𝍬𝍣𝍬〇
廉正 丨𝍪𝍢𝍮𝍢𝍪𝍧
廉負 丨𝍪𝍦𝍬𝍡
隅正 𝍢𝍮

實
方再進 𝍪𝍥𝍪𝍡𝍬𝍣𝍬〇〇〇
廉再超 丨𝍪𝍢𝍮𝍢𝍪𝍧〇〇〇〇〇〇
廉再超 丨𝍪𝍦𝍬𝍡〇〇〇〇〇〇
隅再超 𝍢𝍮〇〇〇 〇〇〇〇

𝍣𝍪𝍢𝍩𝍧〇𝍢〇〇
𝍪𝍥𝍪𝍡𝍬𝍣𝍬〇〇〇
丨𝍪𝍢𝍮𝍢𝍪𝍧〇〇〇〇
丨𝍪𝍦𝍬𝍡〇〇〇〇〇〇
𝍮𝍢〇〇〇 〇〇〇〇

李欒城正負不拘或從稱正益稱負或從稱負益稱正負皆以詳盡明之本道古則實常爲負從常爲正益常爲負今式中一依秦例而題中仍用李之原文以見正負本可相通耳

〡　　得商

三Ⅱ⊥丅〇〇負餘消異
亖丅⊥〇〇〇　方生商
亖丅⊥〇〇〇負餘消異
二Ⅲ〇〇〇〇廉上生商
二Ⅲ〇〇〇〇正餘消異
〇〇〇〇〇〇〇廉下生商
〇〇〇〇〇〇〇負餘消異
〇〇〇〇〇〇　隅生商

方實異名相消餘在
方翻積

Ⅱ一Ⅲ
Ⅱ⊥〡
亖Ⅱ二Ⅲ⊥〇〇〇正餘消異　Ⅱ⊥〡
丅⊥Ⅲ二Ⅲ〇〇〇〇廉上生商三Ⅲ⊥〡
加同　丅⊥Ⅲ二Ⅲ〇〇〇〇正餘消異三Ⅲ⊥〡
廉下生商三〡亖Ⅱ〇〇〇〇〇〇廉下生商亖Ⅲ亖Ⅱ
正餘消異三〡亖Ⅱ〇〇〇〇〇〇負餘消異亖Ⅲ亖Ⅱ
隅生商⊥Ⅲ〇〇〇〇〇〇〇　隅生商⊥Ⅲ〇〇

廉法一變

二廉變法

同加商生隅

三廉變法

翻負方退一位負上廉退二位正下廉退三位正隅退四位正

實

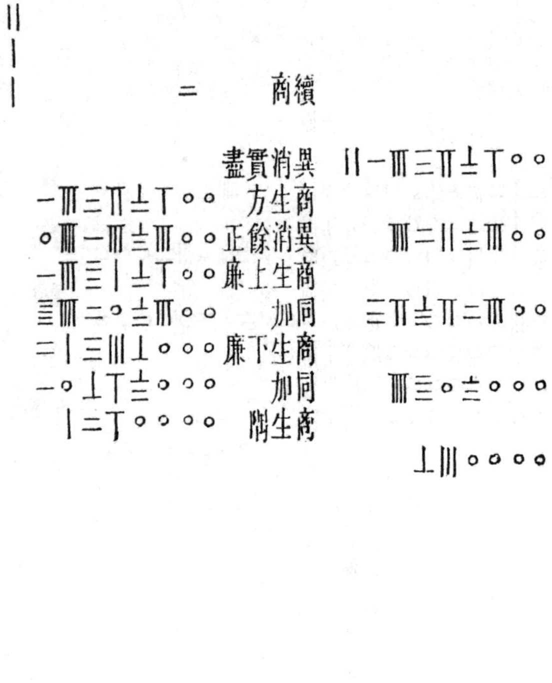

又《明朿前》第二草："消得積四百六十六萬五千六百，從方六十五萬二千三百二十，從上廉八千六百四十，下廉空，益隅一，益積，開三乘方，得一百二十。"

||
|
|

	||一Ⅲ三Ⅱ⊥T○○
	Ⅲ二||≟Ⅲ○○
	三Ⅱ≟Ⅱ二Ⅲ○○
	Ⅲ三○≐○○○
	⊥|||○○○○

續商 =

異消實盡	
商生方	一Ⅲ三Ⅱ⊥T○○
異消餘正	○Ⅲ一Ⅲ≟Ⅲ○○
商生上廉	一Ⅲ三|⊥T○○
同加	三Ⅲ二○≟Ⅲ○○
商生下廉	二|三|||⊥○○○
同加	一○⊥T≟○○○
商生隅	|二T○○○○

商正

||||丄丅亖丅○○ 實負

丄||||=|||=○ 方負

≟丅亖○ 廉負

○ 廉空

| 隅正

實 ||||丄丅亖丅○○

方再進一 丄||||=|||=○○○

廉再進二 ≟丅亖○○○○○

○

隅再進三

|○○○○○○○○

商得 |

亖丅=|||||≟丅○○ 積益 同加

亖|丄|||=○○○ 方 商生

亖|丄|||=○○○ 負 異消 餘

一|||丄○○○○○ 廉 上 商生

一|||丄○○○○○ 正 異消 餘

○○○○○○○○ 廉 下 商生

○○○○○○○○ 廉 下 入

○○○○○○○○ 隅 商生

方實同名相加

爲益實

〡丄〡≡丅≡○○○正餘消異

〢一〣丄○○○○○廉上生商

○○　加同　〢一〣丄○○○○○　加同

○○廉下生商　〢○○○○○○○○○廉下生商　〡

○○　加同　〢○○○○○○○○　加同　〡

○○　隅生商　〡○○○○○○○○　隅生商　〡

一廉
變決

二廉法變

|
|○○○○○○
|||○○○○○○
|||○○○○○○
||||一|||⊥○○○

商同
生加
隅

|○○○○○○○○○
|||○○○○○○○○

三廉法變

益實
負
方退一位
正
上廉退二位
正
一廉退三位
正
隅退四位
正

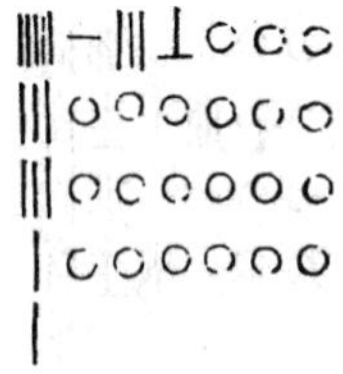

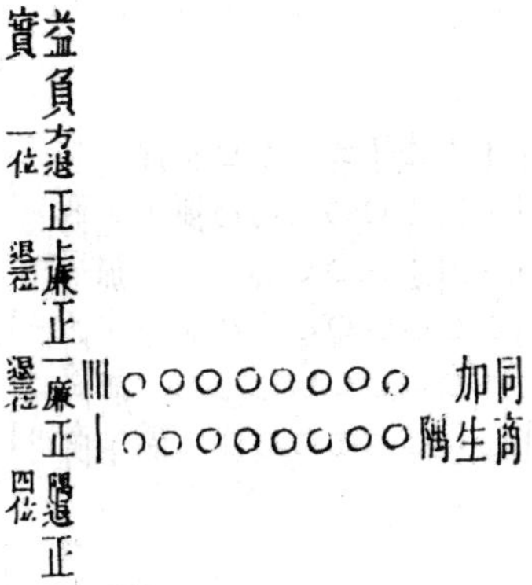

又《明吏前》第二草：『又法相消得下式：五百一十三億三千六百六十八萬三千七百七十六為實，從方一十七億二千五百六十萬二千八百一十六，第一廉八千二百九十二萬六千八百一十六，第二益廉二百二十二萬三百二，第三益廉六萬二千一百六十五，第四益廉七百一十四，益隅二，開五乘方，得三十四。』

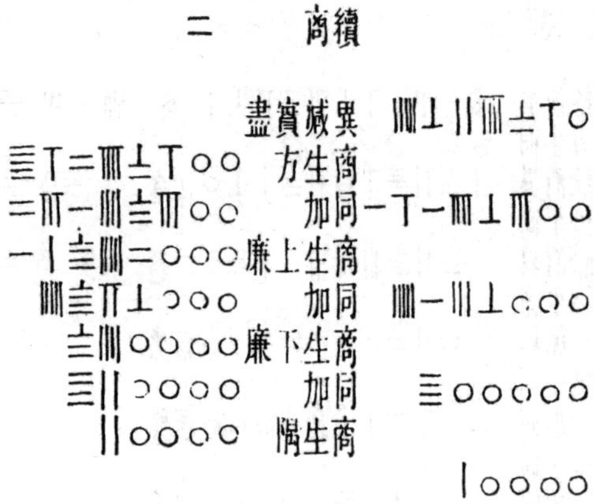

續商　二

○丅⊥ⅢⅡ‖⊥ⅢⅢ	異減實盡	
	商生方	○○丅⊥ⅢⅢ＝丅ⅢⅢ
○○Ⅲ⊥Ⅲ一丅一	同加	○○Ⅲ⊥ⅢⅢ一Ⅲ＝
	商生上廉	○○○＝ⅢⅢ⊥Ⅰ一
○○○⊥ⅢⅠ一ⅢⅢ	同加	○○○⊥ⅢⅢ⊥ⅢⅢ
	商生下廉	○○○○ⅢⅢ⊥
○○○○○Ⅲ	同加	○○○○‖Ⅲ
	商生隅	○○○○‖
○○○○Ⅰ		

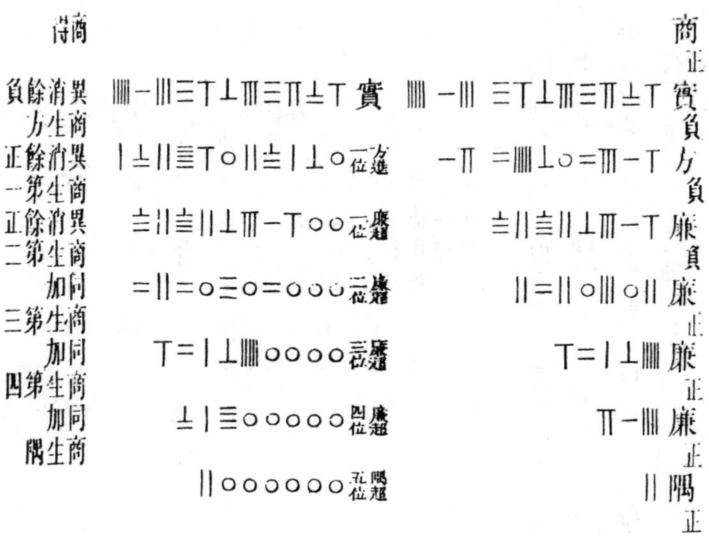

商正

實負 𝍧𝍠𝍢 三𝍥𝍮𝍫三𝍦𝍯𝍥 實 𝍧𝍠𝍢三𝍥𝍮𝍫三𝍦𝍯𝍥 𝍧𝍠𝍢 異消餘負

方負 𝍠𝍦 =𝍧𝍮○=𝍫𝍠𝍥 方一位進 𝍡𝍯𝍢𝍣𝍥○𝍢𝍯𝍡𝍮○𝍯𝍡 商生方 異消餘正

廉負 𝍯𝍢𝍯𝍢𝍮𝍫𝍠𝍥 廉超一位 𝍯𝍢𝍯𝍢𝍮𝍫𝍠𝍥○○ 商生第一 異消餘正

廉正 𝍡𝍡𝍢○𝍣○𝍡𝍢 廉超二位 =𝍡𝍢=○三○=○○○ 商生第二 加同

廉正 𝍥=𝍡𝍮𝍧 廉超三位 𝍥=𝍡𝍮𝍧○○○○ 商生第三 加同

廉正 𝍦𝍠𝍧 廉超四位 𝍯𝍡三○○○○○ 商生第四 加同

隅正 𝍡𝍡 隅超五位 𝍡𝍡○○○○○○ 商生隅

商得

三

數	名
47628787636	
2707784120	
802484030	
17148623200	廉
6052773400	
13235446000	廉
3771752000	
2561450000	廉
842740000	
232200000	廉
77300000	
6000000	

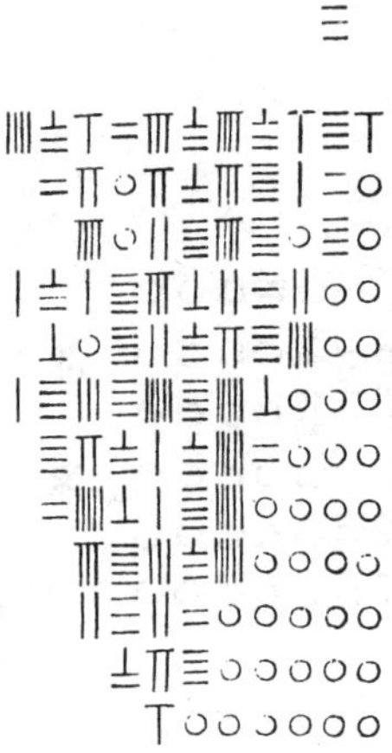

方實異消
故非益積
消餘在實
故非翻積

名	數
同加	81807236230
商生第一廉	81004641200
同加	30334880400
商生第二廉	24282006000
同加	8075002000
商生第三廉	3312150000
同加	1104050000
商生第四廉	240200000
同加	83300000
商生隅	6000000

同加
商生
同加
商生
同加
商生
同加
商生

廉法一變

第二廉

第三廉

第四廉

隅

同加

商生第三廉

同加

商生第四廉

同加

商生隅

廉法二變

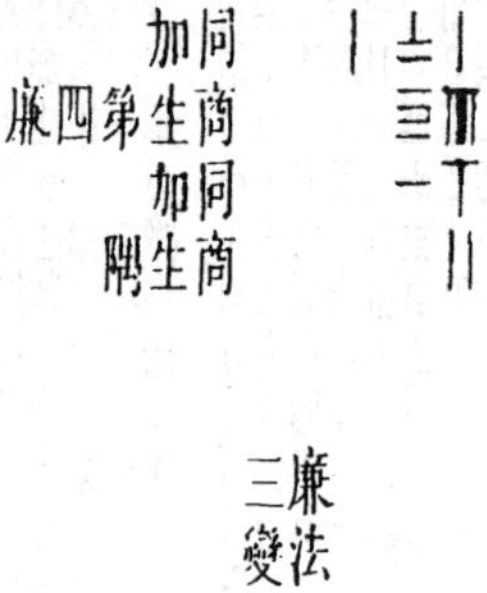

三廉變法

丨 ⊥丨 加同

三Ⅲ 商生第四廉

一Ｔ 加同

‖ 商生隅

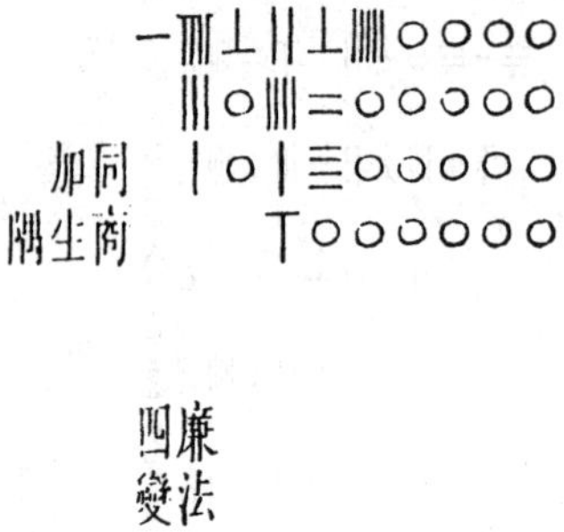

四廉變法

一Ⅲ⊥‖⊥Ⅲ〇〇〇〇 加同

Ⅲ〇Ⅲ〓〇〇〇〇〇〇

加同 丨〇丨三〇〇〇〇〇

商生隅 Ｔ〇〇〇〇〇〇

五廉變法

六位隅退正

五位廉退正

四位廉退正

三位廉退正

二位廉退正

一位方退正

負

餘實

異消實盡

方生商

同加

第一廉生商

同加

第二廉生商

同加

第三廉生商

同加

第四廉生商

同加

隅生商

續商

《益古演段》第二十四問：『消得積一千四百四十九，從方一百八，益隅一個七分半，倒積，倒從，開平方，得四十二。』

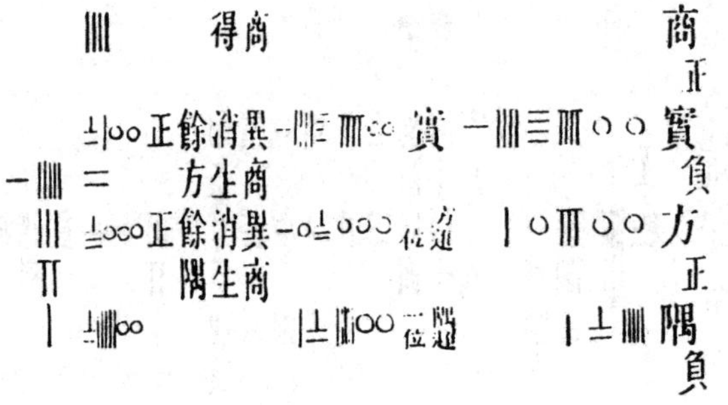

商 正實負 方正 隅負

實 方進一位 隅進二位

商得 異商消生餘正 異商消生餘正 方 隅

方實異名相消餘在方是爲倒積即翻積

異商消生隅餘負

隅方異名相消餘在負隅是為倒從

廉法一變

翻積　正方退一位　負隅退二位

異商消生方　同商加生隅　實盡

續商

秦道古《數學九章》古池推原法草云：『一萬一千五百五十二寸為實，一百五十二為益方，半寸為從隅，開投胎平方，得三丈六尺六寸四百二十九分寸之四百一十二。』

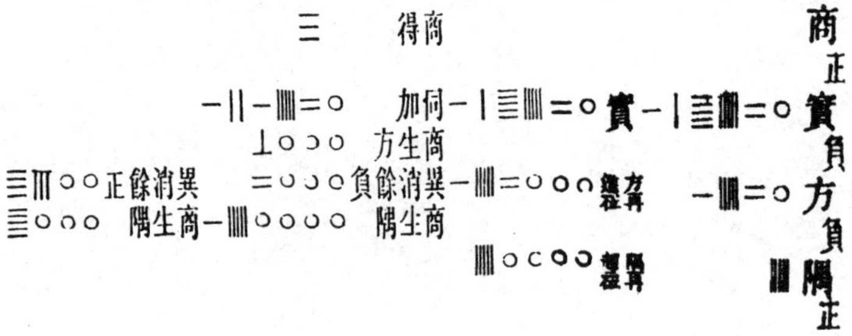

商正
實負
方負
隅正

此式方正隅負面題中稱益方從隅可見蓋常為負從常為正之例秦氏亦不拘

商得三

加同
方生商
異消餘負
隅生商

異消餘正
隅生商

方實同名相加為投胎秦氏術云以少廣求之以投胎入之

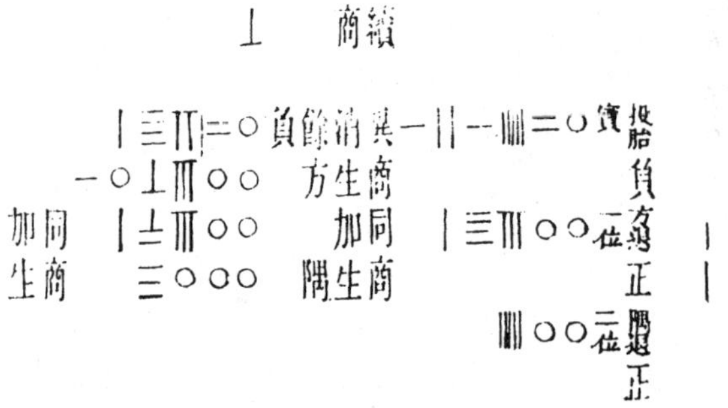

續商丄

投胎實
負方
益隅正

異消餘負
方生商
加同
隅生商

加同
生商

次商廉法一安

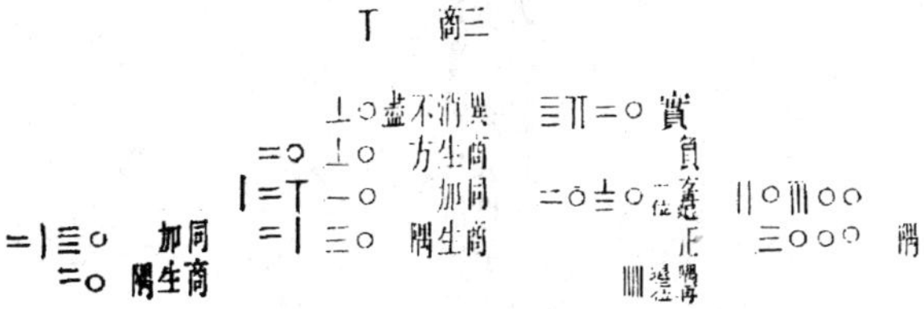

隅

實 負 益隅 正 隅再變

三商廉變法

三商

異消不盡 商生方 同加 商生隅

同加 商生隅

方隅廉加分母

不盡分子

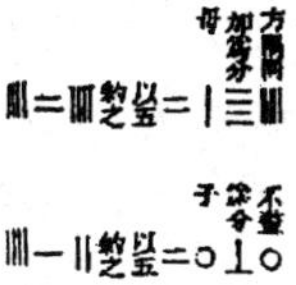

又尖田求積術草云：『四百六億四千二百五十六萬為實，七十六萬三千二百為從上廉，一為益隅，開玲瓏翻法三乘方步法，得八百四十步。』

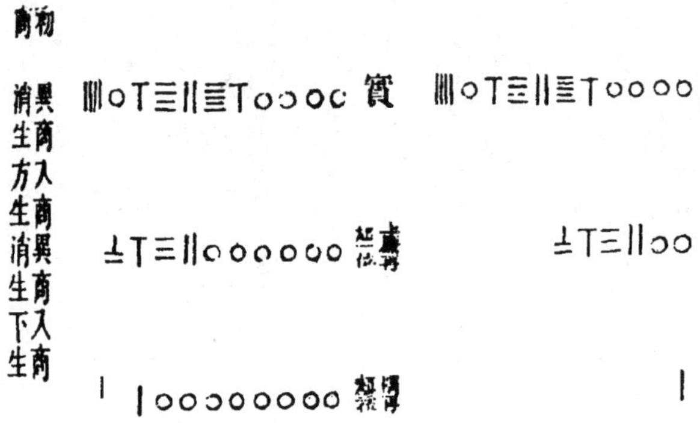

初商

實

從上廉

益隅

異商入商異商入商

消生方生消生下生

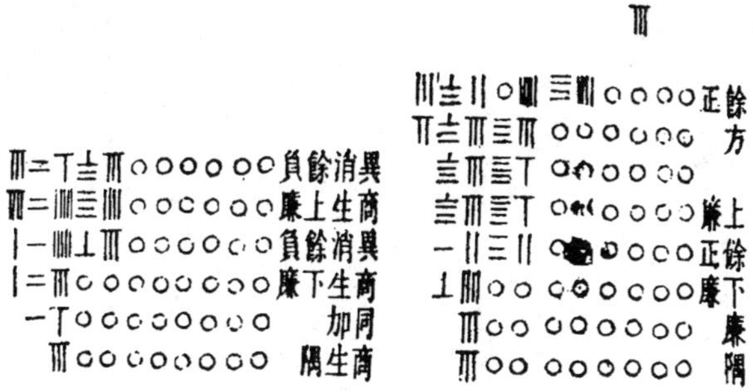

〣

〢〧〢〇〤〣〤〇〇〇〇 正餘
〨〧〨〣〨〇〇〇〇〇〇 方
〧〨〦〇〇〇〇〇〇
〧〨〦〇〇〇〇〇〇 廉上
〡〢〣〢〇〇〇〇〇〇〇 正餘
〥〤〇〇〇〇〇〇〇〇 廉下
〨〇〇〇〇〇〇〇〇 廉
〨〇〇〇〇〇〇〇〇 隅

〨〢〦〧〨〇〇〇〇〇〇 異消餘負
〨〢〤〣〤〇〇〇〇〇〇〇 商生上廉
〡〡〤〥〨〇〇〇〇〇〇〇 異消餘負
〡〢〨〇〇〇〇〇〇〇〇〇 商生下廉
〡〦〇〇〇〇〇〇〇〇 同加
〨〇〇〇〇〇〇〇〇〇 商生隅

方實異名相消餘在方爲換骨

一廉變法

〣〇〨〥〨〇〇〇〇〇〇 同加
〡〧〢〇〇〇〇〇〇〇〇〇 商生下廉
〢〤〇〇〇〇〇〇〇〇〇 同加
〨〇〇〇〇〇〇〇〇〇 商生隅

〇〇 同加
〇〇 商生隅

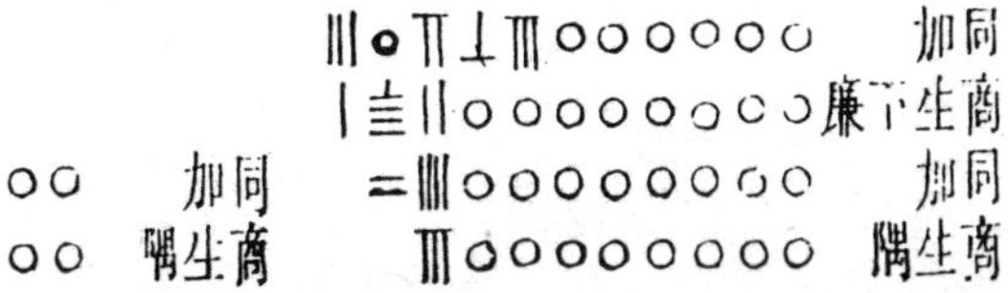

二廉變法

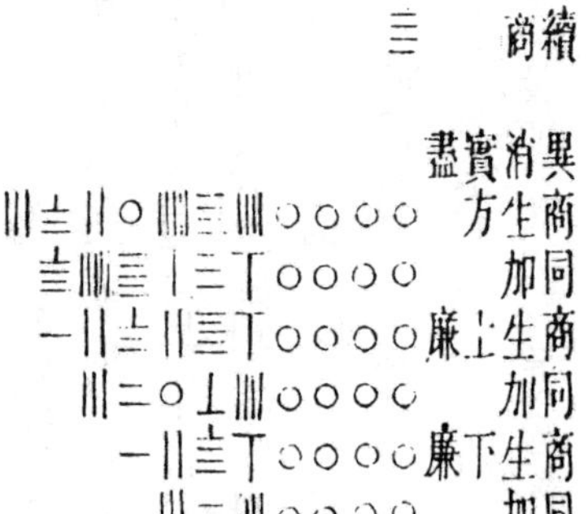

積商　三

商生方　同加　商生上廉　同加　商生下廉　同加　商生隅

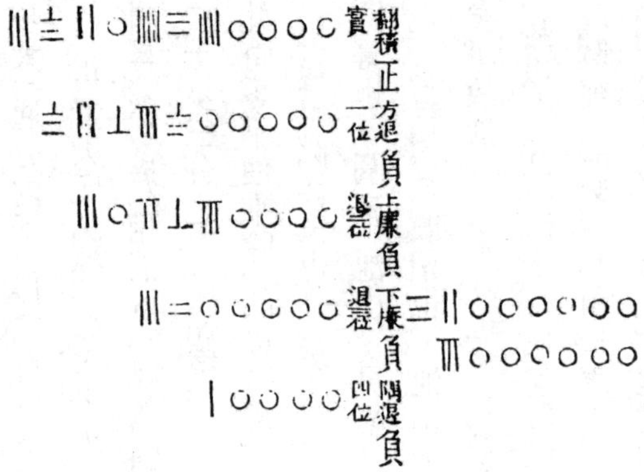

異消實盡

翻積正實

方退一位負

上廉負退二位

下廉負退三位

隅退四位負

秦道古又有開連枝平方法，蓋即帶分開方前所推《數學九章》古池推原法是也。《益古演段》第四十問分別之分天元一術及連枝同體術最詳，與道古可以互証之。分天元一者，所知數中帶有零分，不便立天元一，始以分母通之，既相消開方後，以分母約之是也。詳見《天元一釋》。連枝同體者，隅多而開方不盡，以隅數乘實，而變隅為一，開方後以原數約之是也。并錄其術于左以備參考。

之分天元一術云：『今有直田一段，中心有圓池，外計地四畝五十三步，長、闊和七十六步太半步，田四角至池十八步，問池徑、外田徑。』『立天元一為三個池徑，以自之得[illegible]，加十二段見積，得[illegible]，為十二段直積，又身外加五為十八段直積，於頭。列和步七十六步太，通分內子，得二百三十，自之，為和冪九段。內減頭位得[illegible]，為九段斜冪，寄左。再置天元圓徑，加六之角至步一百八，得[illegible]，為三個田斜。自之，得[illegible]，亦為九段斜冪，與寄左相消得[illegible]，開平方，得六十二步，為三個圓池徑，以三約之，得一個圓徑二十步三分之二。』循案：此題『長、闊和七十六步太半步』，太半步者，三分之二也。有此奇零不便乘除，故以分母三通七十六步太半步為二百三十也。既通為三倍，則立天元一，遂當圓徑三也。為圓徑者三，故乘為徑冪九方之於圓三之，四而一，故九方冪當十二圓冪也。圓冪，池也。見冪外計地四畝五十三步也。畝法二百四十故化為一千一十三也。直積，勾股積也。池積加見積，是成勾股積矣。天元冪一個當直積十二，半個則六矣。故加五為十八也。和冪為四勾股積、一勾股較冪，斜弦冪為二勾股積、一勾股較冪，故以九和冪減十八個勾股積，餘十八個勾股積，九個較冪，適當弦冪九也。天元一既當三圓徑，故必六其角步之十八以加之，乃得三弦數，自之亦是九弦冪也。求一而得三，故開方後又必報除也。連枝同體術云：『立天元一為內池徑，加倍角至步三十六，得[illegible]，為直田斜，自之，得[illegible]，為田斜冪。又九之，得下式[illegible]，為十八積九較冪，寄左。列和步七十六步太，通分納子得[illegible]，以自之，得五萬二千九百步，為九段和冪，于頭。又置天元圓徑，以自之，又三之，四而一，得[illegible]，為一段圓積也。加入見積一千一十三步，得[illegible]。[illegible]，共為直積一段，又十八之，得[illegible]。[illegible]，為十八段直積，以減頭位得[illegible]。[illegible]，亦為九段田斜冪，與寄左相消得[illegible]，合以平方開之，今不可開，先以隅法二十二步半，乘實二萬三千單二步，得五十一萬七千五百四十五步正，為實。元從六百四十八負，依舊為從。一益隅，平方開之，得四百六十五步，以元隅二十二步半約之，得二十步三分之二，為內池徑。』循按：同體連枝為隅數多者設也。秦氏連枝法即古開方約分法。古法倍得數加隅為分母，所餘實為分子見《加減乘除釋》。秦氏以商生隅入廉加隅為分母，所餘實為分子，又以隅數約之者，為隅數之不止於一也。是法為連枝之常法。李欒城緣隅數之多，而有同體連枝。連枝之約分不可以定母數，同體連枝之約分則可以定母數。蓋開方之術，凡隅之多者，以其數乘積而化隅為一，既開得數以原隅數約之，與原數原積開方數同，此一例也。凡隅之多者，開有帶分，不能盡以分母乘積數而開之，則能盡此又一例也。試以欒城之法演之。積二萬三千單二步，負從六百四十八，負隅二十二。又五商得二十從進一隅超一，以商生隅為四千五百，入從同加為一萬九百八十。又以商生之，為二萬一千九百六十，入積異消，餘一千四百四十二，為次商積。乃變初商以商生隅，為四千五百，入從同加為一萬五千四百六十，為廉法。于是廉一，退為一千五百四十六隅，再退為二十二。五廉法已多於積，商一猶盈，必開之，必以此為空位，而更退位退從為一百五十四。六退隅為二步，二五商得六，生隅為一步，三五入從同加為一百五十六步，一五又以商生之，為九百三十六步，六入積異消，餘一百五步四為四商積，更開之，仍得六，仍不可盡，故欒城以為不可開也。用連枝同體術開得四百六十五步，是不可開變而為可開也。後一例之證也。因以二十二步半除之，得二十步，是除去四百五十步尚餘一十五步，此一十五步當二十二步半為不足，不可得一，故約為三分之二耳。必除之，亦必存空位，亦除得六，去積一十三步半仍餘一五，是為六不盡，所得二六六不盡，與原隅原積開方數同。前一例之證也。開之不盡，用同體連枝術則盡者，其天元為三分之二不盡者也。今隅有三，則為三分之二者，三為三分之二者，三是六矣，六則盡矣。然是形長六，闊仍三分之二，欲得其闊，仍為不盡，惟又以三乘之，則長闊皆六矣。大抵三不盡者，三倍之則盡；六不盡者，六倍之則盡；九不盡者，九倍之則盡。由是推之，不獨多隅者可用此術，即一隅者，用分母再乘可也。不獨以分母再乘也，即倍分母、幾倍分母、幾十倍分母，以再乘之可也。此二二五之一五者，是以六七五乘三之二也。故二二五不盡，以二二五乘之而盡，同一不盡，而所謂三分之二，所謂二十二分半之一十五，分母分子俱實有此數，此李氏同體連枝法異於秦氏之連枝法也。

釋弧

序一

數之用，莫大於步天。步天之道，莫要於測渾圜之體。考之於古，漢四分術，始有黄赤道度進退之率。隋皇極術又創為分至前後每限增損之法。至宋崇天術以後，則用入限相減相乘，以求黄赤差。然此皆約略其數，僅得大概，而於天體弧曲之勢，究不能指其名狀。沈存中稱綴術為不可以形察，但以算數綴之而已，蓋古法麤疏類如此也。元郭守敬造授時術，以立天元一求周天每弧矢度，有弧背、弧徑之數，有平視、側視之圖，較古術家為精密。然以帶縱三乘方取矢，運算繁難，其立法之根，仍用徑一圍三古率，議者猶有歉焉。近世歐邏巴精算之士，傳有測球體之法，定天周為三百六十度，以三角八綫更互相推舉。凡黄赤之交變，北極之高下，日月五星之交會留逆，無不可求其度分秒之數。於是周天經緯如指諸掌。測圜之妙，雖百世之後，當無有加於此者。宣城梅徵君，為國朝算學第一，其所為《弧三角舉要》、《環中黍尺》、《塹堵測量》等書，實能於渾圜之理，有以精熟而貫串之。吾友戴翰林東原以西人三角即古人句股，乃易其弦切割綫為矩分引數諸名，作《句股割圜記》三篇，以求合於古所云者，其用心蓋綦密矣。

江都焦子里堂好讀書，邃於經學，所著《群經宮室圖》已久行世。今又出其餘力，竭二句之功，撰《釋弧》三卷，以余昔嘗從事於斯而屬叙焉。讀之，其於正弧、斜弧、次形、矢較之用，理無不包，法無不備，舉其綱而陳其目，以視梅、戴二君之書，無異冰於水、青於藍也。

余惟孤絶之學，易於失傳。天元如積之術，實宋元算儒家升堂入室之詣，至明代顧箬溪、唐荊川輩，已不解為何物。此由習之者鮮，無好學深思其人為之持其後也。弧三角法，得自遠西，為二千年來所未有。又得梅、戴兩家振興於前，里堂闡明於後，則測天之學不難人人通曉，而此道之傳，可引而弗替矣。故樂為叙之如此。

乾隆乙卯嘉平，竹汀錢大昕書。

序　二

書之言曰：號物之數謂之萬，物成生理謂之形。無形者道通為一，莫知端倪，數之所不以能分也。逍遥於天地之間，巧曆不能得，吾惡乎求之？衆有形者，形名已明，則差數覩矣，其數一二三四是也。大小長短修遠，何貴何賤，何少何多，或不足於數，或有餘於數，消息盈虛，謋然已解。執而圓機，面觀四方，託於同體，以差觀之，假於異物，以不同形相禪，察同異之際，反復終始，不主故常。天地雖大，明於本數，齊於法而不亂，善哉！且吾聞之，天下之治方術者多矣。吾求之於度數，舊法世傳之史，時或稱而道之，以名為表，以約為紀，六通四闢，形物自著，以為法式。古之人其備乎？今世之人，識其一，不知其二。左手攫之，莫得其倫；右手攫之，莫知其處。以規法度，不該不遍，猶之可也。而愚者不擇是非而言多辭，繆説因以曼衍。且為聲為名，瞋目而語難，不同於己，不免於非，而容岸然，曰：天有曆數，吾自以為至達已。嘻！惡乎可？有人於此世之才士也，而多方乎聰明之用也，吾與之友矣。其所言者：一曰兩者交通咸和，二與一為三是已；二曰損之又損之，一尺之棰，日取其半是已；三曰合異以為同，道通其分也；四曰散同以為異，其分也以備。此四者，始終相反乎無端，千轉萬變而不窮，整之齊之，斯而析之，言而當法，其理不竭。是乃所謂冰解凍釋者，是相於藝也。謀乎我，察而審，而所言之躂，足以自樂也，所以行於世也。

右集《南華經》。戊午秋季，愚弟汪萊拜叙。

釋弧卷上

曲綫謂之弧，直綫謂之弦。以弧為弦，復以弦為弧，則弧得。合弧限謂之正弧，差弧限謂之斜弧。以斜為正，復以正為斜，則斜得。不變者謂之本形，旁通者謂之次形。以本形為次形，復以次形為本形，則本形得。此三者，弧角之樞也。其術之目，曰：以角求弧，以弧求角，以弧角求弧，以弧角求角。舉其三以測其三。比例之精，轉移之巧，非覃思冥索，未易言得。梅徵君文鼎著《弧三角舉要》及《環中黍尺》，以啟發其旨趣。戴庶常震又為《句股割圜記》，以衍極周髀之旨，乃梅書撰非一時，繁複無次叙。戴書務為簡奥，變易舊名，極不易了。乾隆乙卯秋八月，取二書參之，為《釋弧》三篇。上篇釋正弧弦切之用，中篇釋内外垂弧之義，下篇釋次形及矢較之術，今三年矣。或以立表之理不明，則裁弧為弦之法不備，宜補之。嘉慶戊午秋九月，省試被落後，温習舊業，因取昔年所論六觚、八綫未成之帙，删益為此書上卷，而删合原上、中二卷，以為中卷。微必求彰，期於簡要。讀梅、戴兩家之書者，庶得其輗軏焉。

弧矢之術，起於方田。全圓謂之周，半其全周謂之半周，半其半周謂之象限。凡析其周如弧，則統謂之弧。依弧而裁之為稜，謂之觚。兩觚之間，如弧之有弦者謂之弦，半之為正弦。弦之中於圓者為徑，半之為半徑。

《周髀算經》曰：『數之法，出於圓方。圓出於方，方出於矩，矩出於九九八十一。』九九者，數也。以數相加減，不出乎矩趙爽云：『矩，廣長也。』即所謂直綫。以數相乘除，不出乎方。故開方、句股，均可以乘除之理言之。由方而圓，則以形生形，必依形以求義。古人既明以圖，復象以器，以形故也。乃《九章算術·方田章》有圓田、弧田之術，圓為弧之合，弧為圓之分。於此可見，其術有周、徑，有半周、半徑，有矢有弦，為割圓弧矢之術所從出，亦即三角、八綫之理所不能外也。〔一〕

〔一〕　戴震《與是仲明論學書》：『中土測天用句股，今西人易名三角八綫，其三角即句股，八綫即綴術。』

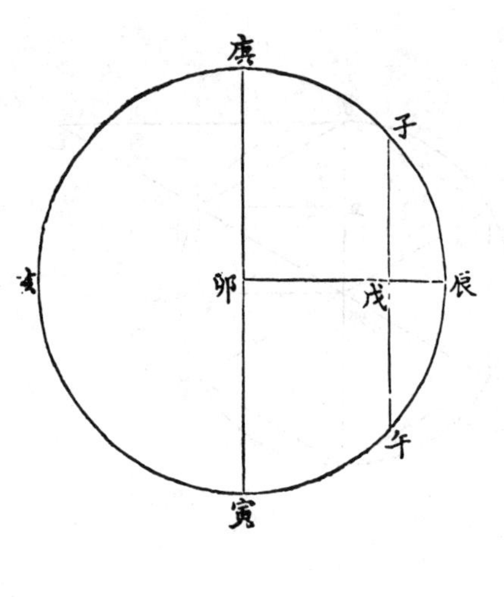

右圖：辰庚亥寅為圓周，庚辰寅為半周，庚辰為象限，庚卯寅為徑，卯辰為半徑，子辰午為弧，子戊午為弦，觚見下。

以半徑為弦，其觚必六。有半徑得正弦，有正弦得餘弦，有餘弦得正切，有正切得正割，以餘弦減半徑為正矢。四者，分象限而繫之。在本弧謂之正，在他弧謂之餘，是為八綫。

古之圓率，徑一周三。劉氏徽曰：『周三者，從其六觚之環耳。』又曰：『假令圓徑二尺，圓中容六觚之一面，與圓徑之半其數均等合，徑率一而外周率三也。』西法以半徑為一千萬，與劉氏假令二尺，不謀而合，則不獨以徑求周，必由此起，即以弧求弦，又孰能外乎此哉。蓋設徑為二，則半徑為一，六觚之弦，即同半徑，則弦亦一也，半之為零五。徽曰半面，八綫則為正弦矣。於是正弦有數為句，半徑有數為弦，用弦句求股術得餘弦，於是餘弦有數矣。乃以餘弦為一率，正弦為二率，半徑為三率，求得四率為正切，而正切有數矣。乃以正弦為一率，半徑為二率，正切為三率，求得四率為正割，而正割有數矣。餘弦既為他弧之正弦，又求得他弧之切割，而八綫備矣。

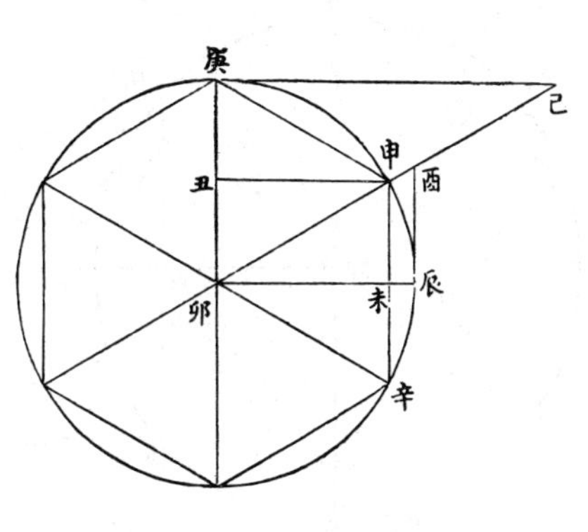

右圖：申辛為六觚之一面，申未為正弦，未卯為餘弦，酉辰為正切，卯酉為正割，未辰為正矢，申辰為本弧，庚申為他弧，丑申為他弧之正弦，同於未卯，卯己為餘割，庚丑為餘矢，庚己為餘切。

有矢，有正弦，可以倍六觚為十二，可以半六觚為三。

劉氏割圓之術曰：『置圓徑二尺，半之為一尺，即圓裏六觚之面。令半徑一尺為弦，半面五寸為句，為之求股。』以減半徑，謂之小句。觚之半面，又謂之小股，為之求弦，即十二觚之一面也。由是割十二觚為二十四，割二十四為四十八，割四十八為九十六。西人有三要之術：其一由正弦得餘弦；其二以正弦得半弧之弦，即此術也；其三以正弦得倍弧之弦，法以半徑為一率，正弦為二率，餘弦為三率，求得四率，倍之，是也。術雖傳自西人，而其理仍割六觚為十二觚之理耳。何也？六觚之餘弦，即三角之中垂綫，而三角之中垂綫，即三觚之正弦。若以此中垂綫，横畫於三角之中，則三半徑變而為三餘弦，而三半徑適為三餘弦之比例。三半徑既為三餘弦之比例，則一半徑一半徑之半，必為一餘弦一餘弦之半之比例。半徑之半，正弦也。餘弦之半，倍弧之弦也。故有半徑，有正弦，有餘弦，而倍弧之弦得矣。均割圓之理也。

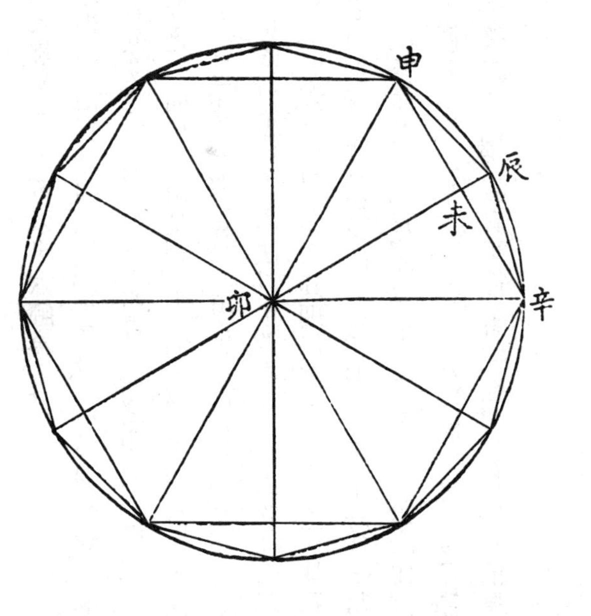

右圖：辰未為小句，未辛為小股，辰辛直綫為求得弦，即十二觚之一面。

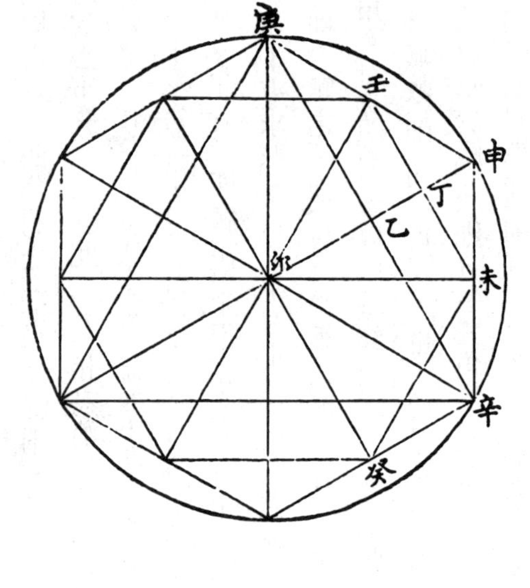

右圖：卯壬之餘弦，橫之為卯未中垂綫中垂綫詳見後，錯之為壬未，為六觚内所容六觚之一面。倍之，即庚辛為三觚之一面，卯壬未三餘弦，為卯申辛三半徑之比例。卯壬丁句股形，為卯申未句股形之比例。

以半徑乘六觚之弦，得其斜弦，則觚可以四；以半徑乘六觚之正弦，得其斜弦之較，則觚可以十。

六觚之一面，與兩半徑相合，成三角形。是形三面之度皆十，三角所當之觚皆六十，無庸算者也，故算從此起。由此變化之有二：一為半其兩角，以倍其一角；一為半其一角，以倍其兩角。半其兩角以倍其一角，惟四分圓周之一；半其一角以倍其兩角，惟十分圓周之一。四分周之一者，其觚兩畔所當，必八分之一。十分周之一者，其觚兩畔所當必十分之二。此二者，相為消息於六觚之面者也凡三角之合數，必如半周之數。三角每角六十度，合為百八十度。四觚之面九十度，其餘二角所當，每角必四十五度，四十五度於全周為八分之一。十觚之面三十六度，其餘二角所當，每角必七十二度，七十二度於全周為十分之二。兩三角之度合之，亦百八十度。四觚，兩半徑相交為直角。其觚面之緪於下者，適為平方內之斜弦，故用平方求弦術得之平方求弦，以方邊自乘，倍而開方除之。今方邊即半徑，而半徑即六觚之一面，故半徑乘六觚之弦，不啻方邊之自乘也。十觚之兩半徑相交為鋭角鋭、鈍詳見後，若以中垂綫為股，半徑為弦，可得句，為十觚面之半。然弦有數，中垂綫無數，則句不得而求也。於是不可求以數，而可求以形。剖十四觚之倍角九十度之角，以垂於觚面，則分一三角形，為兩三角形，其形適相等。剖十觚之倍角七十二度之角，以垂於半徑，則分一三角形，為大小兩三角形，其小三角形，與本形適相等。既有相等之形，則可以為例。一三角形，既分為大小兩三角形，則一半徑亦分為大小兩徑。其大徑等於十觚之面，其小徑即可比例十觚之面。小徑可比例十觚之面，則大徑可比例半徑之全矣。半徑與大小二徑，互相比例，是三率比例術之中，末二率同於首率者也。此理分中末綫所為用也。梅勿庵於《幾何通解》中，明是術本於句弦和較相乘，即句股冪。而反復於遞加倍角之理，蓋角之有倍有半，猶徑之有倍有半，有角倍於角，則中分倍角，而得其對邊之度，以減對邊而得大分；有邊倍於邊，則中分倍邊，以其半減直角之對邊而得大分，其義一也。惟四觚之角，兩半一倍；惟十觚之角，兩倍一半。兩半一倍者，自其倍剖之，其垂綫必如底之半；兩倍一半者，自其倍剖之，其垂綫必如底之全。而如要之大半，要之小半，乃轉相為底，故倍半之比例，為十觚之所專。此所以獨用理分中末綫也。

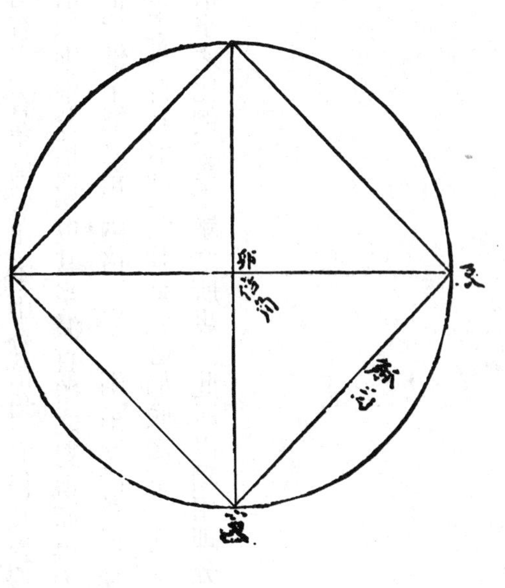

右圖：卯角九十度，辰角、寅角各四十五度。自倍角剖之，其中垂綫即等觚面之半。以辰寅為半徑，則卯寅為正弦，辰卯為餘弦。

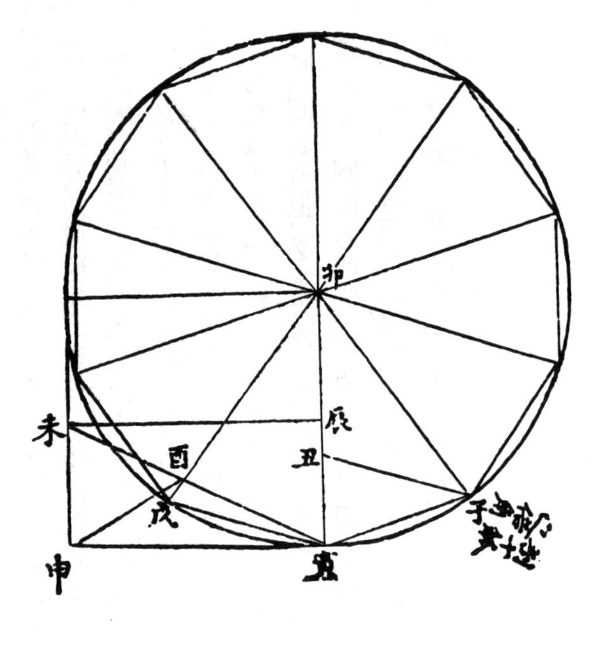

右圖：寅戊與子寅，皆十觚之一面。卯丑、丑子同。辰寅半徑之半為句，辰未半徑為股，未寅為弦，酉寅為句弦較，即戊寅十觚之一，亦即卯丑之大分。

有兩弧之餘弦，各規之，互得其正弦，則兩正弦相加，得兩弧相加之正弦；相減，得兩弧相減之正弦。其理出於圓内容方、方内容圓也。

西人有二簡之法。其一用加減甚精。術以半徑與此弧正弦，例彼弧餘弦而得四率。又以半徑與此弧餘弦，例彼弧正弦而得四率。兩四率相加，則得此弧加彼弧之正弦；兩四率相減，則得此弧減彼弧之正弦。試為推，其本原，凡四觚内容圓，容圓内又作四觚，内之四觚，必與半徑同度，則内之正弦，必當半徑之半，故合内之兩正弦，即得半徑。半徑為九十度之正弦，合兩正弦即得半徑。是既知兩四十五度之正弦，可得九十度之正弦，易明者也。由正方推之縱方，則不獨兩四十五相加也。六十度加三十度，亦可得九十度之正弦；四十五度加三十度，亦可得七十五度之正弦也。於四觚内容圓，圓之所值，必中垂綫，亦即四十五度之餘弦，故推之於他數之加減，亦必自餘弦規之也。圓内容四觚，四觚同一圓，兩半面即一半徑矣。兩觚不齊，則兩正弦必一長一短。并之，必溢於兩弧相加之正弦；互之，則長者短，短者長，兩相消息，而適相合。此自然之理也。兩綫所在，與兩正弦互為同形之句股。故以比例求之耳。

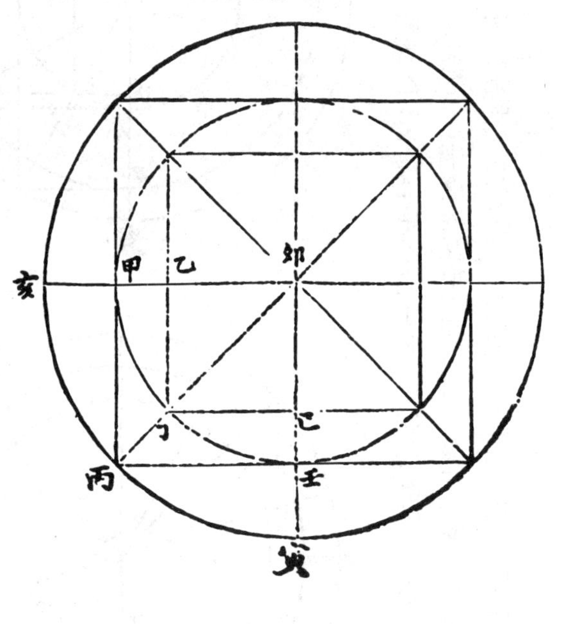

右圖：甲丙、丙壬兩正弦，乙丁、丁己容圓内兩正弦，卯甲、卯壬兩餘弦，卯寅半徑。乙丁、丁己相加，即卯寅；相減盡，仍存甲丙四十五度之正弦。

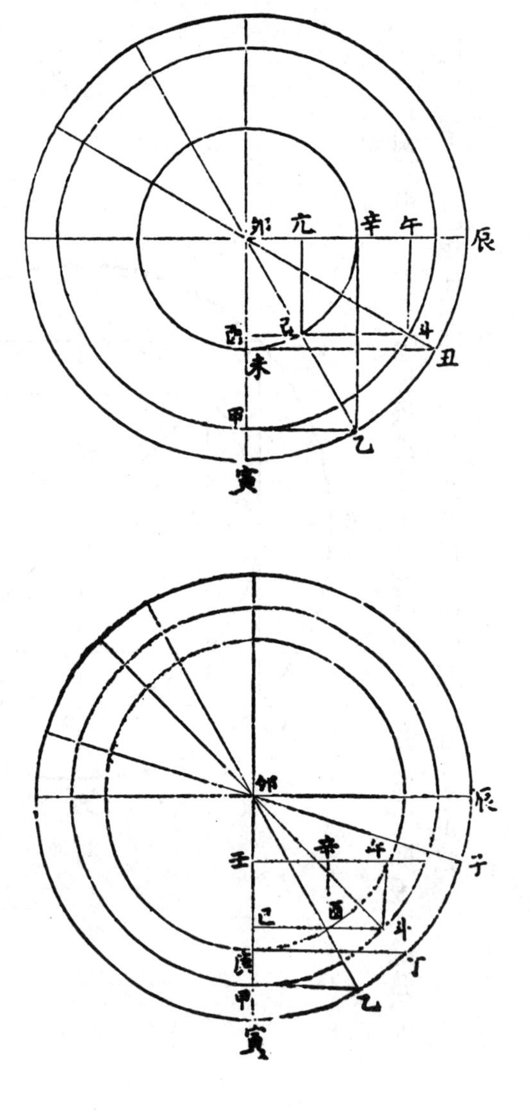

右二圖：前圖寅乙三十度，甲乙為正弦，甲卯為餘弦；寅丑六十度，未丑為正弦，卯未為餘弦。己酉為三十度内互得之綫，酉斗為六十度内互得之綫。相加即卯辰，為半徑，即九十度正弦；相減為午亢，即三十度正弦。午辰與己酉等，午亢與甲乙等。自未辛作圓周於内，卯酉〔一〕為六十度餘弦者，為未辛小圓中半徑，己酉即為酉辛〔二〕小圓三十度之正弦，可以例寅辰大圓三十度之半徑正弦矣。卯甲為三十度餘弦者，為甲斗次圓中半徑，酉斗即為甲斗次圓六十度之正弦，可以例寅辰大圓六十度之半徑正弦矣。後圖寅乙三十度同前。寅丁四十五度，庚丁為正弦，卯庚為餘弦。寅子七十五度，壬子為正弦，卯壬為餘弦。己酉為三十度内互得之綫，己斗為四十五度内互得之綫。相加，即壬子七十五度之弦；相減，為午辛十五度之正弦。卯庚為庚午小圓半徑，己酉為正弦。卯甲為甲斗次圓半徑，己斗為正弦。與寅辰大圓之半徑正弦，皆得為例矣。以餘弦比半徑，未易了然。以餘弦為半徑而規之使圓，則内外容圓之理，與距等圈之理，可相參而得矣距等圈詳見後。

有所知一正弦，以倍半之術推之；有所知兩正弦，以加減之術推之。以倍半之術推之，而觚之無奇零者得矣；以加減之術推之，而觚之有奇零者得矣。

析圓周為三百六十度，每度作直綫與徑平行，而達於左右，則自一度至九十度，即自二度至一百八十度也。而自九十度至一百八十度，猶之自一度至九十度，故止

〔一〕『卯酉』，疑作『卯未』。據圖，『卯未』為未辛小圓中半徑。

〔二〕『酉辛』，疑作『未辛』。據圖，有未辛小圓而无酉辛小圓。

得一象九十度之弦，即可概圓周三百六十度之弦也。然自近於一度者，弦與弧不啻平行；近於九十度者，弦與弧不啻旁午。逐度變移，不可為定。如一度、二度相差約五三，而十五度以後相差止四八有奇。蓋一之於二，相去以倍，以漸而減，至八十九、九十，則所差甚微矣。非比例可得而知，則必本割圓之術，求其每面以為通弦。本六觚之形，推之於四觚、十觚，又倍之、半之，由三而得九三觚六觚十二觚，二觚四觚八觚，五觚十觚二十觚，得九則加減之法可施矣。蓋以度衡觚，觚有無奇零者，有有奇零者。無奇零，適當每度之數者。止有十七，其餘七十三皆有奇零。有奇零，則不可以割圓求觚，亦不能以倍半之術推而得，且數之自然而得者，惟〔一〕六觚、四觚、十觚，每觚一半一倍，故止於九，其餘無奇零之觚八，皆不可以倍半求者，唯十五觚、十八觚，可由五觚、六觚以三分得一之術求之。餘觚六，則必用加減得之。雖無奇零，同於有奇零者矣。今逐度表之於左。

一度　一百八十觚
二度　九十觚
三度　六十觚

〔一〕『惟』，《中西算學叢書初編》本作『堆』。

四度　四十五觚
五度　三十六觚
六度　三十觚
七度　二十五觚十四分觚之一
八度　二十二觚半
九度　二十觚
十度　十八觚
十一度　十六觚二十二分觚之八
十二度　十五觚
十三度　十三觚二十六分觚之二十二
十四度　十二觚二十八分觚之二十四
十五度　十二觚
十六度　十一觚三十二分觚之八
十七度　十觚三十四分之二
十八度　十觚
十九度　九觚三十八分觚之二十七

二十度　九觚
二十一度　八觚四十二分觚之二十四
二十二度　八觚四十四分觚之八
二十三度　七觚四十六分觚之三十八
二十四度　七觚半
二十五度　七觚五十分觚之一
二十六度　六觚五十二分觚之四十八
二十七度　六觚五十四分觚之三十二
二十八度　六觚五十六分觚之二十四
二十九度　六觚五十八分觚之十二
三十度　六觚
三十一度　五觚六十二分觚之五十
三十二度　五觚六十四分觚之四十
三十三度　五觚六十六分觚之三十
三十四度　五觚六十八分觚之二十
三十五度　五觚七十分觚之一十

三十六度　五觚
三十七度　四觚七十四分觚之六十四
三十八度　四觚七十六分觚之五十六
三十九度　四觚七十八分觚之四十八
四十度　四觚八十分觚之四十
四十一度　四觚八十二分觚之三十二
四十二度　四觚八十四分觚之二十四
四十三度　四觚八十六分觚之一十六
四十四度　四觚八十八分觚之八
四十五度　四觚
四十六度　三觚九十二分觚之八十四
四十七度　三觚九十四分觚之七十八
四十八度　三觚九十六分觚之七十二
四十九度　三觚九十八分觚之六十六
五十度　三觚一百分觚之六十
五十一度　三觚一百零二分觚之六十

五十二度　三觚一百零四分觚之四十八
五十三度　三觚一百零六分觚之四十二
五十四度　三觚一百零八分觚之三十六
五十五度　三觚一百一十分觚之三十
五十六度　三觚一百一十二分觚之二十四
五十七度　三觚一百一十四分觚之十八
五十八度　三觚一百一十六分觚之十二
五十九度　三觚一百一十八分觚之六
六十度　三觚
六十一度　二觚百二十二分觚之百一十六
六十二度　二觚百二十四分觚之百一十二
六十三度　二觚百二十六分觚之百零八
六十四度　二觚百二十八分觚之百零四
六十五度　二觚百三十分觚之百
六十六度　二觚百三十二分觚之九十六
六十七度　二觚百三十四分觚之九十二

六十八度　二觚百三十六分觚之八十八
六十九度　二觚百三十八分觚之八十四
七十度　二觚百四十二分觚之七十六
七十一度　二觚百四十二分觚之七十六
七十二度　二觚百四十四分觚之七十二
七十三度　二觚百四十六分觚之六十八
七十四度　二觚百四十八分觚之六十四
七十五度　二觚百五十分觚之六十
七十六度　二觚百五十二分觚之五十六
七十七度　二觚百五十四分觚之五十二
七十八度　二觚百五十六分觚之四十八
七十九度　二觚百五十八分觚之四十四
八十度　二觚百六十分觚之四十
八十一度　二觚百六十二分觚之三十六
八十二度　二觚百六十四分觚之三十二
八十三度　二觚百六十六分觚之二十八

八十四度　二觚百六十八分觚之二十四
八十五度　二觚百七十分觚之二十
八十六度　二觚百七十二分觚之十六
八十七度　二觚百七十四分觚之十二
八十八度　二觚百七十六分觚之八
八十九度　二觚百七十八分觚之四
九十度　二觚

右表：六十度之弦，為三等觚之一，觚盡於三。直綫無二觚也。二觚即全徑，剖圓為二。有兩全徑，則亦二觚耳。二觚有零，則三觚之不等者也。凡有零，皆不等之觚也。遵御製新增三分取一，用益實歸除得之。自三度半之為一度半，是為九十分，又半為四十五分。三分取一，得十五分，又得五分，又半為二分半，是為一百五十秒。又三分取一，為五十秒。乃以五十秒之弦，比例得六十秒之弦，是為一分。由是求之，每度六十分之弦皆得矣。益實歸除者，以一面分為三面，則三面之弦，必溢於一面之弦，故於一面之原度益之也。此用以求十八邊之一面。十八邊，即六觚之三倍。六觚，邊與徑同度，故以半徑為一率，即以六觚之邊為一率也。邊所溢之形，似於三分之一之形，故以為比例詳見左圖，於是設為四率相求一率加四率同於二率三倍之法。若六觚以外之通弦與半徑不等，則半徑雖仍為一率，而一率加四率同於二率之三倍者，非半徑矣，故必以半徑與弧度之通弦相乘，以為首率也。是術於比例之形得其理，而比例之率，除半徑而外，餘皆無數可舉，故有比例而不能用。惟三分首率，以所分者為二率，益之，以求合乎首率加四率，如二率之三倍也。

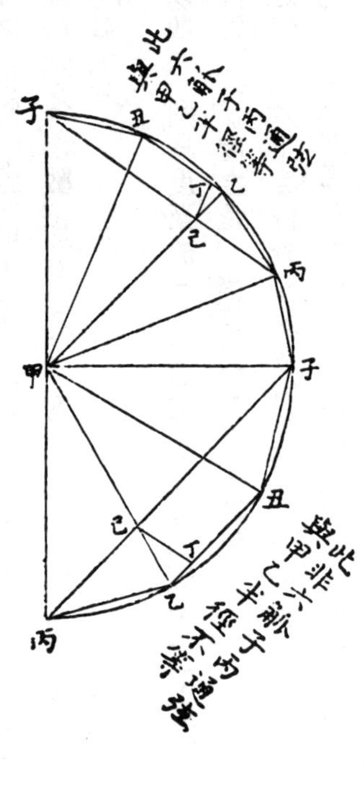

右圖：己丁乙小形，同於甲乙丙大形。乙丁底同於乙丙底，而子丙通弦，與子丑、丑乙、乙丙三面相較，三面正溢一乙丁，故必於子丙加乙丁三分之，乃得乙丙比例之理。以甲乙為一率，乙丙為二率，己乙為三率，求得四率乙丁。今乙丙、己乙皆無數，故用益實歸除之法。子丙通弦，不同甲乙半徑，又不可竟用子丑，故以甲乙乘子丑為首率，六觚之弦，同於半徑，則竟以甲乙為首率矣。益實歸除之法附於左。

以一率自乘再乘，成一立方積為實通弦與半徑不等，則以半徑自乘，通弦再乘。又以一率自乘，三因之，成三平方積，為法。以法除實，為未定之二率。以此二率自乘再乘，益於原實內，為共實。又以此未定之二率，與法相乘，得數減其實，餘為弟二位實。又以法除之，得數，加於前未定之二率，仍為未定之二率。復如前法求之，得弟三位實。又以法除之，得數，加為二率。務令二率三倍，當一率併四率之數，而後二率定，三率、四率亦定。

以六觚之形參之以四觚，則一度至於三十度為六觚之半，三十一度至於九十度為六觚之全。依象限為弦，則半者弧度之弦，適等於全者弧度之弦。

二簡法之二，以六十度內外相距等者加減相求，即互得其度，此理即六觚之理也。試為解之。凡〔一〕形之四方者，必合四而成四觚。形之三角等者，必合六而成六觚。六觚之半，必一三角形正立，兩三角形倒垂。相銜而合為一也。每三角形，作中垂綫而橫分以弦。其正立者，弦依於六觚之面；其倒垂相銜者，弦依於半徑之

〔一〕『凡』，《中西算學叢書初編》本作『用』。

橫。自中垂綫而分之，弦必半於未分者之弦，不待智者知之也。依六觚之面，為弦以截之，其弦即等於所截之邊。依其邊以為邊，猶之乎弦也。以邊所截之弦及邊，與弦所截之邊，猶之乎三觚也；依中垂綫而垂之，猶之垂綫也，則所截之邊，必倍於所截之弦矣。平行綫而得同度之形，幾何此言，實為以形求形之至論，今列為圖明之。

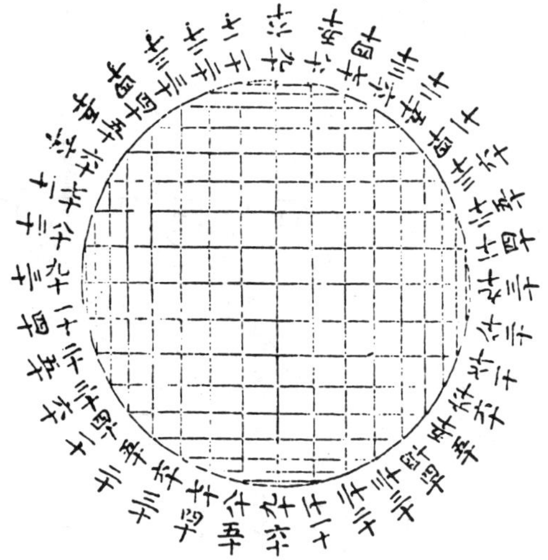

三十度至六十度，六十度至九十度，皆相距三十度，是為距弧。四十度與八十度，距弧皆二十度。五十度與七十度，距弧皆十度。

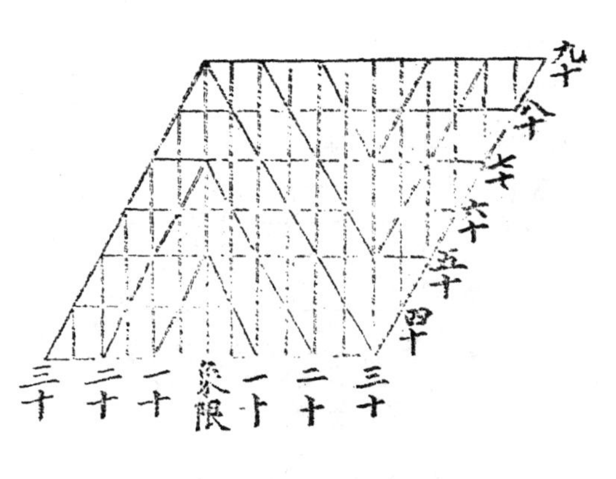

心之所湊者為角。角應乎圓周之度，為角度。角度滿於象限，為正角；不滿，為鋭角；過曰鈍角。鋭角之弧為鈍角之餘弧，其角為鈍角之外角；鈍角之弧為鋭角之餘弧，其角為鋭角之外角。鈍角之弧，過於象限，故又曰過弧。

李淳風注釋《九章算術》云：『刻物作圭形者六枚。枚別三面，皆長一尺。攢此六物，悉使鋭頭向裏，則成六觚之形，角徑亦皆一尺。更從觚角外畔，圍繞為規，則六觚之徑，盡達規矣。』然則曰角曰鋭，古已名之。但李氏所謂角，仍觚耳。觚為每面綫交接處之稜。趙友欽又名為曲。西法所云角，即李氏所云鋭頭，惟有鋭，則有鈍矣。

矢之在鋭角者為小矢，在鈍角者為大矢。鈍角、鋭角，用弦同，用矢異。弧三角每綫皆弧，用止弦切，矢較之術，馭弧以平，則專於矢。

一象限止於九十度，過此則又為一象限。度雖增而弦不出乎此限也。如九十一度之通弦，即八十九度之通弦；一百七十九度之通弦，即一度之通弦。故鋭角之弦與鈍角等。鋭角主乎限内，故半徑在限内者為矢；鈍角主乎限外，故半徑在限外者為矢。以象限言之，則為正矢、為餘矢，以縱横分之也；以半周言之，則為小矢、為大矢，以長短分之也。凡大矢減全徑得餘弦，小矢減半徑得餘弦。凡弧過半周則減半周，用餘弧限外之餘弦。過三象限則減全圓，用餘弧之餘弦。矢較詳見後。

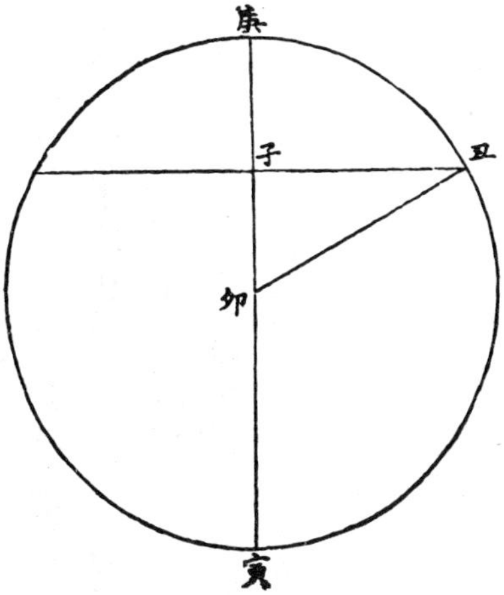

右圖：庚卯丑為鋭角，丑卯寅為鈍角，子丑為正弦，庚子為小矢，子寅為大矢，庚丑為鋭角度，丑寅為鈍角度。

以弦為切，以切為弦，以割為半徑，以半徑為餘弦，各依而規之，皆同其度，是為距等圈，測量之術以之。

句股以斜者為弦。以句股有似於弧，斜者有似於弦也。方田以直者為弦，以圓周有似於弧，直者有似於弦也。《海島算經》用兩竿測高，即兩句股之比例，距等圈之義，亦即幾句股層層相疊也，是圈平三角法用之。蓋平三角所求者尺寸，距等圈層層之度皆等，以相等之度比例所求之尺寸，自一寸以至百尺，或高或深，無不吻合。弧三角惟論度不論數，距等之度不待求而自知，故不用也。

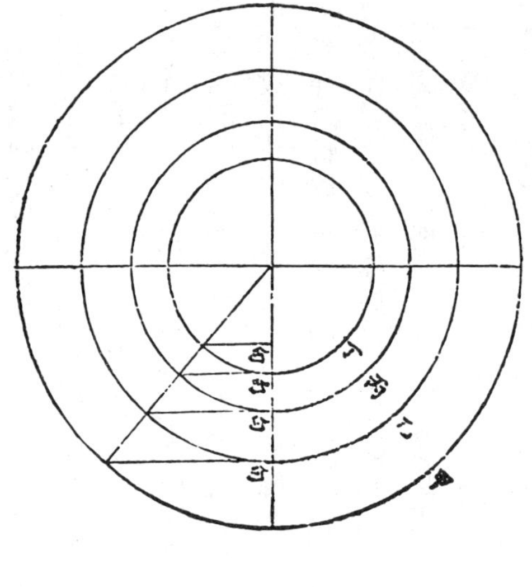

右圖：甲乙丙丁四圓周即距等圈。同是句也，在甲為弦，在乙為切。在乙為弦，在丙為切。在丙為弦，在丁為切。

惟半徑横則為句，縱則為股，斜則為弦。倍之為割綫之準，半之為正弦之準，視所合以為之用，故八綫者，成於六觚之半徑者也。

割圓起於半徑，而半徑隨弧度之分以為之截。故角之鈍、鋭，弦之正、餘，皆視乎半徑之所在，以為短長、小大之則。不出象限，故不能逃乎半徑。值乎短者、小者，則半徑斜就之為弦；值乎長者、大者，則半徑縱横合之以為句股。故弦之與徑，猶切之與割，亦猶徑之與餘割。割之於徑，猶徑之與餘弦，亦猶餘割之與餘切，皆自然之數也。以一六觚之形，剖而半之，則半徑必半於兩形相貫之半徑。兩形相貫之徑，即六十度之割綫也。故正弦與半徑，不啻半徑與餘割。由是而推之，正割之較半徑，多一圓外短綫。半徑之較餘弦，多一圓内短綫。弦切以圓周内外為限，故半徑與餘弦，猶之正割與半徑，而半徑與餘切，猶正割與餘割。正弦與餘弦，亦猶正割與餘割，均可知矣。梅勿庵《弧三角舉要》第五卷分相當之法九、互視之法十二，推明其錯綜反變之理，謂八綫比例，同宗半徑。凡一率乘四率，二率乘三率，皆等於半徑自乘。可云至精至悉矣。而以六觚之理衡之，益信劉氏割圓之術，為西人不能外也。

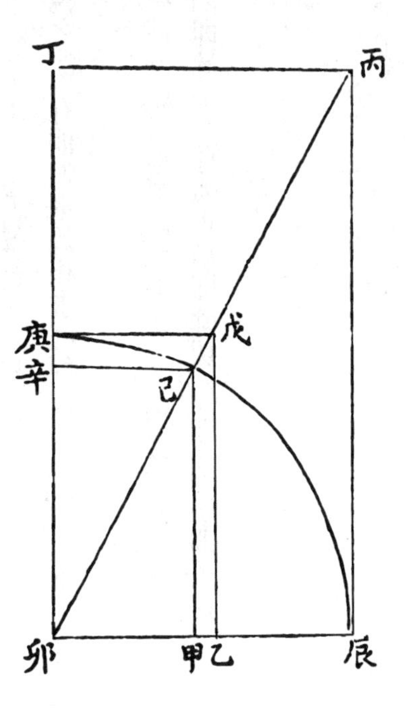

右圖：庚己三十度，己辰六十度，庚卯、己卯、辰卯，皆半徑，丁丙、戊乙同。辛己、己甲皆正弦，亦即餘弦，卯甲、辛卯同。庚戊、丙辰皆正切，卯乙、丁卯同。以四率相求，明之於左。

正弦辛己	半徑己卯	半徑丁丙	餘割丙卯
餘弦辛卯	半徑卯己	半徑庚卯	正割卯戊
正切戊庚	半徑庚卯	半徑丙丁	餘切丁卯
正弦己辛	餘弦辛卯	半徑丙丁	餘切丁卯

餘弦甲乙　正弦己辛　半徑乙戊　正切戊庚
正割卯戊　正切戊庚　半徑卯己　正弦己辛
餘割卯丙　餘切丙辰　半徑卯己　餘弦己甲
正割卯戊　餘割卯丙　半徑卯庚　餘切卯丁
餘割丙卯　正割戊卯　半徑辰卯　正切乙卯
正弦卯甲　正切卯乙　餘切卯丁　餘割丙卯
餘弦己甲　餘切丙辰　正切庚戊　正割戊卯
正弦卯甲　餘弦甲己　正割卯己　餘割卯丙

勿庵互視之法，有他弧本弧相求九則，按之前十二則已盡之，但變名耳。今釋於後。

他弧正弦即餘弦　他弧餘弦即正弦　他弧餘割即正割
他弧正割即餘割　他弧正切即餘切　他弧餘切即正切

釋弧卷中

平三角自内以例外，弧三角自外以例内。内弧之度，成於半周，與距等圈之度異。

距等之周，本小於圜周。小周、大周同度，故以大當大，以小當小，亦同度。兩半周之大同，而兩徑之間〔一〕，一當大一當小，則其度遂不同矣。蓋平三角所求者尺寸，必以度與尺寸相比例，故同度之中，而有不同。弧三角所求者角度，自一度以至半周，不出大弧之内，故不同度之中，而有同焉之理也。

〔一〕『間』，《中西算學叢書初編》本作『開』。

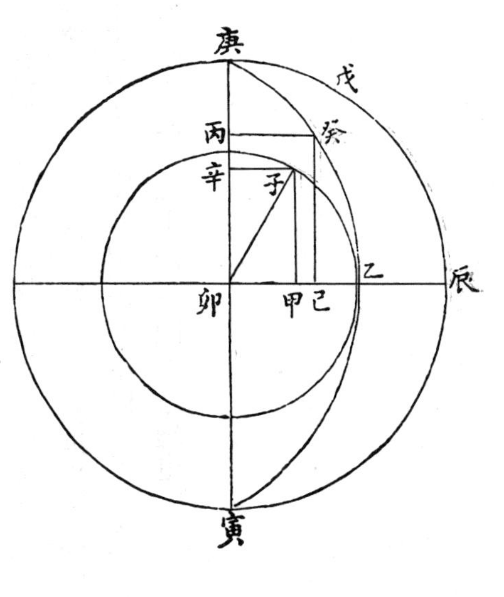

右圖：子乙為距等圈，庚乙寅為半周，同於庚辰寅。戊卯半徑所截，在距等圈則子辛、子甲為弦，在半周則癸丙、癸己為弦。子乙與戊辰大小同度，癸乙與戊辰大小不同度。

平三角，所以測平圓也。弧三角所以測渾圓也。渾圓之周，等於平圓，其綫之帀於渾圓

者，皆為圓周，半之皆半周。半周之縱絡綫〔一〕者曰經，距等圈之橫亘者曰緯。為緯綫者為經度，為經綫者為緯度。

《大戴禮》云：『南北為經，東西為緯。』經之半周，所以有百八十度者，緯綫成之也。緯之半周，所以有百八十度者，經綫成之也。以綫言之，則縱為經而橫為緯。

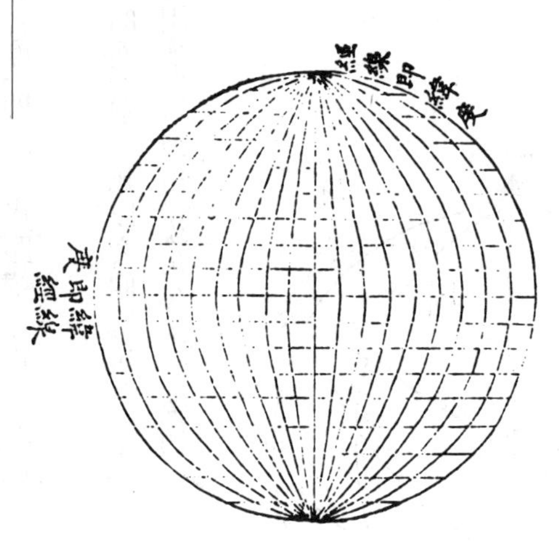

緯線即距等圈

〔一〕『綫』，《中西算學叢書初編》本無。

以度言之，則縱為緯而横為經。求黄赤道之度，即求北極剖分之三百六十綫也。求過極經圈之度，即求黄赤距緯之距等圈也。今恐易於惑人，惟以弧角言之，而辨明於此。

綫以曲而成弧，弧以交而成角。弧之去角適當半徑者，為角度；不合者，為弧度。正角用半徑，鈍角、鋭角各用其弦切。渾圓之弦切，即平圓之弦切也。

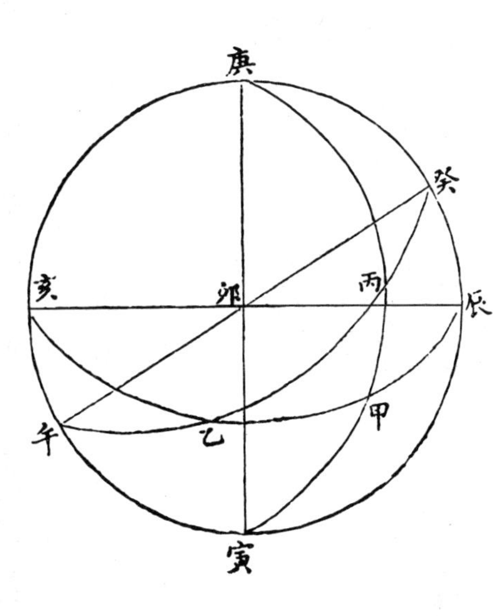

右圖：癸乙午、亥乙辰、庚丙寅，皆半周，相交成甲乙丙三角形，即弧三角也。癸辰為乙角度，丙甲為弧度；午寅為丙角度，乙甲為弧度；庚亥為甲角度，乙丙為弧度。

渾圓之冪，弧有短長。為弧則遇，為弦則違。各主一周，互為高下。欲知其端，必辨厥角。角之在心者，切所集也。角之近極者，弦所湊也。在心者，兩經兩緯之交也。近極者，經緯之斜交也。經緯之正交者，正角也。正角居半徑之間，從乎縱則成切，從乎橫則成弦。故對弧之切，連於右弧之弦。右弧之切，連於左弧之切。左弧之弦，連於對弧之弦。皆因諸其角也。

平圓半徑，以每度分之，則有三百六十，皆自心達於周。渾圓之周，以徑綫分之，則有三百六十。每周半徑三百六十，共得半徑一十二萬九千六百，皆自心達於渾圓之冪。每周內弧綫滿乎九十度，則兩平圓相銜共一半徑。若不及九十度，而有弧以截之，則自所截之處，必交為二角，此二角之弦，必行於心之外、冪之內，隨所截之多寡，以為高下。切綫皆在冪外。總之，每一弧，即為一平圓周之所截。三弧雖合成一三角形，其實為三平圓之周所成，故各依平圓周為切、為弦，必不能相交而成三角矣。經與經交，緯與緯交，必居正中經交在赤道之中，緯交在兩極之中。經緯十字相交，必為正角。居經角緯角之偏自一度以至九十度，其經緯斜交在經角必近兩分，在緯角必近兩極。自心旁行，由高向下，故綫浮冪外為切。由側向心，故綫行渾圓體中為弦。正角一旁由高向下，一旁由側向心，故一綫在外，一綫在内也。對弧、左弧、右弧之稱，以所知之角定之。而角度與對弧為一例，其左右之弧，即與角度之兩半徑為例。大約對弧之弦切，與角度之弦切為例。其左右弧之當正角者，與半徑餘弦為例。其左右弧之當鋭角者，與半徑正割為例，正角則恒為半徑之例也。

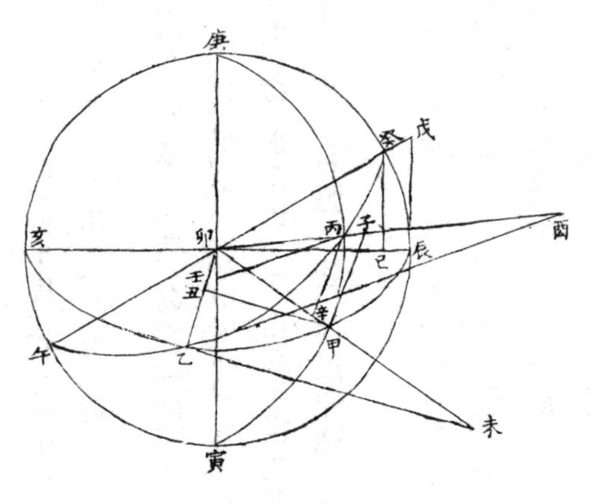

《測量全義》第七卷第一題下有圖。為赤道，即右亥甲辰半周。為黄道，即右午丙癸半周。為極至交圈，即右庚辰寅亥全周二分為心，則兩至為各度。為過極經圈，即右庚丙寅半周。為黄赤距度之垂綫，成弦切割餘弦，即右癸辰度之戊辰切、癸巳弦、卯癸割、卯己餘弦。自黄道垂綫，為經圈正弦，又垂綫為黄弧正弦，即右丙辛、丙丑兩正弦。自赤道作綫上行，為經圈正切，又旁行，為赤弧正弦，即右子甲切，與甲壬弦。以赤弦合經切，為半徑與角切之比例；以黄弦合經弦，為半徑與角弦之比例。梅氏《弧三角舉要》以雅谷所圖，闕黄赤二弧之切，則舉角可以求弧，舉弧不可以得角，乃補二綫為乙未、為乙酉右圖依之。有此二切，可以為半徑餘弦之比例，可以為正割半徑之比例，正弧三角於此盡矣。乃雅谷於經弦、黄弦之端，與赤弦、經切之端，作虚綫連之，為直綫直角形即句股形。《弧三角舉要》因之為五句股，以明其相似。又取《九章·商功》之塹堵、鼈臑，明立三角之理。蓋自弧言之，為弧三角。自弦割半徑言之，則為立三角。觀其裏可知其表也。戴東原《句股割圜記》本之為立三角，三成圖。一成，兩切也。二成，一弦一切也。三成，兩弦也。以赤為句，以經為股，以黄為弦。兩切為弦句，加以虚股。兩弦為弦股，加以虚句。一弦一切為句股，加以虚弦。亦緣《全義》、《舉要》之圖。分析明之，以盡其致也。循謂黄赤兩道，夾經綫之弧為角度，則自一度以至九十度。其度移，則相距之經度亦移，多寡均可以相例，則乙丙甲之三弧，等於乙癸辰之三弧。其相似而可為比例也，不待辨而自見。惟平圜八綫之法，所以用弦切者，固以曲綫不可算，必直之而後可算也。直之而後算，則任以一半徑為底，直其内為弦，直其外為切，此自然之理也。有弦則〔一〕短半徑以就之，為餘弦。有切則續半徑以就之，為正割。亦自然之理也。今三弧皆曲綫，其不可算，猶之乎平圜之一弧也如卯癸辰止癸辰一弧為曲綫，皆曲綫而欲算之，必皆直之為弦切無惑也。其乙癸辰之三弧，乙癸、乙辰，皆滿弧限，皆以半徑為弦，與心與角度，無高下之不齊，故其端相遇。然黃弦卯癸，與角弦癸巳為弦股，則赤弦卯辰，即不可以為句。赤弦卯辰與角切戊辰，為句股，則黃弦卯癸，即不可以為弦。黃弦卯癸，與赤弦卯辰為弦句，則角之弦切，均不可以為股。所有之餘弦正割，仍癸辰角度之半徑所成，非增損黃赤兩弦以就之也。因角度應有之半徑與黃赤之弦適合，故概曰用半徑，不知同一半徑，而各有所主也。如以酉乙黃切，例卯癸半徑，以乙未赤切，例卯巳餘弦，此半徑為乙癸之弦，餘弦自屬角度癸辰，與乙辰之弦無涉。以卯辰半徑，例赤切乙未，以卯戊正割，例黃切酉乙，此半徑為乙辰之弦，正割自屬角度癸辰，與乙癸之弦無涉。此卯戊正割，卯巳餘弦，與戊辰正切，癸巳正弦為一類，不屬諸黃赤兩

〔一〕『則』，《中西算學叢書初編》本作『闕』。

弦，顯然可見。既為緯度所截，成乙丙甲三弧，而每弧皆曲，猶之乙癸辰三弧，每弧皆曲也。乙癸、乙辰滿限，用半徑為弦，截為乙丙、乙甲，不滿象限，自當別為弦切。試自乙丙、丙甲、甲乙三弧各剖為平圜，則各有半徑卯丙、卯甲、卯乙，各有餘弦卯辛、卯丑、卯壬，各有正割卯子、卯酉、卯未，與角度等，又何詫於黃赤兩弧之切，出於體外哉。其酉乙與乙未連，不與子甲連，猶卯癸與卯辰連，不與戊辰癸巳連也。其丙丑與丙辛連，不與甲壬連，猶卯癸與卯連，不與卯辰連也。子甲與甲壬連，不與丙丑連，猶戊辰與卯辰連，不與卯癸連也。惟其有一綫之不連，此半徑之或與弦用，或與切用，所以各有指歸。而乙丙甲三弧之弦切，不能漫取為例，亦於是乎定。故相似比例之義，觀乙癸辰與乙丙甲兩形可見，設為虛綫，轉令炫矣。今不以立三角明之，而廣諸半周為全圓，以明三弧比例之義。

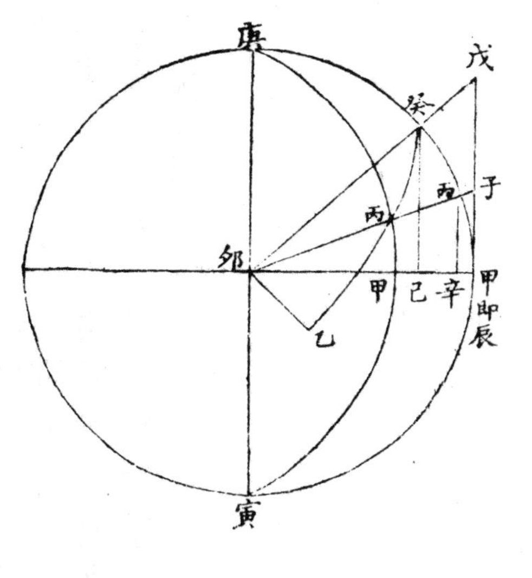

右圖：庚甲寅與庚辰寅側交如一瓣瓜形。從圓外截之於癸，則得癸辰角度；截之於丙，則得丙甲角度。卯丙與卯癸，同是半徑也。庚甲與庚辰，同是象限也。剖庚辰寅為平圓，而卯癸截之。剖庚甲寅為平圓，而卯丙截之。其為角度，其有弦、有切、有割，無不同。而卯癸所截之癸辰，得稱角度，卯丙所截之丙甲，不得稱角度。何也？弧三角以弧綫為主，所以截自癸者，以癸乙弧交庚辰於癸也。截自丙者，以癸乙弧交庚甲於丙也。乙癸滿一象限，乙丙不滿一象限，故丙甲在平圓，同是角度，而在弧綫不得為角度也。惟其在平圓同是角度，伸丙甲合諸癸辰，則子甲切，猶之戊辰切。丙辛弦，猶之癸巳弦，得為比例。卯戊割，與卯子割不平行，則不得為比例也。

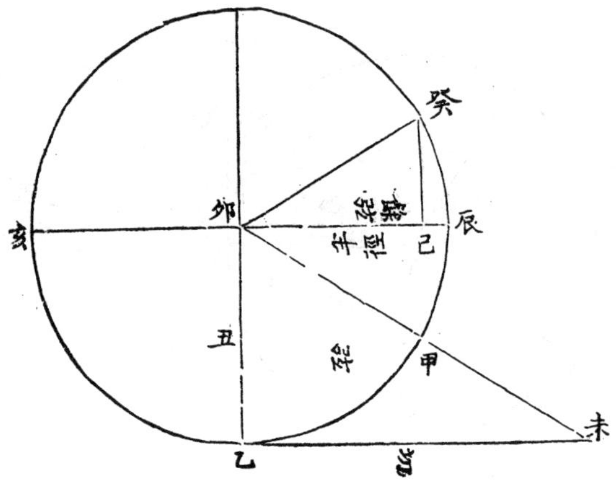

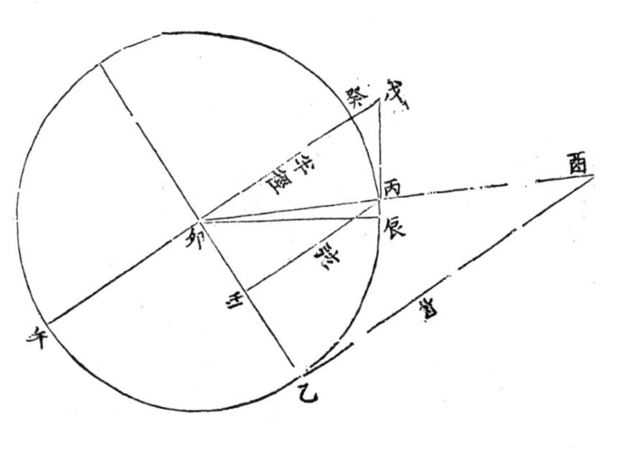

右二圖：伸甲乙弧為辰乙亥平圓，合諸癸辰弧之平圓，則乙未正切、丑甲正弦，與卯辰半徑平行，即與卯己餘弦平行，故乙未切、丑甲弦，得與卯辰半徑、卯己餘弦為比例。而卯未割綫不與卯癸割綫平行，因而卯乙半徑亦與癸辰弦綫相差，均不可為比例矣。伸丙乙弧，為癸乙午平圓，合諸癸辰弧之平圓，則乙酉正切、壬丙正弦，與卯癸半徑平行，即與卯戊割綫平行，故乙酉切、壬丙弦，得與卯癸半徑、卯戊割綫為比例。而卯酉割綫不與卯辰半徑平行，卯乙半徑，不與戊而〔一〕切綫平行，不可為比例矣。

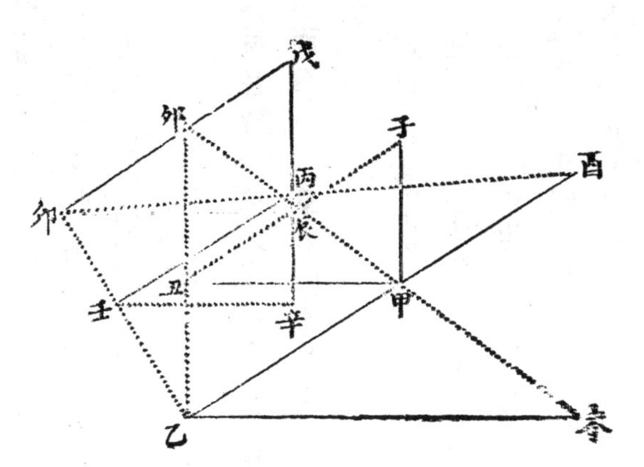

〔一〕「而」，據圖應為「丙」。

右圖：戊卯辰、子丑甲、丙壬辛、酉乙未，四形相等，可為比例。酉卯乙、未卯乙，與戊卯辰不相等，故不可為比例。子甲為丙甲弧之切，甲丑為甲乙弧之弦，合之以例戊丙與丙卯。丙辛為丙甲弧之弦，丙壬為丙乙弧之弦，合之以例丙戊与戊卯。酉乙为乙丙弧之切，未乙为甲乙弧之切，合之以例戊卯與卯辰。觀於此圖，而弧三角比例之理，如視掌矣。

角度在經，則經之弧皆正；角度在緯，則緯之弧皆正。緯綫不為角而為弧，則交於緯之正弧者為斜弧；經綫不為角而為弧，則交於經之正弧者為斜弧。有兩正弧，乃有一正角。有正角，而後半徑可用也。

凡弧三角，三角正、三弧足者，兩正角、兩足弧者，均無俟算而自知。其待算者，或正角一、鈍角二，或正、鈍、鋭各一，或大弧二、小弧一，或三弧并小，皆謂之正弧。正弧者，弧之正行不斜之謂也。三正角、兩正角，既不用算。三鈍、三鋭及二鈍一鋭、二鋭一鈍，并為斜弧之角。故正弧之角，止於三類。三足弧、兩足弧，既不用算，三大弧為三鈍之弧，二大二小，必無足弧。二小一大，二大一小，均必兩鋭一鈍，皆斜弧之弧，故正弧之弧，止於二類。其兩鋭兩鈍，又有同度不同度之分，而比例之法一也。

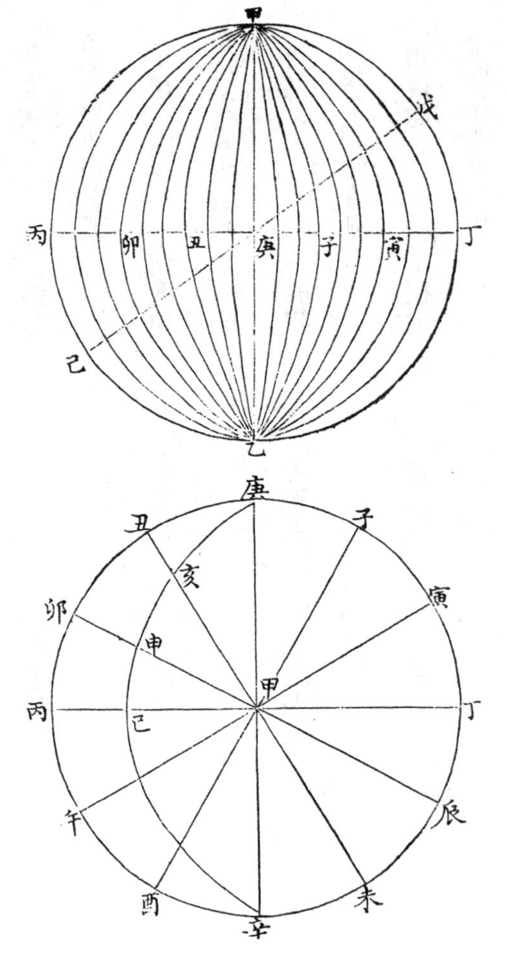

右圖：甲庚丁為三正三足。甲丁寅為兩正一鋭、兩足一小。甲丁卯為兩正一鈍、兩足一大。庚亥未為一正二鈍，庚亥丑為一正二鋭，亥辛未為正、鋭、鈍各一。庚申辰為二大弧一小弧，庚申卯為三小弧。兩緯交則角度在經，如戊丁是也。丁丙為緯正弧，與甲丁、甲寅等經綫交，皆成正角。戊己於丁丙為斜弧。若經綫所交以緯為角，如丁寅、子卯之類，則庚又為丁甲丙之極，而己庚之斜弧為正弧，甲寅、甲子、甲丑、甲卯諸正弧又為斜弧矣。

角度對弧求右弧

一率 角度切　二率 對弧切　三率 半徑　四率 右弧弦

角度對弧求左弧

一率 角度弦　二率 對弧弦　三率 半徑　四率 左弧弦

角度右弧求對弧

一率 半徑　二率 角度切　三率 右弧弦　四率 對弧切

角度左弧求對弧

一率 半徑　二率 角度弦　三率 左弧弦　四率 對弧弦

角度右弧求左弧

一率 角度餘弦　二率 半徑　三率 右弧切　四率 左弧切

角度左弧求右弧

一率　角度正割
二率　半徑
三率　左弧切
四率　右弧切

對弧右弧求角度

一率　右弧弦
二率　對弧切
三率　半徑
四率　角度切

對弧左弧求角度

一率　左弧弦
二率　對弧弦
三率　半徑
四率　角度弦

右弧左弧求角度

一率　右弧切
二率　左弧切
三率　半徑
四率　角度正割

斜弧之垂綫曰垂弧。在内曰形内垂弧，在外曰形外垂弧。角兩鋭，上鈍角而内垂，得正角二；上鋭角而内垂，得正角一。一正角，不可以算，故上鈍角必内垂，上鋭角必外垂。上鈍角，則下之類同也；上鋭角，則下之類異也。

《九章算術》題云：『今有圭田，廣十二步，正從二十一步。』圭田即三鋭角形。正從者，中垂綫也。有中垂綫，則分為兩句股，故半其廣，而以正從除之，化三角為句股之理，已發蒙於是。蓋兩句股相背，三鋭角也。有全形闕半者，一鋭角、一鈍角居於下也。合者分之，作其股於中，則為中垂綫。闕者補之，作其股於外，為外垂綫。三角均鋭，為中垂綫無疑。惟兩鋭一鈍，則或中或外，不可豫定。何也？凡三角必剖為兩句股，以兩鋭向下，其上或鋭或鈍，自中剖之，兩形皆句股。若一鋭、一鈍向下，其上之鋭角，不能居正中而斜偏於一畔，依鈍角中垂，則必不能得兩句股，故宜自鋭下垂，虛作一小句股，以補成一大句股。《測量全義》云：『凡底邊兩旁角為同類，垂弧在形内；若異類，垂弧在形外。』勿庵以兩鈍雖同類，不可以内垂；兩鈍一鋭雖異類，不可以外垂。然兩鈍一鋭，必用次形。次形之内垂、外垂仍不外同類、異類之例也。

垂弧之法，非别有術也。垂弧者，所以欲得正角也。斜弧無半徑，徑用之，不得斜弧，得正弧矣。得正弧，斯得斜弧矣。

《粟米》章法賤實貴之術，不可以平除，而先以平除得之，然後加減得其貴賤。斜弧之理亦如是耳。先得正弧，或在形外，或在形内，皆得諸自然。既得，而以形名之，故謂之垂弧。有垂弧而更求斜弧，猶平除而後得貴賤也。

垂弧之法，無定角也，視其所舉也。舉兩角一弧，則垂於不舉之角。舉兩弧一角，則垂及於不舉之弧。連角之弧，其不連之端，弧之所垂也。内垂之法，得其半而求其半。外垂

之法，得其全而用其虛。

内垂惟一角分為兩角，一弧分為兩弧，與原角、原弧不同。其左右之兩角、兩弧，則與正角共之也。故隨取兩畔之一角一弧，合正角求之，得中綫。外垂之鈍角，廣而為正角。一鋭角因垂綫增之。一弧設於形内，一弧增長，皆異於原角原弧。其餘一弧一角，則與正角共之，故合正角求之，得外綫。

正弧之法，舉二可得，有正角也。斜弧之法，舉二不可得，無正弧也。

求正弧者，有一弧一角，或兩弧合正角為三。斜弧必舉兩弧一角，或兩角一弧。其故何也？一弧一角，合正角求得垂綫，又必有一弧或一角合此垂綫。及正角，乃可得其斜也。

平角之垂，例以正弦。弧角之垂，例以半徑。平角之垂，有三邊而角可得也。弧角之垂，有三邊而不等，則角不可得也。

三弧求角之法，可施於正弧。若斜弧，惟三弧中有二弧相等者而後可。蓋正弧有三弧，任取二弧，與正角合求，則得角。斜弧之三弧，自中作垂綫，則兩形均止一弧，與正角同其底。弧中分為二，惟兩要之弧相等，則垂弧所折半之底弧亦相等，故可分底弧之半，與正角及所知之弧，求得角也。苟兩要有大小，則底弧為垂弧所分者，亦有大小，其數不可知矣。

平角之垂，有一鈍角，無兩鈍角。垂綫得而盡也。弧角之垂，有二鈍角，有三鈍角，垂弧不得而窮也。惟兩鋭角而後成平角之形，惟平角而後得弧角之度。

弧綫皆曲，故有二鈍、三鈍之角。弧必改為弦切，則亦平三角矣。兩鈍、三鈍之綫，在平角必不能成三角形，故弧角之兩鈍、三鈍者，不可改為平三角形，即不可作垂弧也。

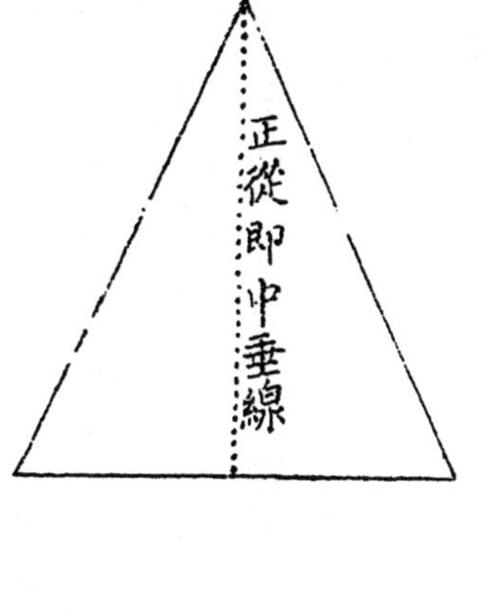

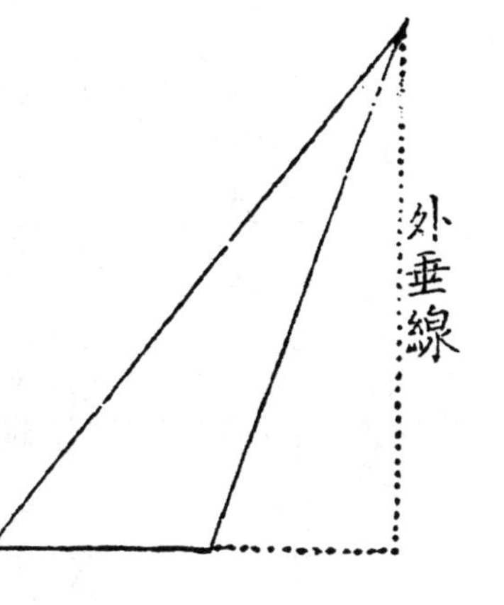

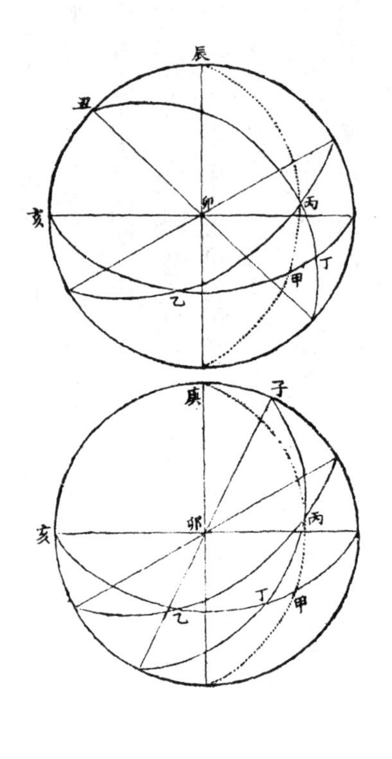

右圖：甲為正角，甲丙乙為正弧三角。易甲為丁，則變為斜弧三角。丁為鋭角，則丙甲為形内垂弧；丁為鈍角，則丙甲為形外垂弧。庚甲亥如庚卯亥。丑丁亥如丑卯亥。子甲亥如子卯亥。觀此，正、鋭、鈍可見。乙角、乙丙弧，為甲乙丙正弧三角之所有，亦即為乙丙丁斜弧三角之所有，故據此可求得正弧。有正弧以為之推移，斜弧可求得矣。今用甲乙丙丁為識，表其算例於左。

有乙角，有乙丙弧，有丁丙弧，求乙丁弧。

先以乙角、甲角、乙丙弧，求得丙甲弧，又求得乙甲弧；次以甲角、丁丙弧、丙甲弧，求得甲丁弧；次以乙甲弧併甲丁弧，得乙丁弧。

有乙角，有乙丙弧，有乙丁弧，求丁丙弧。

先以乙角、甲角、乙丙弧，求得丙甲弧，又求得乙甲弧；次以乙甲弧減乙丁弧，得甲丁弧；次以甲角、甲丁弧、丙甲弧，求得丁丙弧。

有乙角，有丙角，有乙丙弧，求乙丁弧。

先以乙角、甲角、乙丙弧，求得丙甲弧，又求得乙丙半角，又求得乙甲弧；次以乙丙半角減丙角，得丁丙半角；次以丁丙半角、甲角、丙甲弧，求得甲丁弧；次以乙甲弧併甲丁弧，得乙丁弧。

有乙角，有丙角，有乙丙弧，求丁丙弧。

先以乙角、甲角、乙丙弧，求得丙甲弧，又求得乙丙半角；次以乙丙半角減丙角，得丁丙半角；次以丁丙半角、甲角、丙甲弧，求得丁丙弧。

有乙角，有丁角，有乙丙弧，求乙丁弧。

先以乙角、甲角、乙丙弧，求得丙甲弧，又求得乙甲弧；次以丁角、甲角、丙甲弧，求得丁甲弧；次以丁甲弧併乙甲弧，得乙丁弧。

有乙角，有丁角，有乙丙弧，求丁丙弧。

先以乙角、甲角、乙丙弧，求得丙甲弧；次以丙甲弧、丁角、甲角，求得丁丙弧。

有乙角，有乙丙弧，有乙丁弧，求丙角。

先以乙角、甲角、乙丙弧，求得丙甲弧，又求得乙甲弧；次以乙甲弧減乙丁弧，得甲丁弧；次以甲丁弧、丙甲弧、甲角，求得丁丙半角；次以乙甲弧、乙丙弧、甲角，求得乙丙半角；次以乙丙半角併丁丙半角，得丙角。

有乙角，有乙丙弧，有乙丁弧，求丁角。

先以乙角、甲角、乙丙弧，求得丙甲弧；次以丙甲弧、乙丙弧、甲角，求得乙丙半角；次以乙丙半角、乙丙弧、甲角，求得乙甲弧；次以乙甲弧減乙丁弧，得甲丁弧；次以甲丁弧、丙甲弧、甲角，求得丁角。

有乙角，有乙丙弧，有丁丙弧，求丙角。

先以乙角、甲角、乙丙弧，求得丙甲弧，又求得乙丙半角；次以丙甲弧、丁丙弧、甲角，求得丁丙半角；次以丁丙半角併乙丙半角，得丙角。

有乙角，有乙丙弧，有丁丙弧，求丁角。

先以乙角、甲角、乙丙弧，求得丙甲弧；次以丙甲弧、丁丙弧、甲角，求得丁角。

有乙角，有丁角，有乙丙弧，求丙角。

先以乙角、甲角、乙丙弧，求得丙甲弧，又求得乙丙半角；次以丙甲弧、甲角、丁角，求得丁丙半角；次以丁丙半角併乙丙半角，得丙角。

有乙角，有丙角，有乙丙弧，求丁角。

先以乙角、甲角、乙丙弧，求得丙甲弧；次以丙甲弧、乙丙弧、甲角，求得乙丙半角；次以乙丙半角減丙角，得丁丙半角；次以丁丙半角、丙甲角、甲角，求得甲丁弧；次以甲丁弧、丙甲弧、甲角，求得丁角。

形内垂弧按所舉乙角、乙丙弧，故以乙角為本角。若所舉丁角、丁丙弧，則丁角為本角矣。若乙角與乙丁弧并舉，或與丁丙弧并舉，則垂弧并在丁。

有乙角，有乙丙弧，有丁丙弧，求乙丁弧。

先以乙角、甲角、乙丙弧，求得丙甲弧；次以乙角、甲角、丙甲弧，求得乙甲弧；次以丁丙弧、丙甲弧、甲角，求得甲丁弧；次以甲丁弧減乙甲弧，得乙丁弧。

有乙角，有乙丙弧，有乙丁弧，求丁丙弧。

先以乙角、甲角、乙丙弧，求得丙甲弧，又求得乙甲弧；次以乙甲弧減乙丁弧，得丁甲弧；次以丁甲弧、丙甲弧、甲角，求得丁丙弧。

有乙角，有丙角，有乙丙弧，求乙丁弧。

先以乙角、甲角、乙丙弧，求得丙甲弧；次以乙角、甲角、丙甲弧，求得乙甲弧；次以乙甲弧、丙甲弧、甲角，求得丙全角；次以丙全角減丙角，得丙半角；次以甲丙弧、丙半角、甲角，求得丁甲弧；次以丁甲弧減乙甲弧，得乙丁弧。

有乙角，有丙角，有乙丙弧，求丁丙弧。

先以乙角、甲角、乙丙弧，求得丙甲弧；次以丙甲弧、乙丙弧、甲角，求得丙全角；次以丙全角減丙角，得丙半角；次以丙半角、甲角、丙甲弧，求得丁丙弧。

有乙角，有丁角，有乙丙弧，求乙丁弧。

先以乙角、甲角、乙丙弧，求得丙甲弧，又求得乙甲弧；次以丁角減半周，得丁外角；次以丁外角、甲角、丙甲弧，求得甲丁弧；次以甲丁弧減乙甲弧，得乙丁弧。

有乙角，有丁角，有乙丙弧，求丁丙弧。

先以乙角、甲角、乙丙弧，求得丙甲弧；次以丁角減半周得丁外角，以丁外角、甲角、丙甲弧，求得丁丙弧。

有乙角，有乙丙弧，有乙丁弧，求丙角。

先以乙角、甲角、乙丙弧，求得丙甲弧；以丙甲弧、乙丙弧、甲角，求得丙全角，又求得乙甲弧；次以乙甲弧減乙丁弧，得丁甲弧；次以丁甲弧、丙甲弧、甲角，求得丙半角；次以丙半角減丙全角，得丙角。

有乙角，有乙丙弧，有乙丁弧，求丁角。

先以乙角、甲角、乙丙弧，求得丙甲弧；次以丙甲弧、乙丙弧、甲角，求得乙甲弧；次以乙甲弧減乙丁弧，得丁甲弧；次以丁甲弧、丙甲弧、甲角，求得丁外角；次以丁外角減半周，得丁角。

有乙角，有乙丙弧，有丁丙弧，求丙角。

先以乙角、甲角、乙丙弧，求得丙甲弧；次以丙甲弧、丙丁弧、甲角，求得丙半角；次以丙甲弧、乙丙弧、甲角，求得丙全角；次以丙全角減丙半角，得丙角。

有乙角，有乙丙弧，有丁丙弧，求丁角。

先以乙角、甲角、乙丙弧，求得丙甲弧；次以丙甲弧、丁丙弧、甲角，求得丁外角；以丁外角減半周，得丁角。

有乙角，有丁角，有乙丙弧，求丙角。

先以乙角、甲角、乙丙弧，求得丙甲弧；次以丁角減半周，得丁外角；次以丁外角、甲角、丙甲弧，求得丙半角；次以乙丙弧、丙甲弧、甲角，求得丙全角；次以丙全角減丙半角，得丙角。

有乙角，有丙角，有乙丙弧，求丁角。

先以乙角、甲角、乙丙弧，求得丙甲弧；次以乙丙弧、丙甲弧、甲角，求得丙全角；次以丙全角減丙角，得丙半角；次以丙半角、甲角、丙甲弧，求得丁丙弧；次以丁丙弧、丙甲弧、丙半角，求得丁外角；次以丁外角減半周，得丁角。

形外垂弧按形外垂弧與形内垂弧同。惟丁角之度在形内，則居丙丁甲正弧之内；在形外，則屬乙丙丁邪弧之中。故必多一求外角之例。

釋弧卷下

求二鈍三鈍之術，必以次形。立三弧三角之法，必以矢較。次形之設有二，一互以小大，一互以弧角。互以弧角者，以角為心，距半徑而弧之，以為半周。弧其三角為三弧，交其三弧為三角，是為次形。在此為外角，在彼為弧；在此為餘弧，在彼為角，故鈍可易而銳也。鈍易而為銳，正弧斜弧之恒術可施矣。

《弧三角舉要》言垂弧之法有三：一内垂，一外垂，一垂於次形。又曰：『正弧三角，斜弧三角，并有次形法。而其用各有二：其一，易大形為小形，則大邊成小邊，鈍角成鋭角；其一，易角為弧，易弧為角，則三角可以求邊，亦二邊可求一邊。』此言次形甚明。又云：『三角減半周，得次形三邊，算得次形三角，減半周，得原設三邊。』又云：『法以本形三外角之度，為次形三邊，以本形三邊，減半周之餘，為次形三角。』次形之義，數言盡之矣。循按：渾圓之上，有一周，必有一周與之相交，縱橫成十字。縱者為弧，則橫者為角；橫者為弧，則縱者為角。弧三角為三弧之相交，每弧一縱一橫。縱者交為三弧，橫者亦交為三弧。兩橫之相交為鈍角，其兩縱相交必為鋭角。蓋此縮則彼盈，此盈則彼縮，數之自然者也。

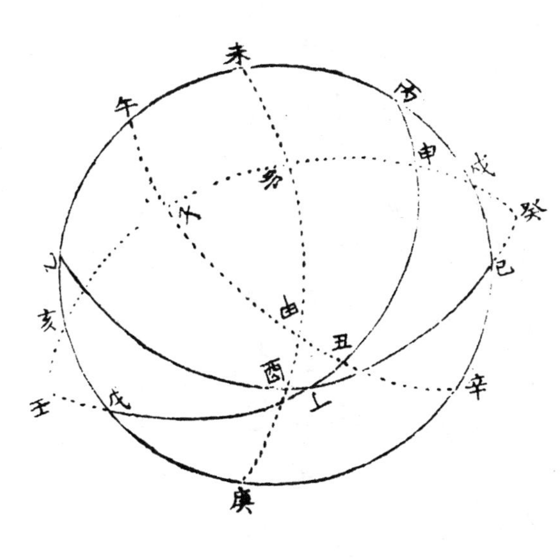

右圖：乙、丙、丁三鈍角為心，作未甲庚、午丑辛、壬卯申或辰申癸三半周，相交成卯子甲三鋭角形，是為次形。酉未為乙角，酉庚為乙外角。午丑為丙角，辛丑為丙外角。申辰為丁角[一]，申癸為丁外角壬辰亦丁外角。卯甲酉與甲酉庚皆象限，同減甲酉，則次形甲卯弧，與乙外角酉庚同。辛丑甲與丑甲子皆象限，同減丑甲，則次形子甲弧，與丙外角辛丑同。癸申卯與申卯子皆象限，同減申卯，則次形子卯弧與丁外角癸申同壬辰子與辰子卯同減辰子，壬辰，亦與子卯同。己丙為乙丙弧之餘，午未為甲角。丁己為乙丁弧之餘，酉辰為卯角。戊丁為丁丙弧之餘，丑申為子角。己丙未與丙未午皆象限，同減丙未，則乙丙餘弧之己丙，與甲角度午未同。己丁酉與丁酉辰皆象限，同減酉丁，則乙丁餘弧之丁己，與卯角度酉辰同依丁角之半周，則酉辰為卯角度。依乙角之半周，則庚亥為卯角度。庚亥之於乙午，猶酉辰之於丁巳，其度亦同。戊丁丑與丁丑申皆象限，同減丑丁，則丁丙餘弧之戊丁，與子角度丑申同依丁角之半周，則丑申為子角之度。依丙角之半周，則戊辛為子角之度，戊辛與丙未，猶丑申與丁戊，或以寅癸為子角，亦同。辛未為甲外角，與乙丙弧同。酉癸為外角，與乙丁弧同。壬丑為子外角，與丁丙弧同。

[一] 右圖缺「辰」字，當即壬卯申癸半周上，左側與申對稱之點。

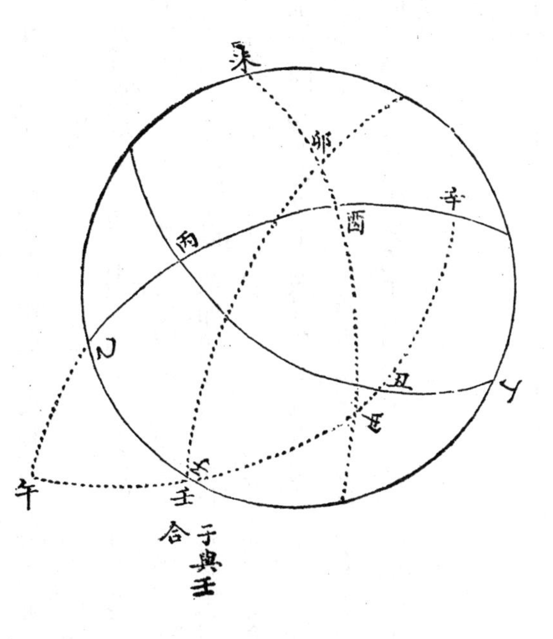

右圖：乙丙丁，二鈍角一鋭角。次形子卯甲，二鋭角一鈍角。二圖本梅勿庵《弧三角舉要》，今復為二圖於左，以明其理。

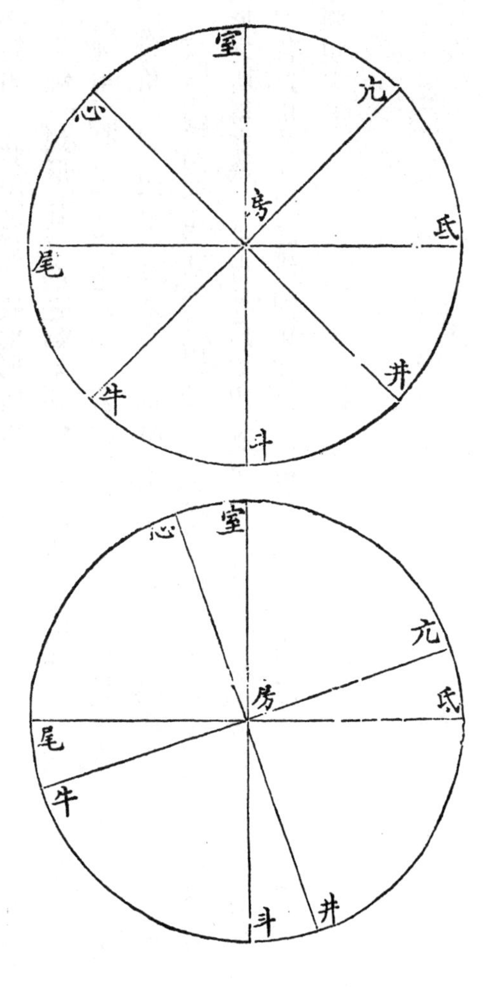

右二圖：室斗與尾氐交，亢牛與心井交。若以亢房尾宿為三角形，則尾心室亢為角度，而外角亢氐，即室心次形一弧也。室房為尾角度，心房為亢角度，即為心房室次形之兩弧。且尾心室亢為本形弧，亢氐為餘弧，心室亦為次形房角度。於此可明弧角相易之理。

互以小大者，於圓中為兩半周，相交而得四形。銳角之弧，必鈍角之餘，減餘之弧二，共用之弧一，合而成之，亦曰次形。三鈍之形，減本形而得次形。次形所得，不待減而得本形。兩鈍之形，次形必三銳。角之銳者，弧之朒者，不必兩相易也。

對角外角之理，詳於《幾何原本》。凡圓内分四形，各形必有兩外角、一對角。必有兩餘弧、一共用之弧。三銳形，隨舉一角一弧，皆必減半周。用外用餘，而所得者必對角，必共用之弧。故次形所得，即本形之度，不必復減半周，如弧角相易之例也。兩鈍一銳形，其每形之為兩外角、一對角、兩餘弧、一共用之弧，無異也。唯所舉兩鈍角，必易為次形之銳角。若所舉為銳角，其外角轉為鈍角，則不可用外角，而宜用對角。對角，無容易者也。抑唯所舉兩大弧，必易為次形之小弧。若所舉為小弧，其餘弧轉為大弧，則不可用餘弧，而宜用共用之弧。共用之弧，無容易者也。其次形之所得亦然：求得外角銳角，必仍易為鈍角；求得餘弧之小弧，必仍易為大弧；若對角及共用之弧，則無容易，何也？對角即本形之銳角，共用之弧，即本形之小弧也。

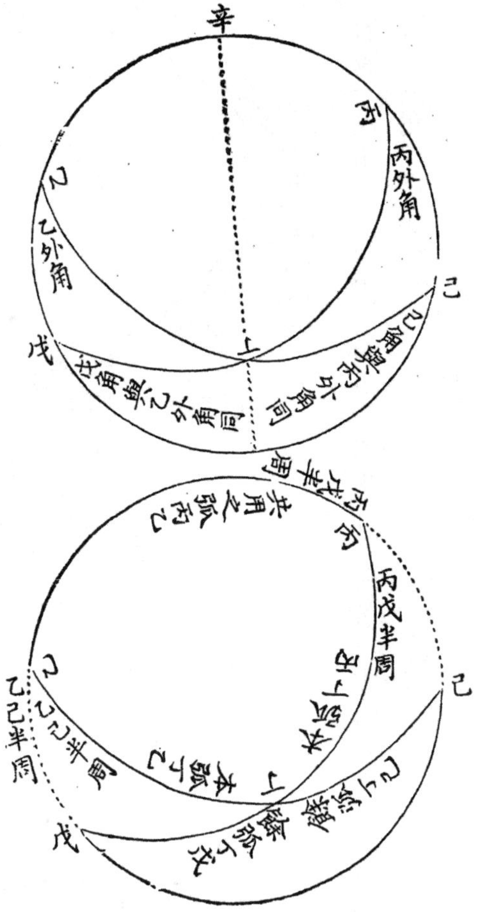

右圖：己戊乙與丙乙戊，皆為半周。同減乙戊，則丙乙與戊己同。

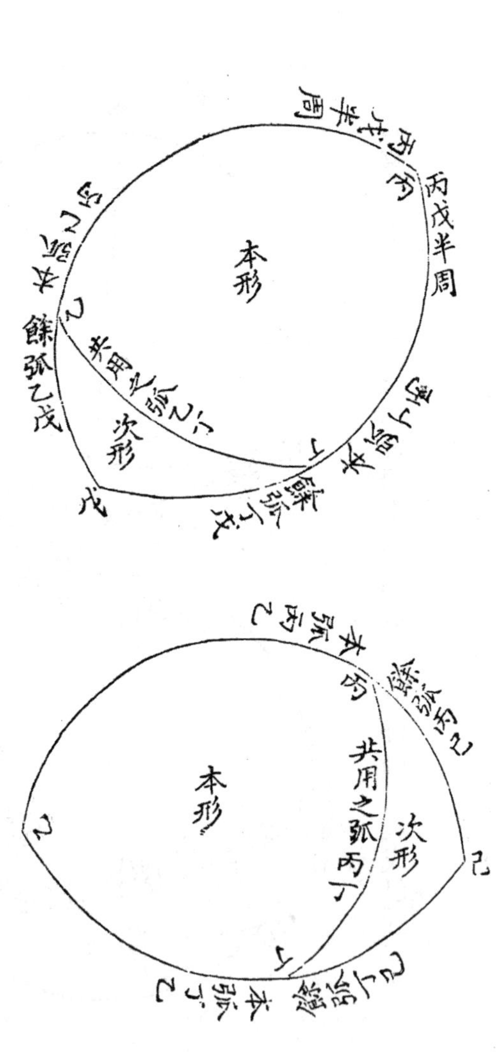

右圖：戊角為丙對角，己角為乙對角，其度皆等。本形乙丙丁三鈍，次形為兩銳一鈍。鈍角戊己，皆對角。

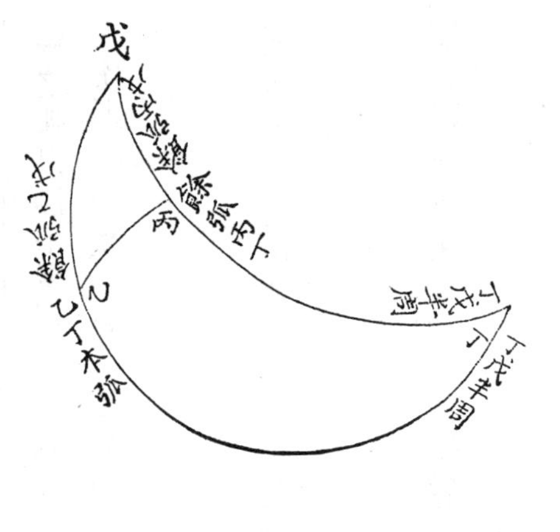

右圖：丁丙乙，兩鈍角、一鋭角。次形丙乙戊，必三鋭角。丙乙兩鈍角用外角，丁鋭角即用本角。丁丙、丁乙兩大弧，用餘弧。丙乙小弧即用本弧。此本形變次形，與三鈍角異也。得戊角，不減半周，即丁角。得丙乙兩鋭角，必減半周，乃得丙乙兩鈍角。得次形丙乙弧，不減半周，即本形丙乙弧。戊丙、戊乙兩小弧必減半，乃得丁丙、丁乙兩大弧。

以角得角，以弧得弧，為簡。然鈍角鋭角之減不減，二鈍三鈍之不同法，算時宜分別不誤。以角得弧，以弧得角，兩費減半周之勞。而其用外角、用餘弧，無分鋭角、鈍角也。用之為便，故表其例於左。又正弧及斜弧之二鋭、三鋭者，均可用次形。梅氏書詳言之。然以無正角而用垂弧，不能垂弧而用次形。次形者，為三鈍、二鈍而設也。今專詳三鈍、二鈍之次形，而正角、鋭角者略焉。顧鈍角之次形明，則正角、鋭角之次形，可以推而識之。惟不同於鈍角者有二：凡鋭角弧度滿於限，則次形必得正角。二鈍、三鈍之弧無滿限者，則次形必無正角之理，一也。三鋭、二鋭，用一外角、兩本角，以得次形。三鈍、二鈍，皆用外角以得次形，二也。明於此二者之異，其同者不待言矣。

有兩角一弧，求弧。

以兩角一弧，各減半周，為次形之兩弧一角。用兩弧一角，求得次形。所求之角，減半周，得本形之弧。

有兩角一弧，求角。

以兩角一弧，各減半周，為次形之兩弧一角。用兩弧一角，求得次形所求之弧，減半周，得本形之角。

有兩弧一角，求弧。

以兩弧一角，各減半周，為次形之兩角一弧。用兩角一弧，求得次形所求之角，減半周，得本形之弧。

有兩弧一角，求角。

以兩弧一角，各減半周，為次形之兩角一弧。用兩角一弧，求得次形所求之弧，減半周，得本形之角。

矢較之法有二：一以總弧較存弧，一以初數得後數。

二法并詳梅氏《環中黍尺》。戴氏《句股割圜記》謂之正視之規，差角與弧為比例。止舉三弧，無比例之處，故不用弦而用矢，不用側視而用平儀。

所求之角曰本角，居兩个者曰夾角，角兩个之弧曰夾弧，對本角曰對弧，夾弧之修者曰大弧，促者曰小弧。循弧而規之，其一為圜周，其二為半周。夾弧之半周，形必縮。對弧之半周，形必側。其弧縮者弦縮，其弧側者弦側。惟其縮故度不減，惟其側故法以互。弧有大小，而較生焉。較弧有弦，而矢截焉。以較弧之矢，減對弧之矢，其減之餘曰兩矢較。欲得對弧之矢，必先得兩矢之較。以兩矢之較，合較弧之矢，而對弧之矢得矣。兩矢之較，未易得也，求同於兩矢之較者曰後數。同於兩矢之較，未易得也，求比於角度之矢者曰初數。此初數、後數之義也。

用平儀則距等弧之矢，可以例全徑。距等矢之半，可以例半徑。角度之矢，依角之鈍鋭為大小。鈍角則大於半徑，鋭角則小於半徑，以半徑與角度之矢，例正弦，則所得之數為初數。以半徑與小弧之弦，例初數，則所得之數為後數。以初數為弦，後數為句，以半徑為弦，小弦為句，其例一也。有一半徑，一大弦，一小弦，求初數用大弦，則求後數用小弦。或求初數用小弦，求後數用大弦。皆可相通，無一定之例。

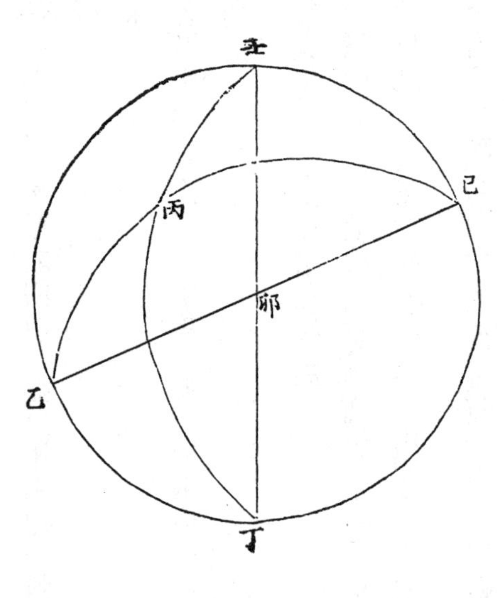

右圖：乙丙丁，兩鋭角、一鈍角。依乙丁夾弧，規為圓周。依乙丙弧、丙丁弧，規為己丙乙、壬丙丁兩半周。壬丙丁必縮，己丙乙必側。

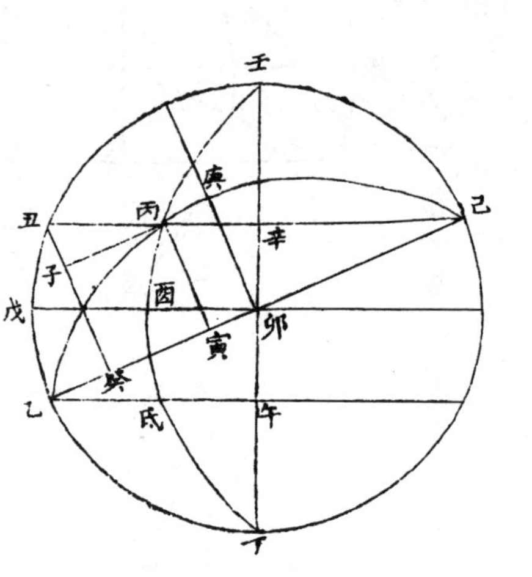

右圖：三弧求鋭角。

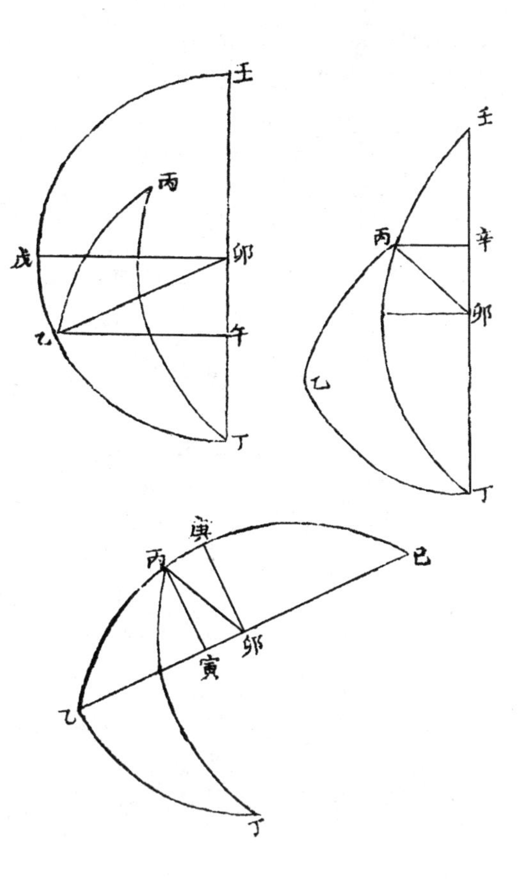

右圖：丁丙弧，丙辛正弦，卯辛餘弦。丙乙弧，丙寅正弦，辛〔一〕寅餘弦。乙丁弧，乙午正弦，卯午餘弦。

〔一〕『辛』，右三圖中無符合條件的辛寅餘弦。左下圖中有卯寅餘弦，故『辛』應作『卯』。

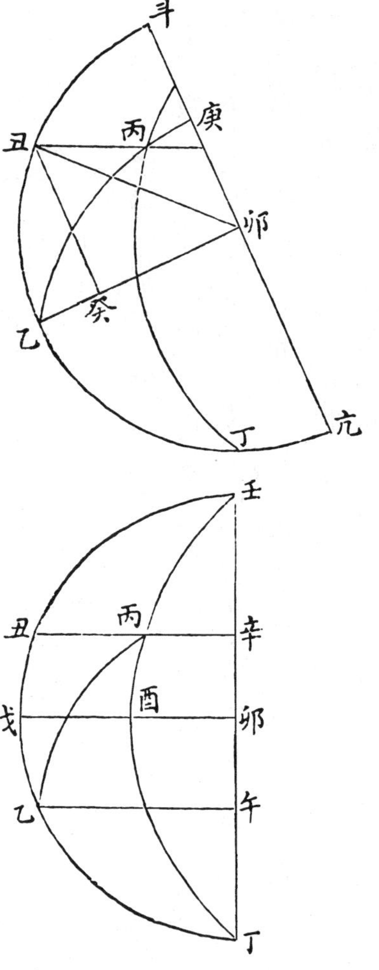

右圖：丁丙即丁丑，丑乙為較弧，乙癸為較弧矢，丑癸為較弧弦，辛丁為丙丁之矢，午丁為乙丁之矢，辛午為矢較，辛卯與卯午為半矢較，辛丙與辛丑同，丁丙之正弦辛丙如丁丑之正弦辛丑。

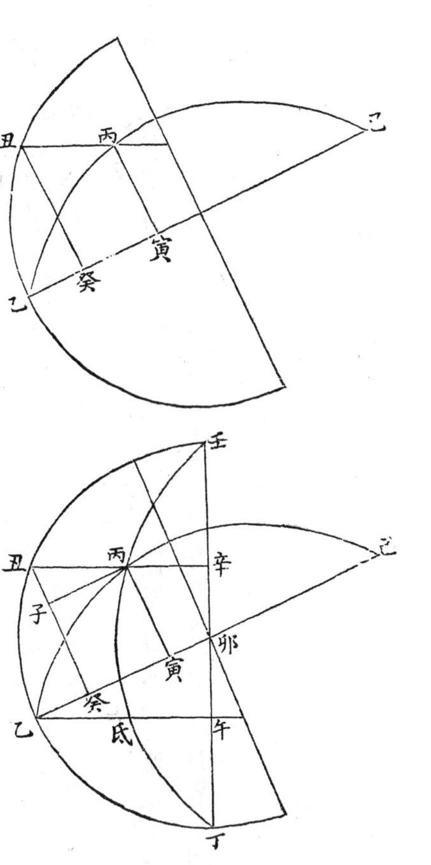

右圖：乙癸為較弧矢，寅乙為對弧矢，寅癸為兩矢較，丑丙為初數，與乙氐同。丙子為後數，與寅癸同。卯戊與酉戊，猶辛丑與丙丑。卯乙與乙午，猶丙丑與丙子。卯戊為丁角之半徑，卯乙為丁乙弧之半徑，辛丑為丁丙弧之弦，乙午為乙丁弧之弦凡距等之矢皆夾弧之弦。卯乙午句股形，猶丑丙子句股形。或大或小，而比例皆同也。以午乙與乙卯，例丙子與丙丑，則得丙丑。以辛丑與丙丑，例卯戊與酉戊，則得酉戊，是為丁角度。以半徑卯戊與大弦辛丑，例丁角酉戊與初數丙丑，以卯乙例小弧之弦，得後數丙子。或以卯戊與乙午比例，得乙午，得乙氐，為初數。次以卯丁與辛丑比例，得後數，其義亦同。

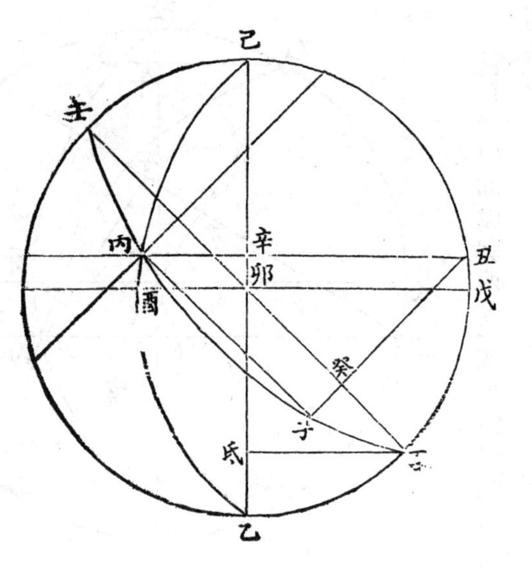

右圖：三弧求鈍角。

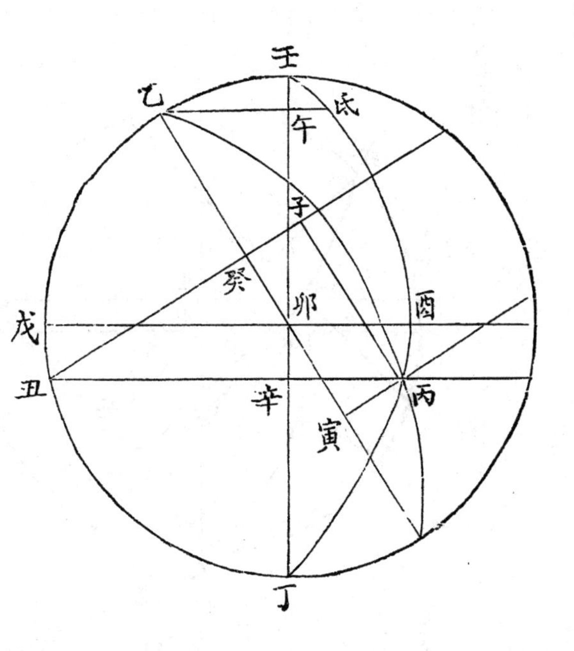

右圖：乙丙丁三鈍角。以卯戊與酉戊，例小弧之弦丙辛，得初數丙丑。以卯乙例大弧之弦乙午，得後數。

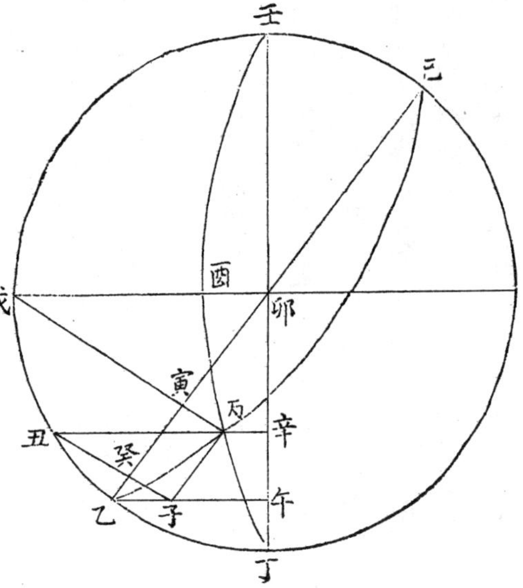

右圖：乙丙丁三鋭角。戴氏《句股割圜記》弟五十、弟五十一二圖，吴氏以上圖爲三鋭，下圖爲三鈍。按之弟五十圖，仍兩鋭也。今曲阜孔氏刻本，雖爲改正，遂缺三鋭一圖。爲此補之。

一角兩弧求角。

先以角度之矢，乘一弧正弦，半徑除之，得初數。次以初數乘一弧正弦，半徑除之，得後數。次以後數併較弧之矢，得對弧之矢。次以對弧之矢，減半徑，得對弧餘弦。

兩角一弧求角。

先以本形求次形。次以兩弧一角，求得弧。又以次形復為本形。

三弧求角。

先以兩矢較乘半徑，以一弧正弦除之，得初數。次以初數乘半徑，以一弧正弦除之，得角度之矢。次以角度之矢，減半徑，得餘弦。

三角求弧。

先以本形求次形。次以三弧求角。又以次形復為本形。

大弧小弧之和曰總弧，其較曰存弧。截總弧之所至而畫之，為總弧之弦，以弦截矢，為總弧之矢。截存弧之所至而畫之，為存弧之弦。以弦截矢，為存弧之矢。自所截以及於心，為兩弧之餘弦。總弧之矢減存弧之矢，亦曰兩矢較。中兩矢較而半之，曰半矢較。兩矢并集一半徑，則兩餘弦相減，減之同半矢較之度。兩矢各居一半徑，則兩餘弦相加，加之同半矢較之度。以半矢較求對弧、較弧之兩矢較，猶以半徑與本角之矢。此之謂以總弧較存弧也。總弧適足半周，則存弧之矢必半徑，其餘弦亦如之。於是總弧以全徑為之矢，以半徑為兩弧之矢較。兩夾弧同度，則無對弧、存弧、矢較，而有對弧之矢，於是以正弦為總弧之弦，以對弧之矢為半矢較。此又總弧、存弧之變也。

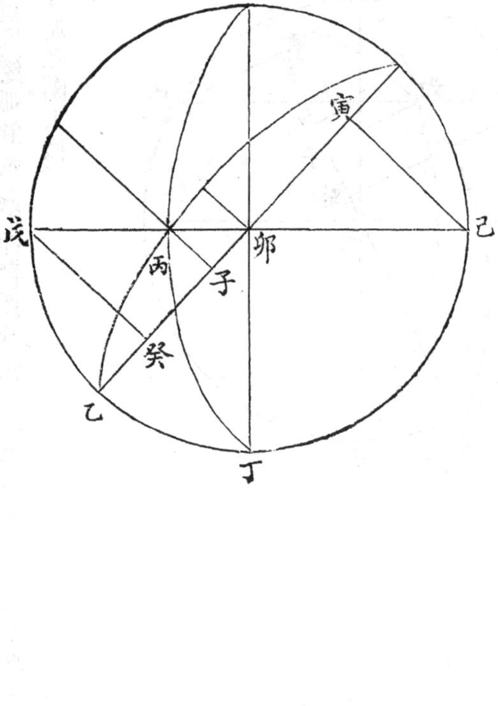

右圖：乙丁己總弧，戊乙存弧，合得半周。己寅總弧弦，寅乙總弧矢。戊癸存弧弦，癸乙存弧矢。寅卯總弧餘弦，癸卯存弧餘弦。子癸為對弧矢，減較弧矢之兩矢較，寅癸為總弧、存弧之兩矢較。

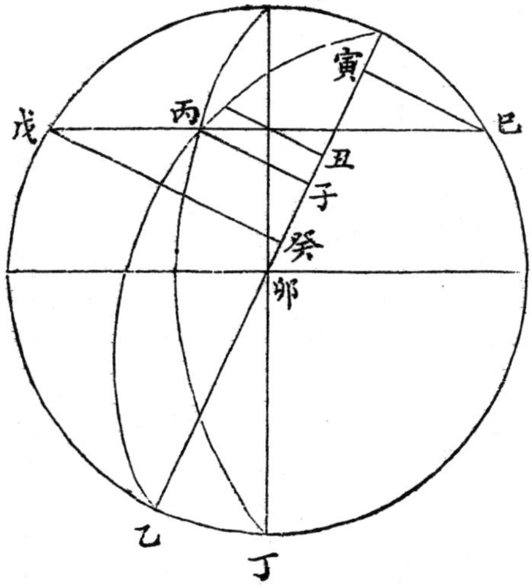

右圖：總弧、存弧均過象限。前圖寅癸折半恰當卯，此折半當丑。寅丑與癸丑皆半矢較，鈍角丑在子癸之間，鋭角丑在子癸之外。

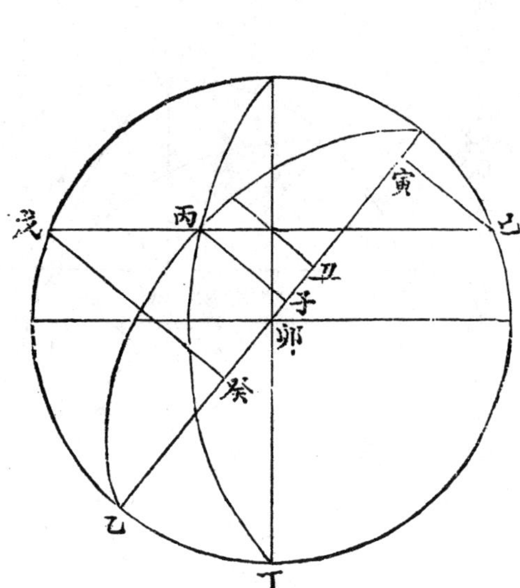

右圖：總弧乙丁巳過象限，存弧戊乙不過象限。

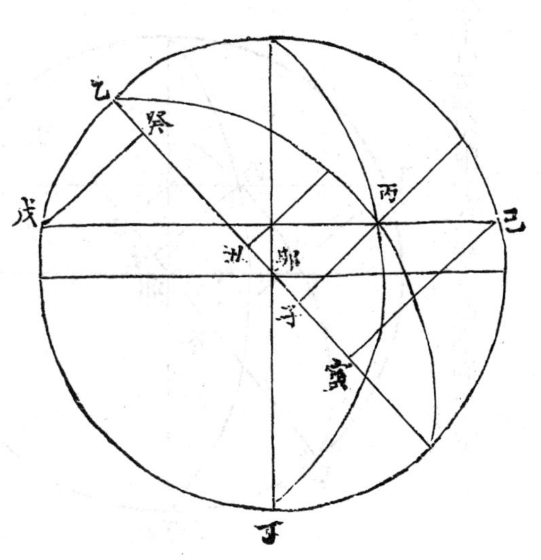

右圖：總弧乙巳丁過兩象限，存弧不過象限。

右圖：總弧乙巳丁過兩象限，存弧過象限。

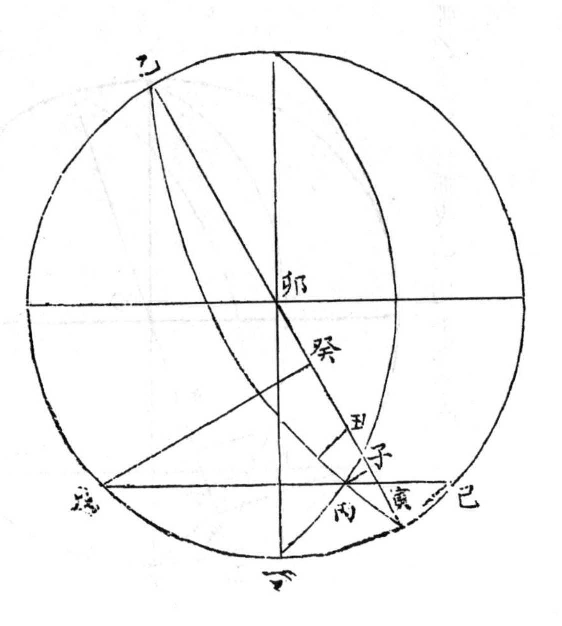

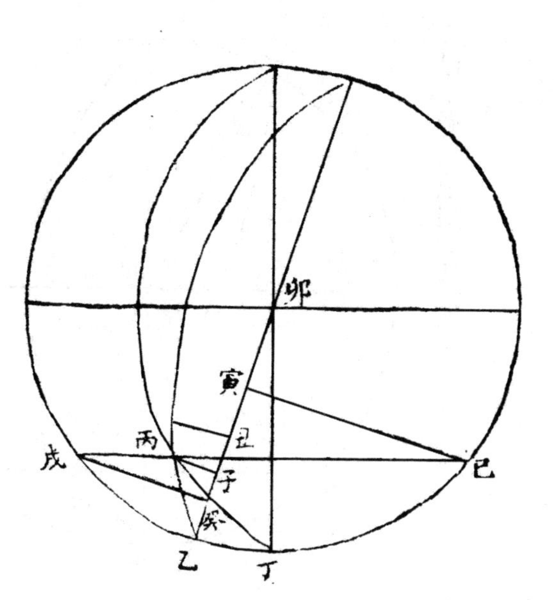

右圖：總弧乙丁巳，存弧戊乙，均不過象限。

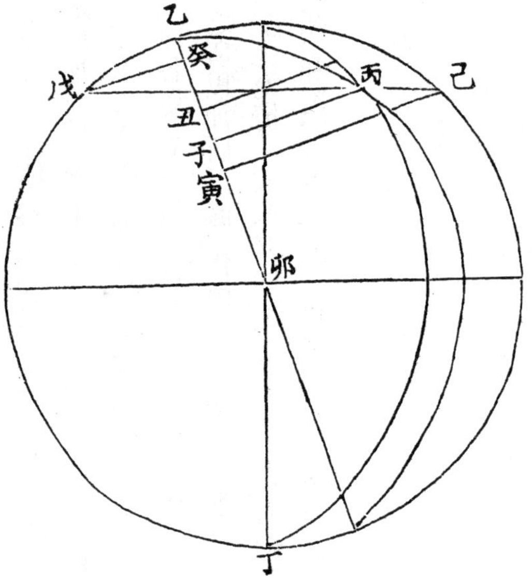

右圖：總弧乙丁巳過三象限，存弧戊乙，不過象限。

《環中黍尺》之例云：『角旁兩弧度相加為總，相減為存。總弧過象限，以總、存兩餘弦相加。不過象限，則相減。并折半為初數。若總弧過兩象限，與過象限法同。過三象限，與在象限内同。若存弧亦過象限，則反其加減。』以循考之，餘弦必以矢端至心為度，如癸之於卯，寅之於卯，是也癸為存弧之矢端，寅為總弧之矢端，卯為圜周之心。今所用者，癸寅兩餘弦，必兼以卯，各居一半徑，則卯在寅癸之間，卯無碍於寅癸，直以寅卯與卯癸合之，可也。共集一半徑，則卯或在寅外如右，總弧過三象限，或在癸外如前，總弧、存弧均過限圖。用寅癸則卯為多度，故必去寅卯，存寅癸，或去癸卯，存癸寅。然則餘弦之或加或減，視乎卯之在外在中。卯之在外在中，視乎兩矢端之在一半徑與兩半徑。而兩矢端之所在，正不繫乎總弧、存弧之過與不過，故直易其過不過之例，曰竝集，曰各居，而後為一定之例也。然所用者癸寅也。癸寅者何？即兩矢端之間，餘弦之所以加所以減，皆由兩矢端之故，則與其用餘弦而多一加減之繁，何如直用兩矢端之為捷？故東原氏之例曰：『以左右兩距，相併為和度，相減為較度。』即總弧、存弧、和度、較度之矢。相減半之，為矢半較。東原氏之術，視勿庵為約矣。

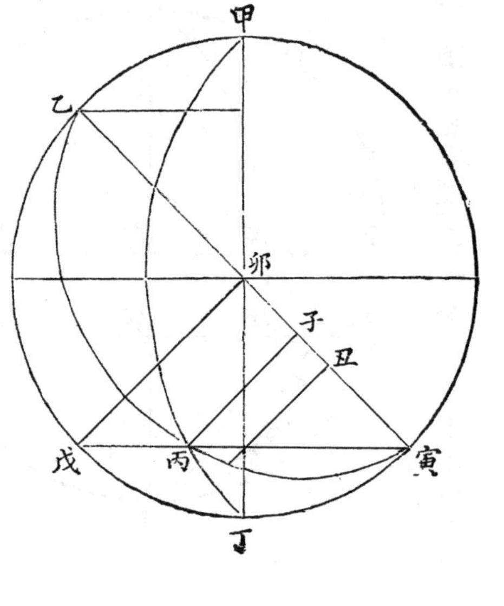

右圖：戊卯為存弧之弦，乙卯為存弧之矢。總弧滿半周，則無弦。其矢即乙卯寅，則以乙卯減乙卯寅，存卯寅，為兩矢較，亦即為半徑也。勿庵以半徑為餘弦，東原氏駁之。蓋大矢已滿圜徑，不容有弦，何有餘弦，則半徑為矢較之説長也。然存弧以半徑為矢，與全徑相減，故半徑得為總弧存弧之矢較，而存弧以半徑為矢，即以半徑為弦。以半徑為弦，即以半徑為餘弦，則謂半徑為總弧之餘弦，不可。謂半徑為存弧之餘弦，無不可。存弧、總弧之餘弦，加減而折半之例也梅氏之例。今止有存弧餘弦，無總弧弧餘弦相減，則竟用而半之為初數，用矢半較，自捷於用餘弦。總弧滿半周，既一於用半徑，則從乎矢較，謂之矢較，可也。從乎餘弦，謂之存弧餘弦，可也。

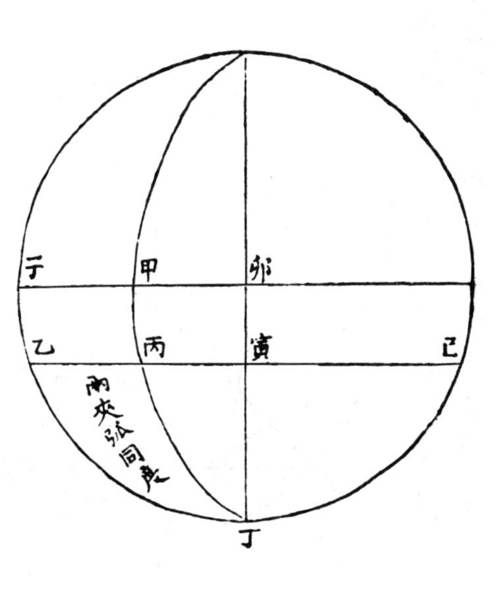

右圖：乙丁、丙丁兩夾弧同度，卯子為半徑，甲子為丁角，寅乙為夾角正弦，丙

乙為對弧之矢。無存弧，不得有存弧之餘弦。無矢較，自不必有矢半較。總弧之弦己寅，猶正弦寅乙。半徑角度，與正弦比例，得矢半較。此比例得對弧之矢，亦如矢半較矣。

一角兩弧求弧。

以兩弧相併為總弧，又相減為存弧。次以總弧之矢減存弧之矢，又折半之為半矢較。以半矢較乘本角之矢，半徑除之，得對弧之兩矢較。加較弧之矢，得對弧矢。以減半徑，得餘弦。

一弧兩角求角。

以本形減半周作次形，用兩弧一角求弧法求之，復減半周為本形。

三弧求角。

以兩矢較乘半徑，半矢較除之，得本角之矢。

三角求弧。

以本形減半周作次形，用三弧求角法求之，復減半周，為本形。

若弧與限等，則兩矢之較，即以例本角之矢，或兩弧相若，而端抵於限，則本角之矢，即對角之弧。正角有兩，無容算矣。

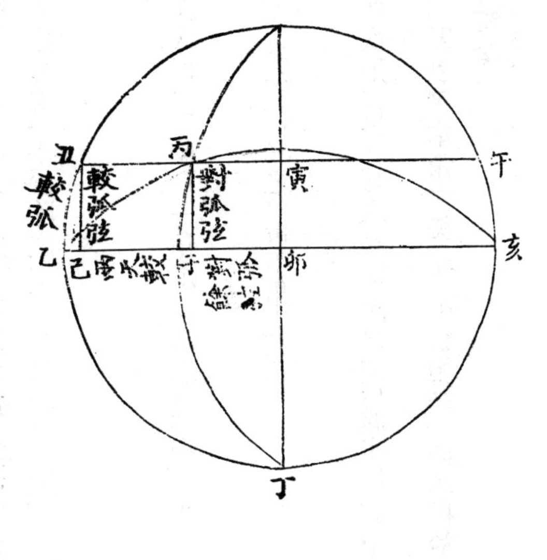

右圖：乙丁弧適滿象限，丑乙為較弧，丑己為較弧弦，丙子為對弧弦，丑丙為兩矢較，丙寅為大弧弦，丑丙即子己，寅丑即寅丙。三弧求角，以丙丑乘半徑，寅丑除之，得角度之矢，以角乘寅丑，半徑除之，即丙丑。

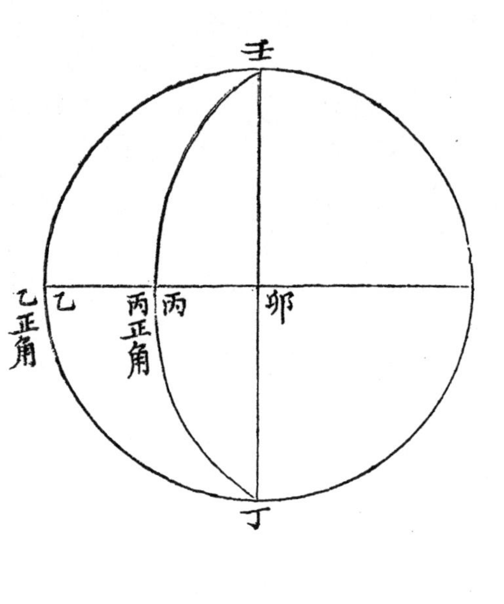

右圖：乙丙、乙丁皆九十度，則丙乙為丁角之度，即對弧之矢矣。其丙角、乙角皆滿九十度，既無待求，而丁鋭角即對小弧，對小弧即丁鋭角，不待算而知也。

釋輪

釋輪卷上

循既述《釋弧》三篇，所以明步天之用也。然弧綫之生緣於諸輪。輪徑相交，乃成三角之象。輪之弗明，法無從附也。擬為《釋輪》二篇。上篇言諸輪之異同，下篇言弧角之變化，以明立法之意。由於實測，若高卑遲疾之故，則未敢以臆度焉。嘉慶元年春二月記，時寓寧波校士館中。

七政諸輪，生於實測。中地心而規之，則有本天。分之以四，各得九十度，自高卑至於中距皆等焉。

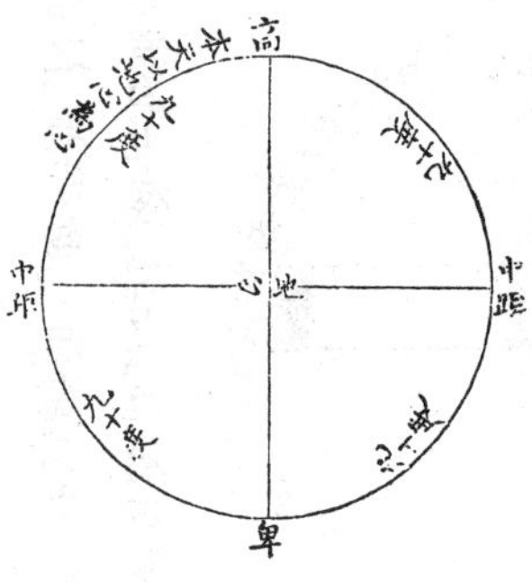

由是，自卑測之，至於中距，實行過之，為積盈。自高測之，至於中距，實行不及，為積縮。盈縮之差，其正切為兩心差。以兩心差為半徑，規之，是為本輪。本輪者，為中距之差設也。

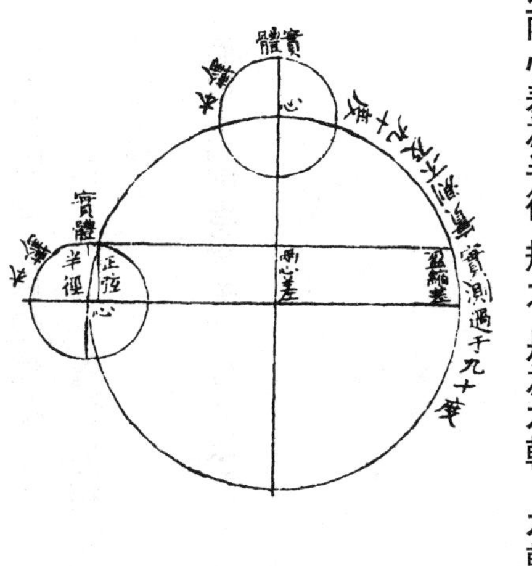

按：實體在最高，與本輪心、地心皆一綫。無所用其本輪，惟測得盈縮差，故用本輪以消息之，使本輪心順行，實體逆轉，心當中距，實體當盈縮差。故有盈縮差，乃有半徑。有半徑，乃有本輪。有本輪，乃有最高。諸輪起於實測，夫又何疑？

李尚之云：『本輪至本天中距，則本輪半徑為最大。均數之切綫，即兩心差若最大，均數之正弦，必小於本輪半徑，則亦小於兩心差。』

又由中距而上測之，當最高之前後，則半徑宜於長。由中距而下測之，當最卑之前後，則半徑宜於促。於是分本輪之徑，以為均輪。均輪者，為高卑前後之差設也。

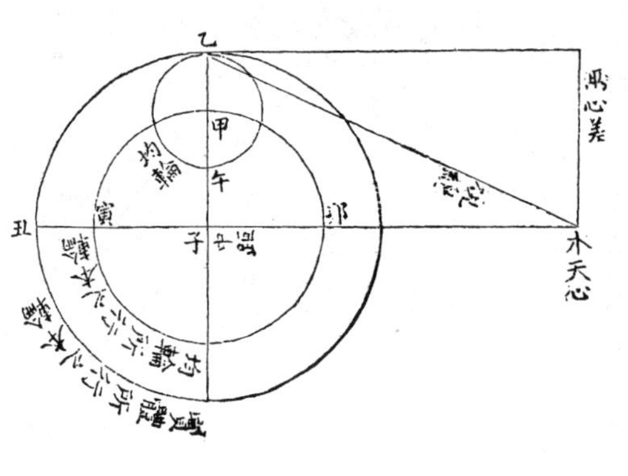

乙為實體，甲為均輪心，子為本輪心。本輪心歷一限至中距，實體自丑亦行一限至乙。若分乙子三之一為均輪半徑如乙甲，於是均輪心自卯行一限至甲，實體之行於均輪，自午行均輪心之倍度之乙，然則用均輪與不用均輪，實體皆至乙，是中距無所用均輪也。

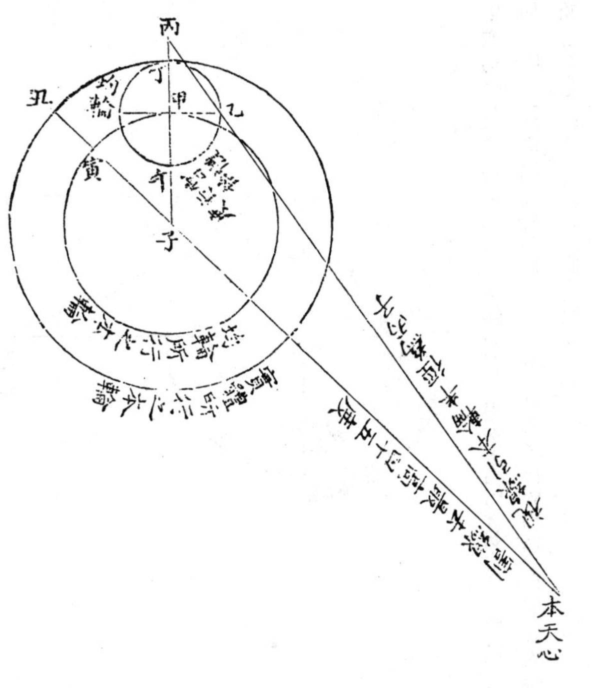

本輪心當最高後半限，實體亦宜自丑行半限至丁，乃實測則實體在丙，稍縮於丁，是必引半徑長至丙，乃合。今分為均輪，使均輪心在甲，實體行倍度自午至乙，乙與丙合一綫，在乙如在丙矣。自本天心視乙，猶視丙。若視丁則盈，在最高前則為縮。

本輪心當最卑後半限，則實體應在丁。今實測在丙，為促於丁子，均輪心自卯行半限至甲，實體自午行倍度至乙，乙與丙亦合為一綫。自本天心視丙，猶視乙。若視丁則前於丙為盈，在最卑前則為縮。

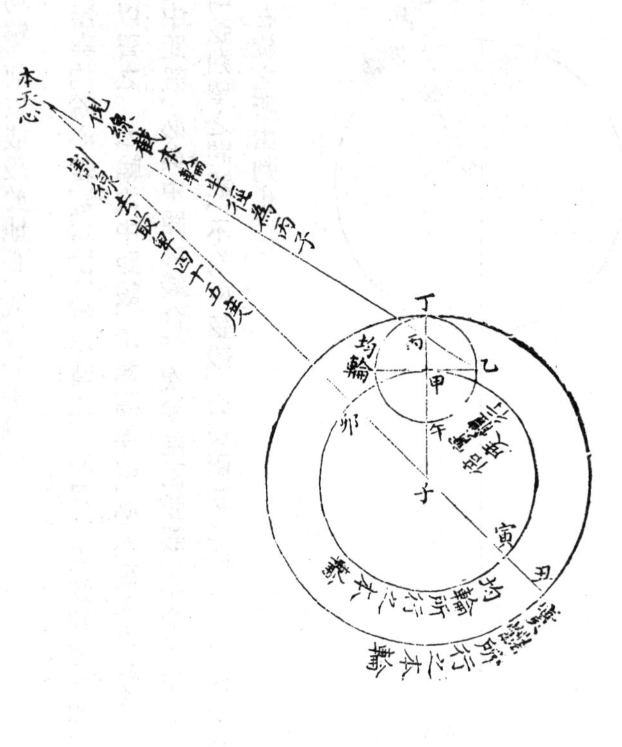

按：舊止用本輪，以與實測不合，故用均輪，以消息之。弟谷設於地心，其推步亦等，可知諸輪皆以實測而設之，非天之真有諸輪也。不然，同一本輪，何以或大或小？同一均輪，何以或設於地心，或設於本輪也？

測月於兩弦，實體與均輪心差，乃設次輪以齊之。測月於兩弦朔望之間，實體與次輪心差，乃設次均輪以齊之。本輪為中距設，不為高卑設，必與高卑之綫合。均輪為高卑中距之間設，不為中距設，必與中距之綫合。次輪為兩弦設，不為朔望設，必與朔望之綫合。次均輪為兩弦朔望之間設，不為兩弦設，必與兩弦之綫合。必與之合，此遠近上下之所由殊，左旋右旋之所由判也。

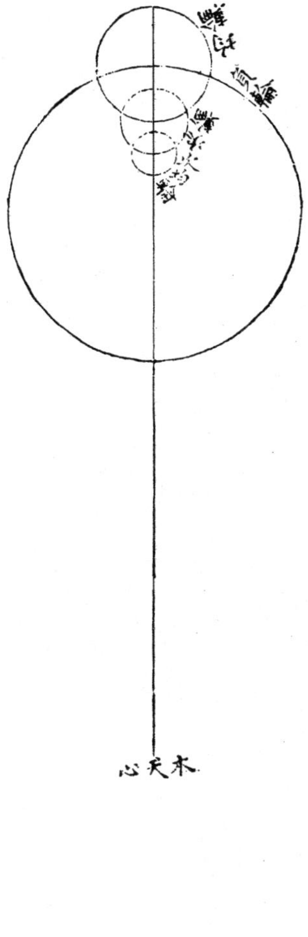

初均在丙，實測在丁，丁丙之差即次輪半徑，甲丁一綫相貫，故有次均輪而不用。

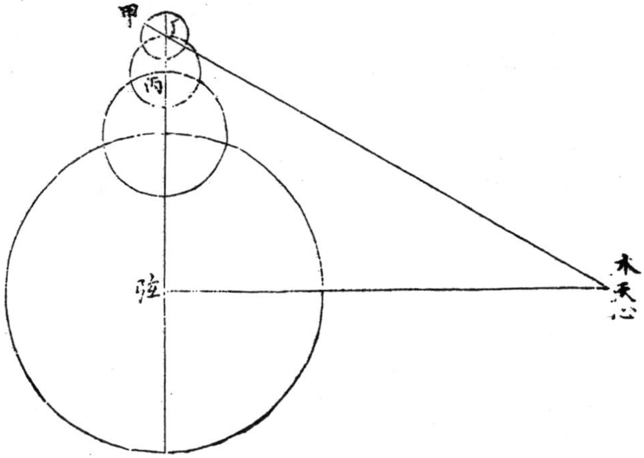

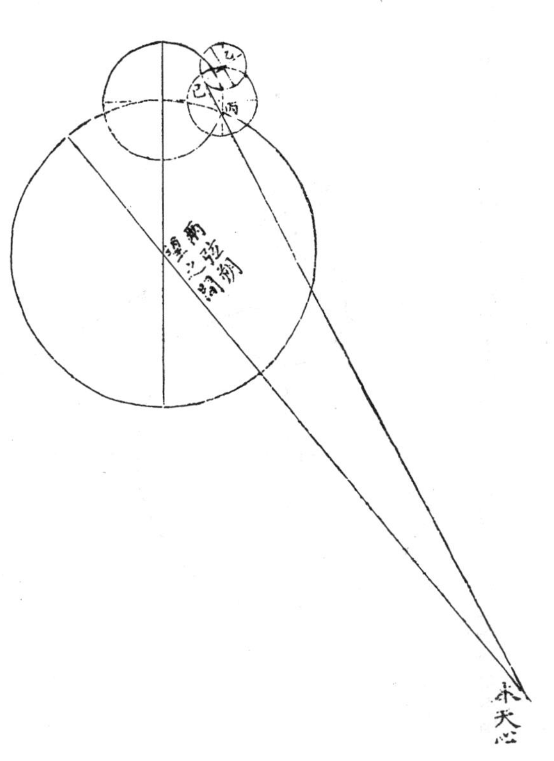

初均在丙，次均在乙，實測在己，乙己不在一綫相貫，故必加次均輪以求三均。

初未設均輪，則次輪與本輪，兩周相切。既分本輪為均輪，而均輪之周，與次輪之周，兩相切矣。

欲置次輪於均輪之周，乃以新本輪半徑，加次輪半徑，規之而為負輪。以均輪、次輪之較，為負輪、舊本輪之較。所以載均輪而就次輪也。

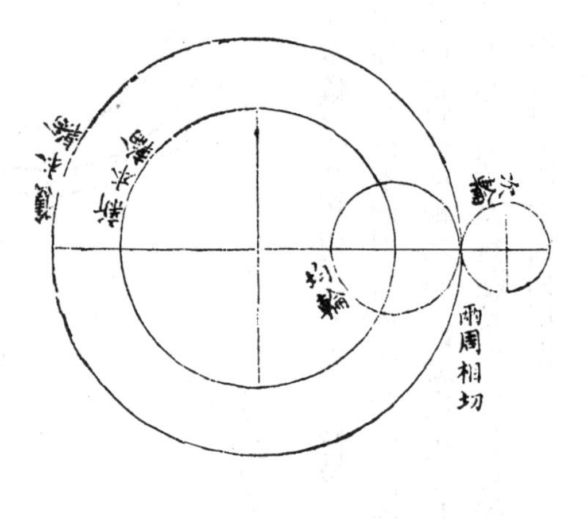

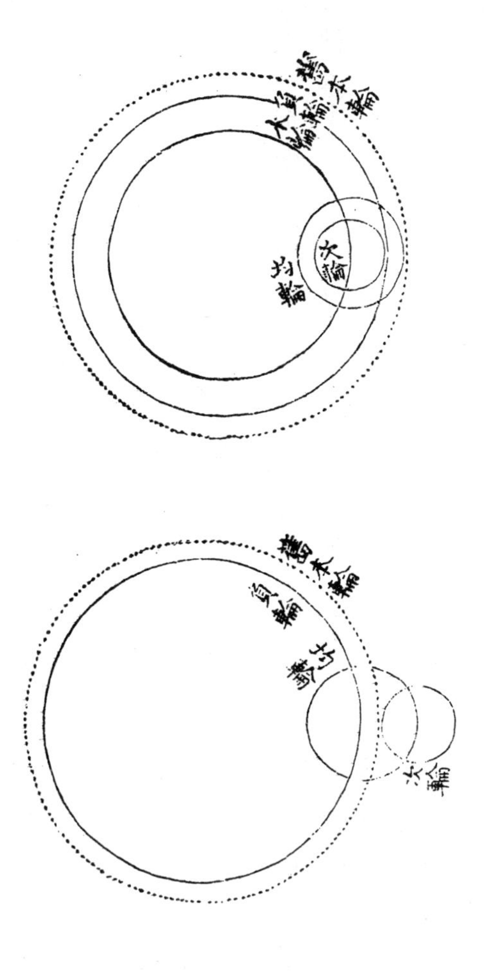

按：次輪之周，原與本輪之周相切，其度未可移易。今欲載次輪於均輪，惟使均輪就次輪，使均輪就次輪，不得不增損新舊兩本輪，以就均輪。蓋均輪在新本輪之周，其周與次輪之周相切，將伸均輪之周，以就次輪之心，則必伸出一次輪半徑乃可。故以次輪半徑，加新本輪半徑，為負輪半徑，以載均輪。然次輪之心，雖載於均輪之周，以圖核之，仍與舊本輪之周兩周相切也。

均輪在負輪，與在本輪，相去一次輪之半徑。次輪在負輪之均輪，與在本輪之均輪，亦相去一半徑。初均消息本天，用本輪之次輪。次均求合倍離，用負輪之次輪。次輪之地易，而相承以心，故與均輪之徑平行也。

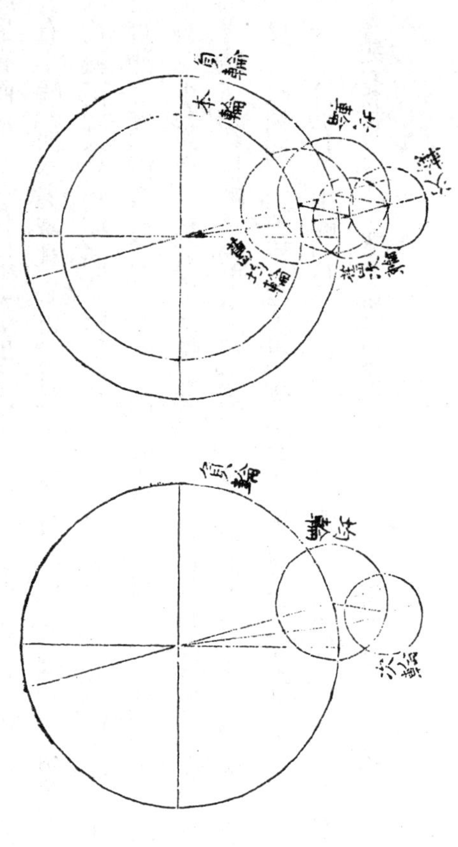

按：梅勿庵徵君云：『天西行，七政之本輪，皆從天而西轉，其行皆向最高。日天東移，月五星之合望，次輪皆從日而東運，其行皆向日。』又云：『本天挈小輪心東移，而七政在小輪上，常向最高，殆其精氣有以攝之。』循嘗細推其理，因兩心差而立最高之名，由最高規為不同心圈，其跡緣最高而周，設為本輪。易右行為左行，在右行為緣最高而下。在左行則為常向最高。以為常向最高可，以為順最高右行亦可，不必真有小輪，而本天挈其心也。月、五星依日而測，故因朔望兩弦，設為次輪，又設為次均輪，以其自朔望而測，自以距日為之率，所以設負輪、增次均輪、行倍離，皆所以就實測之度，以為之法。不然，同一距日，在五星之次輪，與日天同大，在月則視均輪為尤小，何也？且五星次輪軌跡，可規成伏見輪之圜周，而月行倍離，其次均輪所載之體，規其軌跡，不可令圜，亦與日無一定相距之向，則諸輪皆巧法，非實跡，於此可見。故初均之均輪在本輪，次均之均輪在負輪，法隨乎測，則輪隨乎法也。徵君又云：『日有二小輪，月、五星有三小輪，皆以齊視行之不齊。有不得不然者。』又云：『總是借虛率以求真度。』然則所云『常向最高，精氣攝之』者，未可泥於其說矣。

五星之合望留逆，依於日行，故次輪與日天同大。次輪軌跡所成，謂之伏見輪，故伏見輪與本天同大。金水之本天，小於日天，其次輪大於本天，故不用次輪，而用伏見輪。伏見輪以日為心，其心不在本天，故不用金水之本天，而用日天，所以就伏見輪之心也。蓋日天即金水之次輪，伏見輪即金水之本天。土、木、火在日外，以本天載次輪。金、水在日內，則反其用，以次輪載本天。土、木、火之伏見輪，大於日天，不用而用次輪，其義一也。

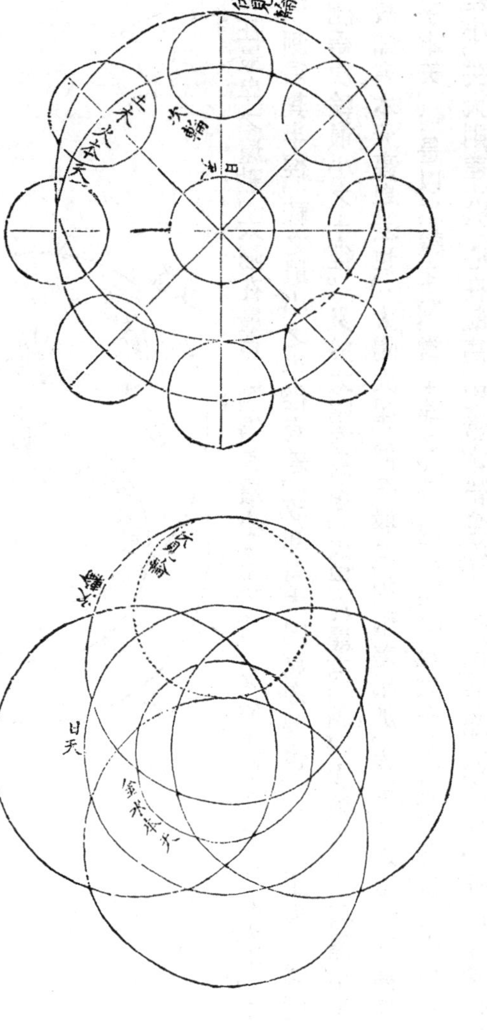

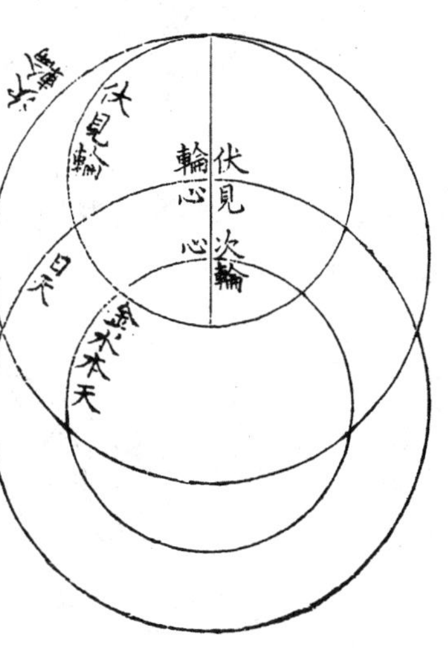

於火星在最卑之遠點，太陽在最卑，測得其最小之半徑。又於火星在最卑之近點，太陽在最高，測得其半徑，較之最小之半徑有差，故知有太陽高卑差也。於火星與太陽同在最卑，測得次輪最小之半徑。又於太陽在最卑，火星在最高，測得次輪半徑，與最小半徑有差，故知有本天高卑差也。太陽火星，俱在最高，則兩差相加，為半徑之度。蓋高卑之差，視乎本天，於是以均輪之心，當本輪之徑。過半徑者為大矢，不過半徑者為小矢。矢小則差小，矢大則差大。心在最高，則當本輪全徑之端，而差為大之極；在最卑當全徑之末，而差為小之極。極大極小之間，以矢例之。此半徑所以有小大，而次輪所以割入日天也。

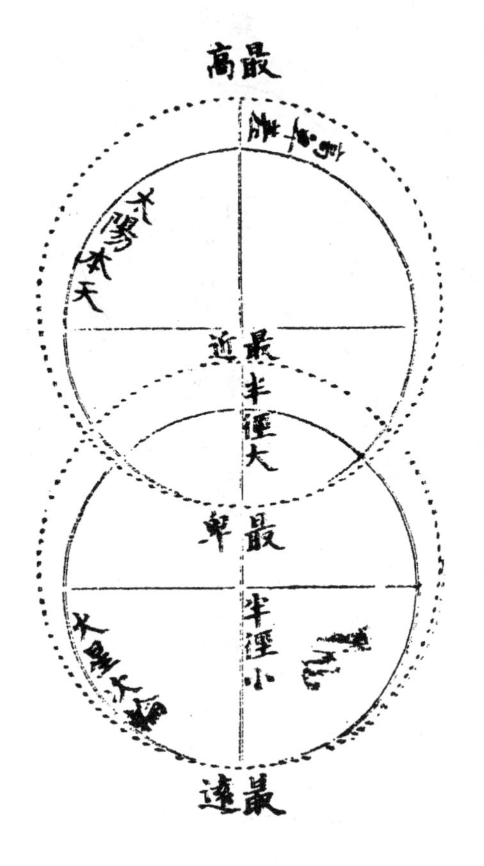
最高
太陽本天
最近
半徑大
最卑
半徑小
最遠

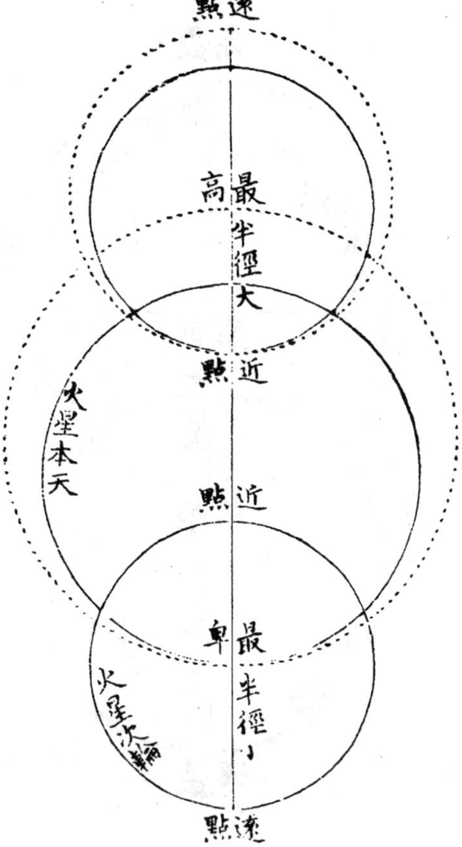

遠點
最高
半徑大
近點
火星本天
近點
最卑
半徑小
火星次輪
遠點

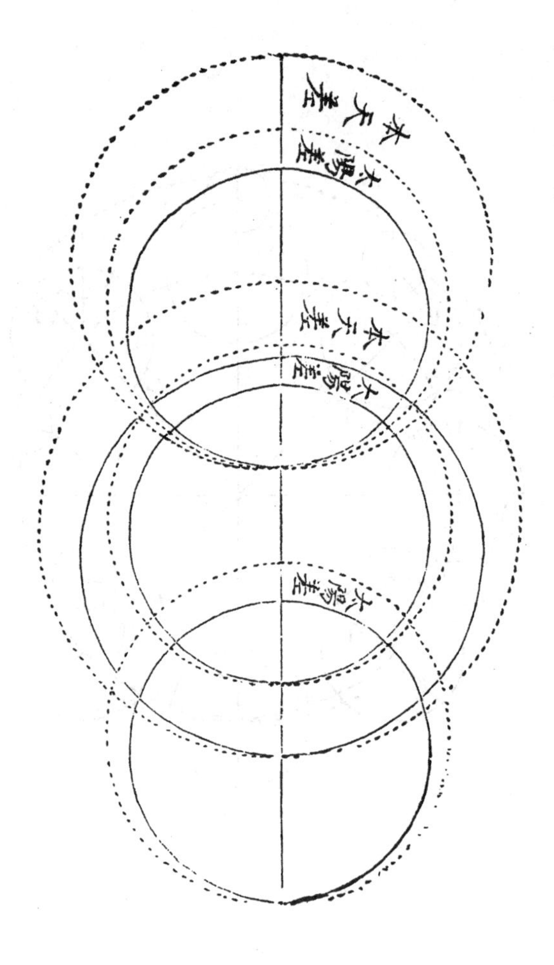
本天差
太陽差
本天差
太陽差
太陽差

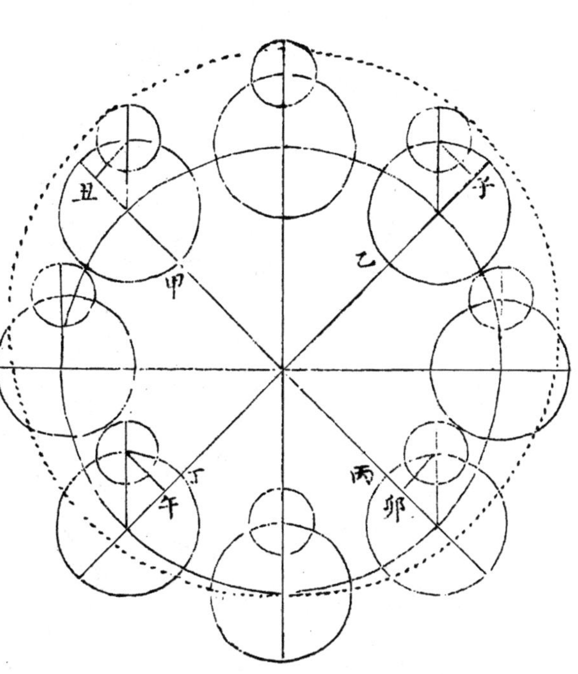

均輪心當子丑，則子乙丑甲為大矢；當卯午，則丙卯丁午為小矢。

按：弟谷曰：『日之攝五星，若磁石之引鐵，故其距日有定距。今考火星在最卑遠點，太陽在最卑，與火星在最高之近點，太陽在最卑，其相距之度皆等。惟火星在最高，太陽亦在最高，則既加太陽高卑之差，復加本天高卑之差，而星之距日，遂過乎常。』此定距之説，未可概也。梅勿庵徵君《火星本法》云：『火星兼論太陽之高卑，要不能改其徑綫之大致。』今以求法考之，以均輪所當之矢，為兩差之比例以相加，則其徑綫隨本輪矢之高下為高下，有不能不改其大致者矣。江慎修布衣云：『他星繞日，繞其本輪心爾。火日同類，獨以太陽實體為心，故次輪大小，兼論太陽之高卑。』乃細度之，恐亦未然。高卑之差，惟有不同心之異，其輪則同大。今推求火星次輪之法，在最卑時，其半徑為最小，稍離乎最卑之左右，增損一分一秒，則本輪之矢，隨之而長，即半徑之度，隨之而增。規此成圖，必大於本圈，非不同心圈與伏見輪之狀可比。或者火星之次輪，本割入太陽天内，高卑之差，緣是以起。然又無從得其貫通。總之，設諸輪以合實測，其所以然之故，終非可以臆度。謂火星次輪之大小，由於太陽實體，其理恐未可通也。

又按：日在本天之最卑，止見火星本天之高卑，為本天高卑之差。若日在最高，則高差更加。本天之高卑不可見，故測本天之高卑，必當火在最高，日在最卑也。

本輪之遠近，視乎本天之心，差起於本天也。均輪之遠近，視乎本輪之心，消息乎本輪也。太陰次輪之遠近，視本輪不視均輪者，舊次輪之心，次、均之所起也。五星次輪，不以本輪之心為遠近，而視乎本天之心者，次、均起於合、伏，合、伏與次輪本天，兩心相貫也。伏見輪不用最遠、最近，而用平遠、平近者，星行伏見度，不行距日度，平遠距最遠，為初均加減地也。本輪之心右旋，均輪之心左旋，成其差也。次輪之度左旋，伏見輪之度右旋，合其跡也。星包於日，則次輪右、伏見輪左。日包於星，則次輪左、伏見輪右。判於距日之疾徐也。次均輪之上下，視本天之心，不視次輪者，三均起於次均輪心，必與次均之界相切也。日星之體皆右旋，太陰之體左旋者，間於次均輪而與之消息也。星行距日度，太陰行距日倍度者，其消息次輪之度，猶日之於均輪也。金星伏見輪心，自最近倍行。水星伏見輪心，自最遠三倍行者，所以就實測之度也。

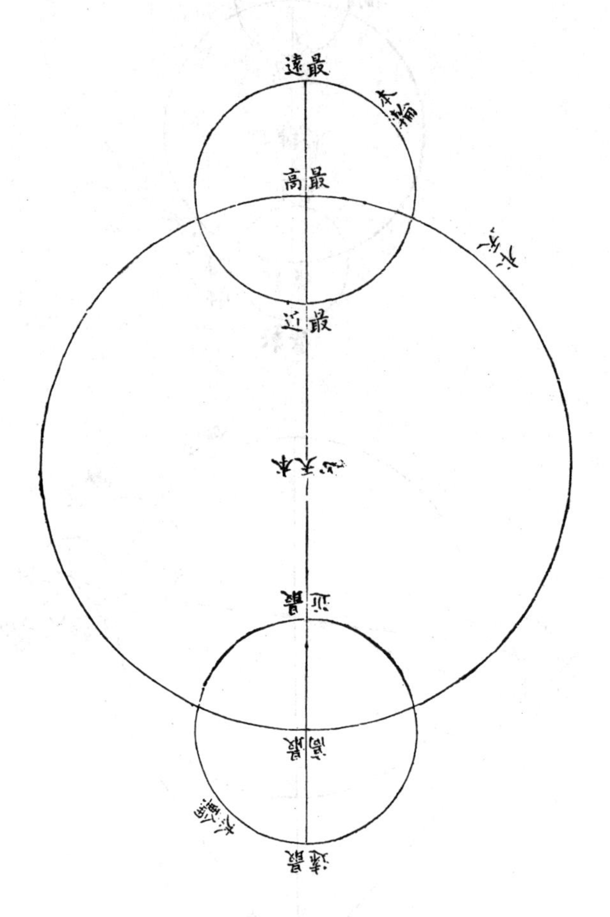
最遠
本輪
最高
本天
最近
本天心
最近
最高
本輪
最遠

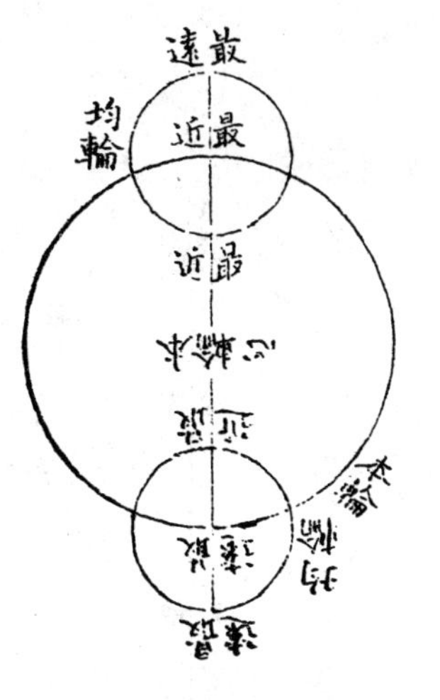
最遠
均輪
最近
最近
本輪心
最遠
本輪
均輪
最遠

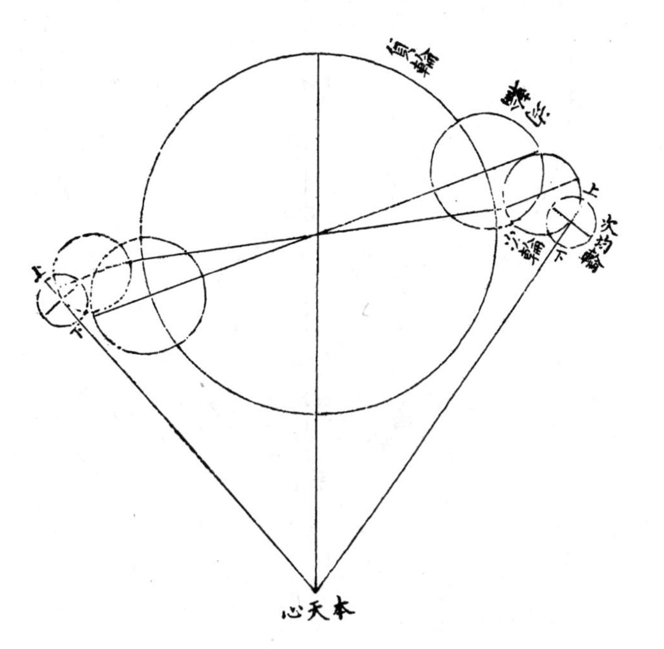
上
次均輪
下
上
下
本天心

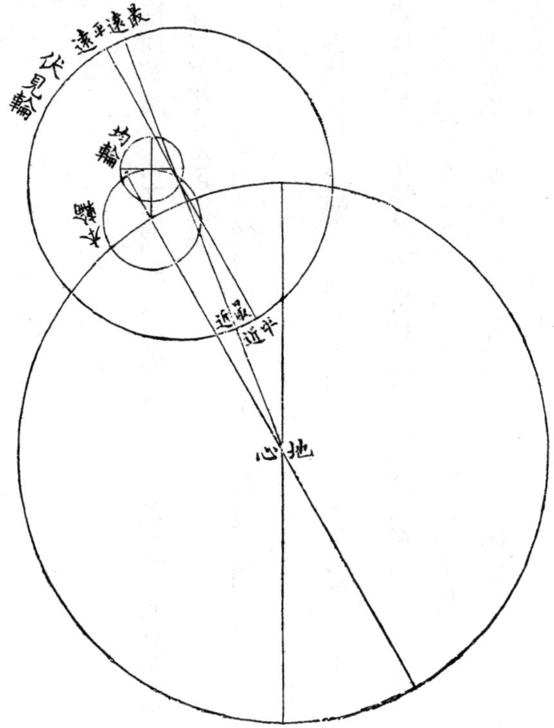

最遠
平遠
伏見輪
均輪
本輪
最近
平近
地心

釋輪卷下

以差而有徑，以徑而有輪。輪之周，統大小廣狹，而其度皆等，故其角也，等其心，即等其度，有角有弧，而弧三角之法可立矣。

規綫作圜，分其周之度為三百六十。作綫，徑交午圜中，以交處為心，為距等圈於周内距等之義，詳見《釋弧》。隨其大小為度之廣狹，而皆同此心，即皆同此三百六十度。故無論本輪、均輪、次輪，得地心之角度，即得本天之行度也。

弧三角之法，由弧以知弦。諸輪之法，由輪以知徑，徑即弦也。

輪因徑而設，徑隨輪之大小為長短。本天半徑一千萬，此常為半徑而不移者。小於一千萬，則弦也，餘弦也。以諸輪之半徑相加，因而長於一千萬，則大切也，大割也。故半徑之名雖同，而所用實異。

用輪為角，大小必齊。用角為弦，長短互異。弦之數，生於半徑者也。半徑不同，則角亦異矣。

本天半徑一率，角度正弦二率，諸輪半徑三率，求得四率，為諸輪正弦，倍之，即通弦。餘綫亦然。

本輪心之行，謂之平行。均輪心之行，謂之引數。日之實體及次輪心之行，謂之倍引數。五星在次輪，行太陽平行之度，謂之距度。次均輪心及月之實體，倍行距日之度，謂之倍離。實體值平行之前，謂之盈。值平行之後，謂之縮。自所盈所縮至於平行，為地心角度。推得其度，謂之均數。以均輪推之，謂之初均。以次輪推之，謂之次均。以次均輪推之，謂之三均。均數者，消息乎，平行者也。

日止用初均，五星兼用次均，月兼用三均。當其盈，以平行加均數。當其縮，以平行減均數。初均盈於平行，二三均盈於初均，以加益其加。初均縮於平行，二三均縮於初均，以減益其減。初均盈於平行，二三均縮於初均，則先加而後減。初均縮於平行，二三均盈於初均，則先減而後加。

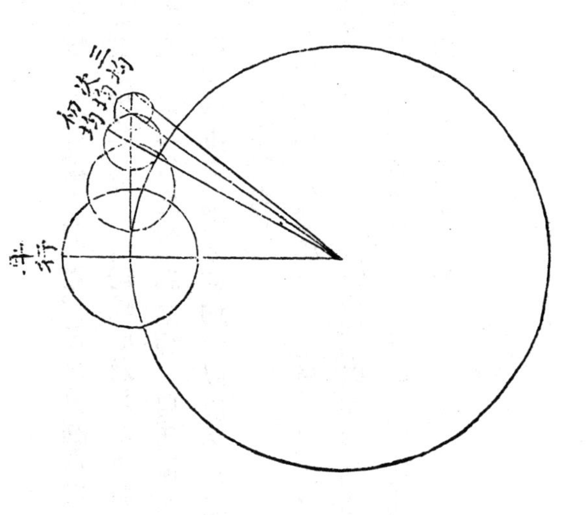

推算之法：諸輪心一綫者，無加減若最高、最卑。當中距，則有本天半徑，有本輪、均輪兩半徑，有本輪心直角，是兩邊一角也。求得本天之角，即均數。

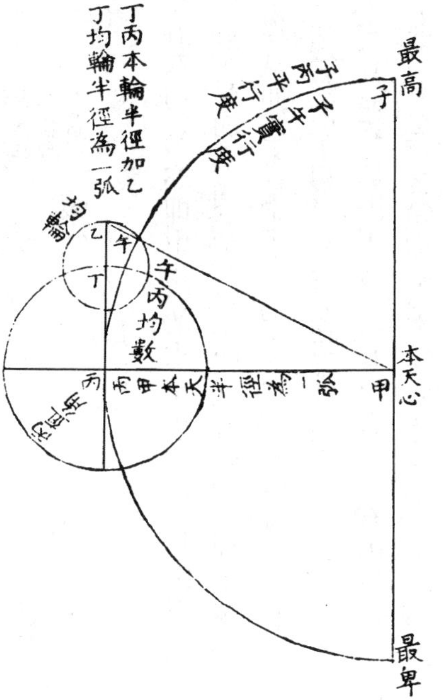

若當高、卑、中距之間，則本輪、均輪之半徑不可以相加，本輪之心不可以為角，本天之半徑不可以為邊。則先以均輪心之行度為角，以均輪半徑減本輪半徑為邊，參以直角，有一邊兩角，以求未知之兩邊。又以所得之一邊，合本天之半徑，以一邊合均輪行度之通弦，參以直角，有一角兩邊以求角，以所得之角，因盈縮而加減焉。自均輪最近，抵本輪半徑，必成句股之形，其通弦必與句相貫為大句。右行一，左行二，其端必齊，此引數所以用倍也。

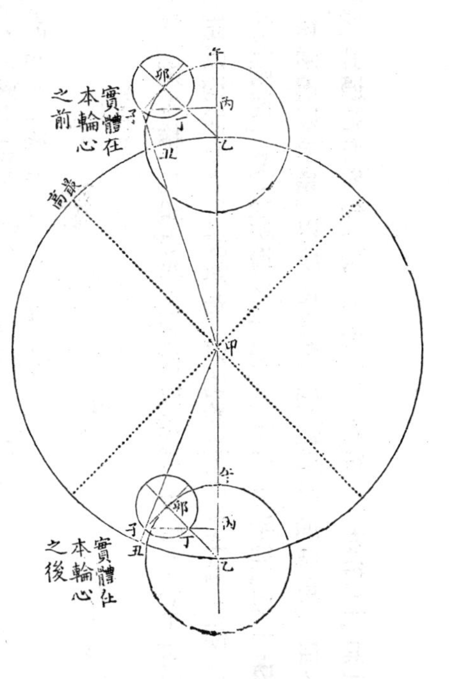

按圖：乙丑為均數，亦即甲角，故求得甲角，即得乙丑均數也。欲求甲角，必先求乙丙丁句股形。午卯為均輪心行本輪之餘弧，亦即本輪心之乙角，此有數者也。以卯丁均輪半徑減卯乙本輪半徑，為丁乙，亦有數者也。有乙角，有乙丁邊，加以丙直角，可求丙乙邊及丙丁邊。有丙乙邊加乙甲本天半徑，又有數者也。均輪心自最近所行之度丁子，其通弦加丙丁邊，又有數者也。有丙子邊，有丙甲邊，仍加以丙直角，可求甲角，即乙丑也。實體在子，本輪心在乙，子在乙前則用加，子在乙後則用減。

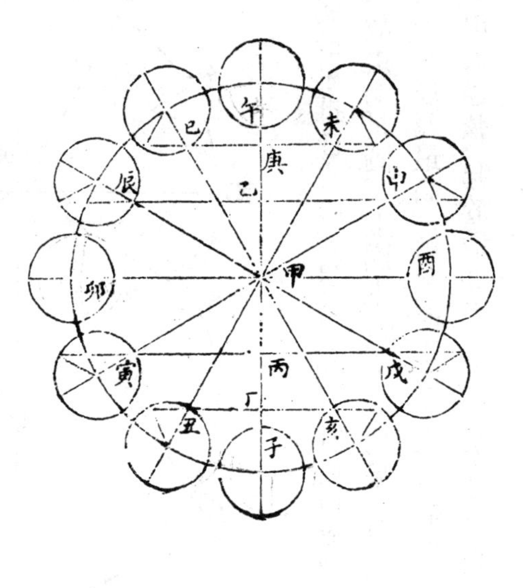

按圖：大者本輪，小者均輪。午甲子為徑，巳庚、未庚、申乙、辰乙、寅丙、戌丙、丑丁、亥丁皆自最近抵半徑之綫，十二辰皆最近。均輪心從最高左旋，實體自最近右旋倍度，所至與最近為通弦，而必與抵徑之綫為一直，觀此可見。

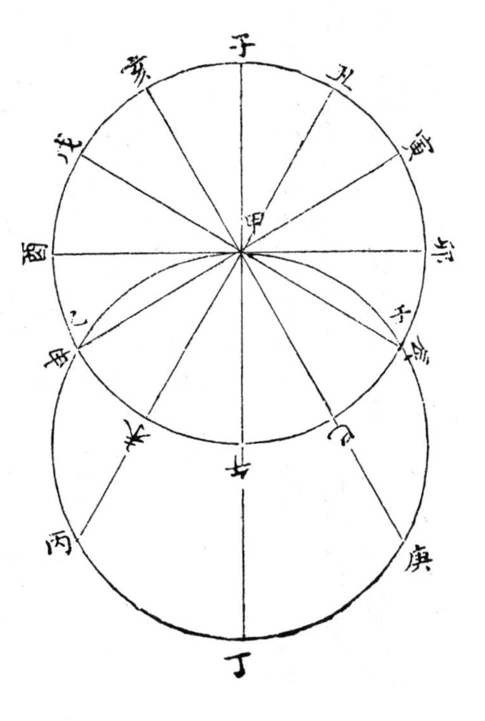

按：均輪通弦與最卑抵徑之綫相貫為大句。其所以必貫為大句之理，前圖明之。猶恐未能了然，故更為是圖。上圈本輪，下圈均輪。甲為本輪心，即為均輪之最近。午為均輪心，十二辰為最高。甲乙丙丁庚壬為實體所行。如以丑為最高，則丑未為本輪徑綫，辰甲為通弦，起於最近甲，即抵於本輪之徑甲也。推之寅卯以下皆然。在本輪為辰巳巳午未申放此，在均輪為辰庚庚丁丙申放此，為界角之與半徑，故本輪一，均輪二，必相遇也。

又按：子丁為均輪通弦，用與丙丁綫相加，必用三率比例，由半徑求得通弦真數。如三十度之正弦五百萬，為六十度之通弦一千萬，與本天半徑等，以此與丙丁相加，必不入矣。唯以一千萬與太陽均輪半徑八萬九千六百零四相比例，則六十度之通弦仍得八萬九千六百零四也。丁丙出於丁乙，丁乙為兩半徑相減，則亦出於半徑者也。丁丙與丁乙皆出於均輪半徑，合為一邊，故無戾耳。

若引數不可以用倍，則不能以用大句，乃以本輪、均輪兩半徑為兩邊，行度為角，求得對邊及本輪心角，以對邊與本天半徑為兩邊，以本輪心角加減均輪心距本輪最近之度，以為角，有兩邊一角，而初均亦可求也。

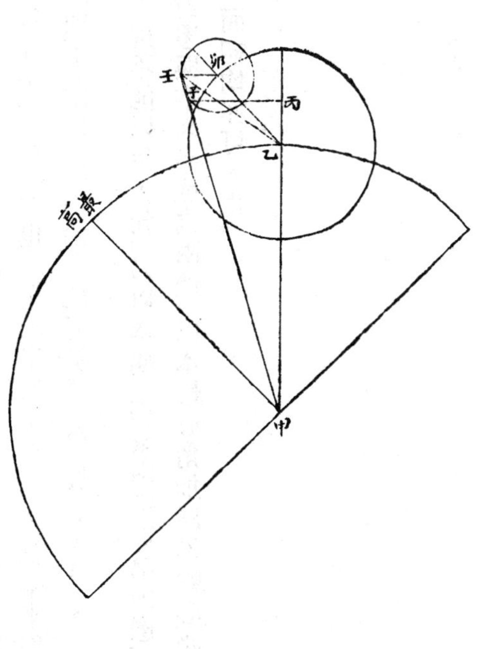

按：水星三倍引數，初均當壬，故以壬卯邊均輪半徑、卯乙邊本輪半徑、卯角，求得壬乙邊，合乙甲邊本天半徑、乙角，又求得甲角。

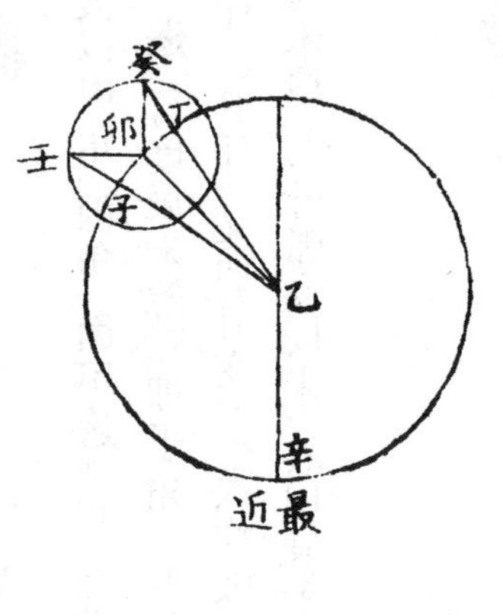

按：辛卯為均輪距本輪最近度，若初均在壬，則乙角為子辛於卯辛減乙角子卯。初均在癸，則乙角為丁辛於卯辛加乙角丁卯。故求壬卯乙之壬乙邊，必隨求乙角卯子或丁卯，以為加減地也。

更以次輪之行度為之角，以半徑為之邊，其一邊自初均而得之，於是有兩邊一角，求得角，而加減之，是為次均，凡行度過半周，則用其度之餘。

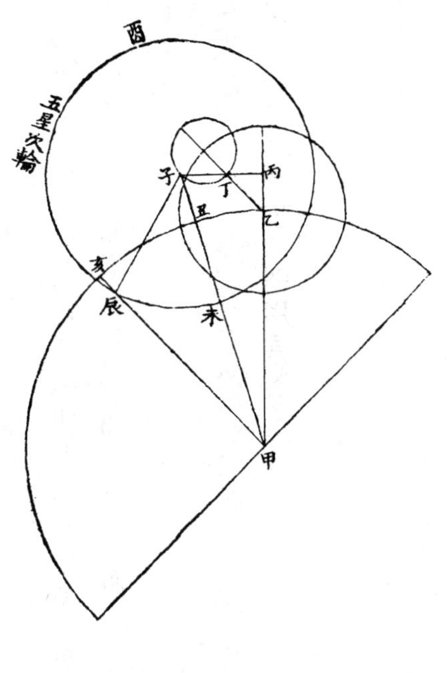

按：乙丑為甲角，復以甲角、丙角、丙甲邊或丙子弧求得子甲角〔一〕，為次均之一邊，以次輪半徑子辰為一邊，行度辰未餘弧即子角。有子角、有子辰邊、有子甲邊，可求甲角丑亥。於平行加乙丑外，又加丑亥，為次均數也。自未至酉為半周，歷酉至辰，則過半周。行度為未酉辰，餘弧為辰未，故用辰未也。

〔一〕『子甲角』，據圖應為『子甲边』。

又按：酉子丑未為一綫，丑以前為初均得數，次均自丑起，即自酉起。次輪視本天為遠近，於此益明。

月之次均，知兩邊，而行度不可以為用，以初均所知之二角，併之以為角，兩角之綫相交，其外角即兩角併之數。

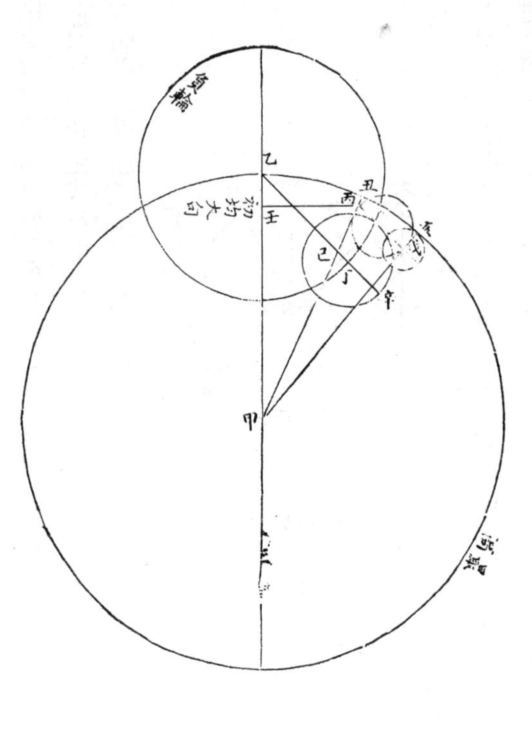

按：初均求得丙甲邊為一邊即前圖子甲。次均輪適當，次輪最遠無通弦之度，以次輪全徑為一邊，其丙角己戌行度之所不及，戌角丙辛亦非行度所合，故行度為角之法不可以據，而必合甲乙二角，以為丙角也。

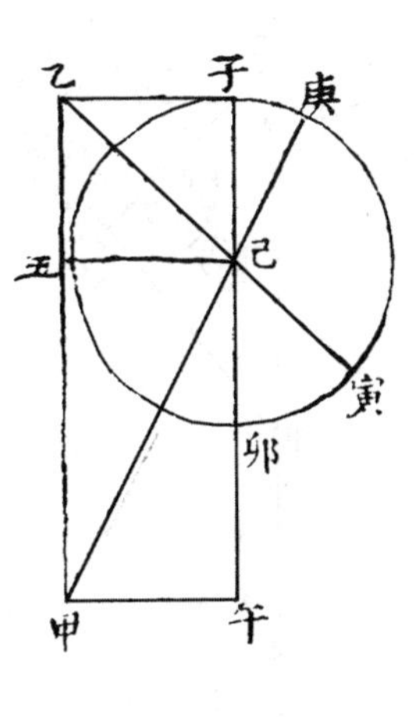

按：甲乙己三角，引乙至寅，引甲至庚，交於己。引己作子己午縱綫，又引己作己丑横綫，則乙子己如乙丑己，丑己甲如己午甲，乙子己之己角即乙丑己之乙角，丑己甲之甲角如己午甲之己角，己午甲之己角即庚辰己之己角，乙子己之己角即寅卯己之己角。合寅卯己之己角於午甲己之己角，猶夫合庚辰己之己角於乙子己之己角也。兩己角相併即甲乙兩角相併之度，丙戌綫與乙己辛綫平行，則丙角猶夫兩己角併矣。

又按：乙角有二不同。乙己甲之乙角為均輪心所行，與甲角併為丙角者，此乙角也。乙丙甲之乙角以丙甲邊、乙甲邊、甲角求之可得。得之亦可求丙乙弧。然無所用之。蓋丙甲之得，由於丙壬大句，壬角直角，非由丙乙甲之乙角。本輪變為負輪，均輪次輪之跡已移，最易惑人，故此圖去丙乙綫次輪遠近綫，作壬丙綫初均次輪通弦，冐抵徑綫之大句，俾知丙甲之求在壬角，不在乙角也。

又按：丑丙甲相貫為一綫，丑乙初均減平行之數，次均為甲角丑亥。若次輪以本天為遠近，則最遠、最近必當丑亥之間，與丑乙不相屬，故在本天必自丑起算，而在次輪即必自丙起算也。蓋初均次輪心本在於丙，與丑甲為一貫，次輪既移，則最遠最近不能與丑甲貫，以舊次輪之心為最近，自此起算，用丙即不啻用丑也。

若次均輪之心不與次輪之最遠合，則次輪平行之徑不可以為邊，亦先併所知之角得外角，又半行度之所餘而加減之，以為角，即用通弦以為邊。通弦者，兩正弦相合也。截行度為弧背，有弧背必有通弦，有通弦必有界角，界角之度倍於角度。新次輪之界角為舊次輪之角。蓋兩輪相貫，在此為通弦，在彼為半徑，故以行度之所餘，半之，以加減外角也。

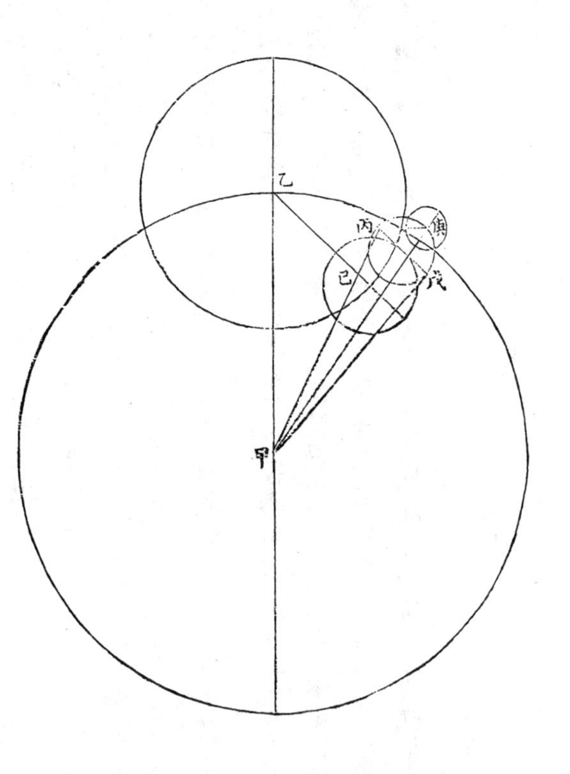

按前圖：次均輪心在戊，故丙戊邊即次輪全徑，而丙角即己外角。此圖，次均輪心在庚，為丙庚甲三角形，於戊丙甲之丙角更多一庚丙戊之丙角。故既併甲乙兩角為戊丙甲之丙角，又以次均輪心所行之餘弧丙庚心右旋歷丙戊至庚為弧背，與半周減得庚戊，又折半之為庚丙戊之丙角，合戊丙甲之丙角，為庚丙甲之丙角。於是有丙角，有初均，求得之丙甲邊，有次均輪行度，餘弧丙庚弧背之通弦，為兩邊一角，以求角，而甲角得矣。自丙右旋，歷戊至庚。自庚左旋，至丙，其通弦共丙庚直綫。是以過半周用餘弧之通弦，與正弦之義同也。

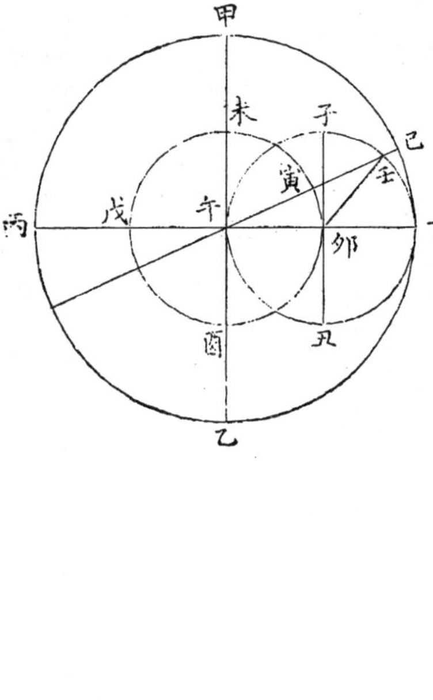

甲
未
子
己
寅
壬
丙
戊
午
丁
卯
酉
丑
乙

按：午子丁丑為新次輪，未戊酉卯為舊次輪，兩相貫，而間一午卯半徑。午為舊輪之心，即為新輪之近點。自午歷丑歷丁至壬，則壬子午為餘弧，即弧背。午寅壬即通弦，於丁壬子午半周內減去壬子午，餘丁壬，為午界角，其度四十五。若在新輪，正當寅卯，為四十五度之半二十二度三十分，故界角折半而得角也。若以丁午全徑為半徑，規為甲丙乙丁之大周，其午角己丁亦四十五度之半，視午界角之丁壬亦折半也壬與己一綫。

若無平行之綫，則初均之角必為句股，兩角併亦得外角，又半行度之所餘而加減之，以為角。兩角，一為正角，矩之界以弦，弦外之朒角與兩角之朒角等。規之界以弦，弦外之盈角與正角朒角相併等。

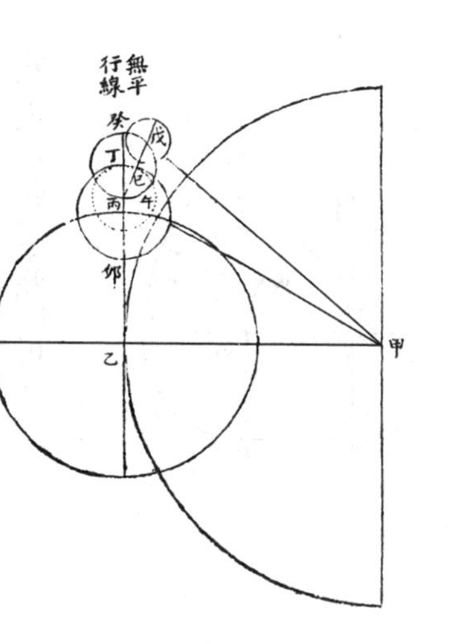

按：次輪心在均輪最高，癸丙與丁卯一綫，無平行之徑，然合甲乙兩角，亦得外

角午丁。但次均輪行次輪之度，為自丙至戊，則次均三角形乃甲丙戊。有丙甲初均求得之邊，有次均輪行度之通弦戊丙，而午丁之丙角不可用。故以癸戊界角之度四十五，折半為己丁舊次輪之角度二十二度三十分，減外角午己丁之度，得午己，即甲戊丙之丙角。有兩邊一角，而甲度可求矣。前圖界角用加，此圖用減者，次均輪心行過次輪半周，度溢於次輪心，故加外角，乃得丙角。不及次輪半周，度朒於次輪心，故減外角乃得丙角。圖互明之也。

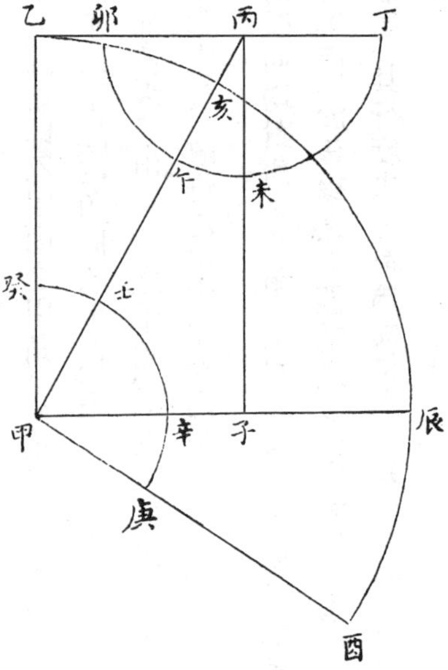

按：丙角之丁午不可知，因倍甲乙丙句股形，為甲乙丙子縱方形，界以丙午壬甲斜弦，則甲丙子之丙角即乙甲丙之甲角。復規此丙角為卯午未丁之半周，亦界以丙午壬甲斜弦，則午丙丁之丙角即乙甲酉之甲角。蓋辰甲酉之甲角即乙甲亥之甲角，亥甲酉之甲角即乙丙子甲縱方之甲角，亦即乙丙子甲縱方之乙角。規而小之，則癸壬辛庚與午未丁等。故併乙甲兩角為丙角午丁也。

若不併兩角以為角，則以初均對角之外角，加減次輪之界角以為角。以初均之角度，本天之半徑，更合均輪之半徑，於負輪之半徑求之，乃得對角。有對角，斯得對角之外角。蓋均輪心左旋，近於最高，其行度未可為角而併之。若以為角，必減半周也。

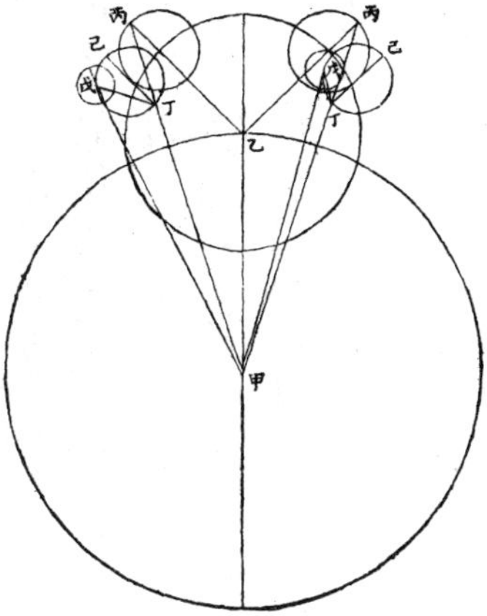

按圖：甲乙丙三角形，併甲於乙，可得丙外角，即丁己甲之丁，法與前同。若不併，甲乙二角竟用丙角之外角，加減己戊界角之半，即得丁戊甲之丁角。然丙角須待求，而後得數也。所以用對角之度以得外角者，甲乙丙三角在最卑左右，均輪行度即乙角之度，故以併初均求得之甲角，即得外角。甲乙丙三角在最高左右，均輪行度在九十度之内，則為乙角之外角，在二百七十一度以上，則必減去半周，乃為乙角。參差不一，不如竟求丙角，以得其外角也。

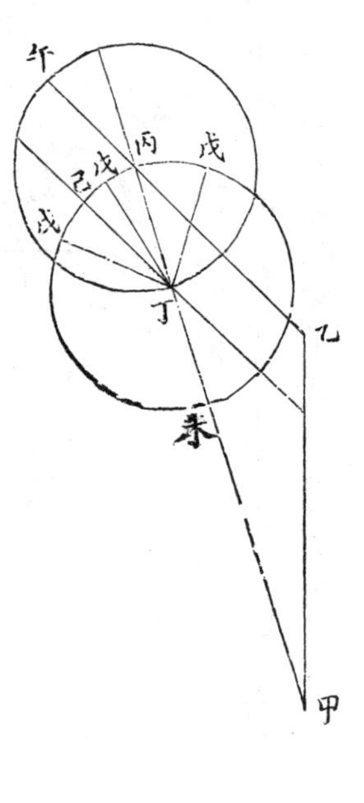

按：丙午丁之丙角，為乙丙甲之丙外角。午丙與己丁，兩綫平行，則午丙甲同於己丁甲。戊在己後，則減己戊。戊在己前，則加己戊。戊在丙前，則加己戊，而用餘弧戊未為丁角。

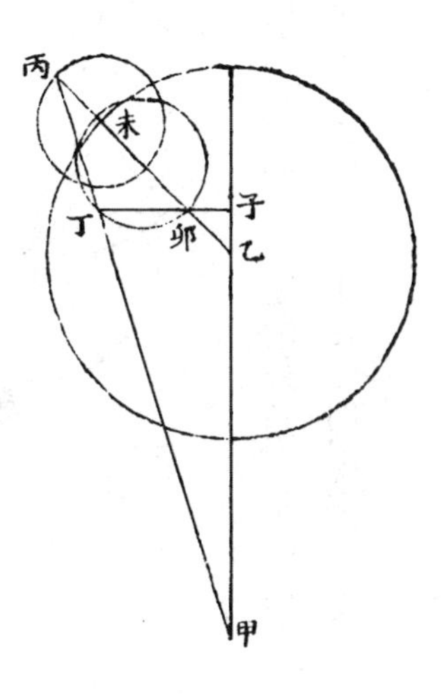

按：丙未均輪半徑，未乙負輪半徑，丁子甲初均數。有初均求得之甲角，有乙甲本天半徑，有丙未乙均輪、本輪兩半徑，用兩邊一角以求角，乃得丙角。

諸輪之徑，或長或縮，由實測而得之。諸輪之行，或左或右，或一倍或三倍，由弧角之求而得之。不如是為徑，不合於測。不如是行，不便於求。或以七政之行，真有諸輪，則鑿矣。

本天半徑　七政皆一千萬

本輪半徑　日二十六萬八千八百一十二　月五十八萬　土八十六萬五千五百八十七　木七十萬五千三百二十　火一百四十八萬四千　金二十三萬一千九百六

十二　水五十六萬七千五百二十三

均輪半徑　日八萬九千六百□□四　月二十九萬　土二十九萬六千四百一十

三　木二十四萬七千九百八十　火三十七萬一千　金八萬八千八百五十二　水十

一萬四千六百三十二

負輪半徑　月七十九萬七千　日五星無

次輪半徑　日無　月二十一萬七千　土一百□□四萬二千六百　木一百九十

二萬九千四百八十　火最小六百三十□萬二千七百五十　金水不用

次均輪半徑　月一十一萬七千五百　日五星無

伏見輪半徑　金七百二十二萬四千八百五十　水三百八十五萬　日無　月土

木火不用

右半徑表

日本輪心自本天最高右旋　均輪心自本輪最遠左旋　太陽自均輪最近倍均輪

心右旋　月本輪心自本天最高右旋　均輪心自本輪最遠左旋　次輪心自均輪最近

倍均輪心右旋　次均輪自次輪負輪周所載最近倍距日度右旋　太陰自次均輪最下倍

距日度左旋

土木火本輪心自本天最高右旋　均輪心自本輪最遠左旋　次輪心自均輪最近

右旋　星自次輪最遠行距日度右旋

金本輪心自太陽本天最高右旋　均輪心自本輪最遠左旋　伏見輪心自均輪最

近倍均輪心右旋

星自伏見輪平遠右旋行伏見度

水本輪心自太陽本天最高右旋　均輪心自本輪最遠左旋　伏見輪心自均輪最

遠三倍右旋　星自伏見輪平遠右旋行伏見度

右左旋右旋表

釋橢

釋橢序

江都焦君里堂，厲節讀書，綜經研傳，鉤深致遠。復精推步，稽古法之《九章》，考西術之八綫，窮弧矢之微，盡方圓之變，與淩君仲子、李君尚之齊名。嘉慶三年秋，里堂出所製《釋橢》一篇示予。考西法，自多禄畝以至苐谷，皆以日月五星之本天為平圓。其後西人有刻白爾、噶西尼等，以為橢圓兩端徑長，兩要徑短。雍正八年六月朔日食，舊法推得九分二十二秒，今法推得八分十秒，驗諸實測，今法為合，於是詔用今法。

橢圓起於不同心天之兩心差，引而倍之為倍心差，用面積求平行、實行之差，於是有大小徑，中率與平圓之比例及差角之加減，與舊法不同矣。其法以面積之度與角度相較，亦可得平行、實行之差。然平等，面積也；實行，角度也。以積求角難，以角求積易。故先設以角求積，次設以積求角，次設借積求積，次設借角求角。四法最為簡捷，與舊法迥殊。其言日躔之理，亦即盈縮高卑之說也。如橢圓以地心為心，規橢圓之形，中畫為午，從地心作綫，分為三百六十度，每分之積，皆為一度，每一分積為六十分，太陽每日右旋，當每一度積之五十九分有奇，所謂平行也。則太陽在午綫之下，是為最卑，而地心至橢圓界之綫短，角度必寬，是為行盈。太陽在午綫之上，是為最高，而地心到橢圓界之綫長，角度必狹，是為行縮。盈縮高卑之理，雖與地谷同，而橢圓之法則密于第谷諸輪之法。若以諸輪法測今日日月五星之天，有不謬以千里者哉？

昔秦大司寇蕙田，輯《五禮通考·觀象授時》一門，戴編修震分纂，詳述諸輪之法，而不及太陽地半徑差，清蒙氣差，橢圓之説，不亦慎乎。是篇仿張淵《觀象賦》之例，自為圓注，反復參稽，抉藴闡奥，為實測推步之學者不可無之書也。學者從事于斯，以求日躔月離交食諸輪，無晦不明，無隱不顯矣。里堂不以藩為讀劣，屬序是篇，乃書橢圓緣起，為讀是篇者之先導云。

嘉慶三年季冬月，友人甘泉江藩作。

釋 橢

康熙甲子律書用諸輪法，雍正癸卯律書用橢圜法，蓋實測隨時而差，則立法亦隨時而改。循學習此術，以義藴深密，未易尋究，謹擇其精要，析而明之，庶幾便於初學云爾。嘉慶元年九月朔録於吴興舟次。

橢圜之法，起於兩心差。引兩心差而倍之，謂之倍心差。以倍心差為底，以兩半徑為要，得中垂綫為小半徑，亦曰小徑或以兩心差為句，半徑為弦，求得股，亦小徑，倍小徑與全徑交，規而圜之，是為橢圜。

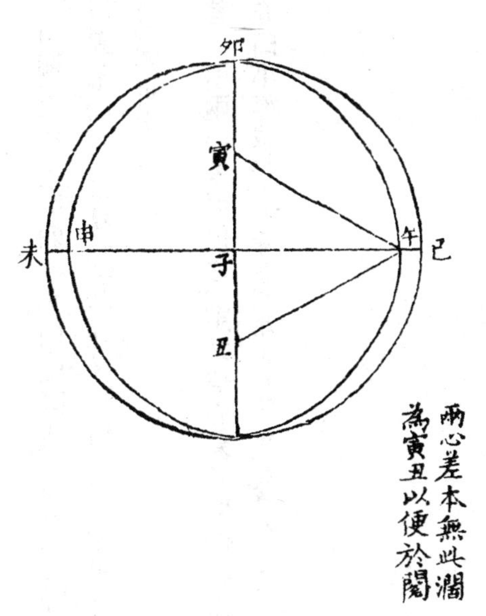

卯未辰巳，平圜也。子丑為兩心差，寅子丑為倍心差。自子至巳、至未、至卯、至辰，皆半徑。以寅丑為底，以兩半徑為兩要，成寅午丑三角形。午之所當，為子。子午短於子巳，故為小徑。子午即寅午丑三角之中垂綫。故求得中垂綫，即子午綫。倍子午為申午，又倍子辰為卯辰即全徑，交於子。緣卯申辰午而規之，即橢圜形矣。

橢圜，以地心為心，分其度為三百六十。抵最卑則短，抵最高則長。每度不均於弧，而均於積。

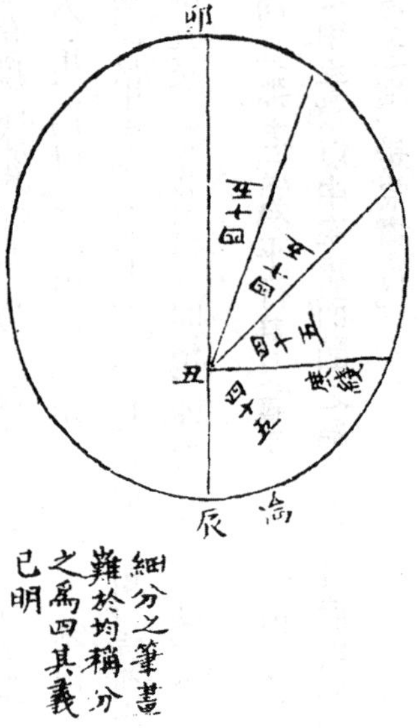

卯

四十五

四十五

四十五

度綫

丑

四十五

辰

卯

細分之筆畫難於均稱，分之爲四，其義已明

丑為地心。自丑分三百六十度。近辰之度綫必短，弧必長；近卯之度綫必長，弧必短，其面積則皆同。弧三角法，其弧度皆等。故以諸輪馭其所不等，此分以積。而弧本不等，故省諸輪之用也。

故橢圜之積，橢圜之度也。橢圜之角，平圜之弧也。

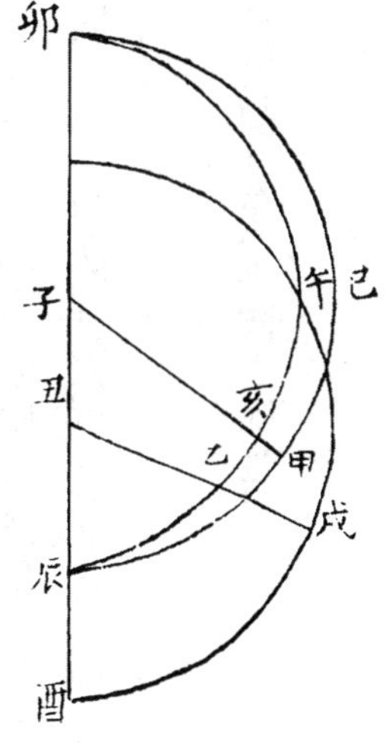

橢圜以積數為角度，求得積數，以一度之積除之，即為橢圜之弧度。若以角言之，子心不以亥辰為角，仍以大圜甲辰為角。地心丑，不以辰乙為角，必以酉戌為角。凡言平圜心角，皆甲辰如後房辰角辰；凡言地心角，皆酉戌。橢圜可以弧言，不可以角言。故求得丑辰乙後作丑辰斗面積，即得辰乙弧度。更求酉戌，乃丑角也。

平圜之度，其弧皆等。切其弧之度為平行詳見《釋弧》、《釋輪》，以大半徑即半徑、小半徑乘而開方之，為中半徑，謂之中率。以中率規而圜之為平圜，其度與橢圜等。得其面積，以三百六十分之，得橢圜一度之積，是為實行。

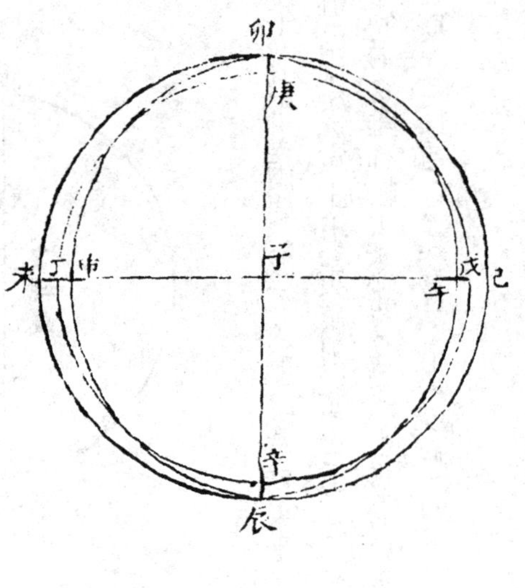

子己為大半徑，子午為小半徑，午己為兩徑之較。自午己折而為戊午，合小徑為戊子，成中半徑。以中半徑規而圜之，成戊庚丁辛平圜。子辛短於子辰，子戊長於子午，短長相覆，故其積與橢圜之積等。

以兩要綫，憑橢弧而施之，同其底，則兩要之度，較異而和同。

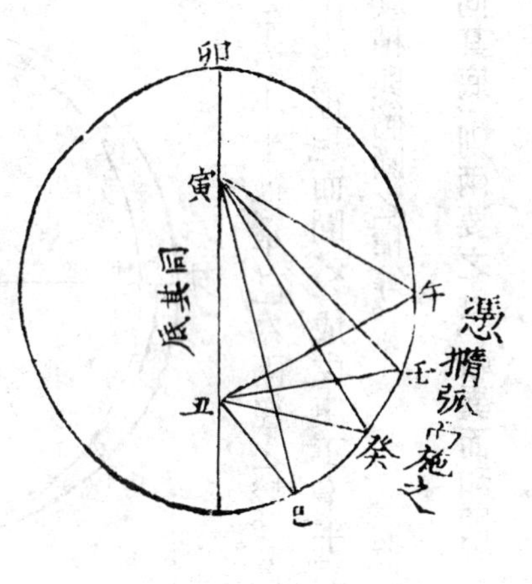

以寅丑為底，寅午、丑午為兩要，成三角形。若移寅午為寅壬、寅癸、寅己；移丑午為丑壬、丑癸、丑己，則成寅壬丑、寅癸丑、寅己丑三三角形，既同此寅丑底，同此辰午卯橢圜弧，則分兩要雖有較丑壬必短於寅壬，丑癸必短於寅癸，丑己必短於寅己，合兩要而和之，此短則彼長，絶長補短，其為二千萬之數同也半徑之率一千萬，兩半徑故二千萬。

自平圜心截平圜以為度，其正弦之端，交於平圜，必不交於橢圜。若正弦交於橢圜，則必不交於平圜。又自平圜心作綫，與正弦交於橢圜，其形必有差。若自平圜心作綫，與正弦交於平圜，其形亦必有差。是差也，謂之橢圜差角在平圜為正弦，在橢圜為矢。今概稱正弦，以便於覽。

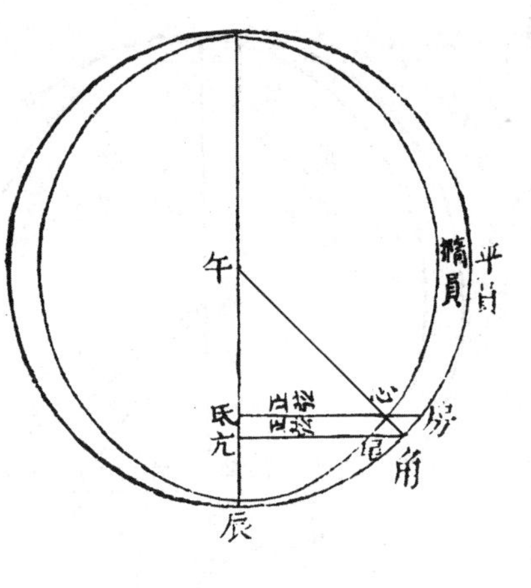

自子作綫，截平圜於角，則角辰為子角弧度，角亢為正弦。與子角綫遇於平圜交橢弧處，則為亢尾，與角不相遇矣。若別作氐心正弦，遇於心，則氐房與子角亦不相遇，此自然之勢也。

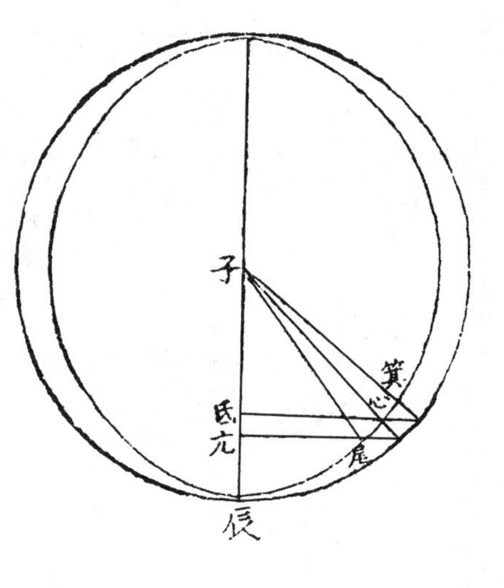

若以角亢正弦，自橢弧截為亢尾，則自子作子尾綫遇之。若氐心正弦伸至平圜為氐房，則自子作子房綫遇之，亦自然之勢也。自弦言之，子角尾為子尾亢差角，子房心為子心氐差角。自弧言之，子心箕為子心辰差角，子房角為子角辰差角。

自倍差點設徑綫即半徑所移綫，與平圜度綫平行有角度，即有此綫，謂之設角。

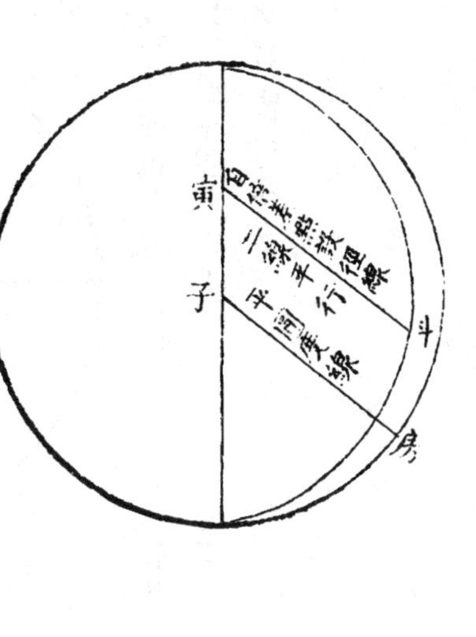

寅為倍差點，丑為地心。寅斗綫與子房綫平行，其角度皆等。故有子角，即有寅角也。

自地心設綫，與倍差心綫之端，遇於橢圜。在象限無差角之較。内於限，則大一差角。外於限，則小一差角。大則加之，小則減之。

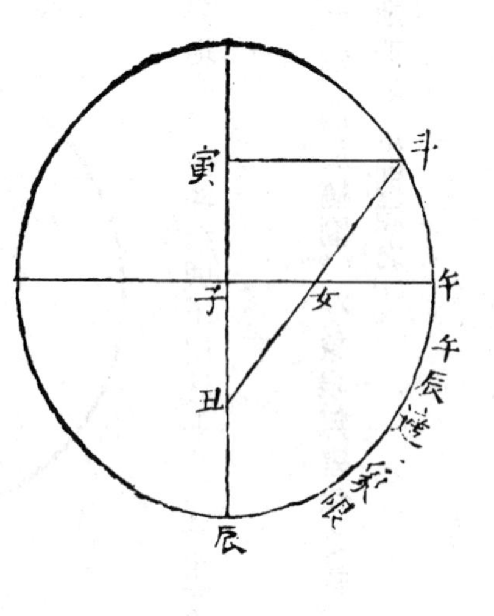

丑寅兩半徑綫會於斗，成寅斗丑三角形，即成丑斗辰橢圜三角形。午辰適滿象限，寅斗平行，丑斗會之，丑斗辰與子午辰積同以斗午女補子丑女，雖微有差，大略相等。凡寅斗之平行，丑斗之交會，皆自此生也。

箕辰過象限，則子箕辰較丑斗辰，小一斗牛箕。

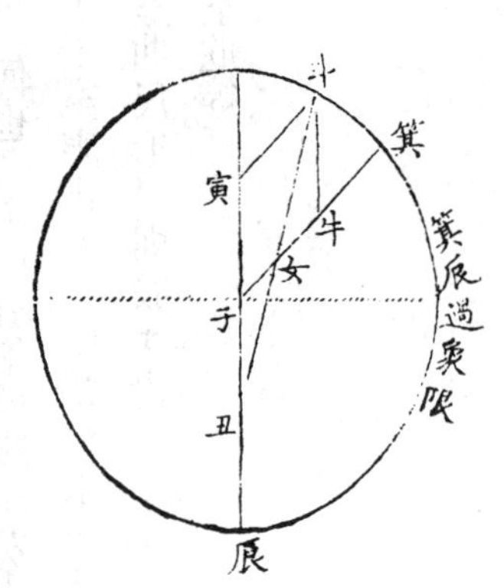

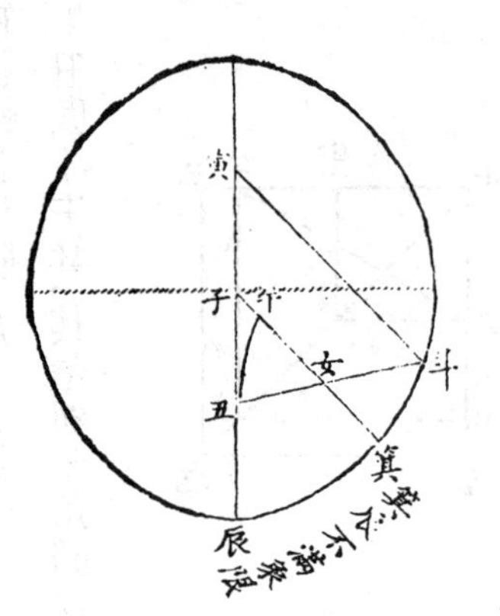

箕辰不滿象限，則子箕辰較丑斗辰，大一子丑牛。故求得丑斗辰積，必加子牛丑積，乃合子箕辰積。子牛丑與斗牛箕，其積與差角同，故與差角為加減也。

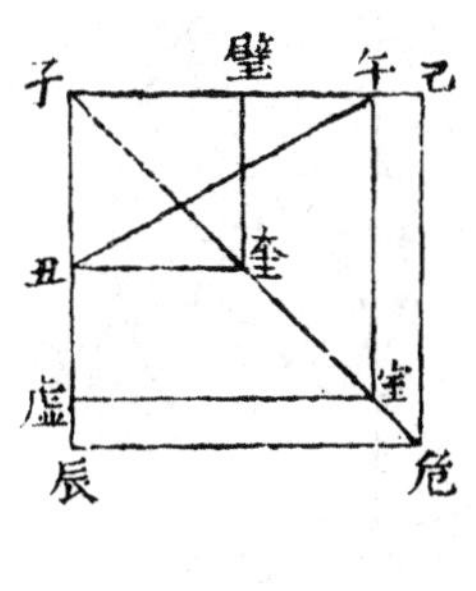

加子午丑，即橢圜差角，何也？今以丑午徑綫，依象限與子午斜交，成子丑午句股形。以句子午自乘，為子午室虛正方。以弦自乘丑午與子己等，為子己危辰正方。二方相減，餘午己危辰虛室曲尺形。與股子丑自乘之子丑奎壁積數等，子丑奎與室危虛辰等，子壁奎與午己室危等。

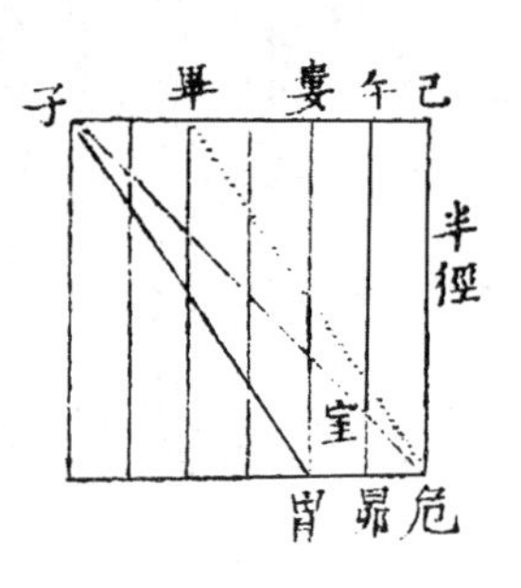

算差角之法。以底危昴胃乘高半徑即其高，亦即外垂綫，折半即得。底乘高，為己婁危胃方形，折半為己危午昴長方形。視己午危室，止少一室昴危。凡正方形，分為三己婁一，婁畢二，畢子三，作子胃與畢危兩斜綫，則畢危子胃斜方，與己危畢等亦與子胃辰等。畢危子胃為正方中三分之一，己婁危胃亦正方中三分之一。今子胃危為畢危子胃之半，知即己婁危胃之半，己危午昴也。

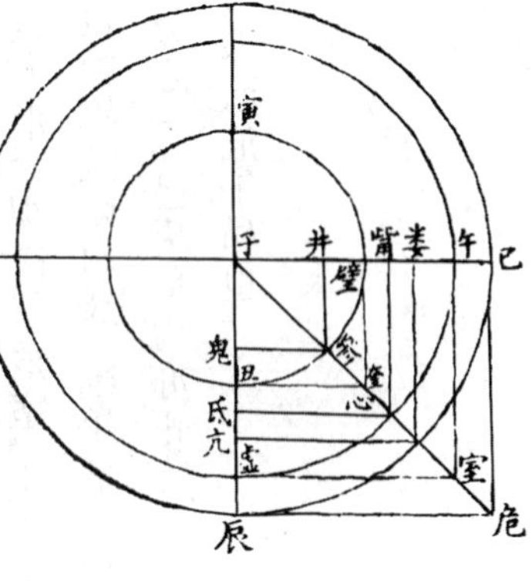

子丑奎壁，既與午巳危辰虛室曲尺形等。若規小徑子午作平圜，與大圜為距等。改切綫為弦綫巳危辰大圜之切綫；午室虛小徑，平圜之切綫；婁角亢大圜之弦綫；觜心氐小徑，平圜之切綫，亦以股自乘之方為切壁奎丑。而規其内為圜壁參鬼，復於其内作弦綫井參鬼，則井參子鬼亦與觜婁角、亢氐心曲尺形等。

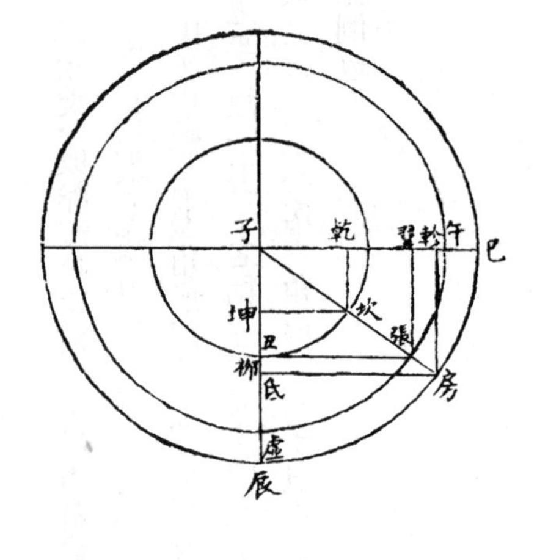

差角之綫子房。以此分界，則圜内弦綫為軫房氐柳張翼曲尺形，亦與圜内子坤乾坎縱方形積等。氐房長於房軫，而軫翼廣於柳氐，多少相覆，其數亦等。故子乾坎三角形，與軫房張翼等；子坤坎三角形，與張房柳氐等。

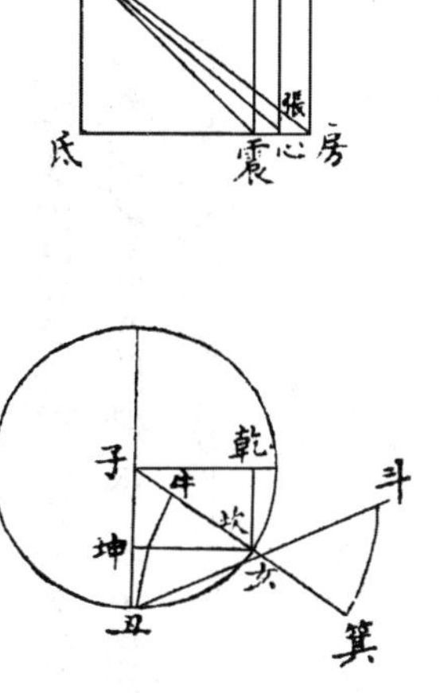

房震為倍差底。與子氐相乘，成離震軫房形。折半，為軫房翼心。是子房震倍差角子心亢為差角，半於子房震，即軫房翼心縱方形也猶子胃危與己婁胃危縱方。軫房翼張與子坤坎等子坤坎同子坎乾，則子房震倍差角形，即子坤坎句股形也。子心房為子房震之半，子丑牛亦子坤坎之半，故子丑牛之積，與差角同也。惟差角與軫房翼心等。股自乘，與軫房翼張等，較之差一張心房三角形。而子丑牛，視子坤坎之半微大，兩相消息，以意會之，可為比例也。

子巽屯倍差角。巽屯底與箕斗弧交於兑，則兑斗巽與兑屯箕等。故巽子屯與子斗箕等。自斗作斗艮綫，則斗艮箕與子丑牛等。

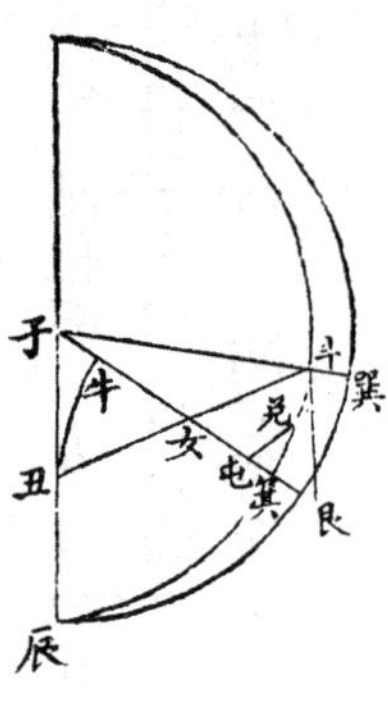

大徑小徑者，比例之根也。

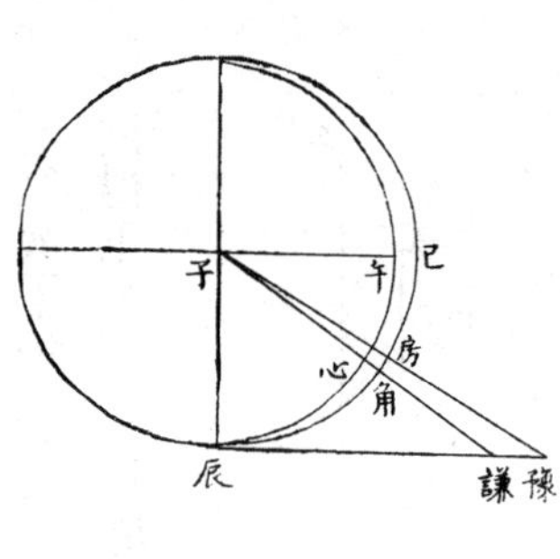

子巳為大徑，子午為小徑。子巳與子午，如房氏與心氏，亦如豫辰與謙辰，又如子房辰與子心辰。求角度，必比例得正弦。若自辰角求辰房，必以大小徑比例正切而得之。

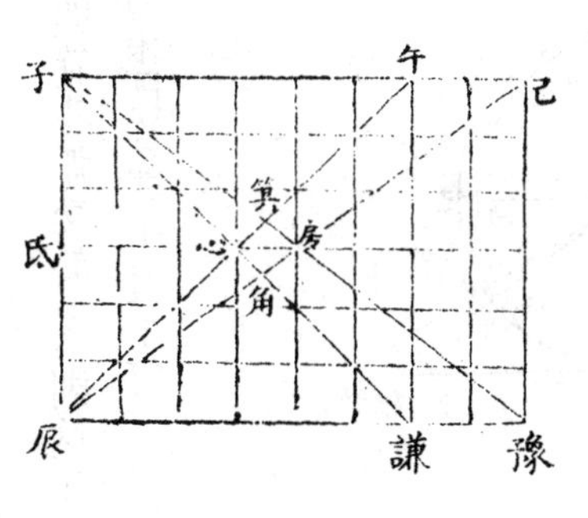

大小徑比例之法，至精至妙。試化圜為方，以顯其蘊。大徑八，小徑六。大弦四房氏，小弦三心氏。以四乘六，得二十四。以八除之，得三大徑一率，小徑二率。大弦三率，小弦四率。以八乘三，得二十四。以三除之得四小徑一率，大徑二率。小弦三率，大弦四率。

率。大積子房辰十一〔一〕以氐房乘子辰，折半，小積子心辰九以氐心乘子辰，折半。或以心氐乘子氐，得九。以房氐乘子氐，得十二。以十二乘六，得七十二。以八除之得九大徑一率，小徑二率。大積三率，小積四率，以八乘九得七十二，以六除之得十二小徑一率，大徑二率。小積三率，大積四率。互相比例，無不皆合。推此，而子豫辰與子謙辰積數，子房氐與子心氐積數，皆可例之。其子房辰不可與子角辰例，子箕辰不可與子房辰例，均於是了然矣。

率數者，角度之準也。

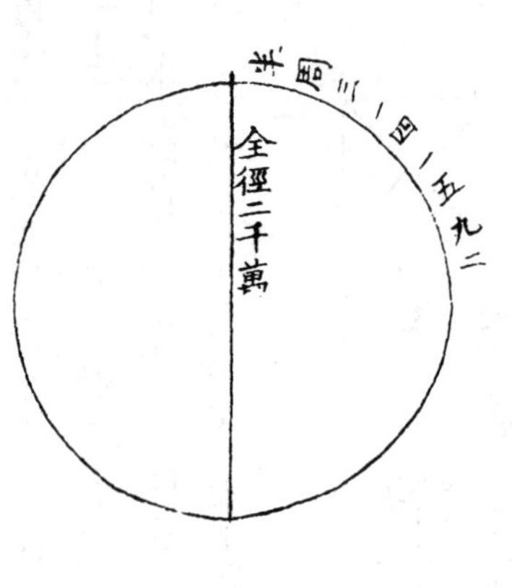

〔一〕『十一』，應為『十二』。

圜周求徑之法。每三一四一五九二，得全徑一。今全徑二，故三一四一五九二為半周也。以此比例，得中率平圜面積三一四一一四三九八二八二三三七。以三百六十除之，每度面積八七二五三九九九五二二九，即為一度之積數。橢圜積數，必自大圜積數，以相比例，求大圜積數。先以角度化為率數以一百八十度化為六十四萬八千秒，為一率。半周率數，為二率。見在角度化秒，為三率。乘半徑，折半，即得。

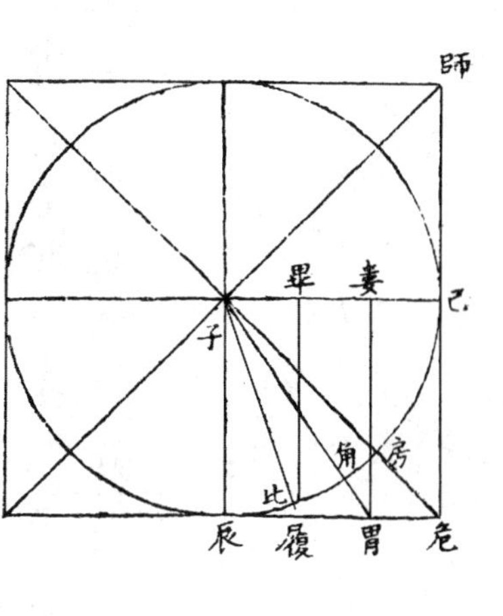

角度乘半徑，折半，得積數，亦試以方形明之。辰房己猶之辰危己，以己危乘子辰，得子己危辰正方積。猶以己房乘子辰，得子己房辰一限積也。若以己辰乘子辰，則不異己危辰乘子辰，故必折半乃得也。求子辰危句股積，以辰危乘子辰，必折半而得。求子辰房弧三角積，以辰房乘子辰，亦必折半可知矣。推之子胃辰之與子角辰，子履辰之與子比辰，無不皆然。蓋胃辰乘子辰，為子婁胃辰縱方。履辰乘子辰，為子畢履辰縱方，皆必折半，乃句股積也。

兩要之和，求角之要也。

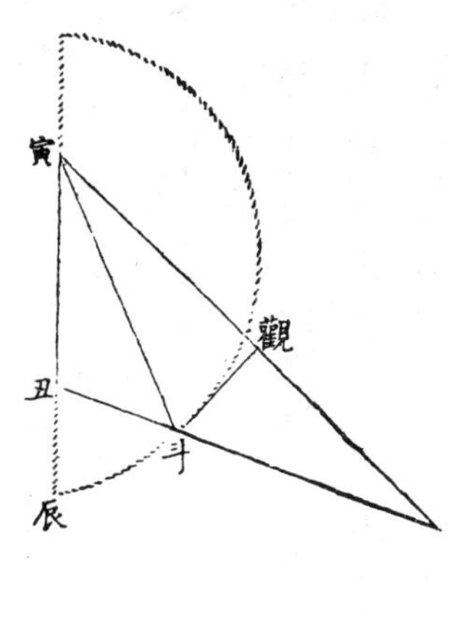

寅斗，丑斗，合二千萬，分之不知其數。乃以寅斗與丑斗聯為一綫，作丑斗泰長綫斗泰即寅斗，為之底。以寅丑兩心差為小要，成寅丑泰三角形。此形有丑泰弧，有寅丑弧，有丑外角必先知丑角酉戌，求得泰角，又求得寅泰弧。中寅泰而半之，成觀泰斗句股形。此形有泰角，有觀泰弧。用正弧三角法，求得泰斗，即得寅斗也求法詳見《釋弧》。

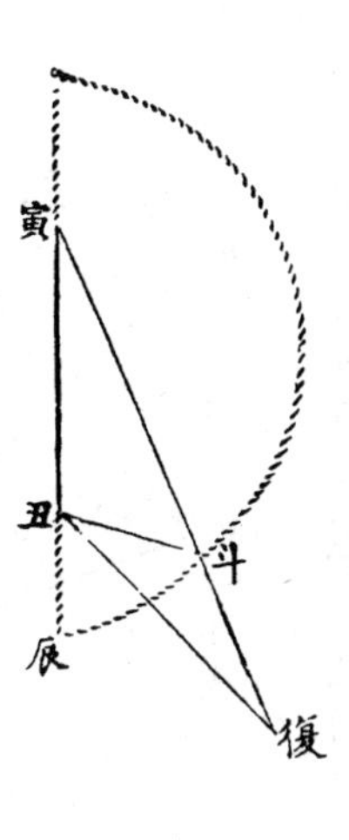

若以丑斗連於寅斗前圖，以寅斗連丑斗，作寅復丑三角形。此形有寅角與角度綫平行，有寅丑弧，有寅復弧。可求復角，及復丑弧。有復丑弧，有復角，可得復斗弧矣復斗即丑斗。若以復角并丑角，即斗外角斗寅丑之斗角。以此斗角并寅角，即丑外角丑斗辰之丑角，為橢圜丑角度也丑角度酉戌，詳見前。用泰角并法亦同并角得外角之義，詳見《釋輪》。

内垂外垂，兩要之用也。

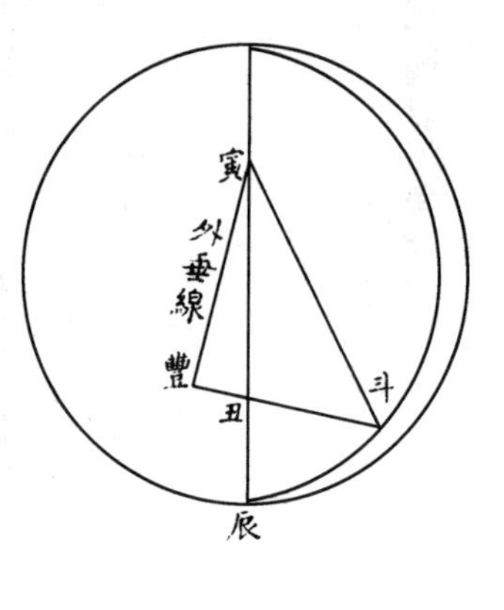

用兩要和，所以求丑斗也。不用兩要和，則又有内垂、外垂之法。如有丑角酉戍，求丑斗，則以寅丑倍心差數為弧，丑角為角，求得豐丑。句寅豐股外垂綫，乃以豐丑加丑斗、寅斗兩半徑二千萬，為股弦和寅斗為弦，豐丑斗為股。寅亥為句，用句與股弦和求股之法其法以句自乘，以股弦和除之，得股弦。較以較，與和相加折半，得弦數，餘為股數，得豐丑斗數，減豐丑，知丑斗數矣。

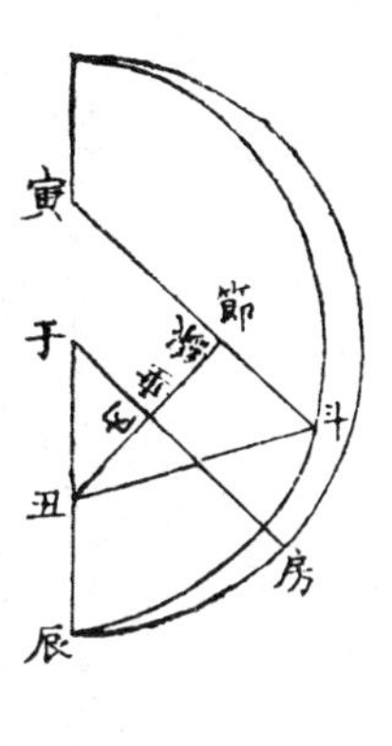

有子角度辰房，求丑斗。作寅斗平行綫，寅角即子角。有寅角、有寅丑兩心差數。用正弧三角法，求得丑節中垂綫，亦求得寅未弧。於是於二千萬中，減寅節，餘節斗、丑斗為股弦和。以丑節為句，用句與股弦和求弦法，即求得丑斗。

角在地心，則垂於內。

丑角，酉戌。

角在心差，則垂於外。

子角，辰房。

內垂之角，例以平行∴，外垂之角，通以對角。

立卯辰直綫，以二綫平行交之，寅角，必等於子角。

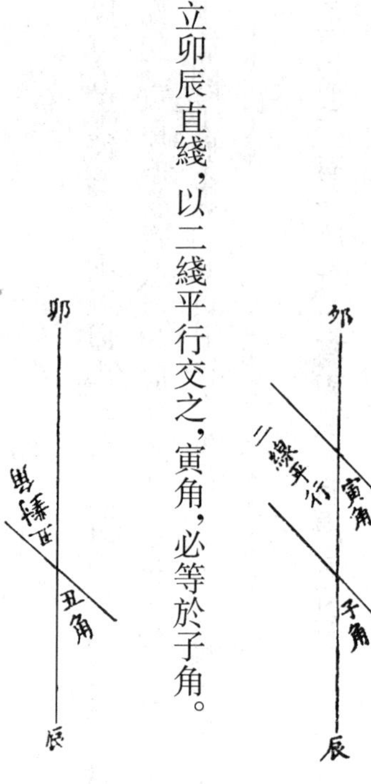

立卯辰直綫，以一綫交之，丑對角，必等於丑角。

外垂以加，内垂以減。

加於二千萬，如豐丑。減於二千萬，如節丑。

句通於餘弦，股通於正弦，弦通於半徑。

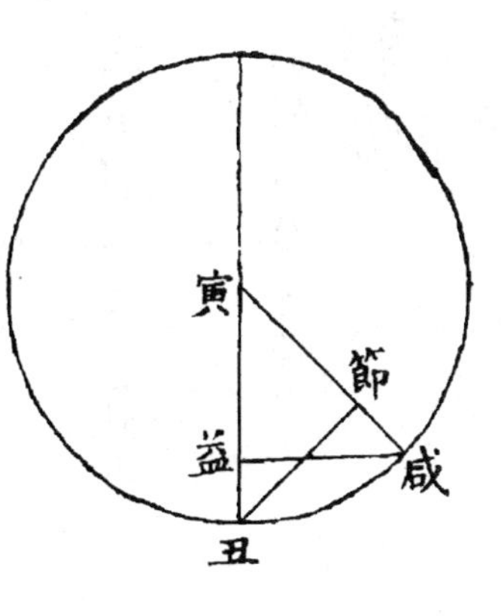

以寅丑半徑為弦，則丑節正弦為句，寅節餘弦為股。以寅咸半徑為弦，則益咸正弦為句，寅節餘弦為股。句股與八綫，本相比例詳見《釋弧》，而互相為用，尤見精巧。至橢圜子辰半徑，此寅丑得為半徑者。半徑長短視乎圜，而率為一千萬，則不易也中半徑，因大徑、小徑而成。且用實率，故不依一千萬之數。

有垂綫，以得句股。有句股和，以得兩要。有兩要，以得弦矢。

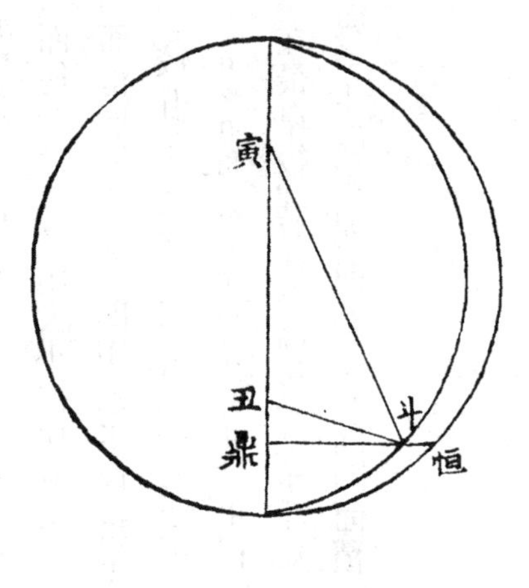

有寅角，則以寅斗為半徑，求得斗鼎句。有丑角，則以丑斗為半徑，求得斗鼎句。有斗鼎句，即橢圜辰斗之矢。用大小徑，求得鼎恒，即大圜辰恒弧度之正弦。故由寅角、丑角，求恒辰弧度。由恒辰弧度，求寅角、丑角，俱以斗鼎為之樞紐也。

於是有地心之角度，可以求橢圜之面積，是謂以角求積。

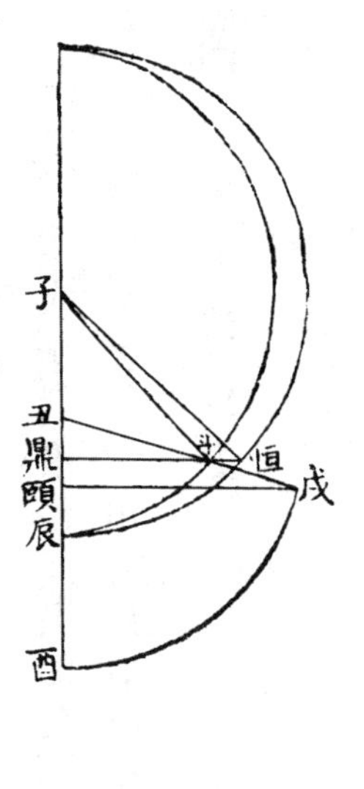

有丑角酉戌，求丑斗辰面積。先檢表即八綫表，余載於《釋弧》後，得正弦頤戌，以半徑與頤戌，例丑斗與斗鼎，而得斗鼎。又用大小徑比例，得恒鼎，為辰恒正弦。以頤戌與酉戌，例恒鼎與辰恒，而得辰恒弧綫。即用乘半徑，折半，得子恒辰面積。又用大小徑比例，求得子斗辰。較丑斗辰，多一子丑斗，乃子丑有數即心差，丑斗弧有數用外垂綫求得，丑外角有數子斗丑之丑角，為丑角酉戌之外角。求得積，與子斗辰相減，即丑斗辰橢圜面積。此丑斗綫在最卑後，若在最高後，則子斗辰，較丑斗辰少一子丑斗。亦用弧三角法，求得積。與子斗辰相加，即丑斗辰橢圜面積。

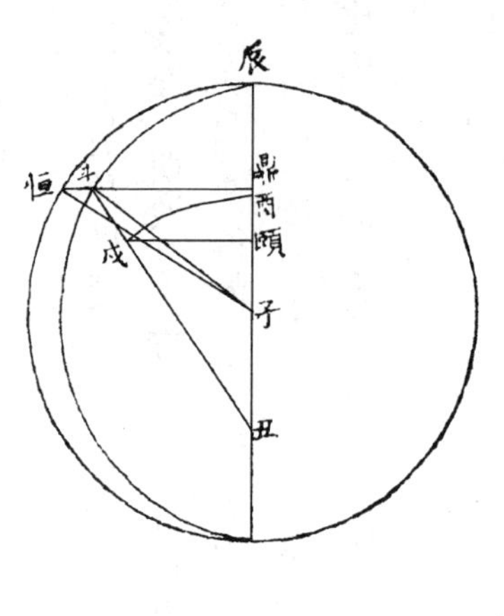

地心丑去最卑近，去最高遠。子在最高與地心丑之間，最卑後子在丑前，則丑斗辰緼於子斗辰之内，故小於子斗辰。最高後丑在子前，則丑斗辰周於子斗辰之外，故大於子斗辰。

有橢圜之面積，可以求地心之角度。是謂以積求角。

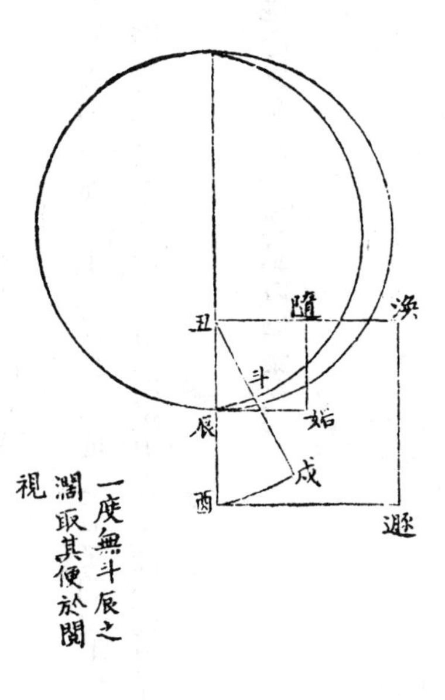

有丑斗辰橢圜一度面積，求丑角度酉戌。以丑辰小徑，自乘為丑隨姤辰小方。又以中率徑丑酉即子庚，自乘為丑酉渙遯大方。以小方比丑斗辰，以大方比丑戌酉小方一率，大方二率，丑辰斗三率，丑戌酉四率，得數。以一度定積求之一度定積，即中率面積所分者，詳見前。得酉戌，為丑角。若由一度更求二度，則先求丑斗綫地心角，用外垂法。以丑斗自乘，與中率自乘為比例。蓋每度之綫，有長短之不一，則所比例之積，有多寡之不一也。

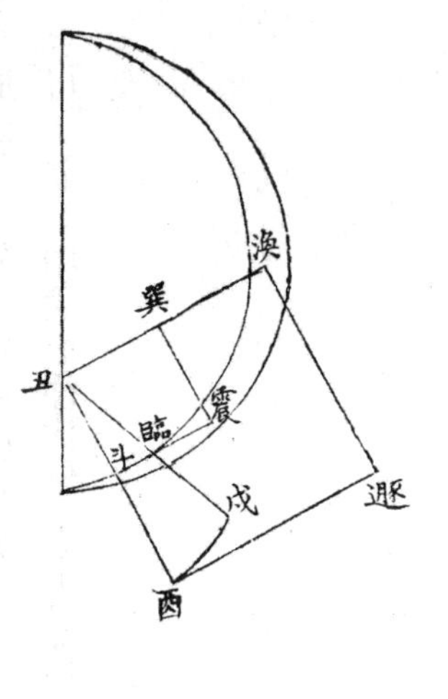

丑斗巽於丑辰，則丑斗巽震，亦巽於丑辰隨姤。而所求得之丑角酉戌，自巽於丑辰之所求矣。

有心差之角度，可以得橢圜之面積。是謂借積求積。

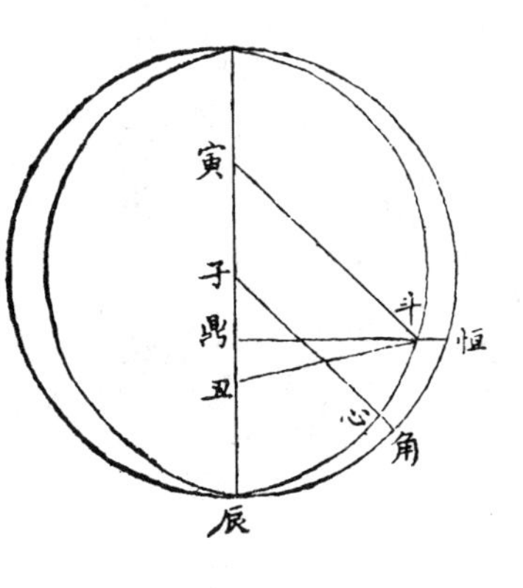

有子角角辰度，求丑斗辰面積。先以角辰度為寅角二綫平行，詳見前，用內垂綫求得丑斗。以丑斗為半徑，求得斗鼎。用大小徑比例，求得鼎恒。以為正弦，檢表，得恒辰弧度。

得恒辰弧度。用率數乘子辰半徑，折半，得子恒辰面積。又用大小徑比例，得子斗辰面積大徑一率，小徑二率，子恒辰三率，子斗辰四率，存之。用大小徑比例切綫，得辰房辰謙一率，辰角二率，辰豫三率，辰房四率。用率數乘子辰半徑，折半得子房辰面積。用大小徑比例，求得子心辰辰豫一率，辰房子二率，辰謙三率，子心辰四率，乃以子心辰，減所存之子斗辰，餘子斗心積數，存之。用心差子丑乘斗鼎，折半，得子斗艮本以斗艮乘斗鼎，斗艮無數，以其數與子丑等，故用子丑。減子斗心所以必先求子斗心面積，餘斗心艮一鈍二鋭形。此形與子丑牛同，知此，即知子丑牛面積矣。

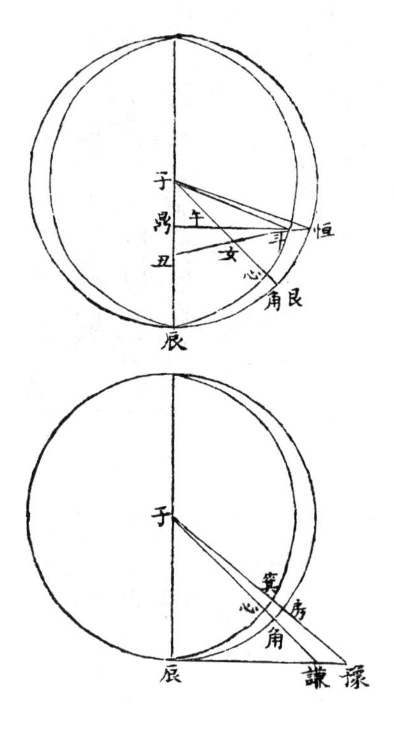

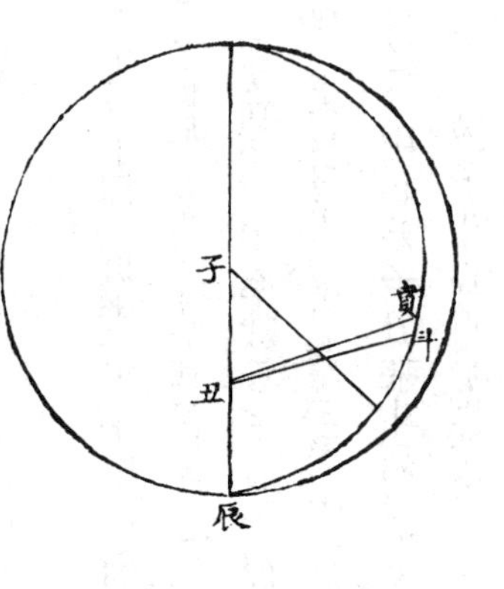

既得子丑牛面積，即得丑斗賁積數。用以積求角法，求得斗賁度。加斗辰，得辰賁實行度。此丑斗綫，在一限内。若在限外，則求得斗心艮面積。用以積求角法，求得斗賁度。減斗辰不用加，得辰賁實行度。

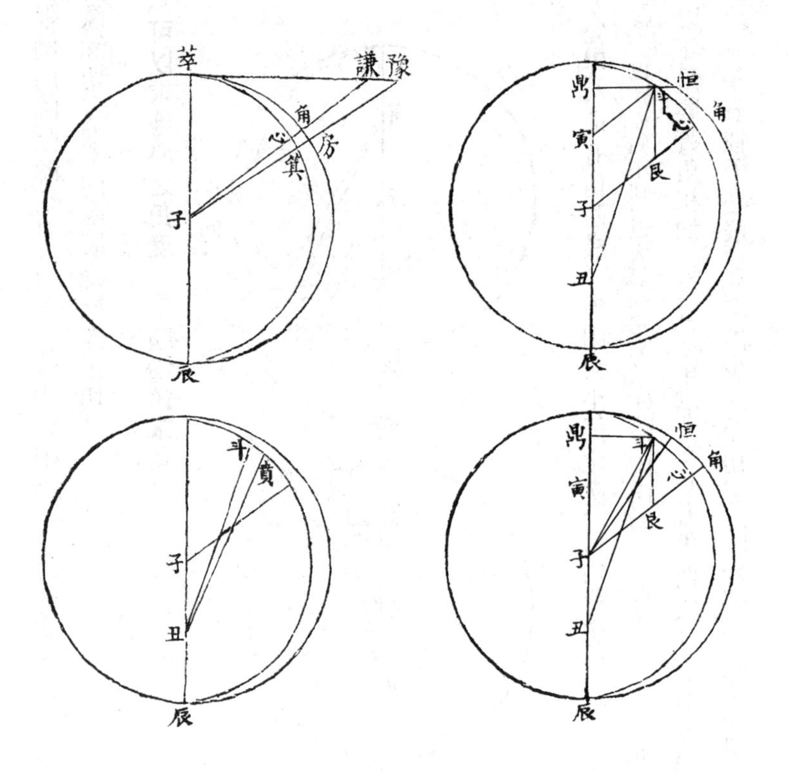
卒
謙
豫
角
心
房
箕
子
辰
禺
恒
斗
角
心
寅
艮
子
丑
辰
斗
賁
子
丑
辰
禺
恒
斗
角
心
寅
艮
子
丑
辰

過象限例用餘弦餘切詳見畢底。故用鼎恒鼎斗餘弦，猶限內用鼎恒鼎斗正弦。用萃謙萃豫餘切，猶限內戌辰謙辰豫正切。

有心差之角度，可以求地心之角度。是謂借角求角。

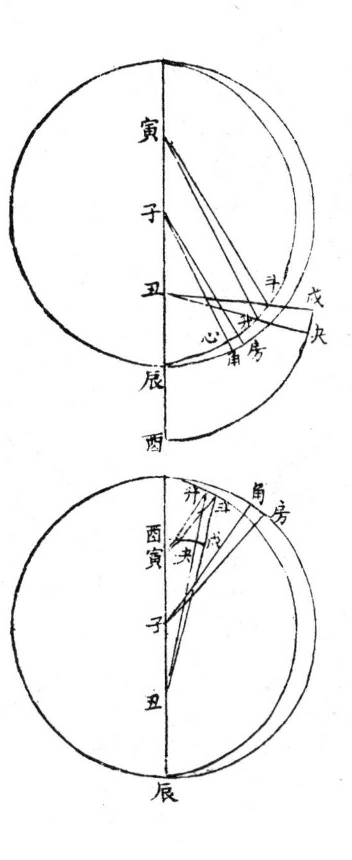

有子角角辰，求丑角酉戌。先用大小徑比例，自角得房辰小徑一率，大徑二率，小切三率，大切四率。以角辰知小切，以大切知房辰。然後用房辰為寅角度即為設角，用內垂綫，求得斗角。以斗角與寅角相加，得丑外角，即地心丑角酉戌。蓋酉夬與辰升應，酉戌與辰斗應。丑斗辰較子心辰，在限內少一差角，在限外多一差角丑升斗為差角。即丑戌酉較子心辰，在限内少一差角，在限外多一差角也丑夬戌為差角。在限内必加一差角。而丑斗辰，乃同於子心辰。在限外必減一差角。而丑斗辰，乃同於子心辰詳見子心丑牛及斗心艮，亦乃為角辰度所求之也。角酉戌也，必先求辰房為寅角者，俟得酉夬後，始求夬戌。則必有丑升弧，有丑斗弧，更有丑升斗之斗角，或升角，乃可用弧三角法，求得夬戌，以加酉夬為酉戌。今丑升弧可求，餘不可得。不如先得辰房之為便也。先得辰房，則已於子心辰增損一差角。而所求得之丑斗辰，不必復事增損。其丑升辰之面積，即未經增損之丑斗辰。既豫為增損，則以原為丑斗辰者改斗為升，以與之别。

以角求積，加減辨於高卑。借積求積，加減判以象限。蓋兩綫相遇，綫之後者包於外；兩綫相交，綫之長者處其嬴。前後之位，以高卑而互易；短長之度，以象限而遞更。以此就彼，則加減在此；以彼就此，則加減在彼。加猶減也，減猶加也。

最卑後，丑斗在子斗之後，必至最高後，丑斗乃移在子斗之前。蓋子丑相遇於斗，過象限而長短雖移，前後不移也。子心與丑斗交於女。在限内，子心綫長，則子丑女多一子丑牛；在限外，丑斗綫長，則斗心女多一斗心艮。然最高後一象限，雖多在斗心艮，其用加實同於最卑後一象限；最卑前一象限，雖多在子丑牛，其用減實同於最高前一象限，亦以前後分内外也。以角求積，是化子斗辰以就丑斗辰；以積求積，是化丑斗辰以就子斗辰。故在彼為減，則此加，在此為減，則彼加也。

借角求角之用加減，同於借積求積，但不加減於求得之後，而加減於未得之先。無加減之跡，實收加減之用。其理不殊，法為尤妙。明乎此者，日月之行，坐而致矣。

四法中，莫捷於借角求角，故日躔求均數用此法。